中国密码学会 译 介

THE SECRETS OF CODES

密码的奥秘

全新修订版

[美] 保罗 · 伦德 / 编著　刘建伟 王 琼 / 译

電子工業出版社
Publishing House of Electronics Industry
北京 • BEIJING

版权贸易合同登记号　图字：01-2014-3647

图书在版编目（CIP）数据

密码的奥秘：全新修订版 /（美）保罗·伦德（Paul Lunde）编著；刘建伟，王琼译. — 北京：电子工业出版社，2020.12
书名原文：The Secrets of Codes: Understanding the World of Hidden Messages

ISBN 978-7-121-40281-4

Ⅰ. ①密… Ⅱ. ①保… ②刘… ③王… Ⅲ. ①密码—普及读物 Ⅳ. ① TN918.2-49
中国版本图书馆 CIP 数据核字（2020）第 261406 号

审图号：GS（2021）3574 号
书中地图系原文插附地图

责任编辑：张　冉
印　　刷：北京富诚彩色印刷有限公司
装　　订：北京富诚彩色印刷有限公司
出版发行：电子工业出版社
　　　　　北京市海淀区万寿路 173 信箱　邮编：100036
开　　本：787×980　1/16　印张：17.75　字数：456 千字
版　　次：2015 年 3 月第 1 版
　　　　　2020 年 12 月第 2 版
印　　次：2020 年 12 月第 1 次印刷
定　　价：149.00 元

凡所购买电子工业出版社图书有缺损问题，请向购买书店调换。若书店售缺，请与本社发行部联系，联系及邮购电话：（010）88254888，88258888。

质量投诉请发邮件至zlts@phei.com.cn，盗版侵权举报请发邮件至dbqq@phei.com.cn。

本书咨询联系方式：（010）88254439，zhangran@phei.com.cn，微信号：47155730。

目录

序　言
译者序
前　言

01

最初的密码

14　解读地貌
16　追踪猎物
18　野外寻踪
20　早期岩画
22　最早的书写系统
24　解读楔形文字
26　字母和文字
28　数字系统的演变
30　线性文字A和线性文字B
32　斐斯托斯圆盘
34　象形文字的奥秘
36　解密象形文字
38　玛雅文字之谜
40　土著的传统

ACPOTNMTHEBNVTJSD

02 教派、象征和秘密社团

44 早期基督教
46 五角星
48 占卜
50 异教、宗派及迷信
52 罗斯林教堂
54 炼金术
56 卡巴拉派
58 巫术
60 玫瑰十字会
62 共济会

03 保密编码

66 隐藏的艺术
68 只有你能懂
70 词频分析
72 隐藏密码
74 中世纪加密系统
76 巴宾顿阴谋
78 达·芬奇密码?
80 密文与密钥
82 格栅
84 间谍和黑室
86 机械装置
88 眼皮底下的秘密

04 远程通信

92 远程警报
94 旗语
96 臂板信号系统和电报
98 莫尔斯码
100 人与人通信

05 战争密码

104 经典的战争密码
106 “无法破译”的密码
108 伟大密码
110 19世纪的革新
112 军用图标
114 战场信号
116 齐默尔曼电报
118 恩格玛密码机:“牢不可破”的系统
120 第二次世界大战时的密码及密码破译者
122 破解恩格玛密码系统
124 纳瓦霍风语者
126 冷战时期的代码

ACPOTNMTHEBNVTJS

06 黑社会暗号

130 街头俚语
132 从武士到黑帮
134 伦敦方言中押韵俚语
136 暴徒
138 漫游者的暗语
140 警察与暗语
142 十二宫杀手之谜
144 十二宫杀手留下的未解之谜
146 涂鸦
148 青春的符号
150 数字时代的颠覆

07 编码世界

154 描述时间
156 描述形式
158 力与运动
160 数学：奥妙无穷的学科
162 元素周期表
164 描述世界
166 编码地形
168 航海
170 分类学
172 遗传密码
174 遗传
176 遗传密码的应用

08 文明密码

180 建筑标志
182 道教神秘主义
184 南亚的神圣符号
186 佛教语言
188 伊斯兰教的图案
190 北国之谜
192 中世纪的视觉布道
194 彩色玻璃窗
196 文艺复兴时期的肖像艺术
198 理性时代
200 维多利亚时代
202 纺织品、地毯和刺绣

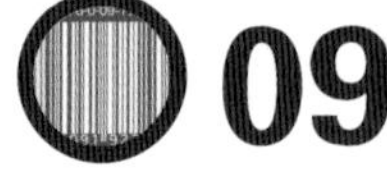

09 商业编码

206 商业编码
208 品牌和商标
210 制作者标记
212 建筑编码
214 货币与防伪
216 你手中的书

 10

人类行为代码

220 肢体语言
222 救生信号
224 体育密语
226 礼仪
228 穿着的含义
230 纹章
232 礼服着装规范
234 破译潜意识
236 梦的语言

11

视觉符号

240 符号与标志
242 道路标志
244 跨越交流障碍
246 描述音乐
248 乐谱
250 动物对话
252 外星人

 12

想象的密码

256 现代魔法与误导
258 《圣经》密码
260 比尔文件密码
262 神秘与想象
264 幻想密码
266 世界末日密码

13

数字时代

270 第一台计算机
272 超级计算机
274 与计算机对话
276 爱丽丝、鲍勃和夏娃
278 未来医学
280 密码将带我们去何处

282 **术语表**

序言

FOREWORD

提到密码，很多人都会觉得它很神秘。本书是一本介绍密码知识的科普读物，它的目的是要帮助读者踏进密码知识的殿堂。本书从西方古代的加密方法开始，讲到两次世界大战中密码所发挥的神奇作用，最后介绍了当前信息化时代的现代密码的飞速发展。书中也讲述了形式各异的密码以及它们的故事。

本书较详细地介绍了古代智慧所提出的一些加密方法，这些方法往往并不复杂，例如恺撒密码，据文献记载，它是由罗马的恺撒大帝提出的。英文有26个字母，它们依次排列为abcdefghijklmnopqrstuvwxyz。将明文中每个字母换成排在它后面第3位的字母，就得到密文。例如，codes的密文为frghv，收到信息的一方只要将密文中每个字母换成往前数3位的字母，就可还原得到明文。只要收方知道发方的加密方法即可。移动位数还可改为1~25中的任意一个数字，但发方与收方必须预先共同约定移动位数，这个位数称为密钥，它不能泄露给他人。如果希望加密方法更加复杂，可以要求不同位置的字母移动位置不是都一样的，这就是维吉尼亚密码。使用它时，需要选择一个密钥，决定每个位置字母的移动方法。维吉尼亚密码直到18世纪才被广泛使用。书中还介绍了几种中世纪被提出的影响较大的密码。现在看来，这些密码都不安全了。

传说从希腊时代开始，人们就在战争和外交中使用密码，罗马时代出现了前文提到的恺撒密码，可见战争对推动密码发展起了很大作用。

在第一次世界大战处于白热化的1917年，德国打算利用他们的潜艇对英法联军发起攻击。为了防止美国的介入，德国外交部部长给墨西哥总理发了一封加密电报，希望墨西哥向美国发动收复失地的战争，以牵制美国的军力，防止美国对德宣战。但这封加密电报被英国破译并告诉了美国，使得原先置身事外的美国提前对德宣战。

英国在第一次世界大战中破译了德国的密码。德国得知这一消息后，研制出更安全的恩格玛密码机，并应用于第二次世界大战。只要掌握了当天的密钥，用密码机输入明文就可输出密文，输入密文就可输出明文，非常便于使用。德军每天用它发送大量战场信息。英国和美国开足马力，研究其破译方法。最后，恩格玛密码被波兰的几位数学家成功破译。当时，年轻的数学家阿论·图灵在英国的密码分析中心从事破译恩格玛密码的工作，他在波兰数学家的基础上取得了新进展，最终促成第一台编程计算机的诞生。

如今，密码的应用早已不再限于军事和外交，而是扩展到金融和商业等领域。在传统的密

码系统中，收方和发方都使用同一密钥加密或解密，如上文提到的恺撒密码和维吉尼亚密码；但在计算机网络通信广泛应用的环境中，要使发方和收方都预先约定所使用的密钥是很麻烦的。所以，在20世纪70年代，提出了一种新型密码——公钥密码。在此类系统中，每个用户都有两个密钥——一个公钥和一个私钥，免除了预先约定密钥的烦恼。在公钥密码的研究中，应用了更多的数学方法。计算机的广泛应用为密码的使用提供了强有力的工具，现在的密码算法都在计算机上通过编程软件实现，或者在芯片上通过电路硬件实现。

本书除了介绍密码知识，还介绍了生活中经常遇到的许多编码系统，如各种符号标志、乐谱、体育裁判的各种手势，等等，它们虽然不是严格意义上的密码，但也有传递信息的功能。本书图文并茂、深入浅出，编排风格灵活生动，能激发人们的阅读兴趣，是一本很好的密码知识科普读物，对于不同知识层面的读者，都是值得一读的。最后，还要感谢刘建伟和王琼等人为本书的翻译所付出的辛勤劳动。

中国密码学会是由密码学及相关领域的科技工作者和单位自愿结成并依法登记的全国性、学术性、非营利性社会组织，为国家一级学会。2007年成立以来，学会秉承办会宗旨，积极参加国家创新体系建设，大力推动和开展密码研究和交流，促进密码科技人才的成长和进步，推动产学研结合，推进密码科技知识的传播和应用，为密码学科发展和密码技术进步做出了积极贡献。

译者序

FOREWORD

近年来，国内已经出版了很多用于高等教育的密码学教材，但真正能让非专业人士读懂的密码学科普读物非常鲜见。此外，市场上同样缺乏适合中小学生阅读的密码学科普图书。此书图文并茂，从古典密码学开始，引用古今中外大量有关密码编码学与密码分析学的实例，将深奥莫测、晦涩难懂的密码学原理，运用生动形象的语言搭配妙趣横生的图片娓娓道来，让读者在阅读故事的过程中了解密码学的演化和发展历史，体会密码学的无穷奥妙与魅力，引发读者对密码学的兴趣，点燃读者探究密码世界的热情。此书也有助于提高全社会的网络安全意识，相信它一定会得到广大读者的喜爱。

受中国密码学会的推荐和电子工业出版社的委托，由我们担任本书的译者。当我们第一次打开原版英文书时，便被此书的内容所吸引，发现此书是一本非常好的密码学科普读物。出于一种责任感，我们欣然接受了翻译此书的任务。然而，随着翻译工作的展开，这种兴奋的感觉荡然无存，甚至多次萌生放弃翻译此书的念头。读者在阅读时会发现，此书涉及的学科众多，知识领域跨度很大，涵盖历史、文化、宗教、艺术、生物、音乐、建筑、出版、体育、通信、计算机等近20个学科，远远超出我们所学专业的知识范围，翻译的难度可想而知。为了确保翻译质量，我们不仅要对原文进行反复推敲，有时还要查阅相关资料，翻译进度非常缓慢。与翻译普通英文书籍不同，此书的排版也极具挑战性，我们投入了大量的时间和精力以确保排版的准确性。此外，作者在撰写此书时，引用了许多国外的典故和俚语，不仔细查找文献，很难准确翻译出来。由此可见，翻译此书极具挑战性。如果没有顽强的毅力和足够的耐心，很难完成此书的翻译任务。

翻译工作追求“信、达、雅”。然而，说起来容易做起来难。例如，对原版书中有关“Code”一词的翻译，就斟酌再三。本书中的“Code”，原本是指人类发明的用来表示信息的代码。如果将书名翻译为“代码的奥秘”，则很容易让读者误认为此书为介绍计算机代码的书籍。在本书中，除了将“Code”翻译为“密码”之外，还根据它在不同章节中所代表的确切含义，分别译成“代码”“编码”“符号”“暗号”等。需要说明的是，在翻译过程中，我们也发现原书中存在一些错误，例如，对中国文化理解有误、个别数据不准确，尤其是原理上的错误，如果不加以纠正，可能对读者造成误导。因此，译者在翻译时对原文进行了修正，并加以标注。

为使此书的翻译更加严谨，在本书第一版出版期间，中国密码学会和电子工业出版社特邀请了中国工程院院士蔡吉人、时任中国密码学会理事长裴定一、时任密码科学技术国家重点实验室主任冯登国、西安电子科技大学教授王育民、北京邮电大学教授杨义先、时任中国密码学会秘书长于艳萍等专家在北京召开了一次审读会。他

们对本书的翻译工作提出了很多很好的意见和建议。王育民教授专门写了一封长信，对本书的翻译提出了很多中肯的建议。我们也对书稿进行了反复修改，并已充分汲取了各位专家的意见和建议。在此，我们对各位专家的支持和帮助致以衷心的感谢。

此书的翻译出版得到中国密码学会和电子工业出版社的高度重视和大力支持。衷心感谢中国密码学会原理事长裴定一教授和原秘书长于艳萍同志的信任和举荐，并诚挚感谢沈昌祥院士、蔡吉人院士、冯登国院士等诸位业内著名专家的精彩推荐。还要感谢刘娟女士，她在本书第一版的翻译出版期间热情地承担了繁重的组织和协调工作，为此书的顺利出版做出了贡献。感谢此书的责任编辑张冉为此书的出版发行付出了艰苦的努力。她良好的沟通能力、出色的编辑水平及严谨而勤奋的工作态度，令我们钦佩。

参与本书工作的人员还有陈杰、王朝、何双羽、王蒙蒙、刘巍然、程东旭、周星光、刘哲博士，艾倩颖、吕盟、苏航、童丹、夏丹枫、王志学、周云雅、陶芮、王培人硕士及薛欢等。感谢王娜老师和刘懿中博士为此书配套的密码谜题别册所做的工作。

从此译著第一次出版发行迄今已经有五年的时间，在这期间我们收到了许多读者的热情赞誉，也发现了译著中存在许多对原文理解不准确的地方。我们秉持严肃认真的态度和严谨的科学精神，花大力气通读了原著并对译著进行了反复修订，期望全新修订版的出版发行能够给读者呈上一本几近完美的科普读物。

虽然我们已经竭尽全力确保翻译的质量，但由于时间仓促，并受译者知识面和翻译水平所限，翻译中存在错误和不当之处在所难免，恳请广大读者提出宝贵意见和建议。

刘建伟 王琼

2020年11月于北京

刘建伟，教授、博导，北京航空航天大学网络空间安全学院院长，享受国务院政府特殊津贴专家，国务院学位委员会第八届学科评议组成员，教育部网络空间安全教学指导委员会委员，中国密码学会常务理事。荣获国家技术发明一等奖，国防技术发明一等奖，荣获国家网络安全优秀教师、北京教学名师，北京市优秀教师。

王琼，中国人民解放军空军某部译审。毕业于山东大学外文系，长期从事外语教学和翻译工作。

前言 INTRODUCTION

我们都是熟练的“解读专家”。我们生活在一个由海量“代码”支撑的全球文化环境中，这些“代码”决定着我们的行为，在向我们提供信息的同时，也将关于我们的信息传播出去。

早在咿呀学语之前，孩童们就已经开始解读自己周围的环境了，他们本能地观察和理解他人的表情和手势，从一开始就对声音十分敏感。要知道，语言理解是极其复杂的解码过程，除了要掌握大量语音外，还需要精通组合这些语音的规则，以及了解各种用于传递信息的因素，如手势、声调和面部表情等。我们每个人终其一生都在下意识地不断解码，对周遭环境进行评价和估算。我们甚至可以听出弦外之音，因为语言除了用来表达，还能用于隐藏，例如在没有说出口的话里，其实也包含着信息。

“code”（本书译为“密码”“编码”或“代码”等）一词，既表示系统的规则或法则，也表示信息隐藏的方式——这种语义上的多义性在英文中并不少见。英文中“dress code（着装规范）”和“code of behavior（行为准则）”中的“code”指一系列规则，但若要让这些规则生效，还必须通过观察者来解读。“加密”对每个人都很重要，从“行为辨识”出现至今，“加密”可能同等重要。一个人的穿着打扮和举手投足都能够传递明确的信息。在现实社会中，这些信息可以十分复杂，暗含着年龄、性别、宗教、出身、地位等信息，甚至能够全面描绘某个人的特征。

我们还必须解读周围的物理环境。早期人类通过解读所处的外部世界辨识食物、发现危险，而人类正是依赖于这种能力才生存下来。这些能力涉及识别符号、解读地形和天气、提高跟踪技能、根据天体运动判断时间，以及了解季节更替的规律，等等。生活在现代城市中的人们，已经丧失了这些技能，但如果想要生存下去，仍然需要具备足够的“信息解密”能力，以便正确地解读诸如广告栏、紧急出口和公路路标等标志。

“隐藏”似乎同样是人类常用的一种手段，许多组织都有其独特的暗语和手势，用于对外人隐藏消息。孩子们经常使用暗语隐藏不想让大人们知道的事情，而成人也会巧妙而婉转地回避孩子们的好奇追问。在历史长河中，无论盗窃团伙，还是统治精英，都曾用暗号或冷僻语种对大众隐藏其真实想法。在某些社会群体中，即使语种相同，男女也会采用不同的表达形式。

作为语音的图形化表现，各种文字的发明能

将之前许多转瞬即逝的东西持久地记录下来。文字本身就是某种编码，而针对一些古老失传的文字（如埃及象形文字或线性文字B）的“解密”，则只有在引入密码分析技术后才变得可行。作为一种精心隐藏信息的系统，“密码”也许与文字一样悠久。当然，文字为密码的出现提供了条件。

与现代国家一样，早期的原始部落也经常需要通过文字来隐藏信息（同时还能进行远程通信）。考古发现，远古时代就出现了军用加密技术，比如令人眼花缭乱的各种“秘文”的使用就贯穿了整个中世纪。

“加密系统”将原始消息中的词或短语置换成另一些字符，以此来隐藏原始消息中的秘密。早在16世纪，这种系统性的隐藏手段就开始在欧洲广泛应用。而每一种新的加密方式都会引出新的解密技术，这种“魔高一尺，道高一丈”的较量，在第二次世界大战中破解德国的恩格玛密码的传奇故事中达到顶峰。通信技术的变革给密码编码者带来了新机遇，同时也为密码破译者提出了全新的挑战。

今天，随着计算机通信系统的发展，密码已经从军用领域走进我们的日常生活。我们拨出的每通电话、发出的每封邮件，都可以通过我们发明的加密系统、设备和算法自动加密。同样，所有密文都可能被截获并破解。正如比尔·盖茨描述的那样，当今时代，最有价值的商品是“密码”以及密码包含的“内在”信息。为保护这些信息，加密系统必须不断升级，但正如每种编码都有相应的解码方案一样，任何一个加密系统最终都会被破译。这已经不仅仅是专家们需要考虑的问题了！在电子信息时代，最炙手可热的问题之一就是如何保护人们的隐私，同时还要保护社会免于隐私滥用。

本书概述了几乎所有曾被用来传递各种信息的编码方法，其主题结构是将编码按照相关性分组，然后再具体介绍属于某种特定类型的编码。尽管各个主题部分（每两页一小节的内容）大体按照时间顺序排列，但不同部分间的相互参照可以更好地揭示出清晰的密码世界。我们的周围是一张用密语编织成的网，而了解这张网，对我们的生存和成功都具有前所未有的重要性，所以，这是一本可以改变你人生的书！

保罗·伦德（Paul Lunde）

早在远古时代，人类就能了解他们周遭世界中的各种自然图案所代表的含义，这种能力对人类在地球上生存繁衍，并逐渐成为占据统治地位的物种起到巨大的作用。

最初的密码

随着早期人类部落的日益发展，人们开发出属于自己的各种复杂的系统——语言、计数、文字——这些系统涉及抽象思维过程、条理组织机制和创造象征符号的能力，并最终创造出最初的密码。为了揭示这些古老的系统是如何发展、演变以及具备何种功能的，考古学家们有时不得不采用密码分析技术来研究那些支离破碎的实物证据。

解读地貌
READING THE LANDSCAPE

洞穴为早期人类提供了躲避恶劣天气的天然庇护所，但是寻找到合适的洞穴，并保卫自己的洞穴不被他人或者动物夺走，同样极具挑战。

对于最早出现的人类而言，能否生存下去，主要取决于人们对主宰周遭世界的规律的理解能力。随着原始社会部落的壮大，人们通过搜寻和狩猎获取食物、寻找安全的藏身之所，以及躲避灾难的能力变得十分重要。人类具有从周遭环境中感知隐藏规律的智慧，能够收集并理解上述信息，可能是体现这种智慧的第一个实例。这在人类开始边迁徙边狩猎，以及采集食物的生活方式后变得尤为重要，并最终导致人类从位于东非热带地区的智人（Homo sapiens）诞生之地逐渐向外扩散，并最终占据了地球的大部分地区，在这个过程中，人类适应了许多在生物地理学意义上反差巨大的地域。

寻找地标

在东非大裂谷地带，考古学家曾发现一些早期人类的遗骸。尽管这里的环境条件已经发生了改变，但仍然不失为探寻人类创造天赋之源的一个很好的起始点。那么，早期的人类是如何“解读”这里的地貌的呢？

峭壁
暗示着可能有用于藏身的洞穴，以及洞穴中常见的地下水。高地还有一个优势，就是能作为采集者和狩猎者瞭望点，用来侦查猎物或者其他部落（可能是竞争者或者敌人）。有证据表明，当畜群被驱赶到悬崖边上蜂拥逃窜时，峭壁就成了大量猎杀猎物的场所

河谷
即使在荒芜干旱的环境中，干涸的河谷和河床也暗示着在一年中的特定时段会有水流经这里，而且有可能通过挖井找到地下水源。然而，这些现象也暗示着有突发洪水的可能

山丘
提供有利地形和防御优势，也可能有提供饮用水的泉眼

植被
表明存在地表水，可能有可食用的植物，以及可以作为狩猎动物的集合地点。而如何识别可以食用的植物，大概只能通过反复的尝试

干旱
表明降水有限，不太可能提供长期生存所需的食物，同时还可能意味着在白天和夜间都会遭遇极端气温

季节

随着人类从热带地区向外迁移，他们不得不适应季节变化的规律。由于迁徙是一个逐步进行的缓慢而必然的过程，所以大部分关于季节变化的信息只能通过年复一年不断尝试的方式才能为人所知。尽管如此，我们可以发现在跨越了数千年之后，人类围绕着一些主要的河川系统发展出最早一批有组织的农业社会，包括美索不达米亚的底格里斯河和幼发拉底河、埃及的尼罗河、南亚的印度河，以及中国的黄河。在这些地区生活，掌握一年中河流泛滥的周期非常重要，这可以帮助人们规划种植和收获作物，以及选择能避开洪水威胁的定居地点。

解读气象

了解并掌握不同形状和状态的云的含义，曾为早期的人类提供了许多能够预测天气的有用信息。

1 **卷云** 高高薄薄的云层意味着晴天，但在寒冷气候下，一旦它们开始积聚并伴有匀速的风，则意味着一场暴风雪即将到来。

2 **积雨云** 高耸的砧状云，云底呈深灰色且不断加深，则传递了确切的信号——暴风雨、冰雹或者大雪即将到来。从积雨云方向刮来的风会增强，气温可能骤降。

3 **飞云** 松散而稀薄的云层随着风迅速飘移，意味着坏天气将持续下去。

4 **雹暴** 在下暴雨的时候伴有冰雹，意味着暴雨会变得更大，甚至出现龙卷风。

5 **卷积云** 高高飘在天空，像一堆堆松软的绒线球，意味着晴天。

6 **卷层云**（高层云） 稀薄且连续的灰色云层。当这些云在卷云之后出现时，意味着坏天气可能即将到来。

7 **积云** 蓝天上出现蓬松的白色云朵，意味着气象状况稳定，经过整日的积聚，这些云变得又厚又密，可以形成积雨云。

8 **雨云** 灰色的云层平铺在天空，通常意味着降雨以及随之而来的坏天气。

9 **层云** 低平的灰色云层遮蔽着天空，通常伴有潮湿或阴湿，过低的层云甚至会形成大雾笼罩大地。

灾难临近 通过观察动物和鸟类的行为，人们能够发现许多灾难临近的线索，因为许多生物可以察觉到即将到来的灾难。比如在地震发生前，蚯蚓会钻出地表；狗会停止吠叫并试图躲藏起来；大型动物，如马和羚羊会变得焦躁不安，甚至可能会蜂拥逃窜（就像它们在风暴和火灾前的表现一样）。在台风将要经过的地方，鸟类四散而逃（或者时常跌落而亡）；鲨鱼则会离开栖息的礁石。观察候鸟和动物的迁徙习惯，也能获得有关季节和气候变化的信息（见16页）。

追踪猎物 TRACKING ANIMALS

狩猎是人类学习“解码”信息的最早实践活动之一，人类狩猎的天赋能够追溯到数十万年前，甚至更久。猎人在狩猎野生动物获取食物的过程中，需要伪装潜行和随机应变，而这在很大程度上依赖于他们解读猎物遗留的各种迹象的能力。这些迹象包括简单的足印、移动的痕迹、足迹，饮食习惯和其他活动所遗留的证据。这些技能对于避免狩猎者反而成为凶猛的食肉动物的猎物也同样重要。即使在今天，这些特质仍然在一定程度上深深嵌入人类的共同记忆中。

狒狒

狒狒是群居型杂食动物，它们一起栖息，共同寻找食物和狩猎，所以人们很少会发现它们那极易辨识的足印单独出现。它们的足印清晰地呈现出其手、脚的区别——手上有明显的呈对称状的拇指。

草原池塘

在许多生态环境中，人们都可以寻找到动物们留下的蛛丝马迹，而在美洲、非洲以及亚洲等热带草原地区的池塘附近，动物生活留下的痕迹最为丰富。这是因为：首先，对于区域内大部分动物（包括人类）来说，池塘不仅意味着水源，也意味着可能生长着茂盛的绿色植物，因此，池塘能够吸引动物；其次，池塘岸边潮湿、泥泞，大多数动物都会留下各式各样的痕迹；最后，根据气候条件，可以比较准确地确定任何痕迹或足迹的形成时间。

野兔

这些粪便来自食草动物，比如野兔。虽然由于它们体形太小，难以留下爪印，但是这些遗留的痕迹还是能表明它们曾在该区域活动。

疣猪

疣猪粪便的排泄时间很难确定，这是由于疣猪的消化过程很慢，所以它们的粪便在排泄后往往已经变得紧实干燥。

不同的环境

在根据生物地理学特征划分的不同地区中，不仅存在特有的动物种群，而且动物留下的痕迹也因地形的不同而呈现不同的形态。

土狼的足印
土狼的足印意味着在附近能找到猎物，或有刚刚被捕杀的猎物。

狮子的足印
仅从脚印的绝对大小就可以区分出狮子与其他猫科动物的足印。发现这样的足印就是在提醒猎人：注意，这里有猎物，也有危险的捕食者。

啃咬过的草
这种迹象表明近期这里有动物活动，裂开的草茎表明其曾被有蹄类动物撕咬过，很可能是羚羊或斑马。

冲积平原和河岸 这里经常被洪水或潮汐淹没，在泥土相对潮湿的自然环境里，动物们会留下非常丰富的痕迹。但是，随后上涨的水位或大雨，可能会迅速将这些痕迹抹掉。在热带地区，动物的足印和其他痕迹，比如肯尼亚的羚羊留下的足迹，只在雨季时才可能被洪水淹没，但经过数月的阳光炙烤后又会重新显现。

囊地鼠

朱鹭

斑马

沙漠 如莫哈韦沙漠或撒哈拉沙漠这样的纯沙沙漠，能像雪地一样清晰完整地显现出动物刚刚留下的足迹，但是由于风会非常迅速地擦去或者掩盖所有足迹，所以沙地上的动物足迹的留存时间很有限。右图是响尾蛇在莫哈韦沙漠留下的十字形痕迹，以及郊狼的足印。

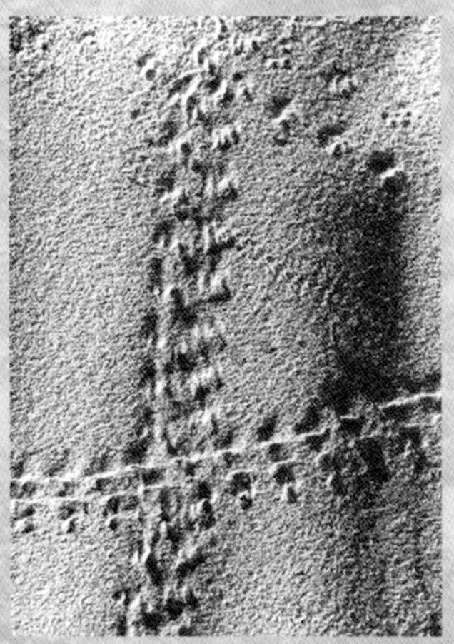

棕曲嘴鹪鹩

山猫

荒漠袋鼠

郊狼

雪地印记 即使是体型最小的动物或者鸟类，也能在刚形成的雪地上留下印迹，但由于雪会融化和被风吹散，所以这些足迹很难保持清晰的形状或者维持很长时间。虽然如此，与其他环境不同的是，雪地上的痕迹能够完整地呈现猎物的移动路线。右图是在格陵兰岛上发现的北极熊足印。

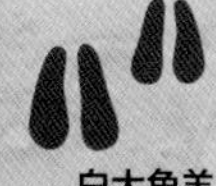
白大角羊

北极狐

雪枭

野外寻踪
BUSHCRAFT SIGNS

本南族的树枝符号

生活在马来西亚的沙捞越和婆罗洲的本南族采集狩猎人现在仍在使用一种原始的野外消息系统，即将树枝砍削成特殊形状，然后摆出图案。

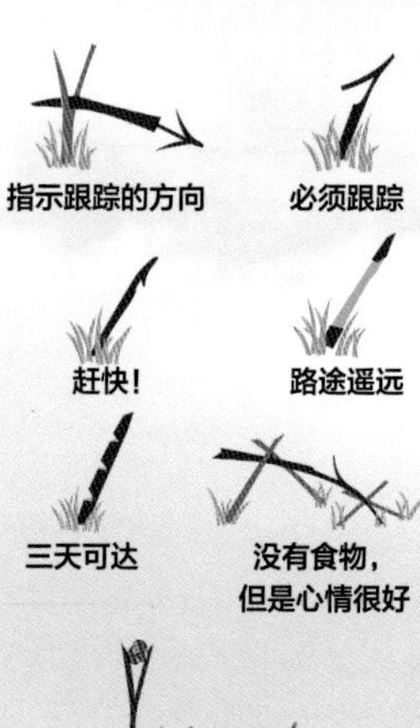

尽管人们用各种各样的理论解释最初的口语是怎样以及在何时形成的，但实际上，我们对此知之甚少，而且我们至今仍生活在“巴别塔”的贻害之下（指《圣经》中对人类有各种不同语言的成因的隐喻）。相比而言，人们其实更了解各种复杂的无声交流手段，对于迁徙狩猎部落的必要性，其中包括在追踪猎物时使用的手势信号和肢体语言，以及向同一组织或部落的其他狩猎者发出的有关狩猎行动的信号和指令。即使在当今世界，我们仍然能在许多还未消失的原始文化中找到这些“无声语言”的实例，而其中一些甚至已经被现代狩猎者、军队和像童子军这样的组织所借鉴和采用。

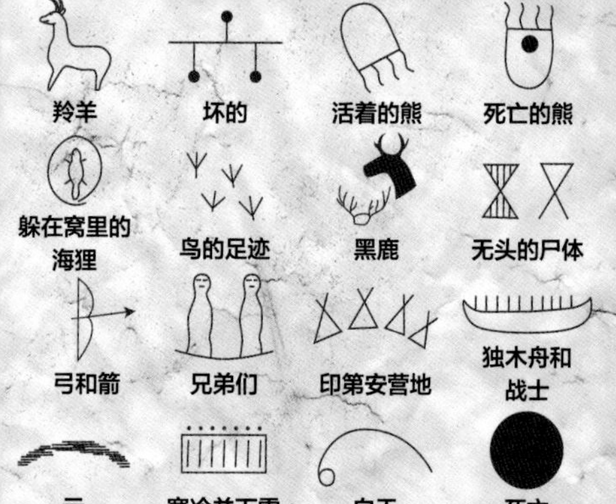

印第安人的符号

草原印第安人设计出一种在跟踪猎物时使用的符号系统，在同类系统中，该符号系统涵盖的符号最为全面，并为今天的人们所熟知。这些信号既包括复杂的肢体语言和手语，也包括便于绘出（留下）的图案。此外，草原印第安人还发展出一套复杂的手势语言，可以让他们克服不同部落间的语言障碍（这种手势语言同样也出现在澳大利亚西部沙漠地区的原住民部落间），而聋哑人使用的手语（见244页）的最初形式便来源于此。

美国军队的士兵学习印第安人的手

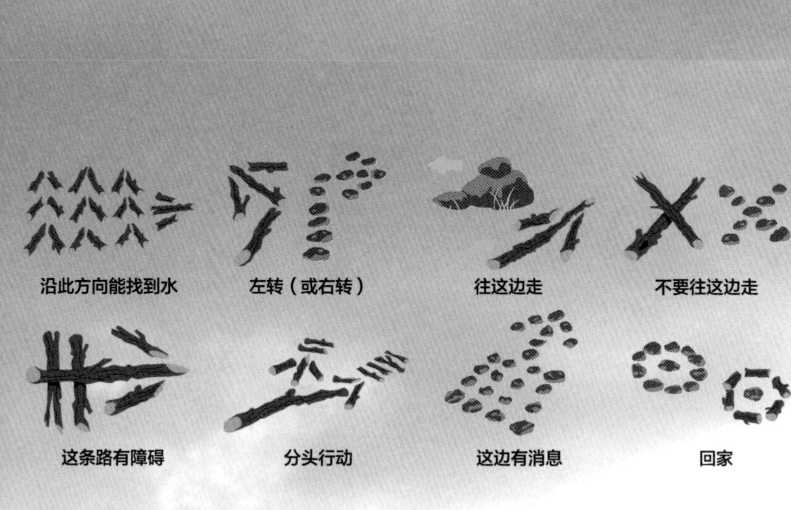

野外消息符号

许多狩猎和采集部落，例如喀拉哈里沙漠地区的布希曼人和婆罗洲地区的本南族（见18页），都发明出他们各自特有的野外生存符号和消息传递方式。这些系统自从被人们无意中发现以来，先后经过殖民军队和童子军的不断完善，最终发展成为一套国际公认的野外生存符号词汇表。这些系统被设计用于向野外遇到的其他人或部落提供信息，而且与现代求救信号（见222页）词汇表紧密联系，这些符号可以画在沙子或泥土上，也可以用木棍或石块等可以找到的材料拼合搭建。

军事符号

在战争中或者在执行搜寻任务时，能否在野外进行无声的沟通可是事关生死的大事。美国军队使用一套由手势和肢体动作组成的信息传递系统，该系统与其他国家武装部队所使用的十分类似，这些手势和肢体动作既可以与同行的战友交流重要信息，也可以与不会说英语的潜在对手进行沟通。

影狼

野外生存技能在现代同样能发挥重要作用。影狼，美国警察的一支精英部队，由包括纳瓦霍人和黑足族人的美国原住民组成。他们通过使用传统的跟踪技术沿着美/墨边境一带搜寻和追捕贩毒者，从1972年至今，已经收缴了超过45000磅（约20412公斤）的大麻，并曾到访中亚和东欧地区为当地的警员培训跟踪技巧。

早期岩画 EARLY PETROGLYPHS

早在远古时代，人们就开始用线条简单、风格一致的人像画，以各种形式描绘当时人类的活动场景。例如，始于17000年前的著名的法国拉斯科洞窟壁画，以及下图呈现的始于公元前4500年的挪威阿尔塔地区的雕刻画，都清晰地描绘出人类的形象：有头、躯干、手臂和腿，他们正忙着使用长矛和弓箭等工具狩猎各种猎物。尽管这些岩画被用于何种用途尚且不得而知，但毫无疑问，这是一种通过图形符号传递确切信息的早期视觉编码形式。

岩画

可以看出，早期岩画明显不以精确刻画人类或动物的外形为目的，而是通过将“象征性的图案”（来自希腊语‘eikon’，意为“头脑中的形象”）以各种固定的方式排列组合在一起，来传递某种信息，这就是象形图。至于这些消息是关于狩猎技巧，还是关于该地区所捕获的猎物，抑或仅仅是对一次十分成功的突袭的庆贺，目前仍不得而知。在对来自世界不同地区的狩猎采集文化的研究中，我们发现这种寓意于图像的尝试显得更加复杂而精致。

西班牙卡斯蒂略金字塔的洞穴壁画 其中包含按行排列的圆点、网格及其他重复的几何图形，这些图形可能表示地籍记录、规划或家族徽章。

多样性——该岩画的规模和所表达的活动有许多差异，意味着该岩画的创作经历了很长时间，甚至可能传承几代人才得以完成，而这些色彩可能是在很久之后才添加上去的

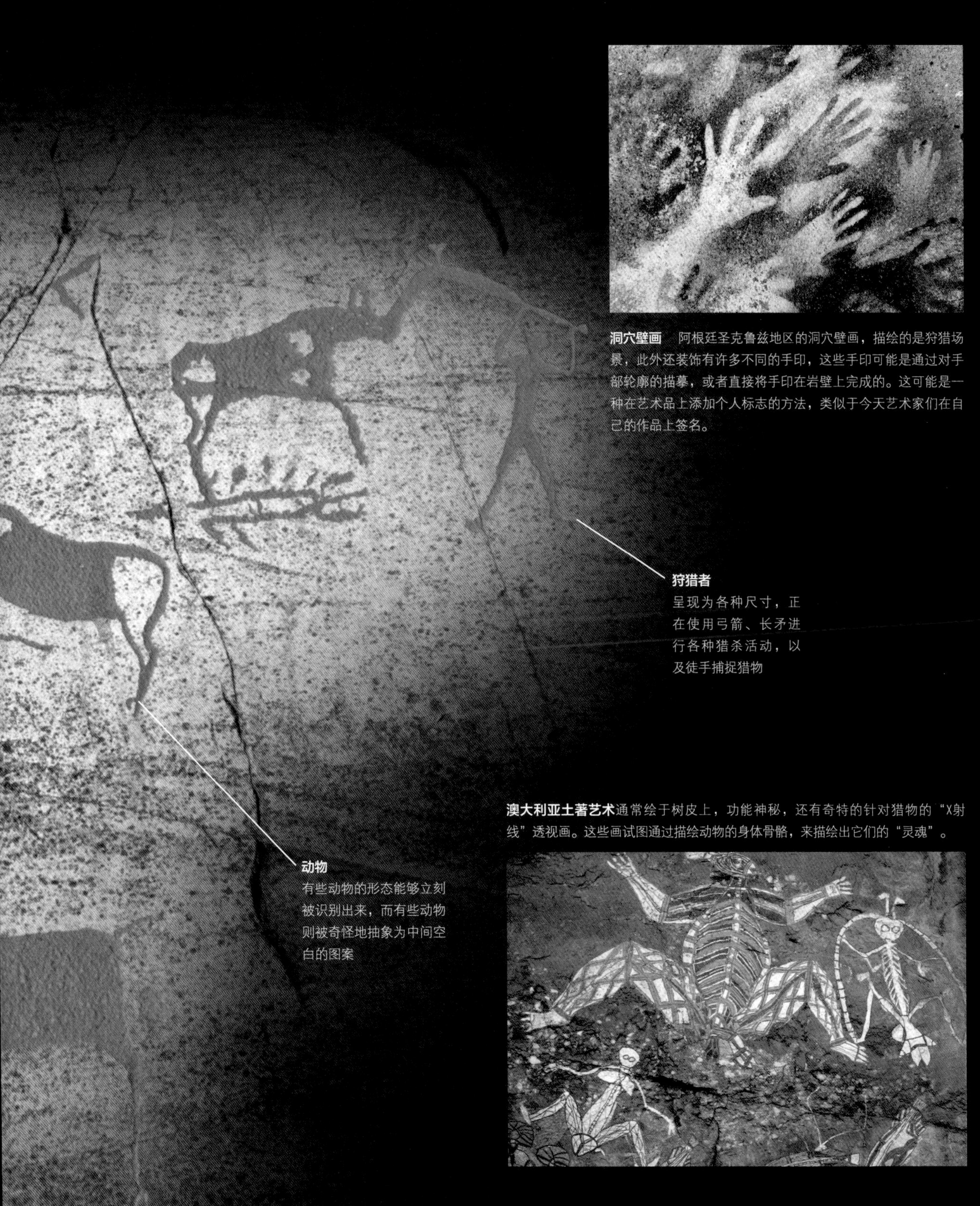

洞穴壁画 阿根廷圣克鲁兹地区的洞穴壁画，描绘的是狩猎场景，此外还装饰有许多不同的手印，这些手印可能是通过对手部轮廓的描摹，或者直接将手印在岩壁上完成的。这可能是一种在艺术品上添加个人标志的方法，类似于今天艺术家们在自己的作品上签名。

狩猎者

呈现为各种尺寸，正在使用弓箭、长矛进行各种猎杀活动，以及徒手捕捉猎物

动物

有些动物的形态能够立刻被识别出来，而有些动物则被奇怪地抽象为中间空白的图案

澳大利亚土著艺术通常绘于树皮上，功能神秘，还有奇特的针对猎物的“X射线”透视画。这些画试图通过描绘动物的身体骨骼，来描绘出它们的“灵魂”。

最早的书写系统

FIRST WRITING SYSTEMS

抄写者在古埃及的地位极高，可以免除缴纳赋税。

大约5500年前，在早期的农业城镇或城市中，人们需要记录储存和重新分配的物品、牲畜和交易内容，计数手段（见28页）不断进步，在这种背景下，最早用来对消息进行编码的系统也得到了发展。使用雕刻符号进行记录的最早实例出现在约公元前3500年，在美索不达米亚的苏美尔（Sumer），有一种带有记号的用来计数的泥币。在经历了数千年之后，一种相似的、但基于不同语言的数字和文字系统慢慢传播到整个西亚地区，而与此同时，在南非、中国和美洲中部也逐渐形成了各自的文字系统。这些成就彰显了人类发展的巨大进步：人类在掌握计数和书写的抽象思维能力的基础上，进一步发展了历法、度量衡、造币、数学、几何和代数等方面的知识。文字使得政府能够向民众传达法令，而历史和神话也被记录下来。

约公元前3400年
闪族计数泥币。将要记录的货物和产品用黏土密封起来，并在外面做上标记，说明里面的具体内容。这一时期还产生了一种图形文字，即用图形表示单词。

约公元前3000年
埃及：出现与计数系统相结合的象形文字书写系统

约公元前1400年
叙利亚：乌加里特语的字母系统采用楔形文字表示22个（后来为30个）子音，这是最早的字母文字的实例

约公元前1400年
叙利亚和巴勒斯坦：第一个阿拉姆语字母系统

约公元前1100年
腓尼基：字母系统得到发展并传播

叙利亚/巴勒斯坦

美索不达米亚 公元前3500年 公元前3250年 公元前3000年 公元前2750年 公元前2500年 公元前2250年 公元前2000年 公元前1750年 公元前1500年 公元前1250年

关于书写系统的关键节点
- 图形文字
- 象形文字
- 楔形文字
- 铭文
- 字母
- 各种文字间可能存在的关系

约公元前3250年
叙利亚特尔布拉克（Tell Brak）：最早被发现的在泥制平板上书写的楔形文字，是已知最早的书写系统

约公元前2400年
美索不达米亚：阿卡德语（Akkadian）开始传播，这是采用楔形文字书写的最早的文学文本

约公元前2600年
印度河谷：可能受到美索不达米亚象形图的影响，巴基斯坦哈拉帕（Harappan）文明创造了一种独特的图形文字，并于公元前1800年随着该文化消失。这种文字目前仍然未被大范围破解

印度

约公元前1700年
西奈半岛：腓尼基字母文字

约公元前1500年
安纳托利亚和高加索地区：变化后的楔形文字形成赫梯语和乌拉尔图语

中国

约公元前1400年
中国商朝：刻在甲骨上最早的铭文。人们通过解读经过炙烤的甲骨上产生的裂纹来进行占卜，这些铭文记录了占卜的信息

约公元前2000年—公元前1600年
希腊克里特岛（Cretan）出现象形文字（线性文字A，线性文字B），可能受到埃及象形文字的影响（见34页）

爱琴海

一枚刻有楔形文字的闪族泥币

文字的演进

书写系统可划分为四类：图形文字、象形文字、楔形文字和字母文字。在多数情况下，这几种文字是递进发展的。大部分书写系统都起源于图形文字，在图形文字系统里，每个符号都表示特定的单词或概念。然而，这样的系统会显得十分累赘，因为每个新的单词都要匹配一个新的符号。这些符号很快会被用于表示声音而不是概念，符号本身也变得更加固定而缺少了具象性。欧亚大陆西部使用的大部分文字，都由闪族楔形文字和埃及象形文字发展而来，但相对来说，本土文字发展更加迅速。中国的文字是独立发展的，并成为东亚大部分地区的主要文字；与之不同的是，美索不达米亚文字同样也是独立发展的，但在16世纪与欧洲开始接触后，其在很大程度上被取代了。

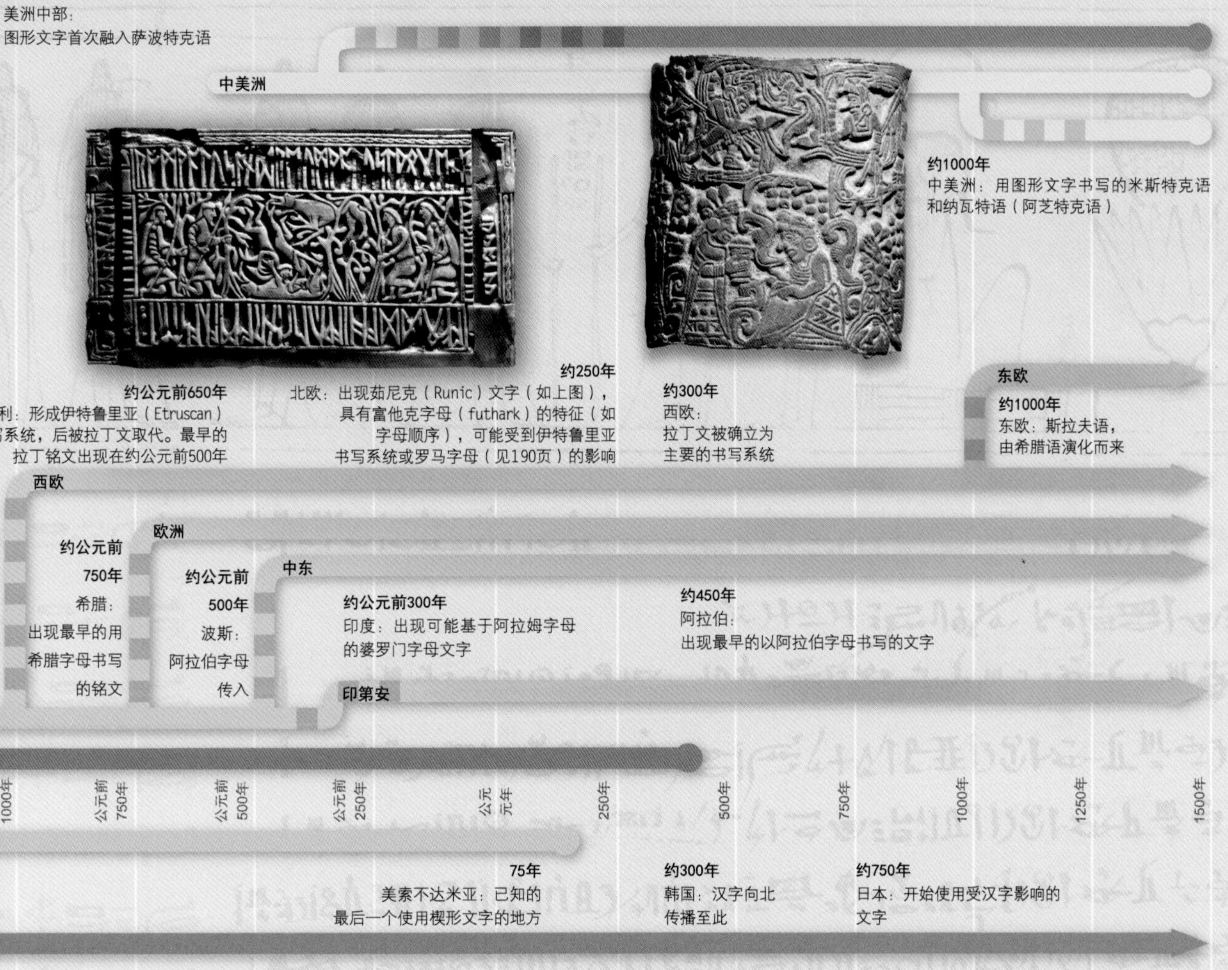

约公元前300年
美洲中部：象形文字/音节文字融入玛雅文（见38页）
约公元前600年
美洲中部：
图形文字首次融入萨波特克语
中美洲
约1000年
中美洲：用图形文字书写的米斯特克语和纳瓦特语（阿芝特克语）
约250年
北欧：出现茹尼克（Runic）文字（如上图），具有富他克字母（futhark）的特征（如字母顺序），可能受到伊特鲁里亚书写系统或罗马字母（见190页）的影响
约公元前650年
大利：形成伊特鲁里亚（Etruscan）写系统，后被拉丁文取代。最早的拉丁铭文出现在约公元前500年
约300年
西欧：
拉丁文被确立为主要的书写系统
东欧
约1000年
东欧：斯拉夫语，由希腊语演化而来
西欧
欧洲
约公元前750年
希腊：出现最早的用希腊字母书写的铭文
约公元前500年
波斯：阿拉伯字母传入
中东
约公元前300年
印度：出现可能基于阿拉姆字母的婆罗门字母文字
约450年
阿拉伯：
出现最早的以阿拉伯字母书写的文字
印第安
1000年
公元前750年
公元前500年
公元前250年
公元元年
250年
500年
750年
1000年
1250年
1500年
75年
美索不达米亚：已知的最后一个使用楔形文字的地方
约300年
韩国：汉字向北传播至此
约750年
日本：开始使用受汉字影响的文字

楔形文字

这是在美索不达米亚地区形成的最早的文字，使用楔形的尖笔（如拉丁文中的楔片）在泥板上印压出符号，被称为楔形文字。楔形文字由固定的图形组成单词，每个图形代表一个音节，每个单词还表示一个与名词相联系的抽象词（如用“耳朵”表示“听见”）。这种形式的文字被刻在各种各样的材料上，记录了在跨越3000年的时间里发生的一切，内容从普通的生意往来，到《吉尔伽美什》这样的史诗（吉尔伽美什是传说中的苏美尔国王），无所不容。在整个西南亚地区，楔形文字被许多不同的、彼此没有关联的语言吸纳，加以修改后作为其书写方式，其作用就像今天人们使用的拉丁字母一样，这些语言包括闪族语（Sumerian）、赫梯语（Hittite）、阿卡德语（Akkadian）、埃兰语（Elamite）、胡利安语（Hurrian）、乌拉尔图语（Urartian）、乌加里特语（Ugaritic）和古波斯语（Old Persian）。此外，楔形文字还可能影响过埃及象形文字。在埃及被亚历山大大帝（公元前334—公元前323年）征服后，楔形文字让位于阿拉姆字母，并同埃及象形文字一样，成了一门“消失”的语言，直到19世纪才重新为人们所知。

猪　鸟　吃　头　行走/站立　公牛　壶　手　白天　井　水

图形文字，约公元前3000年

早期楔形文字，约公元前2400年

晚期亚述楔形文字，约公元前650年

解读楔形文字 READING CUNEIFORM

破解楔形文字这个“不可能完成的任务”的过程，是一个史诗般的故事。有关楔形文字的最早描述，来自一位西班牙外交官加西亚·席尔瓦·菲格罗亚（García Silva Figueroa），当时他被委派造访波斯国王阿巴斯一世的王宫。他于1618年在波斯波利斯（Persepolis）看到了用楔形文字书写的碑文，并将这种文字的特征描述为“三角形的，状如微缩的金字塔或方尖塔”。随后，17世纪的旅行家恩格尔伯特·肯普费（Engelbert Kaempfer）首次为这种文字命名，并一直沿用至今。牛津大学的语言学家托马斯·海德（Thomas Hyde）宣传并推广了这种文字，有趣的是，他本人并不相信这些图案是文字，认为它们只不过是建筑的装饰而已。

从楔子到文字

18世纪的旅行家卡尔斯顿·尼布尔（Carsten Niebuhr），可能是第一位真正意义上的旅行科学家，他曾与一支丹麦探险队结伴来到东方，为学者们提供了十分精确的波斯波利斯碑文抄本。他标出这段碑文中采用的三种不同形式的楔形文字，确定文字从左向右排列，还发现在使用了三种文字的碑文中，有一种文字总是排列在另外两种文字之前，他甚至成功地将这种最原始的文字的大部分字符同另外两种文字区分开来。

发现钥匙

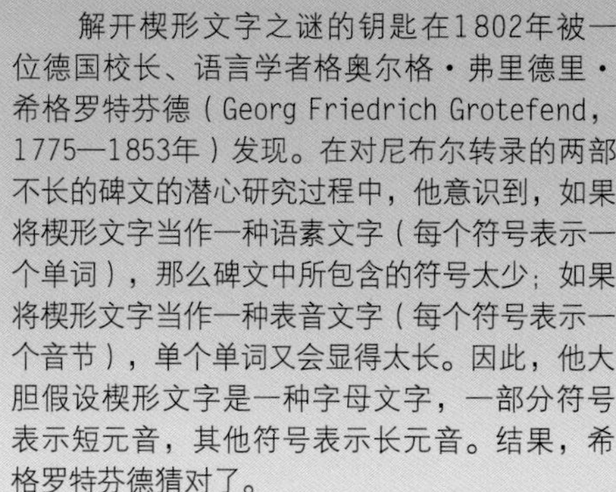

解开楔形文字之谜的钥匙在1802年被一位德国校长、语言学者格奥尔格·弗里德里·希格罗特芬德（Georg Friedrich Grotefend，1775—1853年）发现。在对尼布尔转录的两部不长的碑文的潜心研究过程中，他意识到，如果将楔形文字当作一种语素文字（每个符号表示一个单词），那么碑文中所包含的符号太少；如果将楔形文字当作一种表音文字（每个符号表示一个音节），单个单词又会显得太长。因此，他大胆假设楔形文字是一种字母文字，一部分符号表示短元音，其他符号表示长元音。结果，希格罗特芬德猜对了。

考虑到波斯波利斯（见下图）是阿契美尼德王朝（Achaemenid）的首都，他假设这些碑文可能是纪念性的文字，可能包含了阿契美尼德历朝的统治者的名字和宗谱，而这些内容可以从希腊的文献中获得。一段来自帕尔米拉（Palmyra）的用中古波斯语（MiddlePersian）或者巴列维语（Pahlavi）记录的程式化的文书，在一位来自希腊的精通上述两门语言的人士的帮助下被破解，文书中记载着波斯萨珊王朝（Sasanian）统治者的姓名，并被冠以“伊朗的万王之王、众神之王、天神巴巴克（Babak）之孙、君主”等头衔。参考这个模式，希格罗特芬德假设这两段短碑文中的第一个字表示统治者的名字，第二个字则应该与“王”字有关，而“万王之王”这几个字也可能会出现。由于“王”字多次重复，所以很容易辨别出那些不断重复的字符即是“王”字所对应的字符。同时，每段碑文中组成第一个字的字符是不同的，可以理解成这些字符一定拼写着不同国王的名字。希格罗特芬德随后注意到，第一段碑文的第一个字也出现在第二段碑文的第三行中，并紧跟着他暂且识别为“王”字的字符。假设第二段碑文的第一个字表示一个国王的名字，那么他可能是第三行提到的国王的儿子。阿契美尼德王朝的统治者赛瑟斯（Xerxes）是大流士（Darius）之子，而大流士又是希斯塔斯普（Hystaspes）之子。所以第二段碑文的第一个字一定代表那位希腊人称为赛瑟斯的统治者，而第二段碑文第三行的字，同时也是第一段碑文的第一个字，一定代表赛瑟斯的名为大流士的父亲。

从文字到发音

希格罗特芬德在中古波斯文的《波斯古经》（Avesta）的译文中发现，大流士的父亲希斯塔斯普的名字有几种不同的拼写形式，最常见的是被拼成‘Goshtap’，同时他还发现中古波斯文中“王”字的拼写是khšeio。第二段碑文中的第一个字和第二个字都始于相同的楔形字符，现在希格罗特芬德可以确定这些字符代表语音‘kh’，第二个字符也可以被识别为语音‘sh’。此外，希格罗特芬德已经识别出第一段碑文表示“大流士”这个名字，现在也可以肯定第二段碑文是希腊名字“赛瑟斯”的古波斯语拼写。他发现，第一段碑文的第一个字的第三个字母，同样出现在第二段碑文的第一个字中，这让他得出该字符代表字母‘r’的结论。遵循着同样的模式，他成功地识别出这两段碑文中出现的所有22个不同的字符中的10个，以及“大流士”“赛瑟斯”“希斯塔斯普”这三个名字和“国王”“伟大”这两个单词。他采用的方法更像是密码分析学，而非语言学。在实现这次具有启发性的突破后，随着人们对梵语（Sanskrit）和阿维斯陀语（Avestan）这类与古波斯语联系紧密的语言的认识逐渐加深，其他学者进行了更加深入的研究。尽管如此，希格罗特芬德的成就仍然十分伟大，因为这是历史上第一次有人部分破解了一门失传已久的古老语言。

碑文 1

第1行 Dārayavauš : xšāyaθiya: vazra
第2行 vazraka : xšyaθiya : xša
第3行 yaθiyānām : xšāyaθiya:
第4行 dahyūnām : Vištāapahy
第5行 ā : puça : Haxāmanišiya : h
第6行 ya : imam : tacaram : akunauš

希格罗特芬德的译文：**Darius the Great King,King of Kings,King** of countries,son of **Hystaspes,** an Achaemenian.

碑文 2

第1行 Xšayārša : xšāyaθiya :
第2行 ka : xšāyaθiya : xšāyaθiya
第3行 nām : Dārayavahauš :xšāyaθ
第4行 iyahyā : puça : Haxāmanišiya:

希格罗特芬德的译文：**Xerxes,the Great King,King of Kings,son of Darius,**the Achaemenian.

上文中加粗部分是希格罗特芬德识别出的文字

揭开尘封的过去

直到1847年，在17位来自不同国家的学者的不懈努力下，上古波斯语的楔形文字书写系统才得到完整的描述。希格罗特芬德曾经假设这种文字属于字母文字，实际上36个楔形字符代表的是辅音外加一个元音。这36个字符中，除了3个字符表示元音‘a’‘i’和‘u’，22个字符表示辅音与元音‘a’的固定搭配，4个表示辅音与元音‘i’的组合、7个表示辅音加上元音‘u’，共同组成音节表。此外，还有一些语素文字用来表示‘国王’‘神’‘国家’‘大地’这几个常见的重复出现的单词。

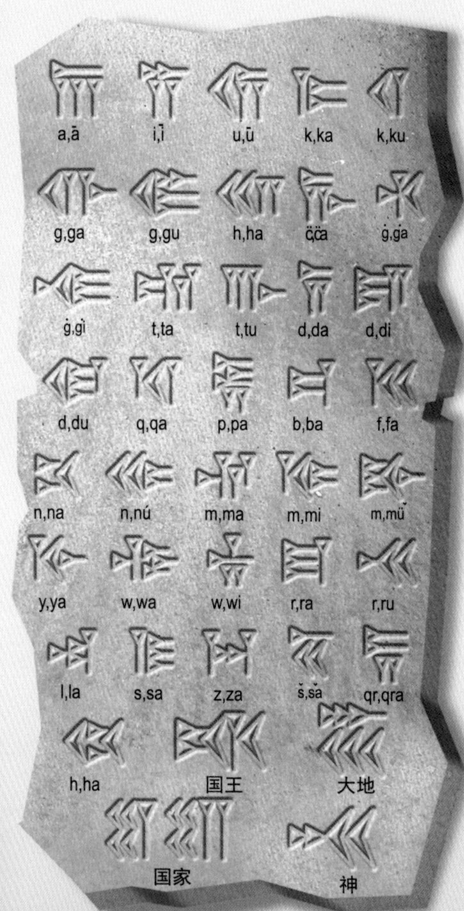

上古波斯语书写系统

这种书写系统在远古时代是十分独特的，并且似乎在大流士本人的鼓励下被发明出来。这些文字看上去好像只在阿契美尼德国王的高度程式化的碑文中被使用过。与阿卡德语（Akkadian）和埃兰语（Elamite）一同出现的文字的相同点就是楔形文字的使用，因此，对上古波斯语的解密也打开了解读阿卡德语楔形文字的大门，并将人类有文字记载的历史提前了3000年。

字母和文字 ALPHABETS AND SCRIPTS

最早的辅音音素字母系统以楔形文字书写，出现在约公元前1400年的叙利亚海港城市乌加里特（Ugarit），但是从其字符的排列顺序可以判断，该系统受到了某种字母系统的影响，而这种字母系统应该与随后出现的腓尼基语有些类似。腓尼基语的出现最早可追溯到公元前1000年，这种语言被腓尼基的商人们广泛传播到整个地中海地区，希腊人添加了表示元音的符号，完善了这一系统。与此同时，或许是受到阿拉姆语（Aramaic）字母形式的启发，东方的印度和东南亚的音节字母系统在语音的完美方面已发展到非同寻常的程度。奇怪的是，在这种更加简化的书写方式被发明以后，阿卡德楔形文字和埃及象形文字仍然在之后长达1000年的时间里继续被用于传统的书写。

a	e(i)	u
b	g	d
h	chu	z
ha	kh	th
y	k	l
m	n	s
ss	c	zha
p	sha	zh
q	r	sho
zhu	t	tt

乌加里特语采用楔形文字进行书写，其历史可追溯到公元前1400年，乌加里特语仍然保持着已知最早的字母系统，起初包括22个辅音字母，后来发展到30个。

辅音音素文字和元音附标文字

乌加里特语（Ugaritic）与腓尼基语（Phoenician）、迦南语（Canaanite）、阿拉姆语（Aramaic）以及希伯来语（Hebrew）联系紧密，这类闪族（Semitic）字母系统仅由辅音字母构成，我们今天称之为“辅音音素文字（abjads）”，在开头三个字母‘aleph’‘beth’‘gimel’后，对应‘aleph’的字符并不代表元音‘a’，而是表示喉塞音。几乎所有闪族语言所使用的文字都是音素文字，类似埃塞俄比亚语的文字，本身从南阿拉伯语辅音音素文字发展而来，通过改变字母的书写形式表示随后的元音，这就是所谓的“元音附标文字（abugidas）”（见27页“梵文”），大部分印度和一些东南亚地区的文字都是这种类型。希腊人采用腓尼基字母（见下图），非常适合闪族语言的书写，但是一种围绕辅音产生的文字显然不能充分适应希腊语这种具有丰富元音的语言。有一些发音是闪族语中特有的，但在希腊语中并不存在，对应这些发音的字符被重新分配了元音的发音，在经过大量的区域性实验后，第一个“真正的字母系统”诞生了，语言中的所有发音都可以在这个字母系统中由单个的字符来表示。希腊字母表中前两个字母的腓尼基语名称用希腊语表示即‘alpha’和‘beta’，而英文中“字母表（alphabet）”这个单词就是由这两个字母组合而成的。

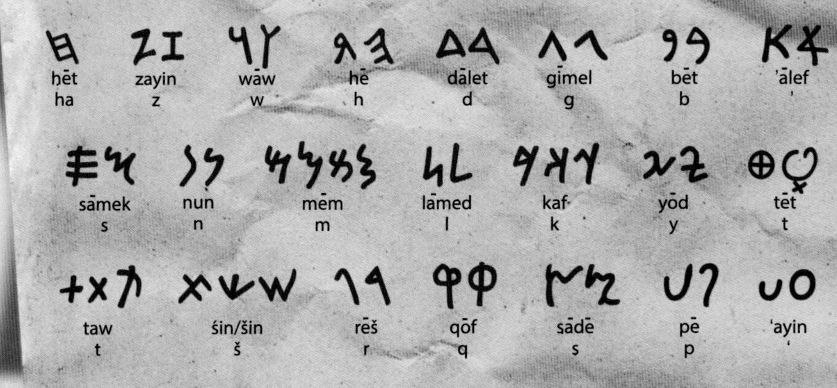

了解字母的不同

罗马字母系统首次出现在公元前6世纪的文中，它可能衍生于伊特鲁里亚语（Etruscan）并最终成为现代西方书写系统的基础。种字母系统起初只包含21个字母：‘V’时表示‘V’和‘U’两个语音，而‘I’示‘I’和‘J’两个语音。直到10世纪，‘U和‘V’在外形上仍没有区别，‘W’起初由两个‘V’并排写成的，直到很久以后才现‘W’，‘J’到了15世纪才有了自己特的形状。意大利语中仍然拒绝使用‘K’来示‘C’的硬发音（[k]的音），而选择‘CH’种单音双字母的形式来表示该发音。斯堪的维亚语（Scandinavian）、土耳其语（Turkish和一些中欧地区的语言，则采用了一些字母特殊形式和变音符来表示某些特定的发音。

音节字母系统和音节文字

音节字母系统中的字母在表示连接元音的辅音时，表示连接元音的辅音，一般的方法是改变辅音字符的书写形式，或为其添加变音符，或二者兼而有之。南亚次大陆的许多复杂文字就依赖这类字母系统的丰富表达能力，其中婆罗门文字是最古老的（公元前300年），而梵文（见右图）则是传播范围最广的。真正的音节文字需要对每一种可能的辅音、和元音组合都有一个单独的对应字符，所以，辅音文字有数百个字符。与之不同的是，音节字母系统是根据字母前后连接着的元音来调整该字母的书写方式的，比如日文中的平假名（Hiragana）和片假名（Katakana），以及朝鲜语字母。因纽特人（Inuit）及其他北美印第安人的语言也使用了这类音节字母系统作为书写系统。

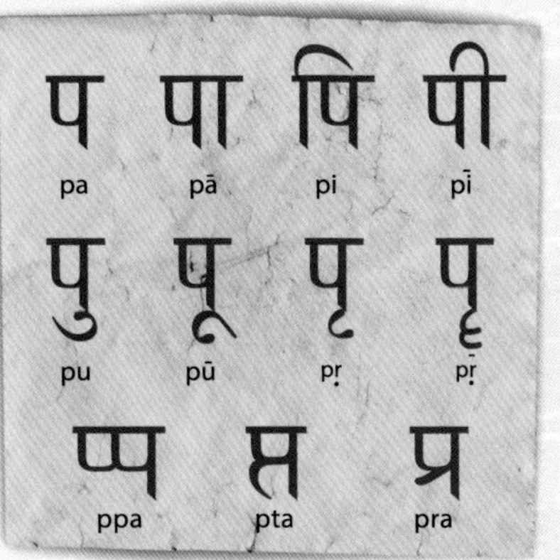

梵文是元音附标文字的一个实例，展示了如何通过调整一个单独的辅音字符表示它所对应的多个音节。

朝鲜语字母文字是一种音节文字，辅音和元音被分别处理，元音作为辅音的变音符出现。

罗马字母系统在整个西罗马帝国被广泛使用，不仅如此，在随后的几个世纪里被基督教的传教士们传播到更远的地方，这也造就了其在现代世界中的优势地位。希腊语则仍在东罗马被使用，9世纪，拜占庭教派的传教士结合拉丁文和希腊语的特征，并为了方便将经文翻译成古教会斯拉夫语（Old Church Slavonic），发明了一种新的字母系统。这种新型字母系统在传教士圣·西里尔（Saints Cyril）和圣·墨索迪乌斯（Saints Methodius）领导的向东欧和俄罗斯的传教进程中得到推广并生根发芽，最终形成所谓的西里尔字母系统（Cyrillic，见右图），其33个字符表示斯拉夫语的元音发音。目前，前苏联地区有近50种中亚语言还延用这种字母系统进行书写。

汉字

从约公元前1200年作为一种成熟的文字在甲骨上第一次出现开始，汉字通过使用四种基本的造字形式，已经发展了多个世纪。这四种基本形式包括象形、指事、会意和形声，其中，象形是对象的视觉化表示；指事，通过有别于象形图的区别化字符，表示不同的相互关联的抽象概念；会意，相互关联的象形字的组合，由两个语义元素构成，即通过将这两个图形所代表的意思组合在一起形成另一个词；形声，将语义或语音符号组合起来，同时表达其发音和含义。后者在90%左右的现代汉字中被使用。今天的汉字包含60000个字，但其中常用的字不到4000个。

汉语书写的前提条件是认识大量的汉字

译者注：下表内容原书部分有误，其中左侧的时间从上至下为汉字字体演化的重要时期或节点，而四个汉字的字体不完全是相应时期所使用的字体（特别是本表的下半部分）。

	象形 马	指事 上	会意 莫	形声 柳
公元前14—公元前11世纪 甲骨文，用于占卜				
公元前14—公元前3世纪 金文，用于青铜器铭文				
约公元前221年 小篆，用于文告、命名等				
约公元前200年 隶书，用于文献等	馬	上	莫	柳
约公元200年 楷书，用于文献等	馬	上	莫	柳
约公元1400年 宋体，用于日常使用	馬	上	莫	柳
公元1956年 中国公布《汉字简化方案》，图为行书，用于日常使用。公布《汉字简化方案》	马	上	莫	柳
公元2000年 中国通过《国家通用语言文字法》，图为仿宋体，用于日常使用	马	上	莫	柳

数字系统的演变

The Evolution of Numerical Systems

记账的需求使得发明数字系统成为必然。在世界上的绝大多数地区，这些数字系统可能仍然是将抽象概念进行整理归类的最早形式，并领先于书写系统演变的进程。在超过三万年以前，狩猎部落就开始使用木制或骨质的计数棒，用来记录他们猎杀的动物的数量。在美索不达米亚的苏美尔地区，公元前3500年就出现了用以计数的泥币，这些泥币是生产者和商人使用的库存盘点和记账系统的开端，同时也是最早的书写数字系统的基础。人类通常使用自己的手指和脚趾进行基本计数，因此，大多数计数系统都采用十进制。此外，玛雅人（Maya）、阿芝特克人（Aztecs）和凯尔特人（Celts）采用二十进制，美索不达米亚地区的人们则采用六十进制。希腊人、罗马人、希伯来人和阿拉伯人使用字母计数系统，在该系统中，所有的数字由字母表示。其中，阿拉伯人最晚采用该系统，但“阿拉伯数字”却在当今世界上的绝大部分地区被广泛使用。

伊塞伍德计数骨

这种长约4英寸（约10厘米）的骨头发现于刚果，时间至少可追溯到公元前6500年。这些骨头上有多组

刻痕，其中的几组构成了素数。它们的功能目前仍不清楚，可能是计算器的早期形式，也可能仅仅是对所猎杀的猎物或者日期，以及其他数值的一种记录方式。人们在非洲南部和欧洲中部都发现过类似的计数棍，有些则在时间上更为古老。而生活在纳米比亚的布希曼人直至今天仍然使用类似的计数棍计算时间的流逝。

记账

在埃及等发展较成熟的国家，对牲畜和粮食记账是一件十分重要的事

约公元前3000年 埃及
4指 1掌
（4英寸，约7.5厘米）
7掌 1肘
100肘 1 开赫特

约公元前1950年 希腊克里特岛
加法，十进制，用象形文字书写

约公元前1800年 巴比伦
数字相对位置，六十进制，楔形数字

约公元前1450年 中国
加法和乘法
无进制

4000　3000　2000

约公元前3300年 苏美尔基于六十进制的加法
1指 0.75英寸（1.65厘米）**30指** 1肘

约公元前1400年 赫梯族
加法，十进制，楔形数字

楔形文字中的数学

在美索不达米亚地区，闪族人和巴比伦人（Babylonians）发明了精致且灵活的六十进制系统，该系统可能得益于他们的天文观察和历法运算，60可以被2、3、4、5、6和10整除。虽然现代世界的大多数计算都以十进制为基础，但是六十进制依然存在于我们的生活中，例如1分钟有60秒，1小时有60分钟。还有在以整圆中所占比例表示角度的标度时，如果整圆对应360度，那么每1度则包含60分。

1	I
2	II
3	III
4	IV
5	V
6	VI
7	VII
8	VIII
9	IX
10	X
11	XI
12	XII
13	XIII
14	XIV
15	XV
16	XVI
17	XVII
18	XVIII
19	XIX
20	XX
50	L
100	C
500	D
1000	M
5000	$\overline{V}$
10,000	$\overline{X}$
100,000	$\overline{C}$
1,000,000	$\overline{M}$

罗马数字

罗马数字作为一种古代字母系统而沿用至今，尤其是在正式或者纪念性语境下使用，以及用于表示版权的日期。它基于加法和字符相对位置的调整相结合，可以用共7个字符表示出任何一个数字。例如，数字4和9分别用5减1和10减1来表示。

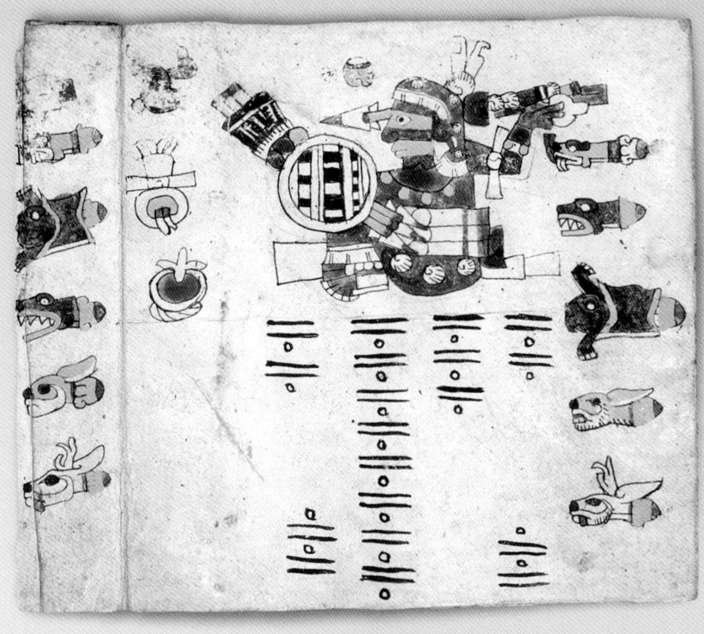

中美洲数字符号

玛雅人采用一种十分优雅并且简单的数字系统，由区区两个形状就可以表示出数字1～19，这两个形状一个是点或圈，另一个是一条横线。20通常由一个表示“完成”或者“零”的标志来表示。玛雅人使用的复杂且环环相扣的历法系统（见154页），就是基于二十进制的计数系统。数字1～4分别由对应数量的圆圈表示；数字5是一条横线；数字6是一条横线加一个圆圈；数字10是两条平行的横线，并以此类推直到数字19，19由三条横线加4个圆圈表示。

约公元前700年 希腊
加法，十进制，字母
4 daktyloi（1指宽） 1 palaste（手掌）
4 palastai 1英尺，约12英寸（约30厘米），
1.5英尺 1肘

约公元前500年 罗马
加法，十进制，字母
4 digitii（1指宽） 1 palm
4 palms 1 pes（1英尺，即12英寸，约30厘米）
5 pedes 1 passus（1步）
1000 passus 1 英里

约公元前200年 希伯来
加法，十进制，字母

约240年 印度
数位位置，十进制，数字

约450年 玛雅
数位位置，二十进制，雕刻文字

约1000年
阿拉伯世界采用了印度数字系统并加以变化

约1200年
阿拉伯数字传到欧洲

1000 公元前 0 公元 1000 2000

阿拉伯数字

今天世界上被最为广泛认识和使用的数字系统就是“阿拉伯数字”。其实称其为“阿拉伯数字”是不准确的，因为这套系统是由印度地区的印度数学家们所创造的。它是第一个具有零这个概念的数学系统，并且十分有效地表现出十进制，因为只需表示出数字0～9，更大的数字可通过连接这些数位来表示，即所谓的位值系统。阿拉伯人采用这套数字系统准确描述了数学函数，并将其传播到西方。

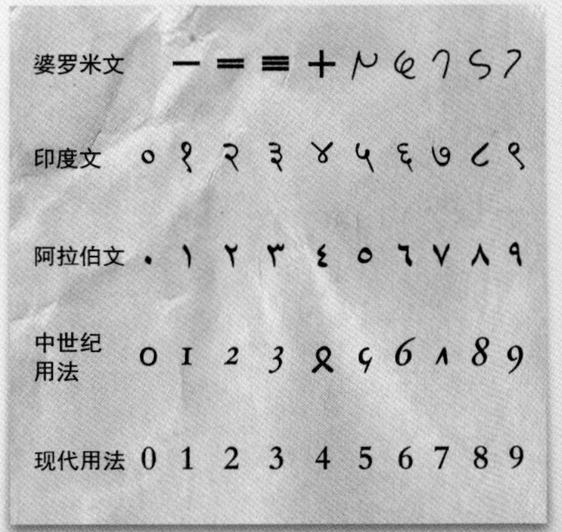

婆罗米文		𑁒	𑁓	𑁔	𑁕	𑁖	𑁗	𑁘	𑁙	𑁚
印度文	०	१	२	३	४	५	६	७	८	९
阿拉伯文	٠	١	٢	٣	٤	٥	٦	٧	٨	٩
中世纪用法	0	I	2	3	[illegible]	ϥ	6	ʌ	8	9
现代用法	0	1	2	3	4	5	6	7	8	9

中世纪的数字

意大利数学家列奥纳多·皮萨诺（Leonardo Pisano，又名斐波那契），在北非接触到阿拉伯数字系统，并在13世纪将该系统介绍到欧洲。但仅在几个世纪后，欧洲就出现了大量的数字系统，有些还被公认为深奥难懂，尽管如此。用手指计数的情况仍然相当普遍（见右图）。

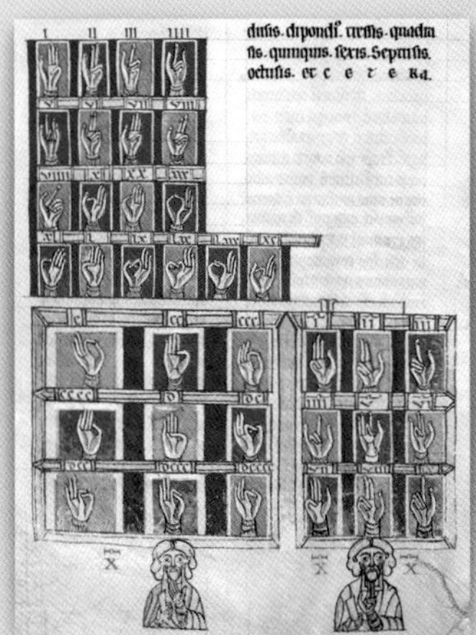

线性文字A和线性文字B

Linear A and Linear B

在1900年4月5日，阿瑟·埃文斯爵士（Sir Arthur Evans）在位于希腊克里特岛的米诺斯王（King Minos）克诺索斯宫（Knossos Palace）的建筑群中发现了大量的泥质平板，上面有尖笔刻的符号。埃文斯曾经在雅典的古董店里见过有类似象形文字的封印石。随后，他在克里特岛发现了这些封印石的踪迹，因为这里的妇女会佩戴这些封印石作为护身符。1902年，在特里亚达大教堂（Hagia Triada）又发现了一些被存放起来的平板，这些平板上的文字与克诺索斯平板上的文字相似，但有着明显的不同。埃文斯称这种文字为“线性文字A”，称克诺索斯平板上的文字为“线性文字B”。他认为这两种文字都是“克里特语（Minoan）”，并假设它们都源自那些封印石上所发现的象形符号。

阿瑟·埃文斯爵士（1851—1941年），发掘出克诺索斯宫（见下图）中的许多泥质平板，揭示了克里特文明丰富的文化。

希腊语之前

1871年至1873年，乔治·史密斯（George Smith）和莫里茨·施密特（Moritz Schmidt）在一位精通腓尼基语的双语专家的帮助下，解析了塞浦路斯岛（Cyprus）上使用的一种音节文字，并证实它是希腊语的早期形式之一。线性文字B中有7个字符，与该文字中对应的字符十分相似，其中的一个就是表示音节‘se’的字符，在塞浦路斯语的书写系统中，该字符除表示音节外，还表示结束符‘s’（这是希腊语名词最为普遍的结尾方式），词尾的‘e’不发音。尽管该字符在线性文字B和塞浦路斯音节文字中都被使用，但在线性文字B的单词结尾处却几乎从未出现过，这使得学者们确信线性文字B不可能是希腊语。此外，还有另一个更加令人信服的原因，克诺索斯宫殿在公元前1400年左右被破坏，如果希腊人曾经使用过克里特语，这比最早发现的希腊语碑文还要早大约800年，这对埃文斯这样的专家们来说就有些太不可思议了。

科伯的贡献

1945年至1949年，美国学者艾利斯·科伯（Alice Kober）终于向正确方向迈出了第一步，她通过比较重复出现的字符组合，证明了词格的存在。如果有三个五字母单词有以下形式：‘abcde’‘abcfg’和‘abchi’，那么就可以推测结尾的字母组合‘-de’‘-fg’和‘hi’属于曲折词缀。她随后又展示了出现在数字符号之前的一组符号，这组符号应该表示“总数”的意思，具有两种形式：一种出现在包括女人和某类动物的详细清单的平板上；另一种出现在包括男人和另一类动物、刀剑以及工具的详细清单的平板上。她认为，这些证据意味着表达这种语言的符号具有性别特征。这些观察结论是该语言解码工作中的第一次积极进展。

证据

线性文字A（见下图）和线性文字B所使用的符号相似，但两种文字在表示分数时有明显区别，在清点货物时，二者使用的

字符也不相同，现在可以确定其代表“总计”的意思。两种文字中的字符顺序也不尽相同，很明显，写在平板上的文字是两种不同的语言。

埃文斯从线性文字B中所使用的符号数量推断出该文字是一种音节文字。他的贡献还包括：确定了文字书写的方向（从左向右），识别出一个断字符号，使用的是语素文字还是象形文字，以及使用十进制计数。这些平板就像由单词加象形图再加数字构成的某种详细目录。截至1904年，埃文斯停止在克诺索斯的工作，他共发现约3000块刻有线性文字B的平板，但直到1953年，这些发现才被公开发表。

1939年，在希腊大陆的皮洛斯（Pylos）又出土了超过600块刻有线性文字B的平板。这些发现于1951年公开发表，而其编者E.L.本内特（E.L.Bennett）确立了由87个字符构成的线性文字B书写系统的基本形式。

文特里斯的发现

研究工作在1952年出现了一些突破。一位名为迈克·文特里斯（Michael Ventris，1922—1956年）的年轻英国建筑师，从孩提时期就对米诺斯文明十分着迷，他在18岁时发表了他的第一篇关于线性文字B平板的论文。文中提出米诺斯人所使用的语言可能是伊特鲁里亚语（Etruscan）。在服完兵役之后，他重新回到相关的研究中，并在1950年给该领域的学者们分发了一份调查问卷，了解大家对这种文字的看法。学者们当时的普遍看法是，该语言属于印欧语系，可能与赫梯语有关联。但是文特里斯仍然认为这种语言是伊特鲁里亚语，而当时伊特鲁里亚语还没有已被发现的同类语言。1951年，受E.L.本内特发表的关于皮洛斯平板的论文的影响，文特里斯和其他研究者们开始编制频率表，确定那些在单词的开头和结尾出现最为频繁的字符。初步鉴别得出的结论是表示‘a’的字符。在接下来的18个月里，文特里斯一直将他的20份“工作笔记”传阅给他的合作者。受科伯工作方法的启发，文特里斯的笔记中包含有四个网格，符号标绘在网格上，它们出现的频率也被记录下来，初步猜测与这些字符搭配使用的元音也被标绘出来。这些工作对最终破解该语言起到非常重要的作用。

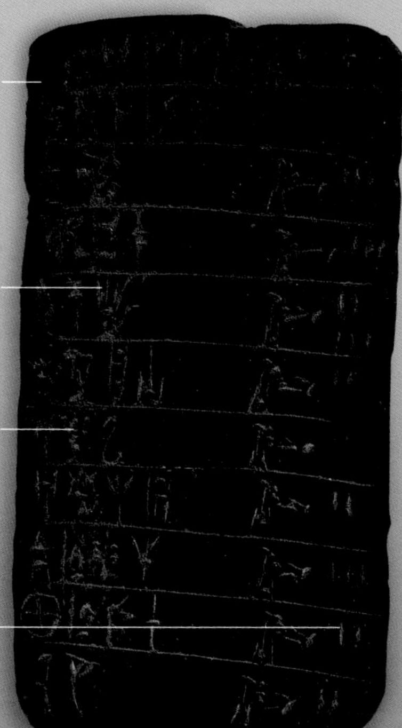

线性文字B
许多平板是清楚的详细库存清单或者分类账目，记录了关于交易和产品的信息。这些文字从左向右读，明显基于最初的字符排列顺序

列表
左边一栏中的文字表明具体的子项

字符
经统计，该书写系统共有87个字符，这对一种字母文字来说数量太多了，意味着有一些字符可能是曲折形式，也可能是性别属性

数字
右边一栏包括十进制的计数系统，前面的前缀是表示“总计”的符号的各种变体

来自诗人荷马的线索

但是，真正的突破来自对一个地名的辨识。许多目前已破解的古代文字的神秘面纱，就是在对一些特定名称的辨识过程中被层层掀开的（见24，36页）。在线性文字B的案例中，没有一个人名是已知的。文特里斯注意到，在列有不同商品的列表上有一组符号，他认为这些符号可能是地名。荷马在史诗中提到过克诺索斯附近的安姆尼索斯（Amnisos）港。在音节文字中，这个名字应该被写成‘a-mi-ni-so’，而文特里斯已经识别出表示‘a’的符号，此外还可以结合塞浦路斯语进行分析，得到表示‘ni’的符号。通过假设第二个和最后一个音节的字是‘mi’和‘so’，他又初步得到另外的两个字符所对应的字。

接下来，文特里斯识别出这两个单词的形容词形式‘a-mi-ni-si-ya’和‘a-mi-ni-si-yo’，文特里斯随后又对一个三个符号的组合进行了推测，该组符号的第三个符号现在可以被读为‘-so’，拼写成‘ko-no-so’，即克诺索斯（Knossos）。基于此，他了解到关于线性文字B的一个关键点，那就是结尾的‘s’不会拼写出来。这就解释了为什么这个语言看起来“不像希腊语”。一种拼写上的惯用手法使这种平板上的语言隐藏了其真实身份。

来自三脚架的线索

在与密码专家约翰·查德威克（John Chadwick）一起工作

的过程中，文特里斯开始辨别这种文字中可能含有的其他希腊单词。1953年5月，文特里斯（见上图）收到一封来自皮洛斯的发掘者的信，信中肯定了他关于线性文字B的不同寻常的调查方法，还向他描述了在一个平板上出现的各种不同的壶状符号。这些壶状符号的轮廓被描画得十分清晰，后面跟着数字。文特里斯将这些壶状字符前面的字符替换为已破解的字符，得到如下信息：一个三条腿的壶状字符前的字符对应了‘ti-ri-po-de’，有四个扶手的壶状符号对应的是‘qe-to-ro-we’，三个扶手的壶状符号对应的是‘ti-ri-o-we’，没有扶手的壶状符号对应的是‘a-no-we’。这些都是立刻能被识别出来的希腊单词：三脚架、“四个扶手”、“三个扶手”和“没有扶手”。这些证据打破了文特里斯原先的理论，证明线性文字B这种语言确实是希腊语，可能是米诺斯人被他们大陆上的邻居强迫使用这种语言。米诺斯人调整了书写系统以适应这种语言。而关于线性文字A的秘密，它是否是米诺斯人本族语言的一种书写方式，目前仍然是未解之谜。

1953年6月24日，这一天注定被铭记史册，文特里斯宣布成功破解线性文字B。而在同一天，埃德蒙·希拉里（Edmund Hillary）成功测量了珠穆朗玛峰（Everest）的高度（见88页）。

斐斯托斯圆盘 THE PHAISTOS DISC

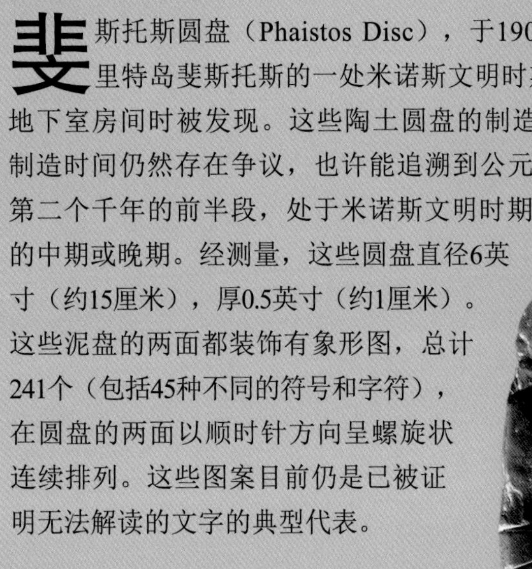

斐斯托斯圆盘（Phaistos Disc），于1908年在发掘克里特岛斐斯托斯的一处米诺斯文明时期的宫殿地下室房间时被发现。这些陶土圆盘的制造地和制造时间仍然存在争议，也许能追溯到公元前第二个千年的前半段，处于米诺斯文明时期的中期或晚期。经测量，这些圆盘直径6英寸（约15厘米），厚0.5英寸（约1厘米）。这些泥盘的两面都装饰有象形图，总计241个（包括45种不同的符号和字符），在圆盘的两面以顺时针方向呈螺旋状连续排列。这些图案目前仍是已被证明无法解读的文字的典型代表。

螺旋线

那些围绕着一组组象形图的螺旋线是人工雕刻而成，其作用与竖线相同，就是将字符分组或将字符分割成假定的“字”或可能的“句子”

鹰

出现过5次，但是只出现于A面

盾牌

出现次数第二多的象形图，总共17次。其中有13次直接出现在一个有羽毛装饰的头部图案的后面；另外4次则出现在一个字的结尾

木工机

出现3次，只在A面出现

A面

目前还无法确定圆盘的“正面”和“反面”，或者说圆盘上的文字应该按何种顺序解读，所以人们用A面和B面来代表圆盘的两面。A面有31个“字”，每个象形图都由印戳压印在泥盘上。

斐斯托斯圆盘字符

通过将圆盘上的印痕加以组织，形成一张分析表，为这些字符命名，并统计这些字符出现的频率（见右图）。虽然其中的某些字符与一些已经可以辨别的字符具有某些相同点，包括克里特象形文字和与其相关联的埃及象形文字、线性文字A中的字符和安那托利亚语（Anatolian）象形文字（分别见30、34和36页），但其他类似文字的发现还是很少。在没有其他与其相同的象形文字字母系统的使用的考古学新发现的情况下，这些圆盘上的字符含义很难被解读，只能暂时用统一字符编码标准对其进行编码。

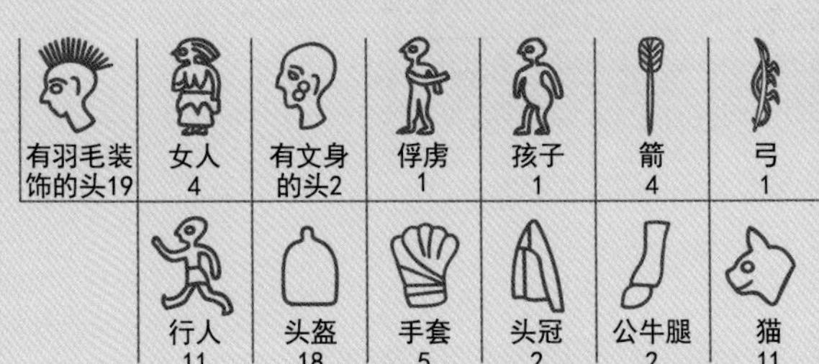

有羽毛装饰的头19
女人 4
有文身的头2
俘虏 1
孩子 1
箭 4
弓 1
行人 11
头盔 18
手套 5
头冠 2
公牛腿 2
猫 11

B 面

B面只有30个“字”。值得注意的是，在A、B两面同时出现的象形图可被轻松地识别出来，说明这些象形图的象征作用很成功。

有羽毛装饰的头
出现最为频繁的象形图，出现了19次，并且每次只出现在一个单词的开始位置

藤
出现4次，只在B面出现

吊索
出现5次，只在B面出现

指示符
有一些字符会带有斜线，同样是人工雕刻上的。这样的字符可能意味着一个单词的开始或结束，而这取决于阅读的顺序。最能被广泛接受的观点是，圆盘上的字符是按从外向内直到中心的方式阅读的

滤网
9个只出现过1次的象形图之一，即所谓的hapaxes（一次词）

盾牌	棍棒	手铐	鹤嘴锄	锯	盖子	回力镖	木工机	陶罐	梳子	吊索	圆柱	蜂窝	船	角	兽皮
17	6	2	1	2	1	12	3	2	2	5	11	6	7	6	15
公羊	鹰	鸽子	金枪鱼	蜜蜂	树木	藤	纸莎草	莲座丛	百合	牛背	长笛	锉刀	滤网	小斧头	波浪带
1	5	3	6	3	11	4	4	4	4	6	2	1	1	1	6

象形文字的奥秘
THE MYSTERY OF HIEROGLYPHS

在那些自罗马帝国时代以来就已经传播到欧洲的埃及手工艺品、平板和方尖碑中，许多都带有一种奇特的象形文字，这种书写系统在长达几个世纪的时间里一直吸引着欧洲学者的兴趣。但是，因为现在的埃及人已经不能阅读这种文字，更关键的是，他们也已经不会说古埃及语（这种语言在希腊罗马托勒蜜王朝时期，即公元前330—公元前305年，就已经失传），所以目前已经没有关于这些文字含义的线索了。随后，在拿破仑对埃及和巴勒斯坦地区发动的军事行动（1798—1801年）期间，在极其偶然的情况下，有人发现一块带有铭文的平板。这块平板当时被当作回收利用的建筑材料，用在位于尼罗河三角洲罗塞塔（Rosetta）的一座堡垒的围墙上。这块平板雕刻于公元前196年，上面用三种语言描述了一项为祭祀而颁布的法令。

对象形文字的早期理解

古埃及书写系统被称为埃及象形文字，很长时间以来都被假定成一种图形文字，即每一个象形图代表一个概念，基本上是一种画谜或者图画书写系统。为了解释这些象形文字，人们做了大量极富想象力的尝试，但是问题仍然存在，虽然许多象形字符似乎能表示一个可以被识别的事物（如一只隼、一把犁等），但仍然有许多潦草的字符让人难以理解。这些字符究竟属于高度格式化的图画，还是仅仅属于标点符号或者是连接符？除此以外，这种文字没有固定的书写顺序：有时候字符按行排列，而有时候又按列垂直排列。虽然如此，早期的学者们也从来没有假设过埃及象形文字是一种真正的书写系统，并且实质上还具有音标功能。

埃及象形文字一开始被认为是一种图形书写系统

拿破仑对埃及的侵略为法国古文物研究者们开展对埃及遗迹的研究提供了机会，这些研究者反过来也会为拿破仑提供带走何种战利品的建议。后来随着拿破仑被英国人所打败，他的战利品中又有许多手工艺品被带到英格兰，罗赛塔石碑（Rosetta Stone）就是其中之一。这些手工艺品的到来又在英国掀起了一股古文物研究热潮。

罗赛塔石碑

作为一项非凡的考古发现，罗塞塔石碑上有一段同时由三种文字记录的文本，如果将这三种文字对照阅读，这段文本就形成了一本解码手册。但是，由于石碑有破损，许多可对比的文本已经丢失。虽然罗塞塔石碑能让考古学家通过对照象形文字文本的片段解读希腊语文本，但仅靠这些信息不太可能重现古埃及语言的真正的工作机制。

上半部分

古埃及象形文字文本，不幸的是，大部分已破损，仅保留了14行，大体对应着希腊语文本的最后28行，但是没有一行是完整的

中间部分

古埃及世俗体文本，包括32行文字，但是右上角有破损，由于世俗体文字是从右向左进行书写的，这意味着丢失的前14行文字是开头部分

下半部分

希腊语文本，唯一可以被直接解读的语言，包括54行文字，其中最后26行不完整。这段关键的文本最终成为解读埃及象形文字和世俗体文字的钥匙

解开谜团

托马斯·杨（Thomas Young）是一位天赋异禀的语言学家和学识渊博的科学家，痴迷于罗塞塔石碑的研究。在研究石碑上三种文本之间的相互关系的过程中，他发现有若干字符总会被圆环或椭圆环圈起来，于是他猜测（猜测正确）这或许是一种对特殊事物加以强调的方法，并将这些字符与希腊语文本中所提到的唯一一位法老托勒密（Ptolemy or Ptolemaios）的名字进行比照。他知道这个专有的名字如何发音，于是开始构建初步的语言学字母表。

托马斯·杨（1773—1829年）是一位语言学家和科学家，他在剑桥大学的绰号是“了不起的杨”。

Ptolmis（Ptolemy）

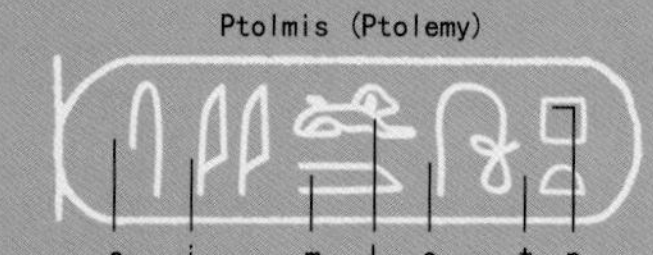

如上图，这个关键单词按照其原来的从右向左的拼写顺序，向人们展示了‘Ptolmis’这个名字的拼写，其在希腊语中拼写为‘Ptolemaios’，在英文中被拼写为‘Ptolemy’。

托马斯还对另一块碑文重复了相同的工作，这块碑文的内容描述另一位托勒密王朝的统治者——女王贝勒尼基（Berenika）。然而，因为托勒密王朝更像是一个产生于希腊而非埃及本土的王朝，所以在拼写女王名字的时候，有可能基于名字的发音组织字符。杨仍然认为象形文字大体上还是图形文字。

Berenika（Berenice）

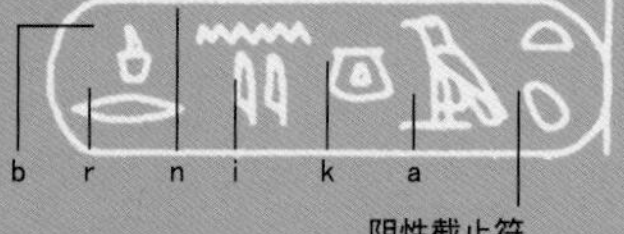

如上图，按照从左向右的发音顺序拼写。很明显，元音‘e’没有拼写出来，同时最后一个字符不发音，只是一个代表阴性结束符的字符，经常出现在女王或者女神的名字中。

密码的线索

在成功解读了罗塞塔石碑上出现的托勒密五世（公元前205—公元前180年）的名字后，杨开始构建一部象形文字的字典，同时他还开始提取象形文字书写系统的一些特征，从而帮助他进一步解密另一位法老名字，即托勒密王朝晚期的希腊女王——贝勒尼基（Berenika or Berenice，公元前58—公元前55年），其名字出现在底比斯（Thebes）的卡纳克神庙（Temple of Karnak）里。

从右向左

古埃及语有一个基本特征，那就是从右向左书写，这与大多数的欧洲文字不同，但是在世界其他地方却屡见不鲜。

修饰

在象形文字的修饰方面，抄写员、画匠或者雕刻师可以基于自己的审美和各种理由随意决定具体字符的位置。

附加的字符

托勒密的名字在罗塞塔石碑上出现了6次，关键拼写是不断重复的，但经常会出现附加的象形字符，杨假设这种字符是用来描述各种头衔的（比如托勒密“大帝”）。

元音更少

埃及语中的拼写经常会省略元音对应的字符，这可能反映了当时这些名字的实际发音方式。

解密象形文字

HIEROGLYPHS REVEALED

托马斯·杨（Thomas Young）在第一次打开解读象形文字工作机制的大门（见33页）后，就把这项研究工作放到一边，转而投身到其他感兴趣的领域。一名同样天资聪慧的法国年轻人让-弗朗索瓦·商博良（Jean-François Champollion，1790—1832年）则在杨的引领下继续未完成的工作。在研究碑文副本的过程中，商博良确立了埃及语的书写原则和语法。可惜，直到他短暂一生的最后几年，他才有机会到埃及亲自领略埃及象形文字的丰富多样。

商博良的成功

通过用托马斯·杨提出的方法研究托勒密时期的其他碑文，商博良肯定了杨对几个被圈在椭圆环中的埃及名字的解读。他还将同样的方法应用在一段非托勒密时期的碑文上，该碑文出自被认为是由拉美西斯二世所建造的阿布辛贝神庙（AbuSimbel），进而成功地辨别并解读出这位法老的名字，这是第一个被解密出来的纯粹的埃及语名字。商博良曾研究过科普特语（Coptic），他发现这种在科普特教堂使用的仪式语言正是起源于这些象形文字碑文所使用的编码语言，这个发现为解读其他文字提供了巨大帮助。商博良很快意识到，象形文字系统由语素文字、音标文字和限定性字符共同构成。在作为语素文字的那部分字符中，每个字符代表一个单词或概念；在作为音标文字的那部分字符中，每个字符表示一个或三个辅音；而那些起限定性作用的字符则被用来区分同音字。他最终证明线性文字的确是一种真正的书写文字。直到1822年9月，商博良才给法兰西文学院（Académie des Inscriptions et Belles-Lettres）投稿公布他的发现。这一发现引起广泛的关注，掀起一股古埃及研究热潮。

埃及书写系统的特点 经常将象形图和象形文字结合使用，上图展示的是拉美西斯三世与女神伊希斯（Isis），通过人像上方用椭圆形圈起的人名可以识别出他们。

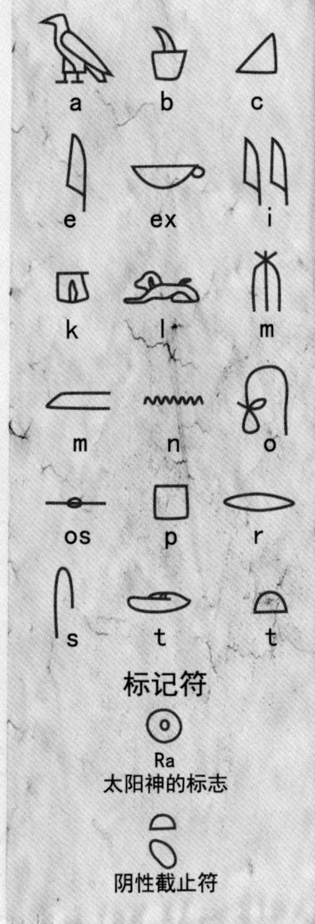

商博良的第一个字母表

商博良从托马斯·杨和他自己对皇室姓名的解读工作出发，逐步形成了一个初步的字母表。一些假设，比如指示性别的标记符和表示太阳神‘Ra’的标记，已被证实是正确的；而随着更多的碑文被解读，人们发现，还有一些假设需要修改。

决心

商博良（下图）决心成为第一个能够阅读古埃及语的人。商博良在克利奥帕特拉（Cleopatra）、亚历

山大大帝（Alexander the Great）和拉美西斯二世（Rameses II）三位埃及统治者的被椭圆环圈起的名字上尝试杨提出的方法，并将自己的方案与之进行比较，最终确定某些字符的读音和其他字符所对应的字母。基于这些认知，他又回到罗塞塔石碑的研究上，把注意力放在碑文中除了法老名字之外的文本上。

亚历山大大帝

克利奥帕特拉

c l e o p a t r a

拉美西斯

商博良的研究 他在尝试研究来自埃及本土的拉美西斯二世的名字之前，先对“亚历山大”和“克利奥帕特拉”这两个托勒密王朝的希腊语名字进行了研究。

象形文字如何工作

古埃及象形文字有超过2000个字符，每一个字符都源自一个象形图，而这些象形图则来自古埃及日常生活中常见的物体、动物或者活动。这些字符可以表示字母表里的字母、语音、性别、数字、抽象概念，或与单词相联系的无语音概念（例如限定词）。

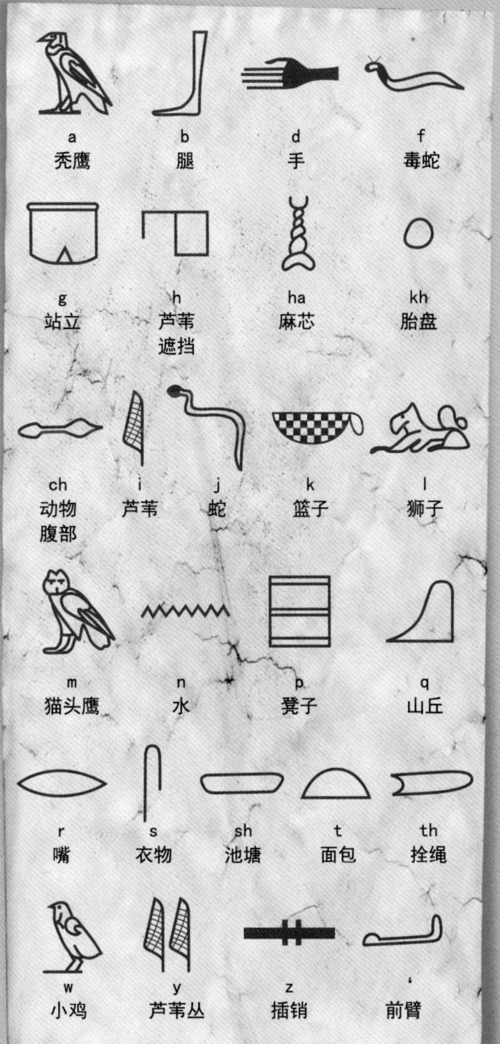

象形文字字母表 象形文字中没有元音，所以我们无法知道这种语言是如何发音的。那些用来转录其他语言的符号，即我们所称的“象形文字字母系统”，实际上是一些辅音字母，而其中一些则被随意用于表示希腊语中的元音。

限定词

有些字符在设计之初就不是作为句子中具有实际意义的部分，而仅用于字母单词后面对该单词的意思做进一步解释。这类字符具有形容词、副词与修饰说明等功能。

形容词和副词 用一些常用的象形图表示各种不同的境况，大部分情况下非常直观。

不重要

闻到

修饰说明

在用辅音拼写一个单词可能产生歧义时，会出现需要进一步说明的情况[例如英文单词‘duck（鸭子）’和‘deck（甲板）’，在埃及语中，这两个单词中都含有对应‘D’和对应‘K’的象形文字。在这个例子中，可以在前面的字符后面加一个表示鸭子的象形图，相应的，可以在‘deck’这个单词后面加一个表示船的象形图]。象形文字中的单词“味道”和“船”就属于这种情况：抄录员会在前者后面添加一个舌头的图形符号，在后者后面添加一个船的图形符号，用这种方式使前面的字母含义更明确。名词“鱼”在埃及语中的拼写是‘rem’，动词“哭泣”的拼写也是‘rem’，两个单词的拼写都用到了‘r’和‘m’对应的埃及语字母。为了辨别单词的含义，就要添加限定词。

鱼

哭

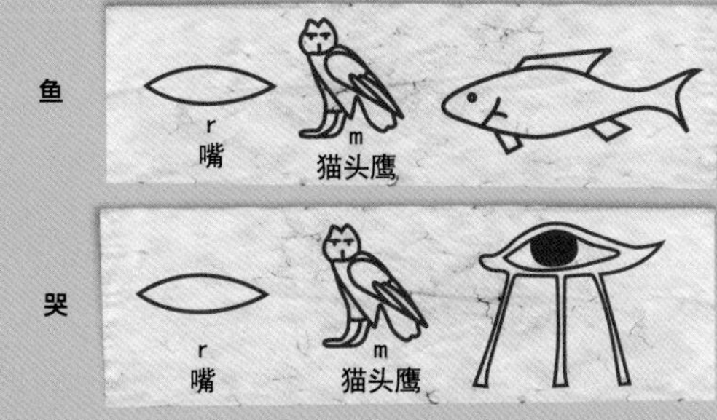

计数

埃及语的计数系统基于加法和各种符号的组合来实现。分数则经常由在代表“嘴”的标志旁边或底下加上数字来表示，“嘴”表示“一部分”的意思。

	1～9	横线或者竖线
	10～90	牛束套
	100～900	绳索
	1,000～9,000	莲花
	10,000	伸出的手指
	100,000	蝌蚪
	1,000,000	支撑着天空的神

抽象概念

与日常活动和各种现象相联系的符号，也可以传达那些难以描述的概念，见下图。

白天，与天文观测相关

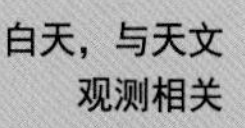

月，与天文观测相关

尊重，富于表现力的肢体语言

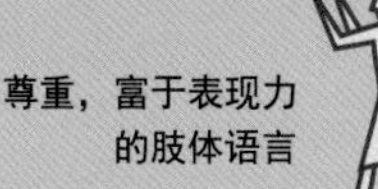

象形图的象征性

象形图往往传达着比文字本身更多的象征意义，并会在象形文字的书写过程中被修改。上图中的浮雕来自位于埃里什特（el-Lisht）的第十二王朝辛努塞尔特一世（Senwosret I）的祭庙，象征着上下埃及的联合，浮雕中描绘的两位天神分别是左边的赛斯（Seth）和右边的荷鲁斯（Horus）。他们被表示联合的象形文字符号系在一起。上方的象形文字是对他们的描述，他们的动作象征着上下埃及两部分的联合。

玛雅文字之谜 THE RIDDLE OF THE MAYA

在1519年，西班牙征服者科尔特斯（Cortés）在洗劫尤卡坦半岛（Yucatán）位于墨西哥湾沿岸的村庄的过程中，在玛雅土著居民的房屋中找到了一些书籍。作为这些发现的最早记录者，彼得·马蒂尔（Peter Martyr）对那些被带回西班牙宫廷的副本进行了如下描述：“这些字符与我们所使用的字符完全不同，其中有块状、钩状、环状、条状等各种图形，像我们一样按行书写，与埃及象形文字非常相像。”许多人相信玛雅文字只是一种图形书写文字，但也有一些学者坚信不止如此，并最终给出了证明。玛雅语至今仍然是中美洲语言中唯一被部分解读的语言。

失去的图书馆

玛雅文书籍书写在刷白的树皮纸上，然后再将树皮像日本屏风那样折叠起来，夹在木质的封皮之中。这种保存方式与一些佛教手稿非常相似，但只有四本书被保留下来。1562年，方济会尤卡坦省的主教迭戈·迪·兰达（Diego de Landa）认为这些玛雅文书籍属于异教邪说，于是将他所能得到的所有玛雅文书籍全部销毁。最具讽刺意义的是，也正是迪·兰达为解密玛雅文字书写系统提供了至关重要的线索。他详细地记录了玛雅人的名字和表示玛雅历法“短期积日制”的260天中20天的符号，此外，他还加上了批注：“这些玛雅人在他们的书籍中使用确定的字母符号进行书写，记录了古代的大事和他们的科学进展。通过这些图形和其中的符号，玛雅人能够了解自己的历史，并将其继续传承下去。”

石头上的象形符号

大量尚存的玛雅语碑文在一定程度上弥补了玛雅语书籍被破坏的损失，这些碑文既包括刻在具有纪念性质的石头檐壁和石柱上的碑文，也包括大量画在陶制容器上，甚至是洞穴墙壁上的碑文，产生的时间主要是从公元200年到被西班牙征服的这段时间。迭戈·迪·兰达对玛雅人历法的详细记录，也意味着玛雅人的计时系统和计数系统（见28、155页）可被人们更好地理解。大多数考古学家开始相信这些玛雅语碑文主要是历法，而对于除此以外的玛雅语象形符号，许多专家都怀疑是否能够对其做出解读，并认为这些文字更像是某种“图形书写文字”，而不是语音文字。

象形符号 1973年，学者们展示了如何通过出现在一些主要地点，如帕伦克（Palenque，见下图）的纪念性碑文，“解读”带有这些碑文的建筑遗迹，以及统治者在此举行的宗教仪式。

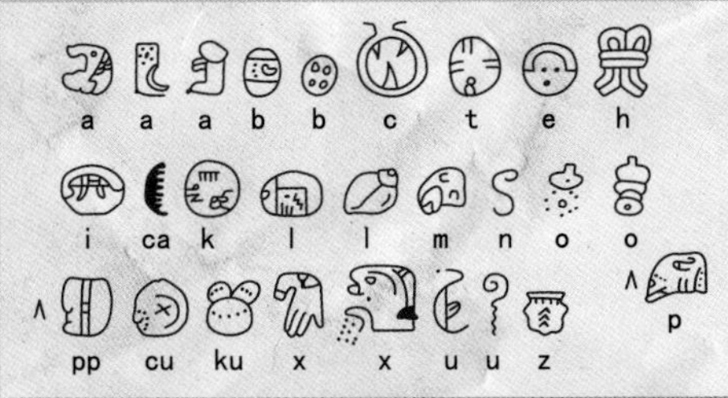

寻找字母表

从理论上来说，对玛雅文字书写系统的解读应该相对容易一些。中美洲有超过30种与玛雅语密切相关的方言仍然在使用，所以这些象形符号背后的语言形式其实是已知的。早期的西班牙记录者对玛雅语书籍呈现的外形进行了详细的描述，并发现一个重要事实，那就是这种文字实际上是作为一种书写系统被使用的。迪·兰达还确定了玛雅历法中表示月份和日期的象形符号，解释了这些符号的使用方法，并给出他所谓的玛雅“字母表”中的字符。他曾要求为他工作的玛雅人用玛雅文字写出西班牙语字母表中的字母。这是一个经典的文化误读的例子，这些玛雅人根据自己的书写规则，对西班牙语字母表中字母的读音进行了转译，而得到的结果自然不是一个字母系统。当迪·兰达读出字母‘a’时，他们听到的是音节‘ah’；当迪·兰达读出字母‘b’时，他们听到的是音节‘bay’。迪·兰达要求他们写出字母表，而他们却写出了一个音节表，但正是这些工作为后面的成功奠定了关键基础。

突破

俄罗斯语言学家尤里·科诺罗索夫（Yuri Knorosov）在1952年首次破解了玛雅象形符号，而他的工作正是基于着迪·兰达的“字母表”进行的。他的出发点很简单：书写系统的设计目的就是为了阅读，如果我们接受那些玛雅象形符号是一种书写系统，那么其中一定含有语音元素，否则迪·兰达的解释就不成立。尤里·科诺罗索夫从对埃及象形文字和阿卡德语的研究中得知，这两种书写系统同时使用了表达概念的（语素文字）符号和表示语音的符号，并且都采用了具有限定作用的符号区分同音异义词。他假设玛雅语书写系统也是如此，然后按照以下几个步骤逐一进行分析。

chikin（西方）

1 上图表示“西方”的这个组合字符和它的发音“***chikin***”已经被识别出来，这个组合字符由两个元素组成，即表示太阳的字符“***kin***”和其上方的“紧握的手”，因此，这个表示“紧握的手”的字符一定是语音元素“***chi***”。

2 从迪·兰达的“字母表”中，我们知道了表示音节“***ku***”的字符。科诺罗索夫在研究马德里古抄本（Madrid Codex）时注意到，同样的字符出现在表示秃鹰神（Vulture God）的图画上方，而这个字符下面正对的字符现在可以读为“***chi***”，拼写成单词“***ku-chi***”，而尤卡坦语（Yucatec）中表示“秃鹰”的单词就是“***kuch***”。他偶然发现了一个重要事实，那就是结尾的元音不发音，而这在音节文字中很普遍。

3 沿用同样的方法，科诺罗索夫发现迪·兰达字母表中表示音节“***cu***”的字符和另一个未知的字符一起出现在表示火鸡的图画上方。尤卡坦语中表示“火鸡”的单词是“***cutz***”，于是他发现了另一个字符的读音“***tz(u)***”。他再接再厉，继续识别出表示“负担”“十一”“狗”“绿咬鹃”和“金刚鹦鹉”的字符。

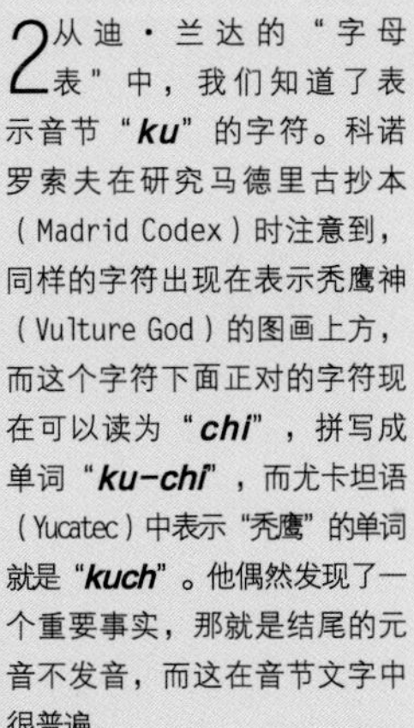

cutz（火鸡）

cutch（负担）

buluc（十一）

4 然而，人们逐渐发现有一点是明确的，那就是这种象形符号代表两种情况。一种是由语标字符发展而成的音节文字，这些文字表示一些单音节形式的单词，比如表示鱼鳍的字符“***ka***”，这些字符在某种意义上组成了“字母表”。另一种情况是，玛雅人用大量名副其实的语标字符表示物品和概念，而不是音节字符。因此，音节字符与语标字符的组合为玛雅文字提供了一个具体单词或短语的多种表达方式。

5 人们很快又发现，如同埃及象形文字一样，玛雅文字的抄录员和刻字师也有一定的设计灵活性，除了要遵循按列书写、每列两个象形字符、从左向右阅读的书写规范外，再也没有其他语法规则来规范如何组合各个象形字符。这个小小的发现成了解读玛雅象形文字的关键。在接下来的40年里，经过许多学者的努力工作，关于玛雅文字书写系统的更多细节被整理出来，但全部的解读工作仍然没有完成。

witz

wi-witz

wi-tzi

玛雅象形文字中表示“山丘”的单词是“***witz***”，有三种不同的写法：一是语素文字的写法，二是将音节字符“***wi***”作为前缀与语标字符“***witz***”组合的写法，三是简单地按发音用两个音节字符“***wi***”+“***tz(i)***”拼写出来的写法。

土著的传统 INDIGENOUS TRADITIONS

今天，数以千计的文化已经从我们的生活中消失，其中许多文化是十分复杂而成熟的，包含着丰富的传统风俗、宗教仪式、神话传说，以及同样复杂的表达和纪念方式。美洲、非洲和澳大拉西亚的许多口述历史传统已经受到全球化浪潮的无情破坏。但是，在诸如玛雅象形文字书写系统（见38页）这样的遗迹中，仍然还保留有一些神秘的片段，通过这些片段，我们至少可以一瞥那些丰富多彩却已消失的历史。

丢失的遗产

图腾柱是太平洋西北土著居民的一个显著特征，从美国阿拉斯加州南部到华盛顿州北部，图腾柱随处可见。“图腾”这个字来源于奥吉布瓦族语（Ojibwa）或与其有关的语言，本意是“血族共同体”。图腾柱的主要功能之一就是记录家庭和氏族的传说、血统和重大事件。图腾柱制作好以后，供竖立该图腾柱的宗族或家庭成员“阅读”，但在它们腐烂后，其表达的含义通常也随之消失。图腾柱所传达的信息无非是赞扬家族或者个人的功绩、纪念重要的冬季赠礼节（potlatch）仪式，或者讲述传说或历史故事。竖立起“耻辱”柱则象征着未还的债务、争端、谋杀和其他不能公开讨论的不体面的事件等。不久前，有这样一个柱子在美国阿拉斯加州的科尔多瓦市（Cordova）被竖立起来，柱子上描绘着艾克森石油公司前CEO李·雷蒙德（Lee Raymond）的上下颠倒的脑袋。图腾柱上的木雕代表着个人或关部落的顶饰，说明他们属于半偶族——老鹰分支或者渡鸦分支——以及他们的血统。例如，海达人就有70个左右的顶饰图形，而普遍使用的只有大约20个。顶饰下面跟着的几个动物往往取决于属于老鹰分支还是渡鸦分支。

老鹰	渡鸦
捕鱼	滑冰
两栖动物，如青蛙	海洋哺乳动物
海狸（被视为两栖动物）	陆地哺乳动物（除海狸外）

图腾柱上的图案设计对于每一个部落来说都是特定的，但是也有一些图案，比如右图这根图腾柱顶端的雷鸟（Thunderbird），则在整个地区都很常见。

图腾

海达人（Haida）、特林吉特人（Tlingit）、夸扣特尔人（Kwakiutl）及其他西北和沿海原住民的图腾雕刻风格各不相同，这些装饰物和图形的风格体现在各种各样的手工制品上，例如房屋的柱子、屏风、箱子、独木舟，还可以用作区分不同部落的文身。这个符号系统具有一致性，宇宙被理解成一座房屋，而房屋本身就是宇宙的映射。如房子的不同部分反映着人身体的不同部位：

前柱	臂骨
后柱	腿骨
纵梁	脊柱
椽	肋骨
外墙	皮肤
装饰	文身

房屋的居住者既代表着房屋本身的精神，也代表着他们祖先的精神。

典型的图腾柱由雪松雕刻而成，在雨林气候条件下保存的时间往往不会超过一个世纪，随着这些图腾柱慢慢腐烂，它们本来的含义也消散在岁月之中。

阿丁克拉符号系统

在非洲大陆上，生活在加纳的阿坎人（Akan）拥有一套精致的传统象征符号系统——阿丁克拉符号系统，该系统不仅与他们的谚语、歌曲和故事相关联，还可以用来证实社会身份和政治见解。这些符号是通用的，每个阿坎人都能识别，并且使用了数百年，但是对于外界来说，这些符号不过是装饰性图案。选择不同的图案可以表达大量有别于他人的个人信息，即使是不识字的人也可以接收到这些信息。阿丁克拉符号以多种形式呈现，包括木刻、绘画和金属铭刻等，但因为阿坎人有着非常丰富的纺织文化，所以出现在织物上的阿丁克拉符号最为著名，例如那些彩色手织布料或者通过木板印刷制成的有阿丁克拉字符或"谚语"的布料。目前已经有超过700个符号及其关联的内容被收录在册。有些阿丁克拉字符具有传统意义，比如木梳代表美丽和女性特质；而另一些字符则有着现代含义，财富的象征符号代表宝马汽车和电视机。例如，可可树在19世纪被引入加纳，成为加纳的主要经济作物，可可树的符号不仅与这种植物或者巧克力有联系，而且也代表着其社会影响。有一句加纳谚语可以表达其残酷的含义："kookoo see abusua，paepae mogya mu"，即"可可摧毁家庭，拆散血肉亲情。"还有一个图案——欧洲人可能将其"解读"为雏菊，一种普通的花或者太阳，实则是暗指不平等的机会，这个符号对应着另一句谚语："同一颗树上的每粒胡椒都不是同时成熟的。"

Adinkrehene
阿丁克拉符号中的首领：
伟大、领导力

Denkyem
乌龟：
适应能力

Duafe
木梳：
美丽、温柔、洁净

Dwennimmen
公羊角：
力量、谦逊

Ese Ne Tekrema
牙齿和舌头：
友谊

Funtunfunefu
鳄鱼：
民主、普世

Hwemudua
测量杖：
检查、质量控制

Mpatapo
解开的绳结：
调停

Owo Foro Adobe
爬行在酒椰树上的蛇
勤奋、审慎

Owuo Atwedee
死亡之梯：
死亡

Woforo Dua Pa A
攀爬大树：
合作、支持

通往虚空的大门

大多数纪念性建筑，包括用于宗教、仪式、葬礼或追悼的建筑，除了其象征性的特质之外，都附加有较强的功能性元素。但有一个例外，那就是日本的"鸟居"（Otorii，见下图），这是一种样式固定的木质大门，通常作为寺庙或者神龛的入口，象征神圣世界和世俗世界的分界。鸟居大门通常独立而建，象征通向虚空（这点符合日本神道教的教义，其本质是一种自然崇拜），有时也会修建多座，排列在通往神龛的道路上。没人知道"鸟居"这个词的由来（可能是"鸟类栖息之处"），但是"torii"在传统上被分为三部分，"三"对于神道教是个神圣的数字。在通过大门之前，传统的做法是要在特定的手水（temizu）处清洗双手净化自己，然后弯腰击掌三次，请求得到进入神圣之地的许可。在走向神龛的过程中，要避开路的中间部分（即"seichu"），因为那里是灵魂行走的地方。这些神秘莫测的大门被定期重建，但是人们对于它们的起源却知之甚少。

随着人类社会的发展，通常在专制政治和宗教制度下，秘密社团也发明了能够隐蔽传播组织共同信仰的方法，以及能够掩盖组织活动不为外界所知的方法。

教派、象征和秘密社团

在这些团体中，那些非正统和遭受迫害的社团在通过隐蔽的手段传递信仰方面尤为擅长，这是因为很多社团早期从事的科学研究通常涉及一些神秘的实践和隐秘的启示。炼金术士、巫师及其社团中的其他人借鉴令人困惑的丰富典籍，试图解开创造和存在之谜的秘密语言，这些密语流传至今，仍影响着众多的秘密社团。

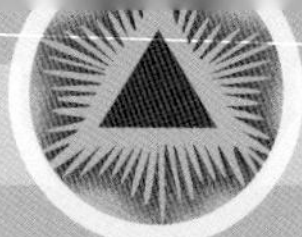

早期基督教
EARLY CHRISTIANS

从字面意思看，基督教在早些时候是一种地下教派。在罗马，基督教不能公开，其追随者只能通过神秘的符号表达他们的信仰,以免受到当局的迫害。其中许多编码信息来自墓葬，尤其是罗马等地的地下墓穴，还有的来自基督徒聚会和做礼拜的秘密地点。如果有基督徒放弃信仰，是要被公布的，但不能以惩罚其朋友和家人的方式。十字架，作为当今世界公认的基督教符号，在早期鲜为使用，除非有所伪装。因为在无情的迫害时代，公开使用十字架非常危险。罗马帝国的第一代基督徒创立了一些与异教徒传统有关的秘密标志和符号，以便互相辨识。这些编码信息对于在早期教会成员中维持信仰社团发挥了长达几个世纪的作用。

耶稣受难像

表现耶稣受难的第一幅画，出现在罗马巴拉汀山发现的一所寄宿学校的遗迹中，即具有讽刺意味的“Alexamenos涂鸦”。在涂鸦中，一个青年基督徒对着钉在十字架上的驴面耶稣祷告，希腊铭文对此的记载是“Alecamenos正在祭神”。这幅涂鸦可以追溯到公元1世纪至3世纪。因此，十字架显然在很早以前就和基督教有关联，但它作为信仰的核心象征，则是从公元5世纪开始的。

伪装的十字架

用锚代表十字架，象征安全以及在经历人生风暴后回归安定生活，有时候也会用三叉戟。用剑代表十字架的时间更晚一些，大概在圣战时期。

面包与红酒

在整个罗马世界，粮食和葡萄都象征着丰饶和喜悦，用来供奉丰收女神得墨忒耳和酒神狄奥尼修斯。基督徒把他们转化为核心秘密——圣餐，面包象征着身体，而红酒则象征基督的血液。

1世纪

2世纪

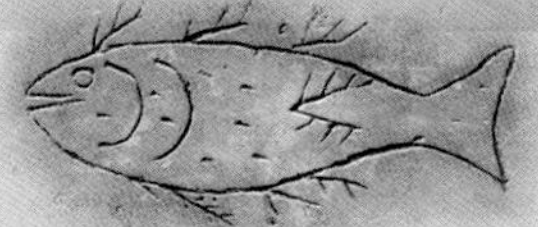

鱼

鱼是最古老的符号之一，它象征丰产、生命和延续性，常见的是两条鱼在三叉戟的两侧。福音书中经常提到鱼和捕鱼人，表示永生，与圣人、圣事密切相关。

Iesous	耶稣
CHristos	基督
THeou	神
Uios	圣子
Soter	救世主

画在沙子上的鱼或用酒泼洒出的鱼，是一种宣告自己信仰的秘密方法。

按（水平或垂直）顺序阅读五个字母的拉丁词语被译为“犁地播种的人”。

罗马方格

人们在某些罗马房屋的墙壁上发现了对称排列的字母，这可能是早期基督教用来辨识身份的巧妙方式。这个看似普通的谚语可以解译为一种字谜式的置换密码，通过重新排列字母显示出隐藏信息（见右图）。拉丁语pater noster的含义是“我们的父亲”，按图所示形成一个十字，并以四角的A和O代表希腊词语alpha（开始）和omega（结束），具有强烈的基督教意义。

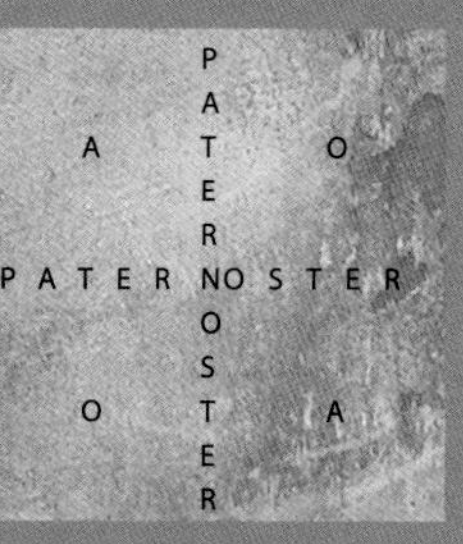

鸽子和孔雀

另外两个符号来源于古典传统。在异教徒的世界中，鸽子与美神有关，但对于基督徒，它代表圣灵；一对鸽子代表恩爱，有时从喷泉中饮生命之水；而口衔橄榄枝的鸽子则是最早的和解与和平标志之一。异教徒相信孔雀的肉不会腐坏，而对于基督徒来说，这代表着不朽和复活。

基督之象征

十字架常常被伪装成下图这个符号或基督的字母组合：两个希腊字母chi和rho。公元312年10月27日，这些字母永远地改变了罗马世界。两位帝国竞争者，君士坦丁和马克森提斯，正在罗马附近的穆尔维大桥蓄势待发。战斗前夜，君士坦丁在天空中看到了chi rho的字样，并听到一个声音和他说："in hoc signo vince"（此战必胜）。军队里的基督徒告诉他，这象征着他们的救赎者，象征生命战胜死亡的胜利。君士坦丁把'chi rho'绘制在他的头盔和战士的盾牌上，并把它当作军旗。异教徒的军队完全不知道个中含义。君士坦丁的胜利是决定性的，并自该日起，罗马改信基督教。用棕榈叶或月桂叶组成的花环围绕在这个符号周围组成的花环围绕，成为象征胜利的罗马皇冠。对基督徒来说，它是代表殉道的冠冕。

3世纪

4世纪

5世纪

"好牧羊人"

在公元3世纪时，人们发现了描绘牧羊人身背羊羔的图案，它象征着耶稣拯救并保护他的子民。这是一个深受基督徒喜爱的经典图案。在《圣经》中，羊羔本身既代表耶稣，又代表耶稣作为代赎的祭品，这同样也为基督徒所理解。

奥兰

举手祷告的古老形象是人们屈身于神的怜悯的象征，起初并非只属于基督教。

活十字

第一个真正的十字架来自意大利北部，可以追溯到420年。最早的例子表明耶稣虽然在十字架上，但他没有死，且象征着胜利，就好比罗马的圣撒比纳大门上的图案：按照西方传统，耶稣身披遮羞布，代表人性；而在东方，耶稣则穿着束腰外衣，代表主权。

五角星 THE PENTANGLE

在许多被视为具有神奇魔力的神秘符号中，五角星（或五角形）是最具标志性的符号之一。从希腊的毕达哥拉斯学派开始，它就被视为一个充满神秘意义的设计，并且经久不衰地被人们所信仰。不仅如此，它还是基督教教会建筑设计中的必要图案，并出现在摩洛哥和埃塞俄比亚等国家的国旗上。

几何结构

五角星的几何特征吸引了许多理论家的注意。古希腊的毕达哥拉斯学派指出，五角星有许多重要的数学性质：它使用五条等长的线段，因此，五角星是一个对称图形；它还有八个等腰三角形和一个位于中间的五角星；五角星还能画在一个封闭的图形中，但当五角星的点被连接成一个外五角星的时候，则产生了另外的十个等腰三角形。五角星更深层的象征意义，可能要通过五角形是单点向上或向下来确定。

希伯来字母

在众多的神秘符号中，列维设计了很像希伯来手迹的字母符号

约翰·迪的影响

列维在他设计的核心部位采用了约翰·迪的神秘符号

巴比伦天文学

对于巴比伦人来说，五角星形与星星有关，五个点分别代表木星、水星、火星、土星，以及最重要的金星。古代的天文学家指出，金星绕太阳公转的轨迹每八年就形成一个完美的五角星。金星也被称为晨星、知识之神，并被罗马人称为启明星。

黄金比例最早由毕达哥拉斯发现。他指出，五角星是一个显示独特比例的几何图形，图中的彩色线段说明了这一特征。

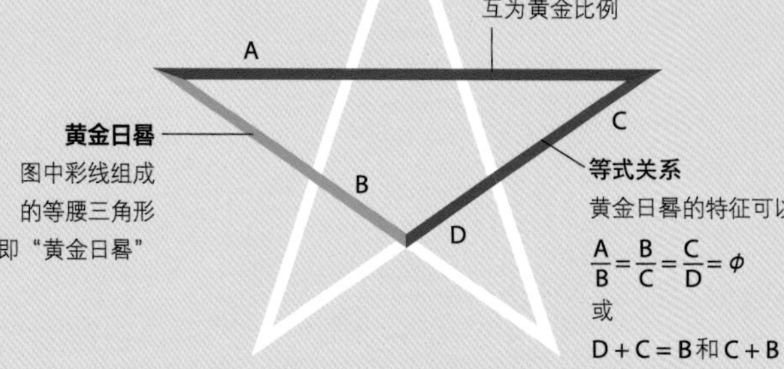

比例

彩色部分A、B、C和D互为黄金比例

黄金日晷

图中彩线组成的等腰三角形即“黄金日晷”

等式关系

黄金日晷的特征可以通过φ来表示

$$\frac{A}{B}=\frac{B}{C}=\frac{C}{D}=\phi$$

或

$D+C=B$和$C+B=A$

19世纪的神秘学者列维（EliphasLevi）参考传统文化中的许多符号和标志，设计出这个作为缩影的总结性五角星，这个缩影便是人类。此外，他还设计了巴弗灭的魔符（见右图）。

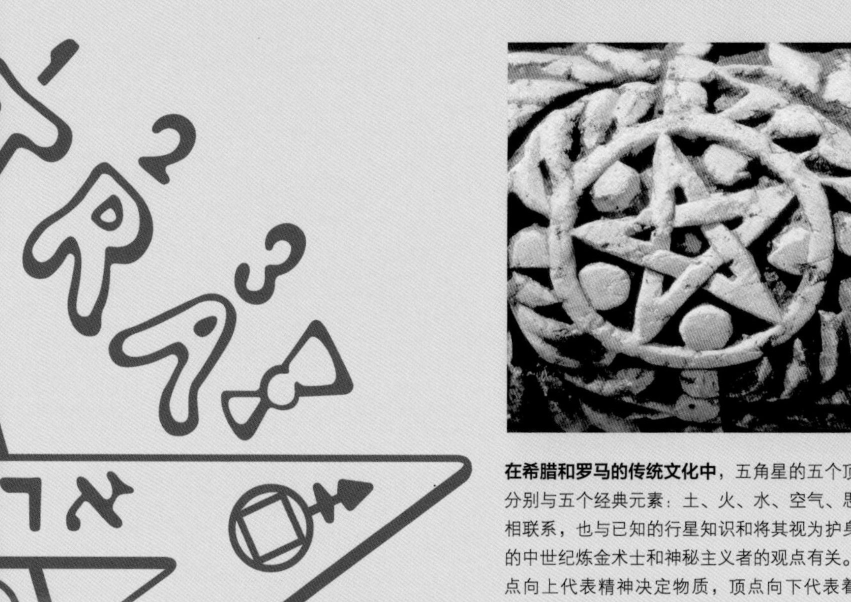

五角星与宗教

五角星内部包含了一系列基督教信条：五种感官、基督五伤、圣母玛利亚与基督相关的五个关键阶段——天使报喜、基督诞生、基督复活、基督升天和圣母升天。五角星也被视为健康的护身符。多年来，五角星代替大卫之星，成为耶路撒冷的标志。

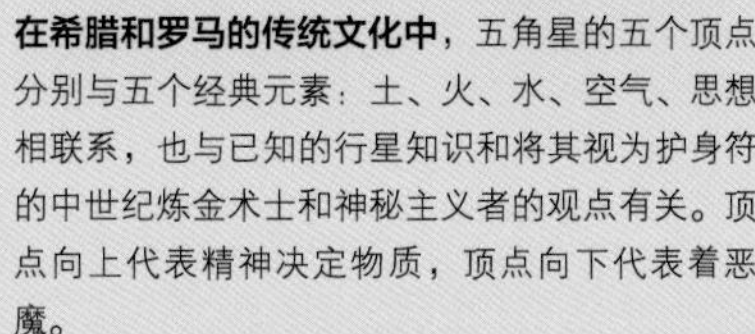

在希腊和罗马的传统文化中，五角星的五个顶点分别与五个经典元素：土、火、水、空气、思想相联系，也与已知的行星知识和将其视为护身符的中世纪炼金术士和神秘主义者的观点有关。顶点向上代表精神决定物质，顶点向下代表着恶魔。

巫师、法师和撒旦崇拜主义者经常使用镶嵌在双环内的倒五角星图案作为仪式符号。他们认为恶魔被暂时困在这个图案中。在克里斯托弗·马洛的话剧《浮士德博士的悲剧》中，梅菲斯特就暂时被困在这样的图案中。用一个山羊头嵌在五角星中，外加五个希伯来字母拼写的怪兽，这个设计被称为“巴弗灭的魔符”，代表堕落天使的监禁。五角星旁三个指向下方的手臂据说代表倒置的三位一体。

人类形态

在达·芬奇的宇宙人（维特鲁威人）中，上指的五角星通常与手臂和腿向外伸展的人体形态有关（见196页）

在凯尔特人的传统中，五角星通常与多种形式的护身符混合在一起，但五角星始终是凯尔特人的设计中最常见的特征。新异教徒与巫术从业者将五角星用于祷告和祭祀仪式，通常使用被圆环包围的上指五角星，表示其完整性。五角星的五个点与古典传统中含义一样，代表五种元素。

巴哈伊信仰的创始人巴林以五角星（或代表寺庙或身体的阿拉伯字母haykal）的形式记录了一些文本信息。这个图形在巴哈伊教中是神的显示。巴哈依教也包含其他宗教符号，如大卫之星、十字星，这些符号大多混合使用，被描画在巴哈伊信仰的殿宇上。

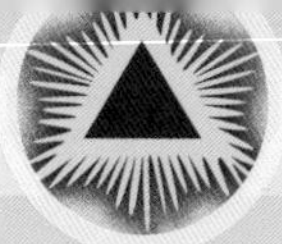

占卜 *Divination*

在中世纪欧洲，人们进行了大量神秘的探索与实践，这些探索与实践活动大多沿袭了一些古代中东的思想，涉及深奥的、不为人知的法律、仪式和秘密文字，这影响了炼金术（见54页）、巫术（见58页）、卡巴拉派（见56页），这些活动的深层目的是占卜未来。从远古时代开始，在许多文化中，那些似乎能够解密天象并预测未来的人被视为具有某种天赋，而他们自己却在极力掩饰这种带有神秘感的能力。占星术和塔罗牌是从古代流传至今的两种占卜术。

在古代，人们通常将祭祀动物的肝脏取出，用于占卜，再将占卜的结果记录在石头上。

占卜的种类

占卜多种多样，这里主要介绍四种。

征兆解读：在历史的基础上观察、记录以及解释自然现象（天文或气象）。例如在一场标志性战争胜利之前出现满月，满月则可作为一场战争胜利的吉兆。占星术就属于预兆解读的范畴。

抽签（或掷骰子）：通常采取抽签（棍棒、石头、骨头、符文等）并由“先知者”解释含义的方式进行。发展到后来，解释塔罗牌和解读棕榈树叶或茶叶也成为流行的占卜方式。

占卜：解释自然界中的现象，例如飞翔的鸟儿。在古希腊、古罗马和中美洲的占卜术中，解读祭祀动物的肝脏是一种常用的形式。

本能预测：先知者通过自己的本能、天赋或能力，对事件做出令人欣喜或予人启迪的预测。

占星术

对天空的观察，特别是对太阳和月亮、可见行星以及明亮恒星的运行规律的观察，可以追溯到最早的人类文明。天文学（行星和星体周期的科学观察）和占星学（占卜的起源）早在古巴比伦和古埃及时期就被区分开来，但直到最近，这两个学科又有了交叉。在亚力山大大帝征服埃及后，古希腊引进了占星学（迦勒底智慧），而西方传统正是借助古希腊人之手，才得以从古罗马传到埃及。印度的占星周期类似巴比伦/西方传统；而另一种独特的占星周期在中国人居住区得以发展。时至今日，西方的绝大多数人都对生肖并不陌生。

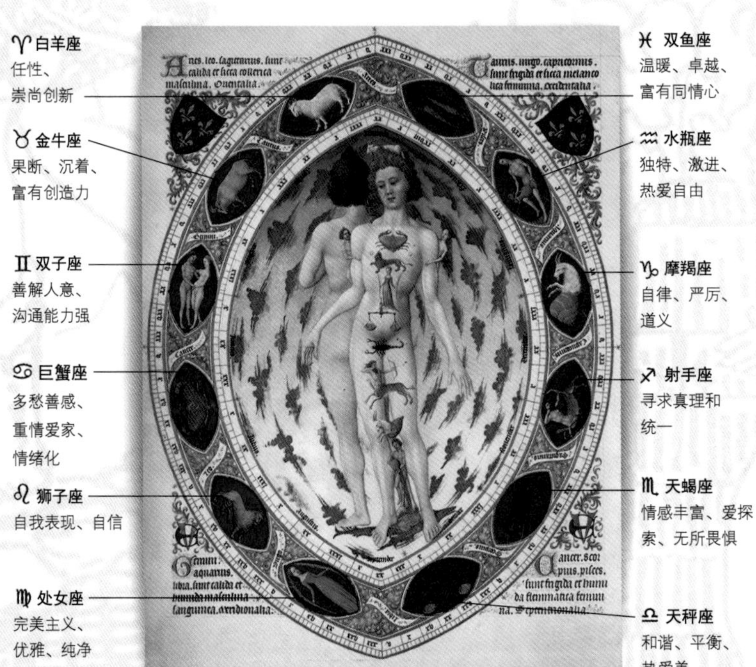

对西方的占星家来说，每个星座都可代表人类性格及健康状况的某一个方面。占卜的艺术在于根据太阳或月亮周期中的日历日期，推测一个星座对另一个星座的影响。占星术被视为中世纪西方基督国家的医生必须掌握的一门知识。

魔鬼

太阳　　巫师

扑克牌的大规模生产是印刷术在欧洲出现后不久。其中最受欢迎的要数马赛式扑克牌。在这个版本中，Le Mat（愚者）是编号为21的牌，而不是编号为零的牌，而Le Monde（世界）的编号为22。

塔罗牌

塔罗牌起源不详，它在11世纪的埃及马穆鲁克被广泛使用，并在约15世纪传到欧洲，最早的欧洲版本是维斯康提塔罗牌（Visconti-Sforza deck）。通常，一副牌包含四套从1到10的牌和4张宫廷牌（“小阿卡纳牌”），外加22张王牌（“大阿卡纳牌”）。后者通常与希伯来字母相关联，这已经使塔罗牌带有一些神秘色彩。塔罗牌的形式多种多样，从设计角度讲，塔罗牌可以广泛应用于地中海国家的普通纸牌游戏，并且在北欧国家作为占卜工具。塔罗牌主要采用三种设计图案：起源于15世纪的马赛式；19世纪的里德-维特-史密斯式，维特是金色曙光秘密命令的成员之一，这类扑克牌广泛应用于北美洲；阿莱斯特-克劳利式的透特塔罗牌，其中包含一些神秘的规则。

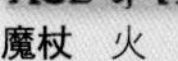

魔杖　火

剑　空气

圣杯　水

五角星　土

里德-维特-史密斯式塔罗牌中的四套牌

塔罗牌（大阿卡纳牌）

0（The Fool）**愚者**：零值。

1（The Magician）**魔术师**：智慧、机智、能力；谎言、困惑、矛盾。

2（The High Priestress）**女祭司**：耐心、直觉、知识；顽固、隔绝迟钝。

3（The Empress）**女皇**：生育、情感、奖励；依赖、不育、自我牺牲。

4（The Emperor）**皇帝**：牢固、力量；专制、自傲。

5（The Hierophant）**教皇**：义、信仰、融合；目光短浅、疏远、虚荣。

6（The Lovers）**恋人**：欲望、联盟、选择；悲情、冲突、诱惑。

7（The Chariot）**战车**：牺牲、决心、征服；无情、狂热。

8（Justice）**正义**：公正性、完整性、正义；不妥协、无情。

9（The Hermit）**隐士**：智慧、禁欲、自我牺牲；异化、神秘主义。

10（The Wheel of Fortune）**命运之轮**：改变、命运、演化；失控、不稳定。

11（Strength）**力量**：意志力、支配；抑制、约束、控制。

12（The Hanged Man）**倒吊的人**：鲁莽的信心；命运、无奈。

13（Death）**死神**：变态、净化；必然的损失、幻灭。

14（Temperance）**节制**：平衡、协调；不平衡、波动。

15（The Devil）**恶魔**：金钱、财产；贪婪、极端野心。

16（The Tower）**塔**：中断，变化，自由；监禁、消极。

17（The Star）**星**：希望、更新、精神之爱；自我怀疑、固执。

18（The Moon）**月亮**：想象力、心灵上的能力；保密、自欺欺人。

19（The Sun）**太阳**：满足、健康、幸福；失败、傲慢、毁约。

20（Judgement）**审判**：决策、变化、改进；停止、延误、恐惧死亡。

21（The World）**世界**：成就、实现；挫折、无力解决。

异教、宗派及迷信
HERESIES, SECTS, AND CULTS

当任何一种信仰或信仰体系传播到更广泛的地理区域，并遇到当地其他传统和信仰时，会发生地域性的适应和改变，并引起正统教派的反对。但印度教和佛教在传播过程中不仅没有引起问题，反而加强并扩展了本教派的教义。然而，基督教和后来的伊斯兰教却常常被挂上“异端邪说”的标签。

埃特巴什密码

最早的与宗教秘密和秘密主义有关的密码是埃特巴什码。埃特巴什码被希伯来学者当作一种密写方法和公式，用以揭示《圣经》旧约前五卷中的隐藏含义。这是一个简单的单表代换密码，类似于栅栏加密，且只有一个单一的密钥。

由于埃特巴什密码被许多秘密团体使用，但不是十分安全。它只有一个单一的密钥，不具备恺撒移位单表置换密码的灵活性（见69，105页）。埃特巴什码在希伯来语文本中的运用预示着卡巴派活动和人们对于《圣经》代码的兴趣。埃特巴什码的原理是：从字母表的第一个和最后一个位置开始，前后两两置换，直到字母表最中间的两个字母。在希伯来语中，第一个字母“aleph”与最后一个字母“tav”对换，第二个字母“beth”与倒数第二个字母“shin”对换，以此类推。

用罗马字母表做此变化，则结果如下表所示：

明文

a b c d e f g h i j k l m n o p q r s t u v w x y z

密文

z y x w v u t s r q p o n m l k j i h g f e d c b a

这可以被改写为一个双向表，明文中的每个字母都被读成其对应的字母。

a b c d e f g h i j k l m
z y x w v u t s r q p o n

例如：

明文	the enemy at the gates
密文	gsv vmvnb zg gsv tzgvh

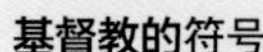

基督教的符号

民俗符号

魔法/古典符号

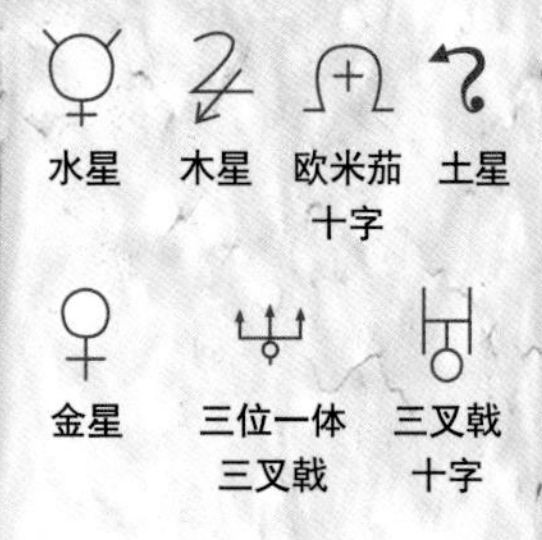

基督教与其他宗教，特别是与更加古老的信仰体系之间的相互影响，在意大利南部的阿普利亚传统民居的神秘装饰中得到明显体现。在那里，异教符号或经典的象征符号混杂在基督教的意象之中（见上图）。

诺斯替教

随着从罗马帝国和拜占庭帝国到亚洲的传播，基督教开始接触波斯的主流信仰，索罗亚斯德教（拜火教）。索罗亚斯德教的教义被看作光与暗、善与恶之间的持续斗争，类比基督教的教义就是上帝与撒旦、路西华与堕落天使之间的永恒战斗，然而它们的区别在于对这两股力量之间的平等权利的观点不同。异端邪说就此产生。那些受这些观点影响的基督徒认为，高等生灵的力量被造物主及其各种使者和“统治者”的力量所抵消。

还有一些异教产生于对“知识”概念的不同认识，毒蛇就是用知识引诱了伊甸园中的夏娃。因此，基督教派内产生了很多被称为“斯诺替派”的基督教派。”斯诺替派”因希腊语gnosis（知识）得名。不同形式的斯诺替教在宗教战争时传遍欧洲大陆，特别是保加利亚和巴尔干半岛的伯格米勒派，以及法国南部的阿尔比派。他们谦卑、热爱和平、富有精神，的信仰被认为是对教皇的一种直接威胁，因此受到无情的迫害。

鲍格米勒墓碑上的常见符号 这是诺斯替教的十字标志，有时还有月亮、星星和新月，这些符号不免让人猜测它是否与伊斯兰教有关。

> “杀光他们，
> 上帝会认出谁是他的子民。”
>
> **在对一个克里特派教徒和基督教徒共同居住的村落进行屠杀前的命令。**

斯诺替教的符号

尽管斯诺替教有多种教派，例如摩尼教派和保罗教派，但他们都无一例外地受到天主教会的迫害。各式各样的编码符号都与这些思想有关，它们的含义时至今日都令人感到不安和费解。

斯诺替十字是从古埃及神的象征中演变而来的，这个十字标志被斯诺替派用来代表八劫，第八劫便是即将回归的弥赛亚。它也作为代表洗礼的标志出现在天主教中，代表基督回到耶路撒冷直至复活的八天。

弥赛亚图章在公元1世纪被耶稣的追随者损坏，这是一个位于六芒星之上的七枝烛台，底部造型源于基督教的鱼。它反映了一些早期犹太人的弥赛亚活动，他们试图去引领更多人皈依。

万军之桥源于希腊语“万军之耶和华”（旧约中上帝的名字）。对于斯诺替派来说，它也代表太阳神、七个“执政官”或造物主的精神。

大毒蛇源于希腊文中的衔尾蛇，它在古埃及象征着太阳，而在斯诺替教中象征着永恒和太阳神。蛇还有进一步的象征意义，即自我诞生（因为蛇会蜕皮），而自我诞生则与上帝有着密不可分的联系。蛇也代表知识的传播者，比如伊甸园中的毒蛇。

蛇盘这一符号结合了斯诺替十字符号与简化的蛇的形象，将八劫与自我诞生相联系，意味着它是斯诺替教救世主的象征。

被钉死在十字架上的蛇出自摩西利用无耻的毒蛇作为神奇的魔力，对于斯诺替教而言，这个象征将中间的基督教十字图形与伊甸园中的知识传授者相联系。这个符号后被炼金术士用来代表灵丹妙药“汞”，也是现代医疗职业的象征符号。

太阳神 斯诺替的太阳神通常是一个下半身为蛇的勇士，通常以驾驶战车的形象出现，代表一年四季。

宗教战争骑士团

有很多关于骑士团的猜测，特别是1000年后成立的骑士团。封闭的团体，特别是那些横跨神圣与世俗两个世界的团体，引起了外界的许多猜测。直到14世纪，那时的政治、道德以及教皇经济的脆弱性已导致罗马教会成为他们的首要敌人。通过宗教战争，骑士团积累了巨大的财富，例如华丽的葡萄牙托马尔圣殿骑士教堂。这些财富也引起了人们的关注和嫉妒，就像嫉妒他们独一无二的法律地位一样。虽然这看起来似乎与斯诺替教的思想有某种联系（太阳神像已经出现在圣殿骑士的意象中），但是没有证据证实异端、神秘主义和共济会对骑士团的指控。1307年10月13日星期五，骑士团在法国被围捕，他们的资产被没收，并在严刑逼供下承认对“异教徒”的残害以及许多其他指控。对骑士团的迫害持续蔓延。骑士团的突然消亡以及宝藏的谣言，为“阴谋论者”提供了丰富的土壤。

罗斯林教堂 Rosslyn Chapel

罗斯林教堂因《达·芬奇密码》而闻名于世。在这个非同寻常的教堂上，覆盖着一层内容丰富的精雕细刻之物，以基督教为核心，周围布满许多古怪的具有象征意义的装饰，从挪威及凯尔特人的乡土神话、传说、谚语，到共济会的肖像，应有尽有。罗斯林教堂建成于1446年，由威廉·圣克莱尔、奥克尼伯爵主持修建，教堂坐落于距离苏格兰爱丁堡南部几英里的罗斯林，最初的用途是作为圣马修学院的礼拜堂。这座教堂是当时在苏格兰修建的37座学院教堂中的一座。这些教堂大多装饰华丽，旨在传播基督教的精神。

壮观的拱形屋顶上雕刻着许多华丽的装饰符号：正方形、五角星、花球、玫瑰、花片以及口衔橄榄枝的鸽子。主廊的屋顶上雕刻着各种装饰图形，其中有些隐约像五角星，可能是由于位置的原因，看上去像上指五角星，代表心愿、知识和启示，下指五角星代表邪恶与巫术。

与共济会的联系

毫无疑问，许多石匠参与了教堂的建造（教堂上有大量石匠的标志），但没有直接证据证明这些石匠究竟与骑士团有关，还是与共济会会员有关。圣克莱尔的家人曾在1309年指证骑士团，但有趣的是，罗斯林教堂的创始人辛克莱尔的后人正是苏格兰大饭店的主人。

罗斯林教堂

教堂中有许多谚语典故。在这里，不倒翁代表机会或命运，它扮演着王室灭亡与尘世受害者的中间人。

学徒之柱　当地的传说称，建筑师梅森在开始雕刻前前往罗马寻求帮助，但当他回来时，发现他的徒弟已经完成了雕刻工作，他一怒之下把他的徒弟杀死。这些石柱的底座是八只口中长出长藤包住石柱的龙。无论怪物还是藤本植物都深深地根植于挪威神话。在挪威神话中，宇宙之树支撑着天堂，而巨龙则盘咬着树的根部。凯尔特绿人的形象也出现在雕刻中。

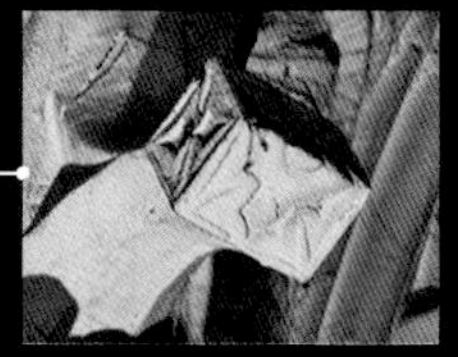

“音乐”盒从学徒之柱的拱门上凸出来，也出现在教堂的筒形拱顶上。

213个带有各种各样图案的方块从柱子和拱门上凸出来，关于它们的含义，其中的一种解释是：这些图案组成一个乐谱，类似于克拉尼图形，也是特定声波的一种物理表现。

炼金术 ALCHEMY

炼金术是一种古老的准科学，涉及把基底金属转变为黄金和人类精神升华的神秘艺术。通过复合深奥的化学公式，炼金术士的目标是创造一种被称为“贤者石”的魔力物质。炼金术不仅是化学的前身，还是现代思想发展的重要催化剂。虽然经常被描绘成非理性象征，但炼金术吸引了一些西方的具有伟大思想的自然哲学家，包括罗伯特·波义耳、莱布尼兹、牛顿，以及用心理学术语解释炼金术象征意义的瑞士心理学家荣格。两千多年来，炼金术激起了国王们的贪婪，暴民的盲目恐惧，以及艺术家、科学家、哲学家和数个秘密团体的神秘愿望。

起源

炼金术起源于公元前3世纪古希腊统治埃及时的文化大熔炉，兼容并蓄地融合了亚里士多德的物质理论、诺斯替教和古代冶金（和魔法）技术。据说半人半神的圣人爱马仕·特里斯美吉塔斯（Hermes Trismegistus）编纂了第一部关于炼金术、魔术、占星术和哲学的书，并取名为“赫尔墨斯”。已知最早的炼金术作家索西莫斯（Zosimus），大约在公元300年时住在亚历山大港，撰写了有关炼金术的神学实用手册。西方炼金术士把他们的注意力转移到炼取黄金、发现万能药和长生不老药，以及获得精神上的“真知”或知识。他们还有一种终极目标，即柏拉图在《会饮篇》中提出的把两性合为一体，重新变回人类堕落前的理想状态。

发展

在中世纪，早期炼金术在整个阿拉伯世界非常盛行。阿拉伯炼金术作家中最响亮的名字是博学的穆斯林学问家贾比尔·伊本·海扬（Jabir ibn Hayyan，约721—815年），他撰写了关于命理学、占星学、护身法宝和召唤神灵方面的论文（他的著作高深莫测，难以捉摸，“胡言乱语”这个词就源于他的名字）。到了12世纪，阿拉伯炼金术文本的翻译本涌向欧洲，吸引了中世纪的神学家罗杰·培根（Roger Bacon，约1220—1292年）和圣阿尔伯图斯思（St.AlbertusMagnus，约1200—1280年），王子、贵族和君主开始热情地资助炼金术。16世纪和17世纪，炼金术是近代科学出现以前的学科秩序的内在组成部分，并且成为探究世界的合法手段。

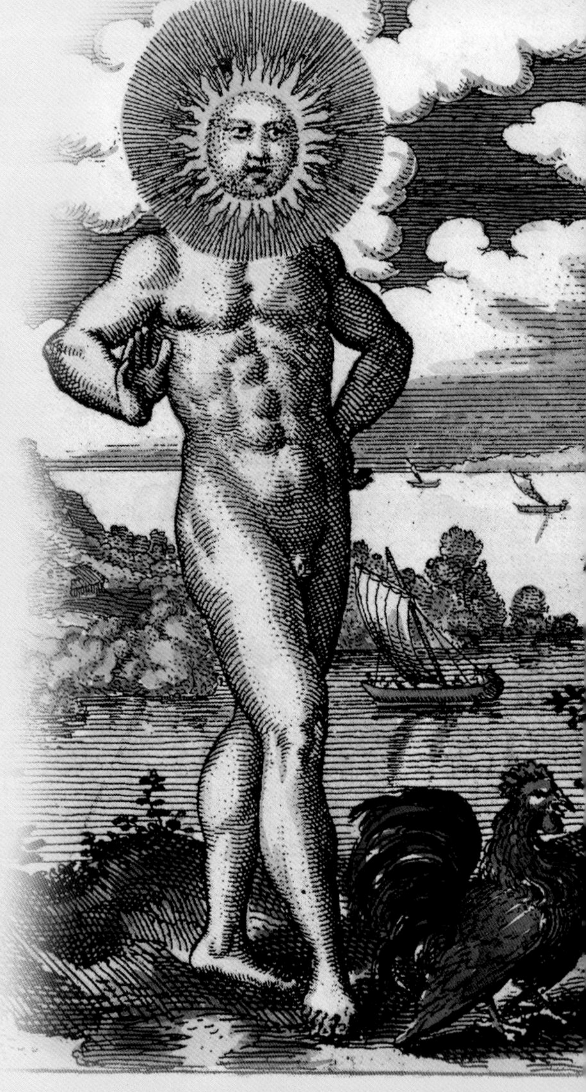

绿宝石碑

《翠玉录》（1614年）是一篇简短而权威的文章，据说是古代铭文的副本。它包含了著名的炼金术公理：如其在上，如其在下。

炼金术标志通常描绘对立事物的结合，最终演化成寓言中皇帝和皇后的“化学婚礼”。太阳和月亮的婚姻来自《亚塔兰忒之逃逸》（德国医生、炼金术师米歇尔·麦耶尔的关于炼金术的标志性文献，1617年）第30个标记。路德教医生米歇尔·麦耶尔（Michael Maier，1568—1622年）对炼金术技巧和意象进行了全面调查。他说：月亮对太阳的重要性就好比母鸡对公鸡一样。

AVTRE ALPHABET, PAR lequel certains Alchimistes ont voulu secrettement courir & descrire les reigles, & secrets de leur science, faisants d'icelle plus grande estime, qu'elle n'est digne ny merite.

海因里希·科尼利厄斯·阿格里帕（Heinrich Cornelius Agrippa）在他的著作《神秘哲学三书》中发表了炼金术字母表（1531—1533年，见59页）。

符号代码

在实验室里，炼金术士努力重现创造行为，因为人们认为上帝就是典型的炼金术士。对于炼金术士来说，神秘符号最好地表达了不同现实之间的类比和关系。炼金术士们设想用颜色变化和与某种动物的“竞赛”表示炼金过程中的每一步。例如，当他们说狮子与另一种动物发生激烈冲突时，就代表通过在烧瓶中蒸馏硫酸亚铁绿色晶体制作硫酸和硫酸盐。炼金术士之间使用神秘语言是为了掩盖他们的活动，保护他们的知识。然而，这门语言一方面是用于表现平行化学的属性和物质的特征，另一方面是表现自然界，其中，行星特别吸引他们的注意。

行星	物质
火星	铁
水星	汞
木星	锡
土星	铅
太阳	金
月亮	银
金星	铜

符号	含义
黄狮	黄色硫化物
红狮	硫化汞
乌鸦	黑色硫化物
火蜥蜴	动物之王，人们相信它可以在火中生存，在炼金术文字材料中表示黄金提纯

帕拉塞尔苏斯

科学怪人弗兰肯斯坦·帕拉塞尔苏斯（Baron Frankenstein Paracelsus）男爵涉足神秘学后取得了巨大成就，如早期的微量化学、防腐技术、顺势疗法和外科手术方面。一个臭名昭著的反传统者帕拉塞尔苏斯（1493—1541年）进行了许多有争议的实验，包括试图通过泥土、血液和精液的奇怪组合创造人。帕拉塞尔苏斯发明了神秘的“魔法师字母表”，类似于希伯来字母。他把天使的名字用魔法师字母刻在护身符上，使其具有魔力和治愈的功能。

魔法师字母表

c i,j,y th h z u,v e
d g b a t s r k,q
ts f,p,ph o x n m l

科学家还是魔法师?

1678年，一位英国物理学家、天文学家和自然哲学家暗中简单记录了关于“雌雄同体”的笔记，这种神秘的化合物与炼金术和其他神秘物质（如“绿狮”和“肮脏妓女的血”）有关。在白天，艾萨克·牛顿（1643—1727年）是一位杰出的议员，后来成为皇家协会的主席，而在夜晚，他是通晓神秘学知识和炼金术公式的魔法师。他花费大量时间探究关于希腊神话和《圣经》中引用的自然界和宇宙中不为人知的真相，探寻加密的炼金术配方。

具有讽刺意味的是，牛顿在1705年被授予骑士称号不是因为他在科学和数学方面的开创性成就，而是因为他从1699年起就是皇家铸币局的一员，负责监督从金银到货币的转换过程。

牛顿对炼金术的痴迷，促使他撰写了近一百万字的未公开的论文，后来这些论文被认定没有任何科学价值。在他死后，人们发现他的身体中有大量的水银，也就是汞，这是炼金术使用的主要元素。

卡巴拉派 Kabbalism

卡巴拉是犹太人对于上帝和创世纪的神学的神秘思想系统。它被看作是一门神圣的科学，寻求理解上帝通过生命之树管理宇宙万物的规则。生命之树有十神圣光，可以追踪上帝降临物质世界的踪迹，以及人类灵魂返回上帝必须经过的通道。卡巴拉派认为，《圣经》是一个宇宙配方书，其中每个字母代表一个现实事物的原始构成，也就是宇宙元素周期表。自摩西时代起，卡巴拉就在秘密的飞地（enclaves）中进行口头传播。卡巴拉从根本上是一门准科学，在这门学科中，《圣经》被视为包含无数潜在编码信息的高密度信息网络，因此卡巴拉实际上是一个寻找代码的解码系统，但因其护身符、魔法书和数字神秘主义，卡巴拉在《圣经》猜测（Biblical Speculation）的历史上产生了很大的影响。

起源

“卡巴拉”的意思是“接受”，起源于12世纪的普罗旺斯，其顶峰为经典之作《光芒之书》（约1300年），记录了神圣奥秘的启示。卡巴拉派不是单一的教派，而是一个由各种不同教派组成的复杂且高度系统化的组合教派，大致分为神智卡巴拉派和狂喜卡巴拉派。前者是对生命之树的视觉沉思，后者基于背诵《摩西五经》（即《旧约全经》）的前五本书中隐含的名字，从而达到意识和神秘统一的狂喜状态。

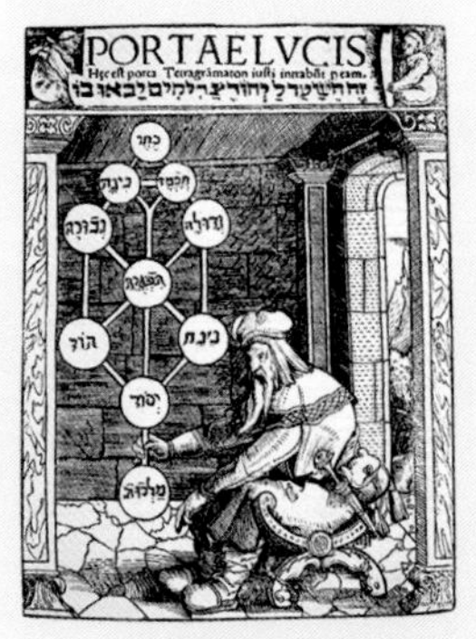

这张藏书票出自一本叫《光之门》（1516年）的书，书中首次描绘了生命之树。

卡巴拉艺术

在卡巴拉中，神有两方面：在创造方面的神和所有人类都无法理解的不可言说的神（希伯来索弗）。索弗通过十重天，即创造万物的至尊上帝的十种神圣位格，从生命之树（见右图）的十神圣光中进入显化世界。卡巴拉派的角色是通过十重天进入上帝的各个方面。十重天贯穿整个宇宙，最终抵达人类的灵魂。仁慈的行为有益于十重天的和谐排列，能使上帝的恩典在万物间自由地流动。然而，邪恶的行为通过传递有害的冲动破坏十重天的和谐，阻碍上帝的恩典。对于卡巴拉派来说，人类是万物的中心，主宰着世界的未来和命运。上帝、索弗和十重天之间的联系是原始人亚当·卡德蒙。亚当·卡德蒙是人类能够理解的上帝的完美体现，并且可以与上帝的化身弥赛亚相提并论。

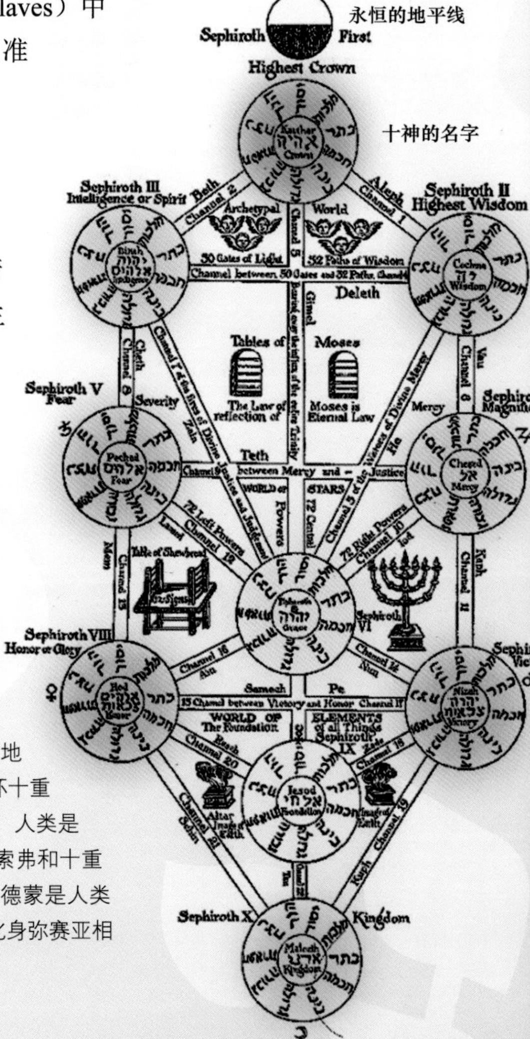

生命之树不是静态的超自然力量，而是不断流动且能被人类的活动和行为影响的神圣潜能。

卡巴拉和基督教

卡巴拉在15世纪欧洲流散的犹太人社区广受欢迎，这与同一时期人们对神秘哲学的研究热情相一致。值得注意的是，炼金术士和巫师海因里希·科尼利厄斯·阿格里帕（Heinrich Cornelius Agripa）把希伯来字母代码写入了他的《神秘哲学三书》（1531年，见59页）。这也导致了卡巴拉与基督教的融合，被称为基督教卡巴拉。这一学派的思想两个主要代表是意大利博学家乔瓦尼·皮科·德拉·米兰多（Giovanni Pico della Mirandola，1463—1494年）和德国的约翰内斯·罗伊希林（Johannes Reuchlin，1455—1522年）。他们的学说极大地鼓舞了卡巴拉教派的修士乔吉奥·弗朗西斯（1466—1540年），后者创立的和谐学、命理学和神圣几何学理论对共济会的体系建设产生了重大的影响。

德国博学家阿格里帕的秘密实践中包含了卡巴里派的思想，尤其是希伯来人的思想。

现代弥赛亚

沙巴泰·泽维（Shabbetai Zevi，1626—1676年）是一位犹太领导人，他的跟随者们认为他就是索弗的化身。沙巴泰骑马到耶路撒冷并在马背上宣布自己是弥赛亚。

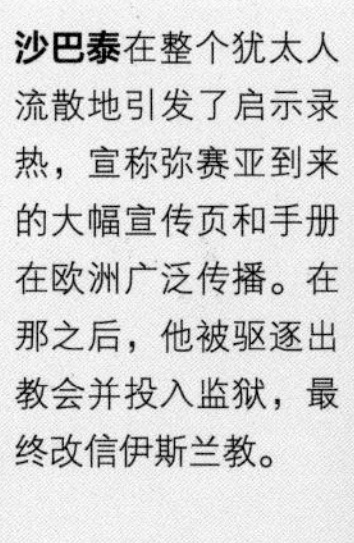

沙巴泰在整个犹太人流散地引发了启示录热，宣称弥赛亚到来的大幅宣传页和手册在欧洲广泛传播。在那之后，他被驱逐出教会并投入监狱，最终改信伊斯兰教。

美国歌手、演员、流行巨星麦当娜，是接受卡巴拉神秘思想的众多现代偶像之一。

刚开始只是一个词……

卡巴拉的神智涉及希伯来字母表的字母及其值的组合。通过作为一种神圣语言，希伯来语被认为是所有其他语言出现的源头。在这一体系中，22个希伯来字母中的每一个字母被看作现实的一个基本组成部分，是一种同记忆和隐藏含义共存的不可束缚的原子元素。这就使语言具有自由的创造力：它通过改变、分解和重构《圣经》的字面故事，揭开其中隐藏的意义。

希伯来字母代码

希伯来字母代码是开启这些含义的钥匙，通过希伯来字母代码，根据单词组成字母的个数分配一个数字。挑选出来的字母、单词和句子可以转换为数字或几何形式，这样它们也具有了神秘性。例如，希伯来语中“爱”是Ahebah אהבה（aleph-he-beth-he），加起来是13。“团结”是Achad אחד（alep-hcheth-daleth），加起来也是13。因此，希伯来字母代码的使用者就会知道，爱和团结有直接的联系。

神秘数字

在包含22个字母的希伯来字母表中增加五个“SOFIT”，即词尾替代形式，字母值为1到27，这是表达数字1～999所需要的数词的数量。

神秘形式

希伯来字母表有许多特征，其中一个重要特征就是与用规则多边形组成的22个立体几何图形的关系，这些立体几何图形包括5个柏拉图多面体，4个星形正多面体和13个阿基米德多面体。

字母	含义	韵母	含义	名称
א	1			aleph
ב	2			beth
ג	3			gimel
ד	4			daleth
ה	5			he
ו	6			vau
ז	7			zayin
ח	8			cheth
ט	9			teth
י	10			yod
כ	20	ך	500	kaph
ל	30			lamed
מ	40	ם	600	mem
נ	50	ן	700	nun
ס	60			samekh
ע	70			ayin
פ	80	ף	800	pe
צ	90	ץ	900	tzaddi
ק	100			qoph
ר	200			resh
ש	300			shin
ת	400			tau

巫 术

NECROMANCY

从严格意义上来讲，巫术是一种通过与亡灵沟通获取信息或预测未来的手段。巫术起源于古埃及和古巴比伦，后在以色列、希腊、罗马世界等也被广泛使用。根据基督教的说法，巫术等同于与恶魔罪犯的神秘仪式和亡灵的禁令进行交易，但在中世纪，招魂术前所未有地盛行。底层的教士们疯狂地查阅魔典，试图与邪灵甚至天使进行沟通。其他古代学科，如风水学和法术也被广泛研究。根据炼金术士和牧师的研究，经过编码的字母表和其他符号或图案，可以帮助人类与另一个世界进行沟通。这些思想在当时风靡一时。

《圣经》中的魔法

虽然《圣经》一直在谴责魔法，但在一特殊的篇章中，索尔王拜访了一个来自迦南城的女巫，并命她召唤刚刚死去的先知塞缪尔。因为索尔王想要向塞缪尔请教非利士人带来的威胁。而从5世纪开始，正统的基督教教义越来越多地被记录在石头上，精神世界的替代交流意识以及通往精神世界的神奇路径及始终保持着其本身的吸引力。

《所罗门之匙》是中世纪最为臭名昭著的魔法手册之一（只属于所罗门王本人所有）。这本书包含了魔环、巫术、咒语以及绑定魔法的使用方法，用以召唤、驱使地狱的亡灵。

古老的起源

巫术仪式与驱魂或招魂仪式在古代近东地区司空见惯。在埃及，早在公元前两千年，与已故的王室成员进行交流就已经成为国家为民谋求福祉的一种手段。其主要仪式通常包括将神奇的药膏涂到巫师的脸上，或涂到巫师要进行交流的雕像上。在古代土耳其，与亡灵进行沟通的仪式是在地上挖一个作为通往地下亡灵之门的坑，用来打开地狱之门。通过对12和13世纪阿拉伯魔法书的大量翻译总结，那些受过良好教育的欧洲神职人员编纂了一套集星际魔法和驱魔术于一体、汇集了基督教和犹太教思想的教义。这些著作描绘的魔法从根本上不同于早期魔法，是一套内涵丰富、囊括了魔法与咒符的书籍。

商业诀窍

中世纪巫师的神秘工具包括魔法环、咒语、祭品、剑、祈祷以及神奇的字母表。魔法环画在地上，周围常伴有一些与基督教和其他神秘思想有关的符号。人们在适当的时间和地点，用祭品和祭牲供奉天上的神灵。中世纪最著名的神学著作由约翰内斯·开普勒（Johnnes Trithemius，1462—1516年）和他的学生海因里希·柯尼勒斯·阿格里帕（Heinrich Cornelius Agrippa，1486—1535年）编写。后者编写的《神学三书》涉及炼金术代码公式、卡巴拉派以及可与精神世界沟通的字母表，即底比斯字母表。

阿格里帕常常被视为像克里斯托弗·马洛的戏剧《浮士德博士的悲剧》（约1589年）中的那位将灵魂出卖给魔鬼使者的魔法师的象征。

底比斯字母表

剑
最早的魔法师魔杖

魔法环
装饰有神秘的字母符号，这些神圣的魔法环为魔法师提供保护

富有想象力的用来抵御精神世界冲击的仪式。在魔法环的保护下，魔法师可以保护自己免受恶魔的侵扰，用手持的宝剑发号施令。

约翰·迪

约翰·迪是著名魔法师、占星家、炼金术士、密码学家，被视为那个时代欧洲最有学问的学者之一。他是英格兰女王伊丽莎白一世的御用占星师，也是莎士比亚笔下的暴风雨中的普洛斯佩罗的原型。他在爱德华·凯利（Edward Kelley，1555—1597年）的陪同下，遍访欧洲宫廷，寻求各国王室对他的占卜以及神学研究的资助。不足为奇的是，他在宫廷中树敌颇多，一些人不断指控他滥用魔法。尽管他具有不可撼动的地位以及过人的才华，但他所痴迷的神学最终使他穷困潦倒，他于1608年死于极度贫穷之中。

约翰·迪将所有的魔法凝练到一个单一符号方程中，这个方程被誉为神学领域的“质能方程”。他和爱德华·凯利所发明的伊诺字母号称是能够与精神世界沟通的语言。

约翰·迪的单一方程

伊诺字母表

Pa b　Veh c,k　Ged g,j　Gal d　Or f

Un a　Graph e　Tal m　Gon i　Gon with point w/y

Na h　Ur l　Mals p　Ger q　Drux n

Pal x　Med o　Don r　Ceph z　Van u/v

Fam s　Gisg t

玫瑰十字会

Rosicrucians

玫瑰与十字架

当马丁·卢瑟（Martin Luther）将他的95篇论文钉在维腾贝格城堡教堂的门上时，基督教爆发了流血冲突，分裂成罗马天主教和新教。他发出了最强有力的关于梵蒂冈严格教条以外的宗教解释。卢瑟自己的印章和盾徽是玫瑰和十字架的图案。当然，十字架长期以来一直是基督教的标志，而玫瑰则与圣母玛利亚以及玛丽·玛格达莱尼（Mary Magdalene）有关。

黄金与玫瑰十字会

在18世纪，玫瑰十字会由塞缪尔·李希特（Samuel Richter）在布拉格创办。这个等级分明的组织为中世纪及早期文艺复兴时期炼金术传播到19世纪提供了渠道。在此期间，（通常是非基督教徒的）招魂术重新兴起（见256页）。玫瑰十字会一直蓬勃发展至今，现在已成为一个秘密教派，在北美洲尤为活跃。

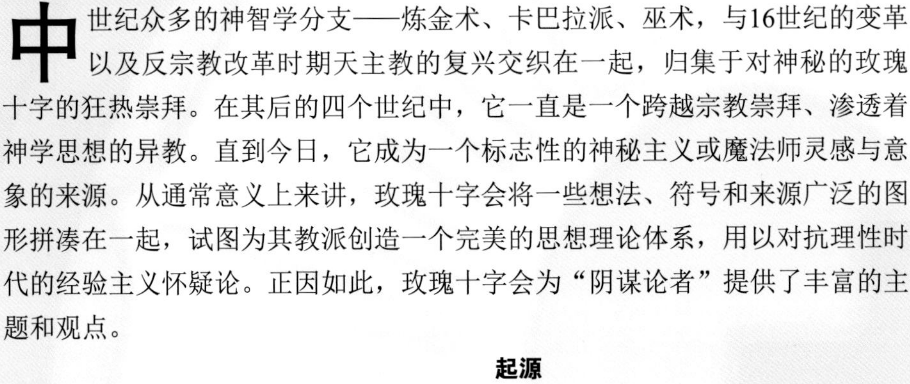

中世纪众多的神智学分支——炼金术、卡巴拉派、巫术，与16世纪的变革以及反宗教改革时期天主教的复兴交织在一起，归集于对神秘的玫瑰十字的狂热崇拜。在其后的四个世纪中，它一直是一个跨越宗教崇拜、渗透着神学思想的异教。直到今日，它成为一个标志性的神秘主义或魔法师灵感与意象的来源。从通常意义上来讲，玫瑰十字会将一些想法、符号和来源广泛的图形拼凑在一起，试图为其教派创造一个完美的思想理论体系，用以对抗理性时代的经验主义怀疑论。正因如此，玫瑰十字会为“阴谋论者”提供了丰富的主题和观点。

起源

玫瑰十字会起源于三篇匿名发表于17世纪初的文章：《兄弟会传说》（1615年）、《兄弟会自白》（1615年）以及《基督徒罗森科鲁兹的婚礼》（1616年）。后者讲述了14世纪的一个德国朝圣者在中东的经历。这个基督徒在中东神秘主义的影响下，逐渐形成了一种崭新的基督教精神思想，这种思想后来成为玫瑰十字会的思想基石。这三本书的内容被组合在一起，形成了一个基于毕达哥拉斯数学理论的寓言，并产生了较为广泛的影响。玫瑰十字标志混合了许多不同的象征性意象，其中包括各种各样来自塔罗牌、占卜的符号。

隐喻的朝圣者寻求洞察物质宇宙以及在追求知识的过程中的精神境界，这便是玫瑰十字会的核心思想。

十字架上的一颗几何玫瑰五角星以及一些神秘的福音字母和符号。

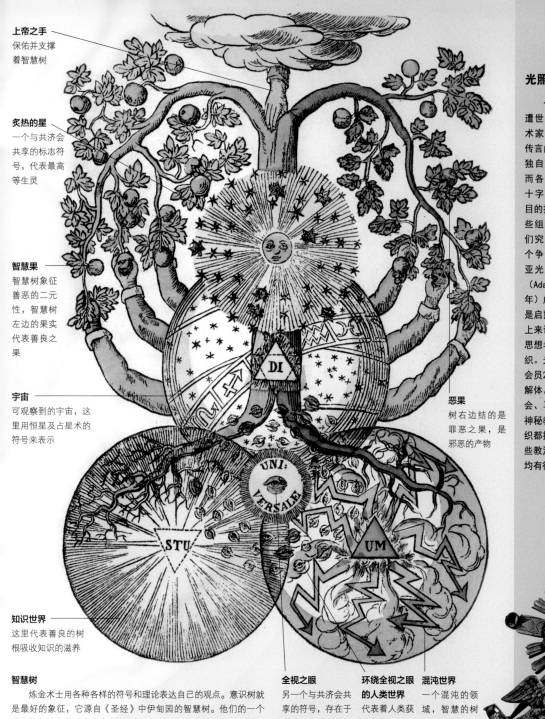

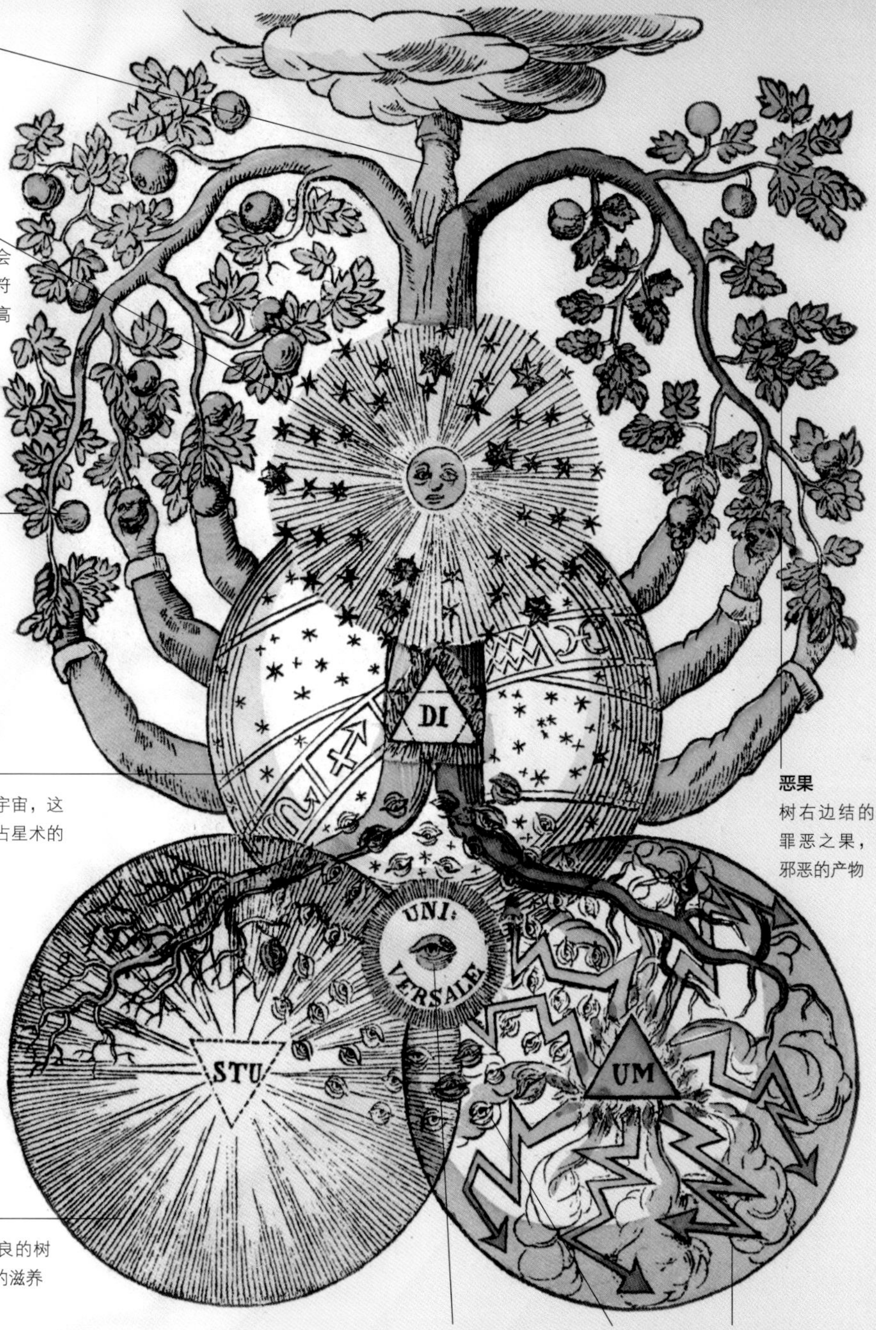

上帝之手 保佑并支撑着智慧树

炙热的星 一个与共济会共享的标志符号，代表最高等生灵

智慧果 智慧树象征善恶的二元性，智慧树左边的果实代表善良之果

宇宙 可观察到的宇宙，这里用恒星及占星术的符号来表示

恶果 树右边结的是罪恶之果，是邪恶的产物

知识世界 这里代表善良的树根吸收知识的滋养

全视之眼 另一个与共济会共享的符号，存在于宇宙、知识世界和混沌世界之间

环绕全视之眼的人类世界 代表着人类获取新知

混沌世界 一个混沌的领域，智慧的树根已枯萎

智慧树

炼金术士用各种各样的符号和理论表达自己的观点。意识树就是最好的象征，它源自《圣经》中伊甸园的智慧树。他们的一个重要信条就是夏娃在偷吃智慧树之果（她因此被逐出伊甸园）后，谴责人类为了与上帝建立契约而对相关知识的永无休止的追求。从1785年起，这个图形就用于定义精神王国的宇宙特性。

光照派

一群神秘地控制着人类周遭世界的天才（如学者、艺术家）要建立世界新秩序的传言由来已久。共济会似乎想独自扮演这些天才的角色，而各种各样的组织，如玫瑰十字会等，都想为了自己的目的接受并促进这种思想。这些组织是公认存在的，但它们究竟有多么强大，还是一个争论不休的话题。巴伐利亚光照派由法官亚当·威索（Adam Weishaupt，死于1830年）成立于1776年5月1日。它是启蒙运动的产物，但从根本上来说，它是一个松散的自由思想者的协会，而不是一个组织。光照派在全欧洲共有注册会员2000人，后因继承纠纷而解体。另一方面，像玫瑰十字会、马提尼教（基督教的一个神秘教派）、共济会这样的组织都接受启发论和兄弟会，这些教派在理念、象征和教义上均有很多交叉之处。

共济会 freemasons

共济会是世界上历史最悠久、规模最大的兄弟会，拥有成员500万人，它的起源一直被神秘笼罩。一些人声称它是由骑士团演化而来，或是由所罗门宫殿的建造者演化而来，或是源于古埃及的神秘宗教，有些人则认为它从中世纪的石匠行会发展而来。对普通人来说，共济会引起了少数拥有财富和权力特权的统治者的恐慌。它的严格隐秘性招致无数“阴谋论者”的谴责，罗马教皇发出超过16次声明，谴责共济会的邪恶和堕落。尽管它在许多国家遭到抵制，但共济会还是在整个世界范围内迅速蔓延开来，吸引了许多名人加入，例如莫扎特、伏尔泰、弗雷德里克、本杰明·富兰克林、乔治·华盛顿和温斯顿·丘吉尔。

起源和仪式

共济会的教条有超过800年的历史，共济会会员通过一系列仪式受教，用建造者的习俗和工具作为寓教于乐的道德准则。神秘的符号和口令起源于欧洲中世纪修建大城堡和大教堂的石匠们。像其他工匠一样，他们都属于一个能够谨慎守护匠人手艺秘密的行会。“共济会”（Freemason）这个词最早起源于14世纪后半叶的英国，是“freestone mason”的缩写，意思是技艺娴熟、经验丰富的工匠，能够自由地从石头的各个方向进行雕刻。现代博爱共济会始于1717年，四个伦敦分会联合形成一个中央管理机构，称为“共济总会”。17世纪中叶，共济会开始接受大量被共济会传说和神奇奥秘所吸引的工匠成为会员。通过几代人的努力，共济会终于在建设所罗门神庙的工匠之中建立了秩序。2500多年前被古巴比伦人毁灭的所罗门神庙是共济会的根基。

拜师礼
要拜师的人露出胸膛，蒙着眼睛，解开鞋带，右膝暴露着走进教堂。主教被其他兄弟包围着坐在中间

地毯
共济会的仪式被画在地毯上，所罗门神庙的象征性图案也根据不同的起始程度，同伴、学徒和石匠大师，而各不相同

《莫扎特在维也纳共济会》这幅画描绘了几种共济会的仪式，在众多人物中，莫扎特坐在最右边。

猪圈密码

这个单表代换密码在几个世纪中以各种形式被采用，至今仍受到孩童们的喜爱。在18世纪，共济会采用这种密码的一个变形版本对他们的档案进行加密。加密密钥很容易记忆：用符号取代字母表中的每个字母，符号由每个字母在下面网格中的位置确定。

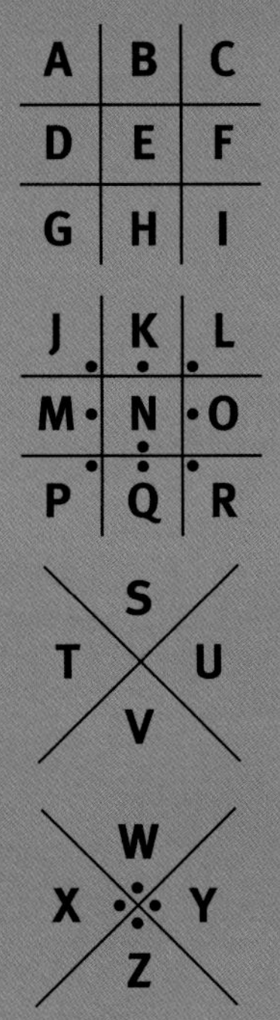

采用这个密码系统，“所罗门神庙”会被加密为：

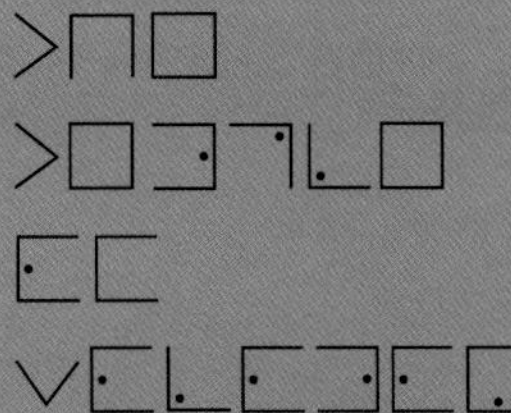

共济会的象征意义和原则

共济会经常被描述为一个特殊的道德体系，致力于自我完善和慈善。共济会向所有人开放，不分种族和宗教，并遵循三个原则：兄弟之爱、救济和真理。共济会的神话和传说包含了中世纪工匠大师的几何知识，以及源自神话的神智学知识。早期共济会因传承一切人类智慧发明和石匠手艺而备受推崇。

炽热的恒星 共济会的重要标志，炽热的恒星代表伯利恒之星、金星或太阳

代表几何的G 对共济会会员来说，几何被视为上帝授意给希拉姆（所罗门神庙建造者）的一种独特而秘密的学科

共济会围裙 一个装饰华丽的围裙，被作为中央共济会仪式的法衣

亚金和博阿斯 两个支柱——亚金和博阿斯是共济会最显著的标志，并通过竖立在所罗门神庙门口的双子柱加以区分

所罗门的殿宇 共济会的主要符号，代表着起源、失去的东西和发展的启示

圆规 作为一切进步的核心，真理、神话和几何被认为具有神圣的力量，可以重现形式上的神——这是神旨的真实蓝图

乔治·华盛顿奠定了美国国会大厦的基石。美国几十座庙宇及公共建筑都是共济会奠基的。其中最著名的一次仪式就是系着共济会围裙、手拿银刀的乔治·华盛顿，于1793年9月18日为美国国会大厦奠基。

美利坚帝国

美利坚的建立与共济会的作用密不可分。将近1/3的美国总统都是共济会成员，共济会会员在该民族的历史事件中扮演了重要角色，例如波士顿茶党和独立宣言。共济会的喻义和主题也体现在美国发展最快的宗教之一耶稣基督后期圣徒教会的经文和仪式中。今天，共济会的符号已经成为美利坚帝国根深蒂固的标志性符号，从1美元纸币上的国玺到自由女神像，都能看到这种符号。

美国国玺 十三层金字塔上的全知之眼，其下方的画卷预示着一个即将到来的崭新的世俗秩序。

早期的秘密消息传递方法和密码系统，现在看来几乎没有仍然是安全可用的，但是很多衍生的代换密码在一千多年的岁月里一直被认为是可靠的。

保密编码

基于数学分析和语义的解密技术的出现（例如词频分析法），宣告绝大多数的置换密码都是脆弱的。然而，在开创新一代加密方法的浪潮中，很多置换密码却成为基于计算机技术的新密码系统的原型。

隐藏的艺术 THE ART OF CONCEALMENT

消息隐藏，尤其在战争年代或国家安全方面的应用，可以追溯到几十个世纪之前。在字母表和数字编码发明之前，人们就开发出很多精妙的技巧，用于隐藏秘密或位置，或是隐匿破译的方法，抑或为了传递穿越敌境的消息，其中某些方法一直沿用至今。尽管它们不是严格意义上的密码，但是利用密写隐藏信息的主旨与密码学的目标是相同的，如今我们称这类技术为“隐写术”。

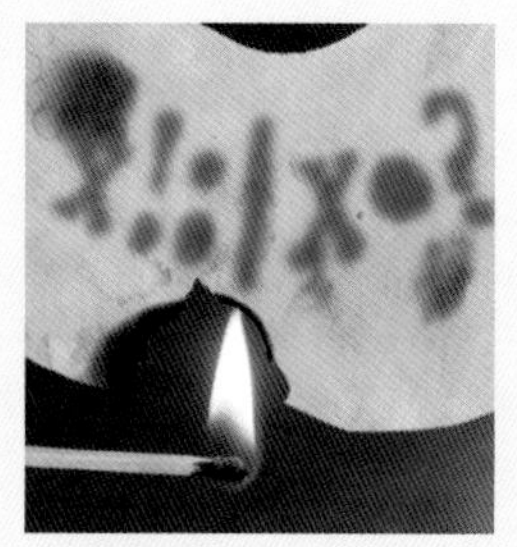

隐显墨水

早在公元1世纪，智慧的古罗马人就利用大戟科植物汁液风干后呈透明色，但慢慢加热后又会变成棕色的特性，提取它们的汁液，发明了隐显墨水。除此之外，人们还发现洋葱、柠檬汁等物质也可用于制作隐形墨水。到了16世纪，意大利学者乔瓦尼·巴蒂斯塔·德拉·波尔塔在书中描绘了一种神奇的现象：用溶解有明矾的醋，在煮熟的鸡蛋上写下信息，字迹并不会印在鸡蛋壳上，而是透过蛋壳留在洁白的鸡蛋清上。

蜡隐藏

大约在公元前480年，一个因被流放而居住在波斯的希腊人，发现波斯王国开始集结军队准备打仗，就想把这个消息传递给自己的祖国。他找到两块表面涂蜡可以反复使用的书写板，在将表面的蜡刮去后，将波斯人集结军队的消息写在木板上，然后重新用蜡封上。希腊人收到这两块空白的蜡封书写板后，猜到消息应该被书写在蜡层之下，因此提前为波斯的突袭做好了战争准备。

剃发术

穿越敌人的封锁传递消息通常需要智勇双全，但若时间充裕，希斯提亚埃乌斯（Histaiaeus）的方法应该能够奏效。他剃光信使的头发，将秘密文在信使的头皮上，等他的头发长出后再派他去送信，信使携带信息却不知道信息的内容。等他到了目的地，对方只要剃光信使的头发，就能获得消息。

这张**“护身符”，也称“血符”**，是在1942年中国抗日战争时期，美国飞虎队（中国空军美国志愿援华航空队）飞行员所携带的、以汉语书写的身份凭条，当飞机被击落后，飞行员可凭借“护身符”寻求庇护，索取食物和药物等。

耐用的丝绸

丝绸的耐用性和紧实性使它成为传递信息的良好载体。聪明的中国人将秘密写在丝绸上，并将其卷成小球，用蜡封好，信使将小球吞下后，自然能够神不知鬼不觉地一路赶往目的地。在第二次世界大战中，印在方形丝绸上的地图，被折叠后塞进飞行员的靴子后跟中。一旦飞机被击落，飞行员便能够依靠地图抵达安全地带。

提修斯与米陶诺斯

在希腊神话提修斯和米陶诺斯（Thesens and the Minotaur）中，记载了最早的隐藏秘密的例子。传说克里特岛生活着克诺索斯王米诺斯（KingMinos）的后裔，这些巨大的半人半公牛模样的后裔，定期享受着被幽禁在王宫地下迷宫中的从伯罗奔尼撒大陆进贡的处女的服侍。令人心寒是，随着19世纪初，克里特岛的王宫被发掘，巨大的地下迷宫也被发现。拥有最强追踪和杀戮能力的提修斯确信他能够解开绳索（cord）或线索（clew），穿越黑暗的地下隧道从地下迷宫中逃出重见天日。最终他做到了，这也是线索（clue）一词的来源，意指侦查中的辅助信息。

被迷宫环绕着的提修斯与米陶诺斯，古典壁画和镶嵌图案经常使用迷宫作为装饰图案

法国亚眠大教堂地板上精心设计的迷宫图案

画谜

画谜是一种广泛应用在儿童文学中的有趣的加密形式，它是利用图片、实物等作为密码替代文字的技术，也是一种代换密码。早期的基督教徒十分善于利用这种方式隐藏和交流信仰（见44页）。早期埃及考古学家错误地认为象形文字是画谜，而在纹章（见230页）上，画谜又通常用于创造双关图案。在令人匪夷所思的作品《寻爱绮梦》（*Fantastic Dreamtext Hypnerotomachia Poliphil*，1499年）中，充斥着大量的男主人公努力破译的“象形文字”。在18和19世纪，通信员越来越多地使用图片信函。

《寻爱绮梦》（见181页）中的男主人公对这个“古埃及语”铭文的解释是：军纪严明是帝国强盛的保证。

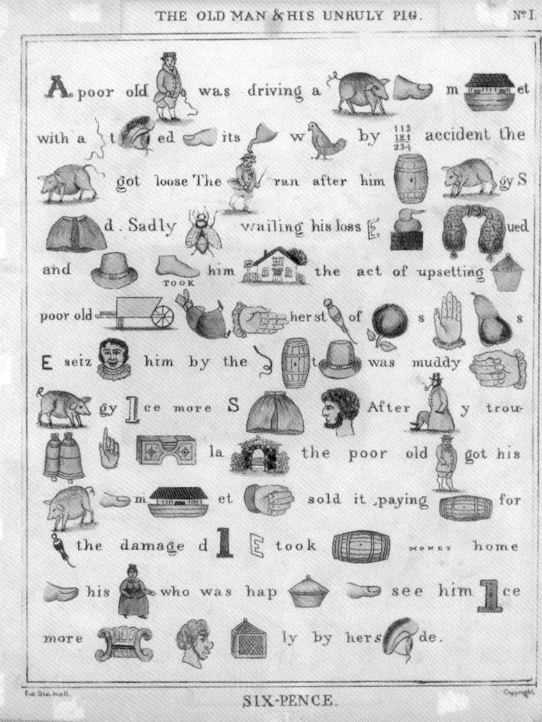

右图是**一本典型的**19世纪童话故事书，是一种有趣的提高文学阅读技巧的方式

微粒照片

20世纪初，一种能将文本和图片压缩在微小的胶片上，然后粘在文档上的微粒照片技术迅速发展。标点符号和广告都能被用来伪装微粒照片。微粒照片的优点是很难被发现；缺点则是在光照下，微粒照片的反射面容易暴露。

这个**微缩相机**稍稍大于实物

得与失

无论古希腊作家还是古罗马作家，都描述过被设计成花园的迷宫。在世界其他地方，例如中国、南亚等地，也有相似的设计。这些设计展示了无穷的几何学魅力。在中世纪，无论伊斯兰世界还是教皇的国度，带有迷宫图案的雕塑、镶嵌、瓷砖被大量运用在建筑上。在多数情况下，它们都是单线的几何形状，但也有一些被设计成展示复杂人生道路的图案。在文艺复兴初期，迷宫逐渐成为正式庭院设计的标志，在这里，生命终结以及伪装的意义让参观者疑惑而着迷。

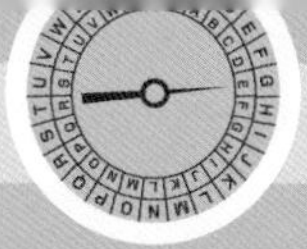

只有你能懂 For Your Eyes Only

早在2000多年前就出现了用于隐藏消息、防止窥探的加密编码。这些加密编码一般有两种形式：一种是仅改变字母顺序的置换密码（Transposition ciphers），也叫换位密码；另一种是代换密码（Substitution ciphers）。斯巴达密码棒（见104页）是迄今为止发现的最早的置换密码工具，而最早的也是最为人们熟知的代换密码则是恺撒密码（见105页）。从表面上看，密文是杂乱无章的编码，除非接收者知道解密的方法，即密钥，否则很难破译。然而事实证明，这些方法极易受到词频分析的攻击。不过类似的加密方式也流行了近750年之久，且一直延续至今，充分展现了古人卓越的智慧。

回文构词法（Anagrams）

通过置换隐藏一个词或消息的最简单的方法是改变字母的顺序，这种方法称为回文构词法。尽管这类字谜和保密系统可以追溯到2000年前，但至今仍深为无数神秘字谜设计者所钟爱。回文构词法本身受明文空间中字母个数限制，例如一个由3个字母组成的词“dog”，只能被重置成最多5种形式，即ogd/odg/gdo/god/dgo。

然而，更复杂的消息会产生成百上千甚至数百万种变形，其中许多可能并不是我们想要的。例如一个包含30个字母的简单句子，字母重新排列后就可能产生超过500亿种变化。甚至一个简单的短语“mind what you say”，就能产生超过350个不同的词，这种随意组合的方式也暴露了回文构词法的效率低下。

一般而言，回文构词消息会暗藏一个说明生成结构和目标含义的线索，用以提示解密方法，例如罗马方阵（见44页）。

另一个利用回文构词的字谜是这样表示的：

‘marred dour film’，

‘marred’表示字母应当被重组，

‘film’表示可能的答案。

所有这些，能够帮助我们找到答案：

‘dial m for murder.’（电话谋杀案）。

置换密码

最早的置换密码通常采用相对简单的算法。这是一种非常有效的创作回文构词消息的方法，只需要使用一些简单的数学原理即可实现。栅栏密码至今还被学生用于生成错乱的密文，但是只要理解它的算法就能很轻松地破解，因此不是非常安全。

一段明文消息如下：

CAREFUL YOU ARE BEING FOLLOWED

去掉其中的空格，并将整句话中的字母交替分布在两行上，即形成下图所示的栅栏形式：

以行为单位，将每一行的字母重新组合成新的密文，知道密钥的接收者就能够很轻松地重组这些字母，从而解密。

栅栏密码也可变得更复杂，例如将明文放在三行而不是两行中，然后再将三行字母排列成一行；抑或在整个密文上调换每两个字母的顺序，结果就是第一、第二个字母调换顺序，第三、第四个字母调换顺序，以此类推。

单表代换密码

在置换密码之后出现了更复杂的代换密码。简单的代换密码通常利用字母表中其他字母、数字或符号（有时将三者混合）代替原字母。这种方法一般称为单表代换密码。最著名的单表代换密码就是恺撒密码，这种密码仅用移位的字母表替代原字母表。而其他诸如《爱经》密码（*Kama Sutra Cipher*，见69页）、巴宾顿码（见76页）等，在移位的同时也改变了字母表的起始字母（见104页）。

算法

单表代换密码是由明文（需要发送的消息）、密钥（说明具体的加密方式），以及一个通用的加密系统（算法）构成。

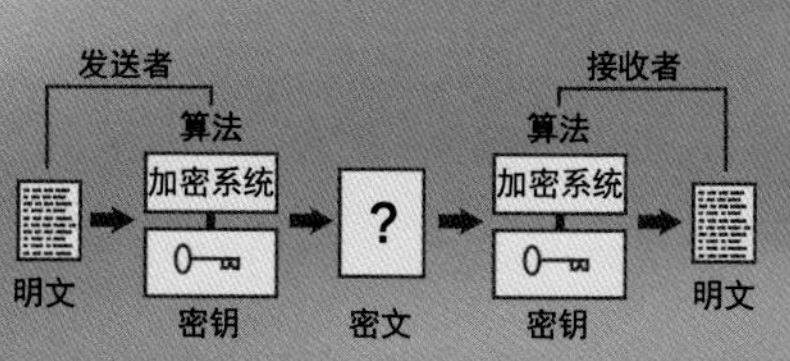

整个系统的安全完全依赖于确保只有发送者和接收者知道密钥

《爱经》密码
（*Kama Sutra* cipher）

《爱经》是一本由婆罗门教学者筏蹉衍哪（Vatsyayana）在公元4世纪完成的手册。书中收录了成为合格年轻女子的64个忠告，涵盖了衣着、烹饪技巧、游戏、手工技能，甚至包括性爱技巧。其中一项技能是密写术，年轻女子通常用来秘密地记录她们幽会的细节。手册中提到的加密方式是通过创造随机代换字母表实现的，从而避免像恺撒密码那样按逻辑顺序代换。

明文字母表

A B C D E F G H I J K L M N O P Q R S T U V W X Y Z

R M E S Z W N A L Y B T F I Q X J U D V K H G O P C

密文字母表

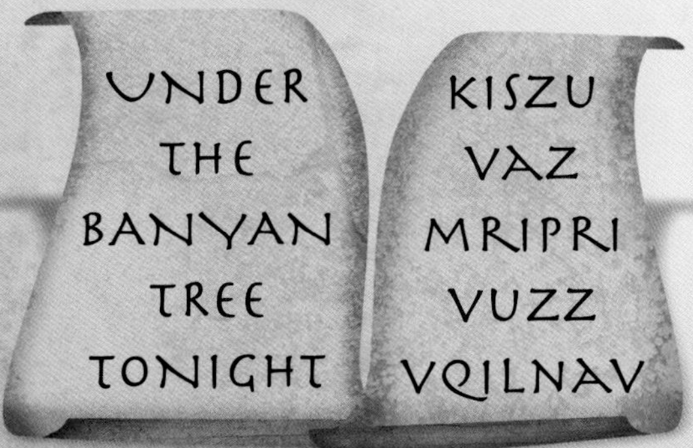

UNDER THE BANYAN TREE TONIGHT

KISZU VAZ MRIPRI VUZZ VQILNAV

利用这种独特的代换系统，明文（见上左图）将转变成如上右图一般。这样的系统依靠重新排序的字母表，能够产生多达400,000,000,000,000,000,000,000,000个潜在的密钥，对一个密码破译专家来说，破解这样的消息显然是不可能完成的任务。

速记法

要记住恺撒移位代换密码的密钥是十分容易的，但是要精确地记下《爱经》密码字母表显然要困难得多。有另外一种密钥能够使这两个系统同时变得更简单易用，且更容易记忆：选择一个容易记忆的关键语，例如HELLO MY FRIEND，去掉短语中的空格以及重复的字母，将修整后的短语放在密文字母表的最前端，以正常的字母顺序补全字母表，去除重复的字母，确保字母表中没有重复。

明文字母表

A B C D E F G H I J K L M N O P Q R S T U V W X Y Z

H E L O M Y F R I N D A B C G J K P Q S T U V W X Z

密文字母表

ARE YOU DOING WELL?

HPM XGT OGICF VMAA?

使用这一方法，明文（上图第一行）将会变成密文（上图第二行）。密钥短语越长，加密算法的效率就越高。

使用符号

很多单表代换密钥通常使用符号代替字母表中的字母，这能有效地增加密文的复杂程度。对发送者和接收者而言，记忆那些被符号替换的字母就意味着进一步增加了记忆难度，虽然原理与原来相同。

下面是一个采用6字母恺撒移位代换密码的例子。其中明文字母表中的每一个元音字母都用符号来替换。

明文字母表

A B C D E F G H I J K L M

N O P Q R S T U V W X Y Z

密文字母表

✪ G H I ✿ K L M ➾ O P Q R

S ♣ U V W X Y ❤ A B C D E

利用这个字母表加密简单的短语，整个密文就能够隐藏相应的消息。

HOW WAS IT AT THE ZOO?

M♣B B✪X ➾Y ✪Y YM✿ E♣♣

大多数密码都会避免标点符号，特别是“？”，因为标点符号非常容易向密码破译者泄露有价值的破译线索。

M♣BB✪X➾Y✪YYM✿E♣♣

进一步的加密包括去掉密文中的空格

M♣B+B✪X+➾Y+✪Y+YM✿+E♣♣

增加一个独立的符号，例如“+”表示词的隔离，便会创造出更复杂的密文。再次强调，还是应避免使用标点符号，因为如此有规律且重复出现的符号很容易被猜出来。

M♣B3✪X ➾Y ✪Y3M ✿ E♣3

使用独特的符号，例如“3”用于指代重复出现的字母，能够进一步增加密文的混淆度。

词频分析

Frequency Analysis

如果知道加密消息所采用的原语言，词频分析则是破解代换密码的一种有效手段。它根据每种语言使用的字母表，以及字母和词组在这种语言中的使用频率破解密码。然而，各种语言的词频是大不相同的（德语中‘e’的使用频率高于20%，而意大利语中有3个词的使用频率大于10%，有9个词的使用频率小于1%）。词频分析仅能有效地破译代换密码，且并不完全奏效。但是，从本质上讲，由于很多字母有相同且可用数学方法度量的使用频率，因此，密文单词越多，词频分析的成功率也越高。

阿尔·肯迪

阿尔·肯迪（公元801-873年）是一位阿拉伯数学家、科学家、哲学家、天文学家、心理学家和气象学家。他因尝试将古希腊哲学思想引入阿拉伯世界而为人们所熟知。在巴格达工作时期，他翻译了大量经典著作。除了上述贡献，他还促进了包括医学、心理学、音乐理论在内的多项学科的发展，然而至今为止，他最为人们所熟知的是他第一次明确阐述了利用词频分析解密的密码分析学，相关研究被记录在他的手稿《破解密码消息》中。这部手稿直到1987年才被土耳其人在伊斯坦布尔发现。不论是阿尔·肯迪发明了这种方法，还是他首次描述了这项技术，可以肯定的是，肯迪所描述的这一概念似乎从9世纪起就广为阿拉伯人所知。

英语词频分析

尽管不同的示例文本会有轻微的变化，但是英语中使用频率最高的5个字母通常是‘e’‘t’‘a’‘o’‘i’。当然，这几个字母的使用频率也有一些细微的变化，‘e’通常是出现频率最高的，而‘n’‘s’‘h’‘r’和‘d’与它们共同组成了英语中词频最高的10个字母。右表是按使用平均百分比给出的字母使用频率排序。

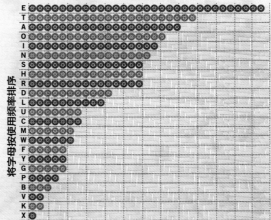

使用频率（%）
0 1 2 3 4 5 6 7 8 9 10 11 12 13
将字母按使用频率排序
E T A O I N S H R D L U C M W F Y G P B V K X J Q Z

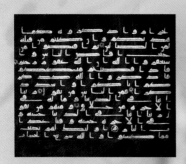

词频分析这一概念在阿拉伯世界得到长足的发展。阿拉伯语有28个基本字母，每个字母都有4种不同的形式（首、中、尾、单），还有字母组合，因此，用这些字母组成的密码将更加难以破译。

国际象棋

阿拉伯人的另一项可以和密码分析相提并论的成就是国际象棋。掌握每个棋子的移动法则（算法）是必不可少的，但不一定要掌握理解或预测对手战术的方法（密钥）理解和预测对手战术的密钥，更不用说整体策略了。

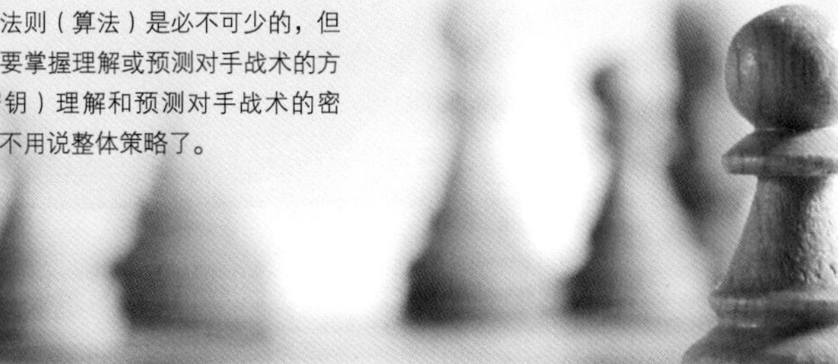

词频分析法的应用

右下图为一段密文，密码专家会画一个表（右下图下面的表格），分析密文特点和每一个字母或字符的出现频率，然后将分析结果与标准字母使用频率表进行对比，找出对应的字母。该密文的字母使用频率分析见下面第一个表格。

密码专家现在已经掌握了一种基本技巧。利用这个表就能够确定最常用的字母，在这个例子中‘H’似乎能够解密为‘e’。接着他们将第二常用的字母‘W’与‘t’相匹配，以此类推。这个例子使用了位移为3的恺撒密码，因此密码学家能够很快识别出这种加密模式，并且快速地解出这个谜题。（上面密文破解后文明文见下图）当使用一个更复杂的密码算法时，他们必须继续猜测，直到弄清楚大多数字母是否可能是与其使用频率相近的另一个字母。此时，密码学家可能要重复他们先前的步骤，不断尝试改变某个字母，然后再继续下一步。

DIWHU OXQFK, WKHLU ZDON WRRN WKHP GRZQ IURP WKH LQQ WR WKH ORFDO PDUNHWV. WKHB PDUYHOHG DW WKH VHOHFWLRQ RI JRRGV RQ RIIHU, HLJKW RU QLQH VWDOOV MXVW VHOOLQJ IUXLW, WKH VDPH IRU YHJHWDEOHV, ILVK, DQG PHDW.

使用比例

0 1 2 3 4 5 6 7 8 9

字母使用频率

H W R D O K Q V U I L P G J F N X Y Z E M B S T A C

除了研究明文中单个字母的使用频率外，密码学家也会在明文中寻找高使用频率的双字母或者三字母组合。在密文中，最常见的字母‘H’被密码学家解译为‘e’，密文中最常见的三字母组合是‘WKH’，所以通常我们会猜测‘W’对应着‘t’，而‘K’对应的是‘h’，组成这个最高使用频率的三字母组合对应的英语单词就是‘the’。

‘After lunch, their walk took them down from the inn to the local markets. They marveled at the selection of goods on offer, eight or nine stalls just selling fruit, the same for vegetables, fish, and meat.’

并非万能

下面的明文显示，没有一个字母的使用频率排序可以适用于所有消息。密文长度越长，密码分析效果越好。但问题是这完全取决于对应的明文。这样的明文会产生出右表中的错乱的词频分析结果。

‘Sixty-six ex-zookeepers from Zimbabwe and Zambia met in Zanzibar, Tanzania, to discuss the Zulus’ attitude to zebras.’

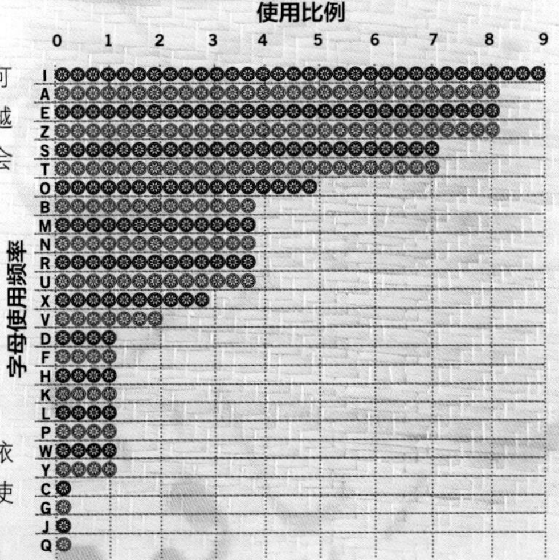

即使在如此简洁的明文中，‘e’‘t’‘a’‘s’依然保持着相当高的使用频率，而‘z’和‘i’不寻常的使用频率可能会将密码学家引入歧途。

寻找字母组合

除了对单个字母的使用频率进行分析之外，双字母组合或三字母组合的词频分析也能为解密提供巨大的帮助。它们可能是一个词或者词的一部分。

寻找单词时，英语中最常用的三字母组合是‘the’，因此一旦‘e’被确定（它若在密文中频繁地出现在三字母组合的末尾），那么就像前面所说的‘t’‘h’也就不难被破译了。如果‘a’是密文中第二高频的三字母组合（and）的首字母，那么剩下的两个字母便是‘n’和‘d’。英语中使用最频繁的三字母组合还有‘est’‘for’‘his’‘ent’‘tha’等。

之后就是进一步扩大寻找英语中最常用的双字母组合，如‘th’‘ea’‘of’‘to’‘in’‘it’‘is’等，有些组合本身就是一个单词。另一个方法是寻找最常见的叠词，如‘ss’‘ee’‘ff’‘tt’‘ll’‘mm’‘nn’等。

尽管这是一项耗时费力的工作，但是坚持不懈的努力以及对加密语言的了解，我们最终可以通过词频分析破译大多数代换密码，即使这些代换密码包含符号和数字。

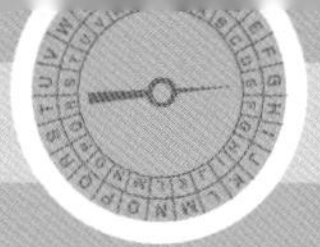

隐藏密码
Disguising Ciphers

唱名官密码

在14世纪末期非常流行的唱名官（Nomenclators）密码，虽然只需要一个相对简单的密码本，但是也需要大量的同音异形字，通常采用预先约定的符号表示这些同音异形字。一般而言，一个符号代表一个词语或一个短语。这种密码系统的名称来源于宣读觐见贵宾完整头衔的古代宫廷官员唱名官。觐见贵宾复杂的正式头衔被替换成记事本上的易于记忆的字符和符号，唱名官照本宣读就可以了。由于这种方法十分灵活且能无限增加同音异形字，在之后的400年中，这个系统一直是外交上最常用的编码系统。但是苏格兰女王玛丽以生命的代价证明这种系统并非牢不可破。

唱名官发明了采用速记同音异形字的方法记录觐见贵族的复杂头衔。

人们多次尝试创造能够抵御词频分析攻击的密码。在多表代换密码（见74、106页）出现之前，最常用的手段是采用同音异形字构成密文组，即明文中的一个字母通常用一个以上的密文字符、数字或符号表示。这种复杂且有多种变化的方式直到19世纪依然广泛用于传递和保护秘密信息。当然，还有其他方法，例如通过进一步置换和代换，更深地将原始信息隐藏起来。

消除明显记号

删除单词间的空格和所有标点符号会产生一个连续的、让密码学家望而却步的密文字符串。利用数字编码表显然要比利用字母更容易产生混淆。从中世纪开始就一直使用的令密码学家感到十分棘手的技术，是将密文有规律地分割成由5～6个字符串（或者是‘位’，这种技术在19世纪电报发明后，因为能够准确地传递加密信息而被广泛使用）组成的数据块。例如，一个简单的12位恺撒移位代换密码，在用数字进行替换后，变成以下形式：

明文	A	B	C	D	E	F	G	H	I	J	K	L	M	N	O	P	Q	R	S	T	U	V	W	X	Y	Z
密文	L	M	N	O	P	Q	R	S	T	U	V	W	X	Y	Z	A	B	C	D	E	F	G	H	I	J	K
数字化密文	12	13	14	15	16	17	18	19	20	21	22	23	24	25	26	1	2	3	4	5	6	7	8	9	10	11

采用此算法，后续的加密过程见右图

明文	t h e l a n d o f d r a g o n s
加密	5 19 16 23 12 25 15 26 17 15 3 12 18 26 25 4
5位分组	51916 23122 51526 17153 12182 6254x

无义字符

密文最后的‘X’通常作为无义字符出现，用于构造5位的密文数据块。

同音异形字：压缩词频

同音异形字密码能够以多种方式实现隐藏代换密码的目的。最具代表性的是将最大的数字分配给词频最高的同音异形字，从而“降低”它们出现的频率。同音异形字通常循环使用。由于需要比26个字母更多的字符，因此需要引入其他的字符。色彩和奇形怪状的字符也会被使用，现在字母表中的字母由于场景的不同可能会被或多或少地修改，当然，最有效的解决方案是使用接近无穷的数字代换。

数字编码在理论上提供了更有效的伪装方法，而且就像路易十四密码（见108页）一样，每一个明文字母都可以用大量的同音异形字表示，它几乎不会被破解。

明文	A	B	C	D	E	F	G	H	I	J	K	L	M	N	O	P	Q	R	S	T	U	V	W	X	Y	Z
12位恺撒移位代换密码	L	M	N	O	P	Q	R	S	T	U	V	W	X	Y	Z	A	B	C	D	E	F	G	H	I	J	K
常用字母数字化同音异形字	3				1				5					6	4					2						
	9				7				11					12	10					8						
	15				13				17					17	16					14						

表必须按行序组成，结合12位恺撒密移位代换码并采用3个同音异形字（此处用数字替换）表示英语中最常用的6个字母（e、t、a、i、u、b）。

明文	every	man	must	be	seen	to	have	done	his	duty
加密	PG1CJ	XLY	XFDE	M7	D13P6	2Z	S3G1	O4127	STD	OF8J

在这个明文消息中，字母i只用了一次，因此并不需要使用同音异形字，但最常用的字母‘e’使用了7次，因此，根据同音异形字循环使用原则，它在密文中分别用P、1、7、13、P、1、7代替。

棋盘密码

这种巧妙的技术可将明文转化为数字，利用同音异形字混淆并压缩词的长度。

1 画一个4行11列的表格，在第一行，将第一列空出来，并在剩余位置依次填上0~9。

2 在第二行，再次将第一列留空，其余位置随意填上词频最高的8个字母（在英语中分别为e、t、a、o、i、n、s、r），留出2个空格。

3 在第三行和第四行，随意填入剩下的字母。因为在栅格中有44个空格，剩余的2个空位可以出现在第三行和第四行的任意位置。

4 在第三行、第四行最左边的一列中，分别填入第二行空格所对应的数字。接收者和发送者必须使用相同的棋盘网格。

5 被压缩成串的密文400431371913968可能直接发送，也可能会通过第二阶段密钥加密后再发送。第二阶段将密钥（例如3455）重复扩展成等密文长度的字符串，再与原密文相加形成新的密文。

6 新的密文通过棋盘网格转换回原始的字母，必须记住，任何3或6都要与其后面的数字成对解密。

很明显，许多高频的字母（如e、a等）已经被隐藏，就如同例子中被替换的字母t一般。

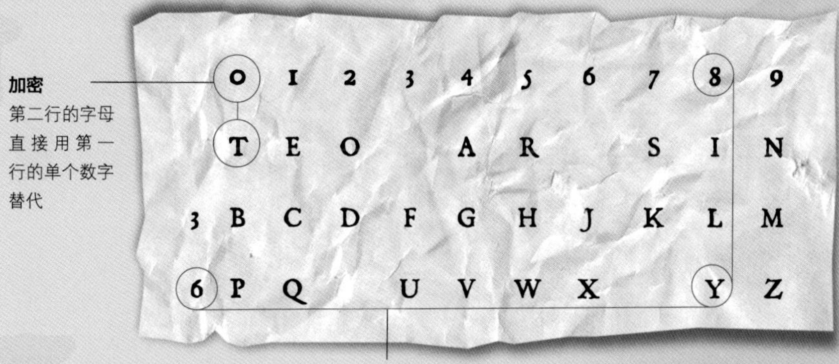

	0	1	2	3	4	5	6	7	8	9
	T	E	O		A	R		S	I	N
3	B	C	D	F	G	H	J	K	L	M
6	P	Q		U	V	W	X		Y	Z

加密
第二行的字母直接用第一行的单个数字替代

两位数编码
第三行或第四行的字母，用它所在行的数字和列的数字推导出它所对应的数字编码

明文	A	T	T	A	C	K	E	N	E	M	Y				
密文	4	0	0	4	31	37	1	9	1	39	68				
密文	4	0	0	4	3	1	3	7	1	9	1	3	9	6	8
+密钥	3	4	5	5	3	4	5	5	3	4	5	5	3	4	5
新密文	7	4	5	9	6	5	8	2	4	3	6	8	2	0	3
新密文	7	4	5	9	65	8	2	4	36	8	2	0	3(0)		
对应字母密文	S	A	R	N	W	I	O	A	J	I	O	T	B		

解密
由于网格中的所有代换都是一一对应的，因此解密过程只需逆转加密过程即可

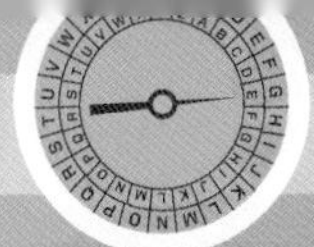

中世纪加密系统

MEDIEVAL CIPHER SYSTEMS

在充斥着新兴国家之间的战争、宗教战争与防御战争的混乱的欧洲中世纪，基督教世界在科学思想和人文主义思想的不断冲击下逐渐走向衰亡。欧洲与阿拉伯世界的联系除了纯粹的血腥战斗之外，阿拉伯图书馆中大量经过筛选的古代文献，以及阿拉伯人的原创成果也被带回欧洲，点燃了欧洲启蒙运动的火种。中世纪欧洲修道院或法院所提出的许多新概念早在此前就已被阿拉伯学者所预测。

罗杰·培根

英国共济会成员和自然哲学家罗杰·培根（1214—1294年）除了建议教皇克莱蒙四世在大量的神学教育大纲中融入经验科学（这招致异教徒的指控）外，他也是第一批研究数学在密写术中的潜在价值的西方学者。在他的《工艺与自然的奥秘》（*The Secret Works of Art and the Nullity of Magic*）一书中，他对密码系统没有在私人信件中广泛使用表示十分惊讶。

他的两部伟大著作《大著作》（*Opus Majus*）和《小著作》（*Opus Minus*）以大篇幅记述了他的广泛调查，加上他对密码学的浓厚兴趣，共同引导他完成了图文并茂的《伏尼契手稿》（*Voynich Manuscript*，见170页）。

这本书用加密字母编码文字写成，能对抗迄今为止的所有密码学分析手段。

> “数学是打开科学之门的钥匙。”
>
> 罗杰·培根，1266年

阿尔伯蒂和多表代换

数学移位代换允许某个编码消息的发送者通过使用不同的字母表改变加密算法。这些数学移位代换的思想被意大利人文主义者、哲学家、建筑学家莱昂·巴蒂斯塔·阿尔伯蒂（1404—1472年）归纳在《论密码的构成》（1466年）一书中。他设计了下图这样的装置：外盘是固定的，数字1～4和所有意大利语字母按顺序分布其上，可转动的内盘上随机分布着字母表的所有字母。阿尔伯蒂还设计了一个超过300个短语的数字编码的密码本，但是在下面的例子中，仅需要提前约定基准字母和触发基准字母开始移位代换的字母。

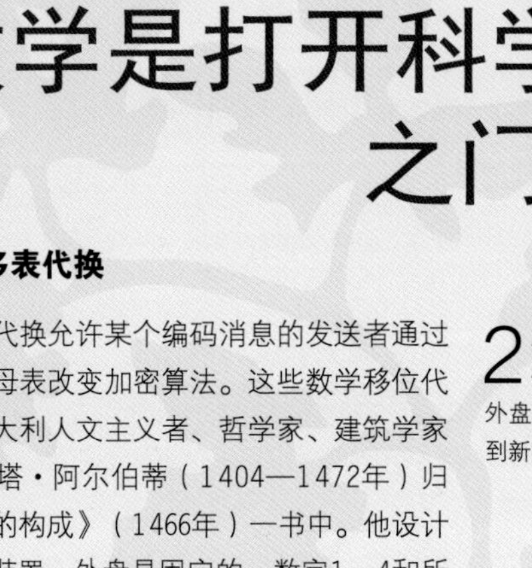

加密

每个圆盘都可作为基准，有两种使用方式。

1 方式1

初始的基准字母是提前约定的，同时约定2个或2个以上的字母，可以触发基准字母发生改变。当初始字母是‘g’时，那么在内盘上的‘g’就会与外盘上的‘A’对齐。触发字母会嵌在任意文本中。触发字母使这一装置成为一个多表密码系统。

2 加密就此开始后，从外向内读取，一直读到明文中的触发字母（在例子中是‘T’），这时内盘上的‘g’重新对齐外盘上的‘T’，然后利用新的加密字母表继续加密，直到遇到新的触发字母。

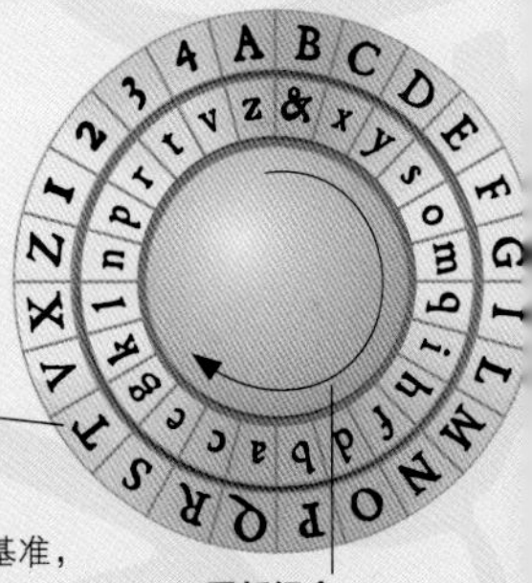

触发字母

当‘T’出现在明文中时，旋转内盘

重新组合

旋转基准字母‘g’，使其对准‘T’

方式2

更简单的方法是将外盘作为基准，字母不变，同样先约定初始基准字母仍然是‘g’，依然对准外盘上的‘A’。不需要提取约定触发字母。开始加密直到明文中的某一个字母与外盘上的四个数字之一匹配。这时，该字母（例子中的‘b’正好与‘1’相遇）被移位至与外盘上的‘A’相对，继续使用加密字母表加密，直到另一个明文字母对应到数字，并重复这些步骤。

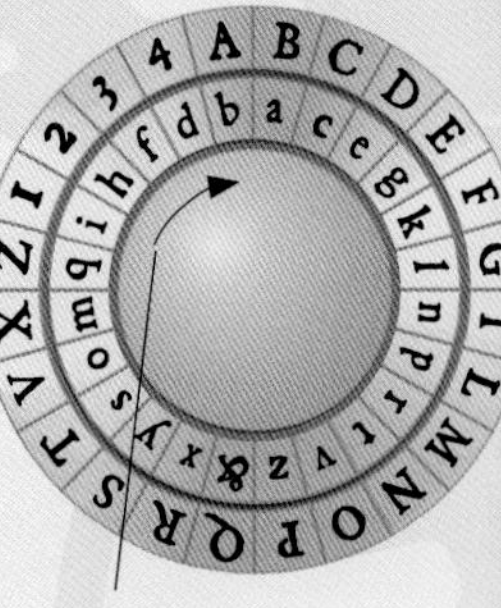

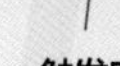

触发字母

当明文中出现字母‘b’‘a’‘c’或‘e’，就要旋转内盘使之对齐字母‘A’

解密

无论采用哪种方式，重新编码后的消息都能通过逆向加密过程进行解密。

意大利连接

AB	a	b	c	d	e	f	g	h	i	l	m
	n	o	p	q	r	ſ	t	u	x	y	z
CD	a	b	c	d	e	f	g	h	i	l	m
	t	u	x	y	z	n	o	p	q	r	ſ
EF	a	b	c	d	e	f	g	h	i	l	m
	z	n	o	p	q	r	ſ	t	u	x	y
GH	a	b	c	d	e	f	g	h	i	l	m
	ſ	t	u	x	y	z	n	o	p	q	r
IL	a	b	c	d	e	f	g	h	i	l	m
	y	z	n	o	p	q	r	ſ	t	u	x
MN	a	b	c	d	e	f	g	h	i	l	m
	r	ſ	t	u	x	y	z	n	o	p	q
OP	a	b	c	d	e	f	g	h	i	l	m
	x	y	z	n	o	p	q	r	ſ	t	u
QR	a	b	c	d	e	f	g	h	i	l	m
	q	r	ſ	t	u	x	y	z	n	o	p
ST	a	b	c	d	e	f	g	h	i	l	m
	p	q	r	ſ	t	u	x	y	z	n	o
VX	a	b	c	d	e	f	g	h	i	l	m
	u	x	y	z	n	o	p	q	r	ſ	t
YZ	a	b	c	d	e	f	g	h	i	l	m
	o	p	q	r	ſ	t	u	x	y	z	n

在15世纪的意大利，无论国家领土和公爵领地之间的激烈斗争，还是佛罗伦萨、威尼斯、热那亚等国际贸易和经济中心的不断发展，都使人们对密码学的需求不断增强。

紧随阿尔伯蒂（见74页）之后，吉奥万·巴蒂斯塔·贝拉索（1505—约1580年）出版了三本关于密码学的小册子，其中记载了大量的多表代换密码体制。在第一本手册中，他创造了一种新的表格法，即倒数表法，首次阐述了密钥或口令的概念。他将字母表（意大利语有22个字母）一分为二，顺序写下a～m，然后将剩下的字母随机排列，生成多个组合，排列在此序列下方，组成多张密文表。每一种排序都用普通字母表中两个相邻的字母作为基准。利用这张表，与口令或密钥对应的基准字符指示的行就会被使用，而明文字符所对应的密文字符，则依靠行所指示的转换关系确定。

利用这张表（左图），明文‘engage enemy at first light’在密钥‘et in arcadia ego’的作用下将被加密成：

密钥 e t i n a r c a d i a e g o e t i n a r c a d
明文 e n g a g e e n e m y a t f i r s t l i g h t
密文 q l r r t u z a z x l z b p u c h c y n o u a

吉安巴蒂斯塔·德拉·波尔塔（约1535—1615年）是一位贵族式的业余爱好者，他有效地汲取了前人的经验，在《替换式密码》（*De Furtivis Literarum Notis*，1563年）中再现了贝拉索的一系列想法。他到现在还被认为是多表代换密码的发明者。1586年，法国外交家布莱斯·德·维吉尼亚将很多促进多表密码发展的其他研究成果整理并发表。他的名字如今也和多表密码紧密联系在一起，名留青史。

约翰尼斯·特里特米乌斯提出了独立于阿尔伯蒂的方法之外的多表代换密码体制。在当时教廷神秘主义传统时期，他使用的语言风格与炼金术和巫术十分相像，这导致他受到了教廷当局中异教徒的指控。

隐写术

大约在1499年，斯彭海姆本笃会的修道院院长约翰尼斯·特里特米乌斯(1462—1516年)写成一部三卷的著作《隐写术》（*Steganographia*），直到1606年，它才得以出版（之前它被列于梵蒂冈禁书目录中）。隐写术起初被认为是巫术，因为使用它的人宣称可以利用天使和精灵的力量进行远距离的消息传递。事实上，它是密码学的综合应用，是一种密写术系统。就像很多同时代的教士一般，特里特米乌斯对神学十分感兴趣，他宣称的天使和精灵的力量事实上是不同的加密算法，而且很多只是简单的置换密码或代换密码。特里特米乌斯似乎在贝拉索之前就独立完成了后来被贝拉索提出并被维吉尼亚（见106页）普及的表格法。他设计的系统十分简便，包含了一个仅利用表格法改进的恺撒移位代换密码：第一个明文中的字母使用第一行的恺撒移位（‘a’对应‘B’），第二个字母使用第二行的恺撒移位（‘a’对应‘C’），以此类推，每一行的移位都会右移一位。他的密码学思想被写入之后出版的《多表代换法》（*Polygraphiae*），这本书也成为欧洲出版的第一本密码学领域的著作（1518年）。

数学和神秘主义

很多文献，诸如奥斯瓦尔·德克罗尔的《化学宫》（*Basilica Chymica*，上图）等，认为纯粹的数学和实际的密码学以及部分神秘主义之间不仅没有严格的界限变得模糊的样子，而且有着大量的重叠部分。在维吉尼亚发表他的多表代换密码之前大约50年，科尼利厄斯·阿格里帕（特里特米乌斯的学生）创造出类似于恺撒移位密码表的独特的“转换表”，他试图通过编译神奇的字母召唤天使与魔鬼，并和他们交流。炼金术师、巫师以及卡巴拉学者也对数字的神奇力量有着同样的迷恋（见54～58页），甚至在他们之前还出现过毕达哥拉斯学派（见156页）。

《多表代换法》是欧洲出版的第一部密码学著作

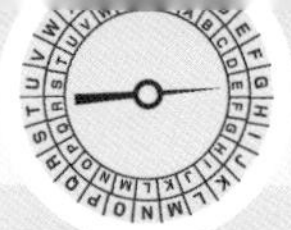

巴宾顿阴谋 The Babington Plot

1587年2月，英国新教首领、国家统治者伊丽莎白一世已经在位29年，然而她的王位一直受到罗马天主教及其强大的盟友西班牙和法国的威胁。伊丽莎白一世无奈地以叛国罪的名义判处她的表妹——被天主教认可的王位继承人苏格兰女王玛丽一世死刑。抛开家族的纽带关系，伊丽莎白一世担心执行死刑会激怒国内的天主教徒，但是随着伊丽莎白麾下的间谍头目弗朗西斯·沃尔辛厄姆展示了大量的玛丽叛国的罪证，她终没能逃脱死亡的命运。弗朗西斯破译了玛丽的一系列书信，证实了在她在英国长期而安逸的软禁时光中，密谋了一场颠覆伊丽莎白统治的政变。

宗教迫害

1547年，在亨利八世和他的儿子爱德华六世死去后，他的女儿玛丽成为王国的统治者。玛丽是狂热的天主教信徒，她迫害和处死了全国各地大量的英国国教徒和新教徒，包括烧死的300名“反对者”。玛丽死后，伊丽莎白成为新的统治者，风气开始转变。公开宣扬天主教变得危险，不过仍有很多天主教徒用很多其他方式隐秘地宣扬他们的教义。一些信仰天主教的家族将信息隐藏在他们的家族纹章中，一些甚至隐藏在房子的设计中。例如坐落在英国北安普敦郡拉什顿的三角楼，它是由虔诚的天主教徒托马斯·特瑞山姆于1593年建造的，三角形的形状代表着基督教圣父、圣子、圣灵三位一体，而这种三角形的象征形式在房子内外随处可见：房子有三层，每面墙上有三扇窗，每面外墙有三个三角形山墙，周围装饰着家族三叶草。房子外面更是被徽章、《圣经》短文和一些表明他信仰的符号所装饰。一旦受到质疑，他就辩称这只是一个荒唐的建筑而已。

苏格兰女王玛丽（1542—1587年）是一位虔诚的天主教徒，因此成为伊丽莎白的威胁

英国女王伊丽莎白一世（1533—1603年），1588年加入新教，坚定的信仰促使她批准以叛国罪判处玛丽死刑。

玛丽的信使

在遭到软禁时，玛丽的书信通常被看守的狱卒拦截。天主教徒（包括勇敢的安东尼·巴宾顿和托马斯·吉福德）设法让她的支持者偷带信件给玛丽（将信藏在啤酒桶的塞子中）。训练有素的吉福德成为玛丽的长期秘密信使，并获得了法国驻英国大使馆以及英国天主教徒的信任。但不幸的是，吉福德是个双面间谍。

加入沃尔辛厄姆麾下

弗朗西斯·沃尔辛厄姆是伊丽莎白的首席秘书和安全主管，同样也掌控着遍布欧洲的间谍网络，他能力出众却残忍无比。他在之前就开始接触吉福德，并在1585年吉福德从罗马返回时招聘他成为一名特工。当巴宾顿将玛丽的详细政变计划，包括如何刺杀伊丽莎白、如何入侵英格兰，以及玛丽登基安排等消息偷送出来后，吉福德就将其交给沃尔辛厄姆。但消息通常是加密的，不是采用简单的代换密码，而是采用了密语和符号组合的密码表。沃尔辛厄姆知道密码和解密的重要性，他雇了一位欧洲顶尖的密码学家托马斯·菲利普斯作为他的解密助手。

伊丽莎白幕后的间谍头目弗朗西斯·沃尔辛厄姆（1532—1590年）拦截了所谓的“银匣信件”，并按要求伪造信件陷害玛丽。

玛丽高贵而不失尊严地面对死刑（右图）

菲利普斯的解决方案

菲利普斯（1556—1625年）是密码分析专家，最擅长用词频分析法破译密码。他尝试连续不断地猜测循环的符号，构建一个解密的密文表，尝试辨认空格，将问题降为解译密语，并且经常能通过上下文的意思理解密文的内容。

菲利普斯伪造给玛丽，并导致玛丽垮台的信件内容节选

在解开巴宾顿的密谋计划后，沃尔辛厄姆等待着时机。为了证明玛丽参与政变计划并获得更多细节，沃尔辛厄姆必须让玛丽继续与巴宾顿通信，以发现玛丽的所有行动与同伙。吉福德继续作为信使，同时，菲利普斯也是一位伪造高手，他被要求在玛丽的一封回信中添加附言，询问参与完成计划的六个人的姓名。最终，沃尔辛厄姆成功了，虽然主要原因在于策划者过于相信他们的密码是安全的，以至于他们不再对自己所说的话保持谨慎。

闹剧收场

巴宾顿在离开英国准备完成入侵计划的路上被捕，几天后，他和同伙以叛国罪被通缉，被执行绞刑或车裂。1586年10月，伊丽莎白以相同的罪名批准了对玛丽的审讯。尽管玛丽否认所有的指控（这导致至今仍有人相信整个事件是由沃尔辛厄姆策划的），但她最终被认定有罪，并在1587年在北安普敦郡弗斯里亭城堡被执行死刑。

巴宾顿码

唱名官密码利用符号表示23个字母（其中j、v和w不在其中），再利用35个符号表示一些词语和短语，除此之外，还有4个无效码（表示毫无关联和无意义的内容，用于迷惑密码破译者）与一个标志符，表示接下来的字母需要重复'dowbleth'。

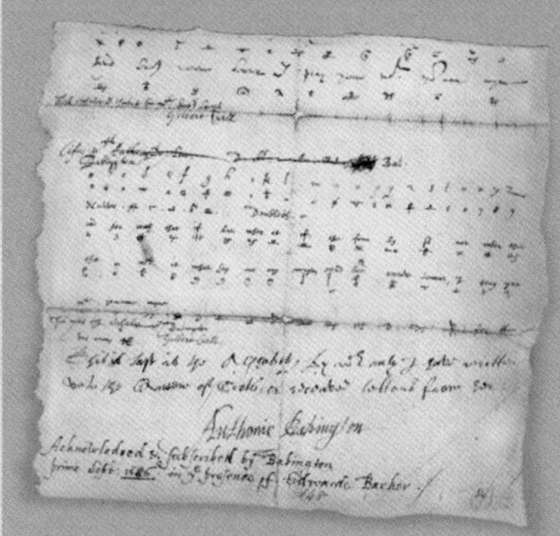

唱名官密码对应的字母表，其中包含一系列常用短语

a	b	c	d	e	f	g
h	i	k	l	m	n	o
p	q	r	s	t	u	x
y	z	nulls	nulls	nulls	nulls	dowbleth
and	for	with	that	if	but	where
as	of	the	from	by	so	not
when	there	this	in	which	is	what
say	me	my	with	send	ire	receive
bearer	I	pray	you	meet	your name	mine

达·芬奇密码？ THE DA VINCI CODE?

意大利文艺复兴盛期的艺术家、工程师莱昂纳多·达·芬奇的笔记，被当作多个学科的收藏品分散在世界各地。这些笔记之所以受到高度的关注，不仅是因为题材内容，更是由于他使用的加密笔记和注释。笔记的内容包含日常生活用具的草图、人体解剖草图、奇思妙想的战争武器，甚至包含为艺术委员会画的细节图和一些涂鸦。

密写术

几乎每一页达·芬奇手稿上的注释都是难以理解的，然而事实上，这只是简单的“镜像书写”，也许是因为他觉得必须隐藏他的注释以防被偷窥，抑或因为他是一个左撇子，用这种方式更容易书写，也更容易保持神秘感。然而，毫无疑问的是，达·芬奇关注的是他笔记的私密性，至少对普通人是这样。

“战争”中的达·芬奇

在达·芬奇的职业生涯中，他曾受命设计防御工事，为有权势的资助者研发战争机器。除了一些十分实用的设计外，他的许多奇思妙想（有些是可怕的设想）也变成了精巧的机器或非常令人厌恶的机器，以及飞行装置（包括一个飞行器的原型）。

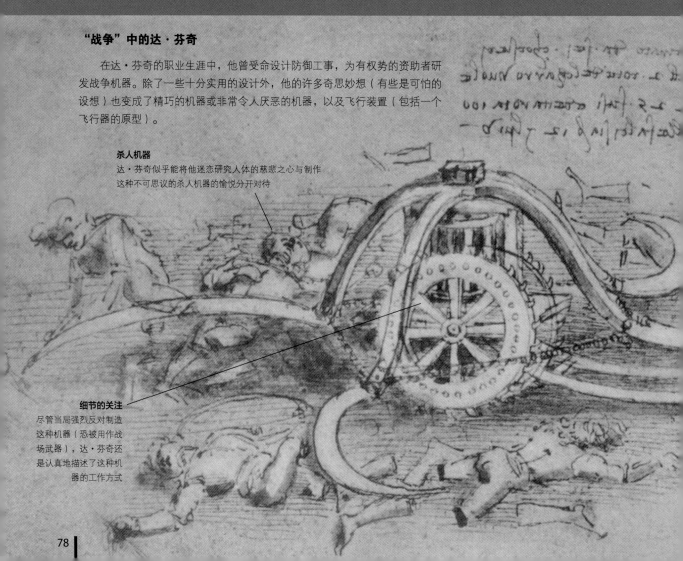

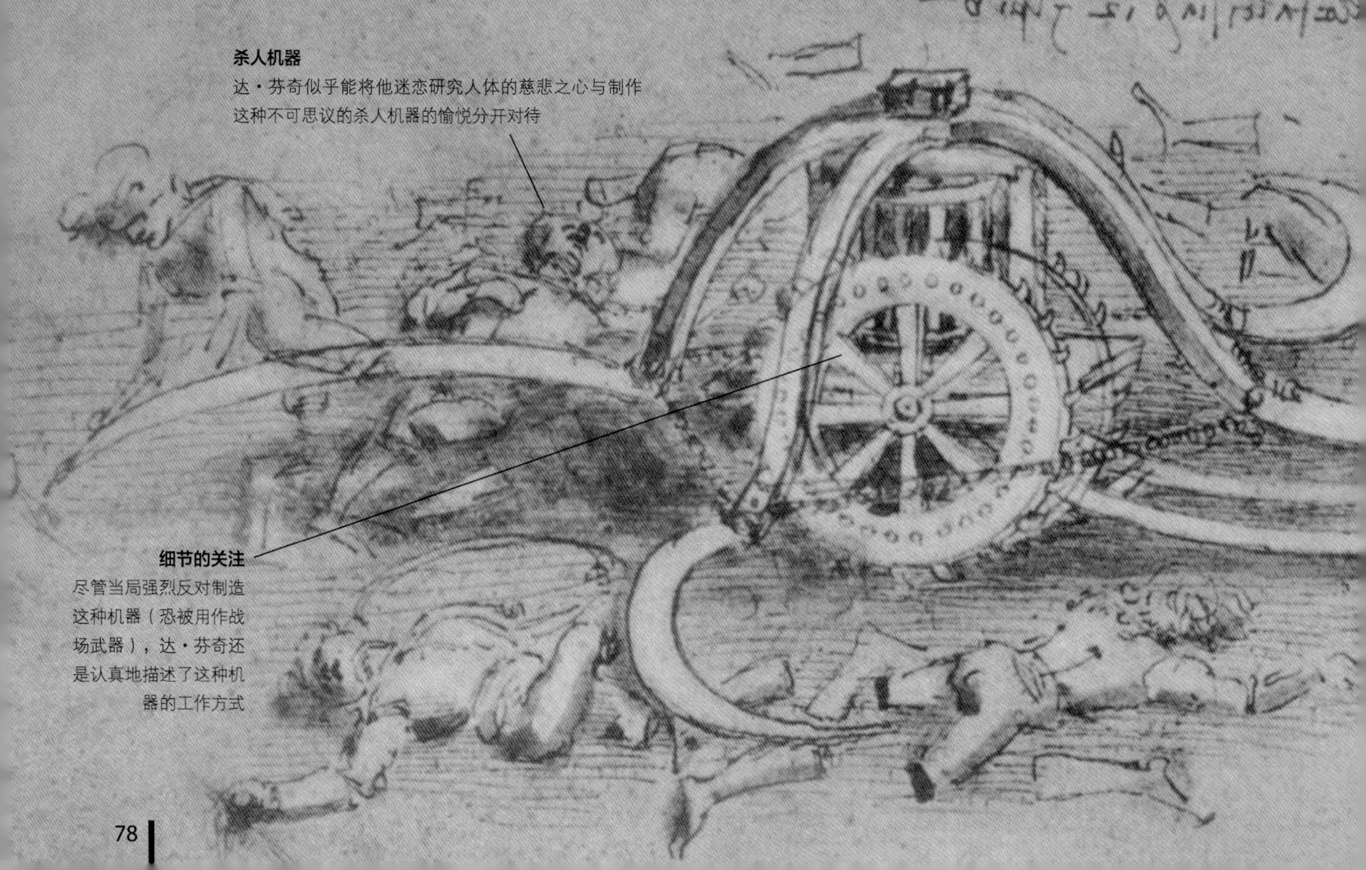

杀人机器

达·芬奇似乎能将他迷恋研究人体的慈悲之心与制作这种不可思议的杀人机器的愉悦分开对待

细节的关注

尽管当局强烈反对制造这种机器（恐被用作战场武器），达·芬奇还是认真地描述了这种机器的工作方式

人体之内

达·芬奇的解剖研究甚至包括了剥皮术和尸体解剖，这种做法招致教会的不满。在现代人眼中，他的工作毫无疑问是明智且权威的，科学实践证明他的成果的确如此。

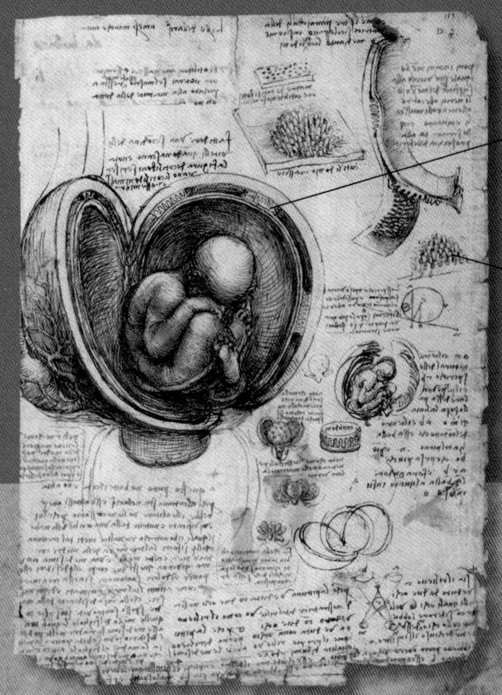

生与死

这个漂亮的素描图《子宫中的胎儿》，描绘了只有通过解剖才能发现的景象。这是达·芬奇的观察结果。

起源

达·芬奇添加了很多带有评注的草图来阐释他对从受精卵到胎儿的生殖过程的理解。

如何工作

达·芬奇在注释中说明了带巨型镰刀的机器的详细设计和说明

马力

达·芬奇对机械和动力也有浓厚的兴趣，并将这匹马视为能够推动机器运转的特殊发动机

镜像书写

尽管是手写的古典意大利语，达·芬奇的文字也能保持清晰，而且这些文字最初书写时就是左右颠倒的（见上图的左侧）。在用照相技术翻转后，他书写的精确度更高了。他的保密方法引发了众多的猜测，有人认为他是神秘社团成员，因为他完全不像是一个对研究这个世界的实用技术感兴趣的人，也不同于同时代的炼金术士（见54页）。

密文与密钥
CIPHERTEXTS AND KEYS

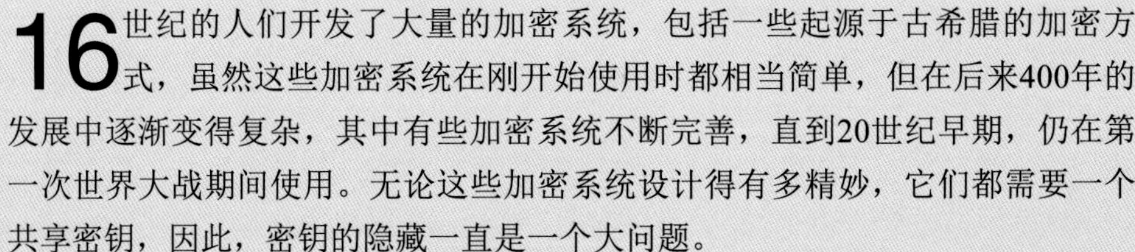

16世纪的人们开发了大量的加密系统，包括一些起源于古希腊的加密方式，虽然这些加密系统在刚开始使用时都相当简单，但在后来400年的发展中逐渐变得复杂，其中有些加密系统不断完善，直到20世纪早期，仍在第一次世界大战期间使用。无论这些加密系统设计得有多精妙，它们都需要一个共享密钥，因此，密钥的隐藏一直是一个大问题。

波利比奥斯方阵

公元前2世纪，希腊数学家波利比奥斯发明了波利比奥斯方阵（Polybius Square），这个表格通过将字母分布在5×5的栅格中，每个字母都能用2个数字的坐标表示，读取方式为先行后列。波利比奥斯利在灯塔上用闪光灯传递消息的方法被视为一项创举，领先于信号机和莫尔斯码2000多年。

	1	2	3	4	5
1	A	B	C	D	E
2	F	G	H	I/J	K
3	L	M	N	O	P
4	Q	R	S	T	U
5	V	W	X	Y	Z

使用波利比奥斯方阵，单词“code”变成了13 34 14 15。

这套系统经常被囚犯使用，尤其是俄罗斯帝国时期关押的无政府主义者，以及越南战争时期的美国战俘，在这种环境中，囚犯们用不同次数的拍击代表不同的字母，因此这种密码被称为拍击码（Tap code）或敲击码（Knock code）。它的诞生初衷并非为了隐藏信息，只是作为一种在囚室间传递消息的方法。

表格法的发展

很多密码学者试图寻找一种比维吉尼亚表（见107页）更简单但更难以破解的加密系统。将波利比奥斯方阵与利用更复杂的格栅（见82页）生成的置换相结合，除了大名鼎鼎的普莱费尔密码（见111页），可以生成一系列精巧的加密系统。

在第一次世界大战中，当德军准备发动最后一次总攻，即鲁道夫攻势时，德军在确保安全通信上花费了大量精力。设计格栅密码（见82页）的试验最终被放弃，他们发明了一个更复杂的ADFGX密码。

二分密码（Bifid cipher）

1901年，费利克斯·第利斯塔（Félix Delastelle）发明了二分密码。这个系统包含3个阶段，并且将波利比奥斯方阵的基本原理与置换法和分组法相结合，即将密文转换成数字。

1 随机生成混合字母表的波利比奥斯方阵，其中I/J用同一个编码

	1	2	3	4	5
1	R	M	E	S	Z
2	W	N	A	L	Y
3	B	T	F	I/J	Q
4	X	U	D	V	K
5	H	G	O	P	C

2 明文作为坐标轴，将数字分成两行

3 然后将两行数字连成一行

s	i	n	k	t	h	a	t	s	h	i	p
1	3	2	4	3	5	2	3	1	5	3	5
4	4	2	5	2	1	3	2	4	1	4	4

4 将这行数字两两分开，即成对分开（分组法）

132435231535442521324144

13 24 35 23 15 35 44 25 21 32 41 44

5 再将分组的数字通过波利比奥斯方阵转化成密文

13 24 35 23 15 35 44 25 21 32 41 44
E L Q A Z Q V Y W T X V

6 接收者只需要逆转加密过程就能完成解密，但必须获得对应的密钥，在这个例子中，密钥就是如何生成随机字母表的方法

ADFGX密码

ADFGX密码是由德国军队发明的，这个密码系统基于一个随机字母表组成的波利比奥斯方阵，置换，以及一个密钥字。

1 使用如同左图所示的随机字母表方阵，行和列用字母表示。这些行列标志选用莫尔斯码发送消息时最易于区分的字母，并用这些字母将该密码命名为ADFGX密码

	a	d	f	g	x
a	R	M	E	S	Z
d	W	N	A	L	Y
f	B	T	F	I/J	Q
g	X	U	D	V	K
x	H	G	O	P	C

s i n k t h a t s h i p
AG FG DD GX FD XA DF FD AG XA FG XG

2 根据这个方阵，消息被转化成如上图所示的分组字母对

3 然后将这些编码从左往右依次填入如下图左侧所示的另一个栅格中，每一行的长度与密钥字或密钥短语一致

4 根据字母顺序，将密钥词重新排列，密钥词下的每一列字母跟着密钥字同步完成移位

H	E	A	D
A	G	F	G
D	D	G	X
F	D	X	A
D	F	F	D
A	G	X	A
F	G	X	G

A	D	E	H
F	G	G	A
G	X	D	D
X	A	D	F
F	D	F	D
X	A	G	A
X	G	G	F

FGXFXX GXADAG
GDDFGG ADFDAF

5 要发送的消息已经组合成几列，生成如上图的密文字符串。通常而言，要发送的消息远远长于这个，用于置换的密钥字或短语长度通常有24个字母的长度。密钥字或密钥短语每天都会改变，正如波利比奥斯方阵中分组字母的排序也会改变一样

ADFGVX密码

1918年年初，在发动西线春季攻势之前，德军在编码中增加了一个额外的字母V，即ADFGVX，形成了一个6×6的网格，这就能够将字母表的所有26个字母及数字1～10都填加到网格中，避免了不得不用字母拼写数字的缺点，缩短了消息长度。

在鲁登道夫忙于发动攻势的时候，法国密码学家乔治·潘梵（Georges Painvin）集中精力研究那些总是出现在消息开头的一成不变的词和短语，将这些词与每一列开头的字母进行对比，最终破解了这个密码。

生成“书籍密码”密钥的关键是找到一个标准文本，《圣经》是最常被使用的标准文本书籍。

极端密钥

密钥的问题在于发送者和接收者双方都必须知道这个密钥。隐藏一个不为第三方所知的密钥是很困难的，如何将密钥传递给接收方则更加困难。这已经成为现代数字密码破译者关注的重点。

解决这个问题的一种方法是“滚动密钥”，目前的经典方法是生成随机数（或是大素数，见276页）；另一种方法是采用约定的密码本，但这很容易遭到盗窃攻击；第三种方法是难以攻破的“一次一密”，即每一个独立的消息都采用一个唯一的密钥（见85页）。然而，还有一种解决方法是使用发送者和接收者都有的相同版本的出版物。这样就不再需要分享密码本，并能轻而易举地得到一个有效的密钥。

早些时候，“书籍密码”非常流行，最常用示例就是预先约定《圣经》或字典中的一段文字。使用这样的文本或查找坐标表，接收者能够轻松获得密钥，并将之应用到表格法中；密钥文本越长，越难以破解（每一封密文信件都可以有一个其唯一的密钥），密钥文本还能用于维吉尼亚密码或其他表格法（见107页）。

格栅
GRILLES

意大利数学家吉罗拉莫·卡尔达诺（1501—1576年）发明了一种涉及多个密码体制的密写系统，该系统的原理是发送和接收双方共享物理密钥或是格栅密钥。虽然这种装置在原理上非常简单，但卡尔达诺的格栅密钥可以设计得相当复杂，其中的大量技巧都曾被广泛应用于从日常通信到军事活动等领域。

吉罗拉莫·卡尔达诺

文艺复兴时期，整个意大利都对密写术十分着迷。吉罗拉莫·卡尔达诺（1501—1576年）是一位成功的医学家、发明家、数学家，也是出版密写术学科著作的作家。在1545年出版的《大术》（*Ars Magna*）中，他论证了多种代数证明。他还是一个赌徒和国际象棋爱好者，因此他时常处于缺钱的状态，这也促使他发明了概率论法则和赌博欺诈技巧。他发明的格栅密码引发出大量极为复杂的密码技术。

卡尔达诺格栅密码

卡尔达诺的基本思想是将秘密信息嵌在无关紧要的消息中。用另一张部分栅格被挖空（挖空的格栅纸就是密钥）的纸覆盖在第一张纸上，秘密信息就会显露出来。格栅密钥通过消除整个消息中的冗余部分，将隐藏的消息展示出来。栅格可以调整，以便适应字母组合或是整个词组。但整个系统的安全性依然不高，部分原因是作为实物存在的密钥会有被盗或丢失的风险，另一个原因是发送者必须确保原文书写工整。

I will be at the opera tonight, but will meet you for dinner later, if you like

I will be at the opera tonight, but will meet you for dinner later, if you like

格子密码

格子密码（The Trelliscipher）也被称为“棋盘密码”（checkerboard或chessboardcipher），这是一种采用置换技术的密码，包括一个变形的以标准棋盘设计的格栅密钥。拿到明文‘I will be at the opera tonight, but will meet you fordinnerlater, if you like’后，在最后添加3个无效字符（‘X’），形成加密所需的64个字母。如果明文长度大于64个字母，就旋转棋盘，将消息扩展成128个字母。通过逆转加密过程可将密文恢复成明文。此方法的最大限制是消息要包含至少64、128个或更多字母，当然，通过添加预先约定的无效字符可以伪装密文，而这些无效字符最终都会被自动丢弃。

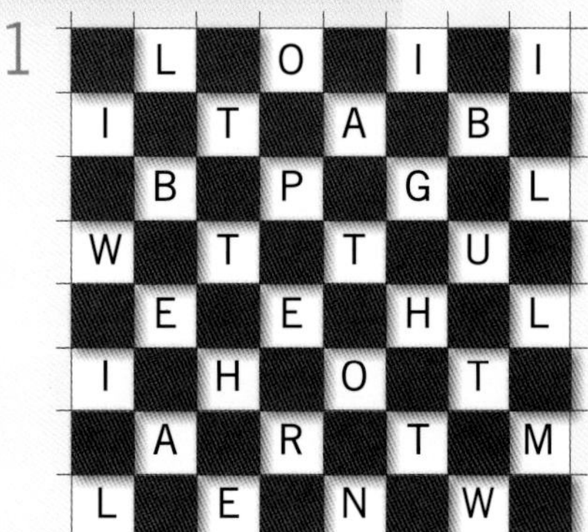

开始时，将黑色格子置于左边最顶端，在白色格子中垂直书写信息

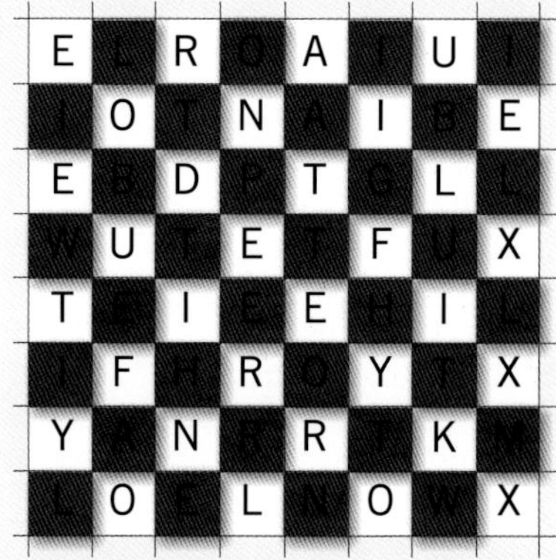

在写完32个字符之后，将棋盘旋转90度，继续以相同方式写下信息，直到棋盘旋转4次，即360度。最后三个‘X’是无效字符，作用只是用于填满棋盘

字母应按从左到右的方式逐行读取，最终产生的密文是：ELROAIUIIOTNAIBEEBDPTGLLWUTETFUXTEIEEHILIFHROYTXYANRRTKMLOELNOWX

旋转格栅

1880年，一位退休的澳大利亚骑兵指挥官爱德华·弗莱斯纳·冯沃斯特特怀斯特发明了一种更复杂的卡尔达诺格栅变形秘密，称为旋转格栅密码。首先制作一个由4个象限构成、每个象限有16个格子的8×8的格栅。整个格栅共有16个空洞，每个象限有4个空洞，当格栅旋转4次后，空洞必须能够露出格栅上的全部方格。与格子密码一样，格栅密码有时也需要使用无效字符填满64个方格。如果双方同时持有带有相同空洞的格栅，并知晓格栅的旋转方式以及格栅象限的使用顺序，明文便可容易地呈现出来。

1

使用与上一页文中相同的明文，将开始的16个字母依旧按相同顺序写在栅格中

2

随后将格栅按逆时针方向旋转90度，然后将更多内容填入其中

3

继续旋转，并重复上一步骤

4

最终，在最后一次旋转格栅后，下面那张纸上的所有栅格都填上了字母，形成左下图所示的密文。密文能够以行或列为单位的方式输出了

5

I	T	I	Y	T	R	E	X
W	E	G	Y	T	D	W	N
A	E	L	O	U	L	P	R
A	O	B	U	B	T	I	E
I	R	F	O	H	I	X	X
E	T	H	T	E	N	L	M
L	I	E	F	O	I	E	R
T	N	A	O	U	K	L	L

在第一次世界大战中，德国军队通过电报或野外电话，使用弗莱斯纳格栅密码传递加密消息。

旋转格栅密码的变种

弗莱斯纳的想法包含着大量精巧设计——格栅能够设计成任意尺寸（例如5×5，6×6），此外，格栅中的空洞并不需要以同样的方式分布在4个象限中。格栅的旋转起点和顺序能够随意设置。1916年，德国军队曾使用这个系统加密战场信号，虽然格栅密码变种很多，且都有独立的名称，但是它们都被认为是不安全的，所以在几个月后就被弃用了。

间谍和黑室
SPIES AND BLACK CHAMBERS

负责情报收集、传递、解译的情报机关是一个国家政体的最重要的机构之一。为了保证有效利用这些信息，必须建立间谍网络和机密消息传递系统。《旧约圣经》提到间谍的概念，而罗马独裁君主尤利乌斯·恺撒在他远征高卢的战役中创造了复杂的情报系统。到了文艺复兴时期，随着大量有竞争关系的国家的建立，秘密观察站、消息传递和秘密消息解译进入了全盛发展时期。1590年，法国的亨利四世建立了第一个黑室。

文艺复兴时期的间谍活动

15世纪初，意大利出现了三个作为商业中心的城邦国家——以银行业著名的佛罗伦萨，以及掌控着横跨地中海贸易网络的热那亚和威尼斯。威尼斯成功的原因之一是它地处东欧与西欧之间，另一个原因是那里汇集了大量的商业和政治情报。为了获取贸易信息建立贸易联系，威尼斯总督派遣了大量间谍远赴国外，马可·波罗就是其中的一位。威尼斯的外交官们几乎每天都会从欧洲各地甚至从东方向自己的家乡传送加密的情报。在梵蒂冈档案中也包含着天主教会当年收集的数千页加密情报。那时的主要加密方式是一种叫“唱名官密码”（见72页）的单表代换密码。

培根密码

隐写术在16世纪被广泛用于私人通信和间谍活动中。英国朝臣弗朗西斯·培根（1561—1626年）发明了一种适用于消息加密的简单编码系统。该系统基于5位二进制字母相同设计，发送者和接收者必须同时拥有相同的编码：

A	aaaaa	N	abbaa
B	aaaab	O	abbab
C	aaaba	P	abbba
D	aaabb	Q	abbbb
E	aabaa	R	baaaa
F	aabab	S	baaab
G	aabba	T	baaba
H	aabbb	U/V	baabb
I/J	abaaa	W	babaa
K	abaab	X	babab
L	ababa	Y	babba
M	ababb	Z	babbb

首先将明文转成对应的等长5位字母编码：

B	aaaab
E	aabaa
W	babaa
A	aaaaa
R	baaaa
E	aabaa

然后选择一个与加密密文等长的普通信息，培根建议用大小写区分对应的字母表示的是字符“a”还是字符“b”，但是这显然是不安全的，因为它看上去就很奇怪，会立刻引起怀疑。一种更好的方式是指定常规字母表中A～M表示字符“a”，N～Z表示字符“b”。因此一条看似普通的消息，例如“Did my father break Jade's magic doll”，接收者收到后能够将消息分解成只有“a”和“b”的字符串，然后恢复明文。

黑室

到了17世纪，几乎所有的欧洲权贵都拥有独立的密码机构，这些机构后来被称为黑室。其中最恶名昭著的是位于维也纳的秘密办公室（Geheime Kabinets-Kanzlei），这个机构严格依照时间表运行。每天约有100封来往外国大使馆的邮件在邮局被拦截，并交给黑室，在3小时内，黑室小心地打开封口，完整地复制所有内容，并重新封装信封送回邮局投递。这个程序每天都要进行三次，分别处理入境信件、出境信件和国内信件。密码专家组对备份的信件内容进行整理分析，从而获取大量的情报。与收集商业情报的威尼斯人和梵蒂冈情报系统不同的是，他们获得的很多情报都转卖给其他国家，为欧洲的皇室成员增加了大笔可观的收入。

“绅士不看他人信件。”

1929年，美国国务卿亨利·刘易斯·史汀生下令撤销对美国密码局的财政支持

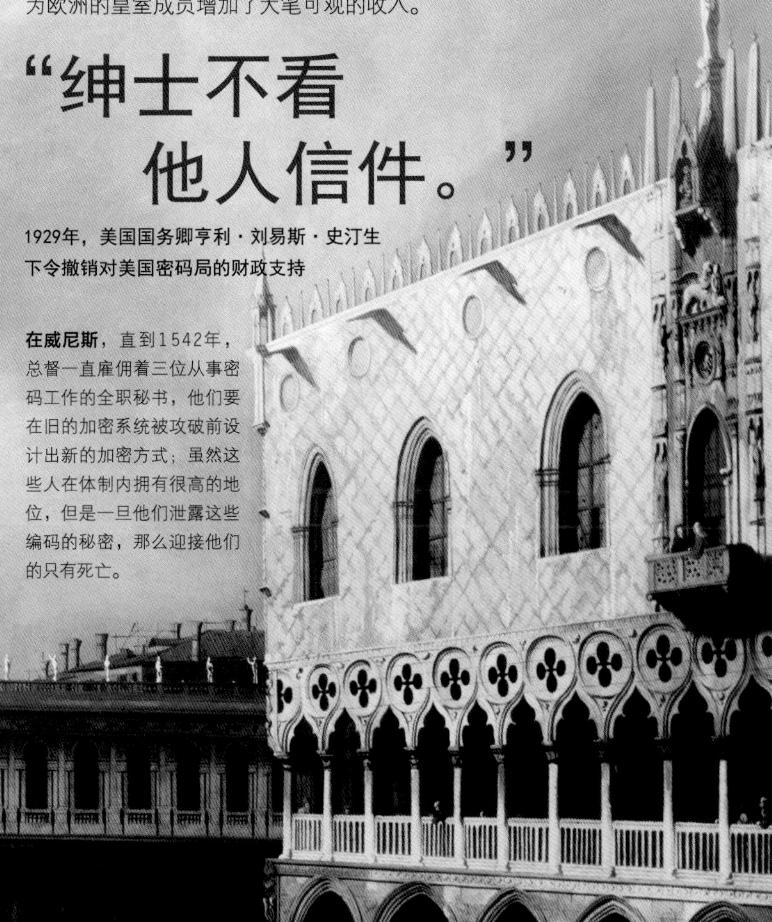

在威尼斯，直到1542年，总督一直雇佣着三位从事密码工作的全职秘书，他们要在旧的加密系统被攻破前设计出新的加密方式；虽然这些人在体制内拥有很高的地位，但是一旦他们泄露这些编码的秘密，那么迎接他们的只有死亡。

间谍

在文艺复兴时期的宫廷中，像约翰·迪伊或托马斯·菲利普斯这样的自由密码学家的工作受到高度的重视；他们经常周游列国，为不同的主人（通常是那些支付薪金最高的人）工作。到了19世纪末期，随着加密、传输、解密技术的不断进步，密文信息的复杂性大大增强，进而促使效力于军队情报部门和政府机构的大型“黑室”的成立。

英国

1914年，英国海军建立40号房间（Room40或NID25），该机构在1919年战争结束前破译了超过15000份被截获的德国军事情报，随后它和英国陆军军情处（MI1b）合并，成立了“政府密码学校”（GCCS），学校在第二次世界大战期间从伦敦迁往布莱切利公园（见120～123页）。1946年，学校重新更名为政府通信总部（GCHQ），现在坐落在切尔滕纳姆。

美国

直到第一次世界大战结束，赫伯特·奥斯本·亚德利才在纽约成立了美国密码局（MI-8，通常被称为美国黑室），它被伪装成设计商用密码的商业公司，但是实际上却关注各国的外交密码，尤其是日本。在1929年国家撤销财政支持后，美国密码局在威廉·弗里德曼的帮助下，与1931年建立了军事信号情报服务部（通常称为SIGINT），致力于截获和解密潜在敌人的通信，并在第二次世界大战初期就破解了日本的“紫色”密码。1952年，美国成立了国家安全局（NSA）。FBI和CIA依然保留着独立的密码部门。

“一次一密”密码

第一次世界大战后，间谍活动在本质上已经成为一项产业。由于“一次一密”密码几乎不能被攻破，所以被绝大多数间谍团体应用于各条战线。其原理十分简单：对于发送的每条加密消息，都有一个唯一的密钥。将通过填充生成随机字符串，每一个字符串只能作为维吉尼亚多表代换密码（见107页）的密钥使用一次。这种加密方法从原理上讲是安全的，除非共享密钥被偷走、丢失或因为偷懒而多次使用相同的一次性密钥，这会给密码破译者提供比对消息的机会。最著名的因失误导致密码失效的案例是在第二次世界大战中截获的维诺那计划（见126页）。

机械装置
MECHANICAL DEVICES

在密码世界中，从需要大量计算才能对消息进行加密和解密的维吉尼亚方阵（见106页）的时代开始，设计一种能够自动完成以上功能的装置或机器的想法就反复出现在数学家的脑海中。尽管巴贝奇的计算工具最终并没有在他的有生之年完成，但是在工业革命中，机械工业的传承见证了大量发明创造，并为20世纪的工业发展铺平了前进的道路。许多我们现在习以为常的系统化设备，例如电话、键盘和计算器，都诞生在这一时期。

计算工具

戈特弗里德·莱布尼茨（1646—1716年）是德国微积分学之父，他在约1700年从理论上构想了一个称为“逻辑磨坊”（LogicMill）或“差分机”（Difference Engine）的原型机。受雇于许多德国贵族的莱布尼茨，像他伟大的竞争对手艾萨克·牛顿一样，预见到能够生成和解密以数字为基础的密文的机器的价值，但是直到19世纪，在查尔斯·巴贝奇设计出能够进行精确数学计算的机器之后，这样的工具才变为现实。

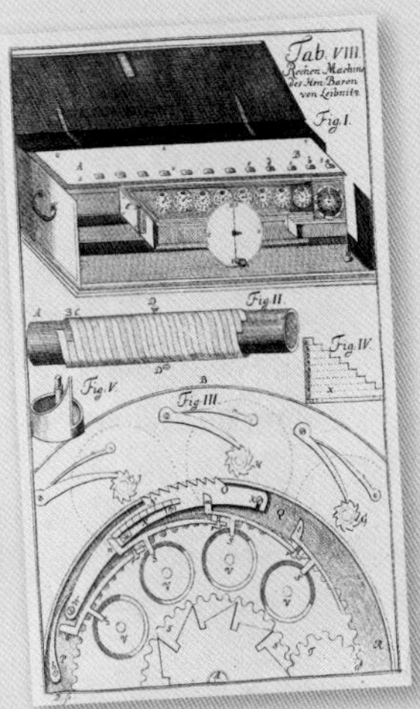

莱布尼茨详细描述了完整的“逻辑磨坊”计划，实际上这就是第一台计算机

密码盘

阿尔伯蒂密码盘在美国南北战争（1861—1865年）中被大量使用。尽管它在设计上十分简单（即使文盲也能用），但它能够与预设的日期码或多表代换密码结合使用，将前线或指挥部的紧急信息迅速加密成密文。然后这些密文再经过莫尔斯码编码，最后通过新发明的数字电报、旗语或日光反射器传递出去。北方军能够解密几乎所有的南方军信号，但是似乎没有证据证明南方军成功地破译过北方军的密码。

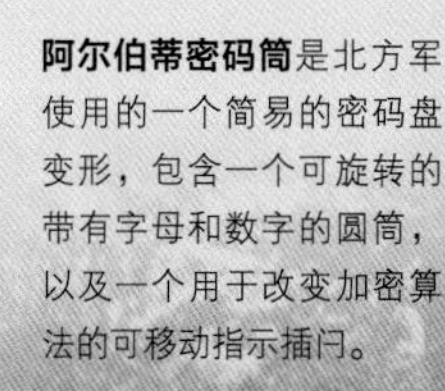
阿尔伯蒂密码筒是北方军使用的一个简易的密码盘变形，包含一个可旋转的带有字母和数字的圆筒，以及一个用于改变加密算法的可移动指示插闩。

与**阿尔伯蒂**的原始设计（见74页）不同，北方军使用的阿尔伯蒂密码盘能在多表代换密码体制下存在多个变形，而且不仅包括更多的数字，还可对标点符号进行编码。

第一台打字机

打字机人类通信历史上的重要发明。第一台商用打字机模型是丹麦汉森书写球（Danish Hansen WritingBall，1870年，左下图），而在19世纪末，雷明顿和安德伍德也分别生产出与当今样式十分相似的打字机，尽管早期的打字机键盘都是以字母表顺序排列的。1874年发明的采用QWERTY方式的键盘分布，将英语打字速度提高到平均每分钟100个词，为今后的机械加密装置和计算机键盘提供了模型（键盘上的字母顺序根据不同的语言有细微的变化：在德语中是QWERTZ，在法语中是AZERTY，在意大利语中是QZERTY）。打字机改变了管理、商业和办公方式，并产生了数百万计的熟练打字员。

从电报到电话

数字电报和二进制莫尔斯码（见96～99页）的发明，为新型加密方式开创了一系列机会，并催生了节省空间的商用电报编码（见206页）。但是在19世纪末，一对一的有线电话的出现，带来了一个新的且急需解决的问题：单一的电话线总是连接在单独的电话交换机上（到1900年，几乎所有社团组织都有电话），那么如何让同时进入的多路电话信号通过一个交换机呢？解决方式就是“步进”系统。大多数早期电话机都有一个机械旋转拨号盘，它可以使与拨入电话相关的机械齿轮旋转：通过拨出每个号码，可以使用不同等级的齿轮，从而使每个拨出的号码都是唯一的，并确保到达预期的接听者。这一系统是在分层编码（见111页）的原理上发展而来的，并且一直沿用至20世纪末期。

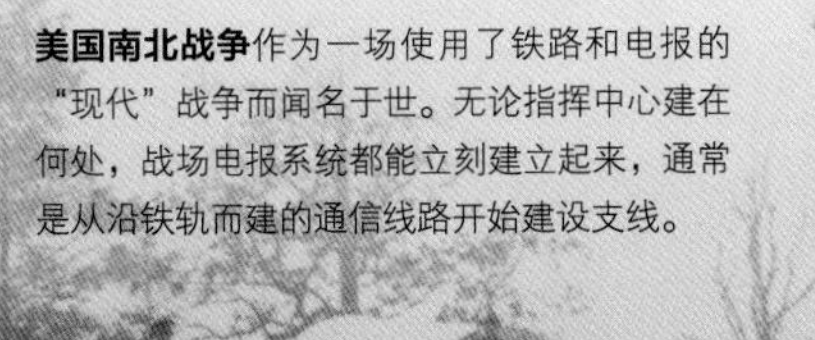

美国南北战争作为一场使用了铁路和电报的“现代”战争而闻名于世。无论指挥中心建在何处，战场电报系统都能立刻建立起来，通常是从沿铁轨而建的通信线路开始建设支线。

拨号盘
早期电话机上的圆形拨号盘使用步进循环，可以确保电子脉冲到达正确的目的地，尽管这种电话机通常用于本地电话交换

伯勒斯加法机

19世纪，另一个像巴贝奇差分机一样的创新是伯勒斯加法器。虽然它也依赖齿轮和棘轮完成精确的计算，却是第一个拥有键盘的装置，是收银机和计算机的前身，其专利权属于美国威廉·伯勒斯。起初，机器只能计算顾客购物篮中所有物品价格的总和，但是它很快就能够输入收取的现金并计算找零的金额，并迅速成为带打印收据功能的收银机。直到20世纪中叶，随着条形码这种库存货物管理工具的发明，销售的物品种类都能通过键盘输入记入明细（见207页）。

机械编码装置

将打字机键盘与一系列步进机或电子转盘连接用于加密消息的想法可以追溯到19世纪，其中最著名的例子是“恩格玛”密码机（Enigma，见118页）。上图为赫本转子密码机（Hebern Rotor Engine），它结合了电子脉冲和齿轮技术，是最成功的密码机之一，曾在第二次世界大战期间被美国海军大量采购。

眼皮底下的秘密
Hidden in Plain Sight

神秘的线索

19世纪20年代，填字游戏是每天报纸上最流行的栏目。答案一般有3种形式：常识性线索（问题：法国的首都，答案：巴黎）；包括重组词和双关语的简单字谜（问题：狗被杀了，答案：阿尔萨斯狗）；以及一些非常神秘的问题，尤其在伦敦的报纸上，如《泰晤士报》和《每日电讯报》。一直有传言说，这些字谜选择的问题以及成功破解后网格中的答案，都是在向国外的特工传递加密消息。

在18世纪后期，出现了第一种大众传播媒体——报纸。报业的发展给那些热衷于传递隐蔽信息的人提供了新的机会和挑战。加密的信息能够以完全隐蔽的方式迅速传递得又远又广。当私人广告专栏为人所知后，迅速成为热恋中的情侣绕过监护人的监视传递加密情书的重要工具。从此，这种通过报纸向国外间谍或代理传递伪装消息或为匿名读者提供加密消息的方法迅速流行起来。

> “雪况不佳。放弃前进营地。等待情况好转。”
>
> 1953年，詹姆斯·莫里斯发给《泰晤士报》的征服珠峰的消息

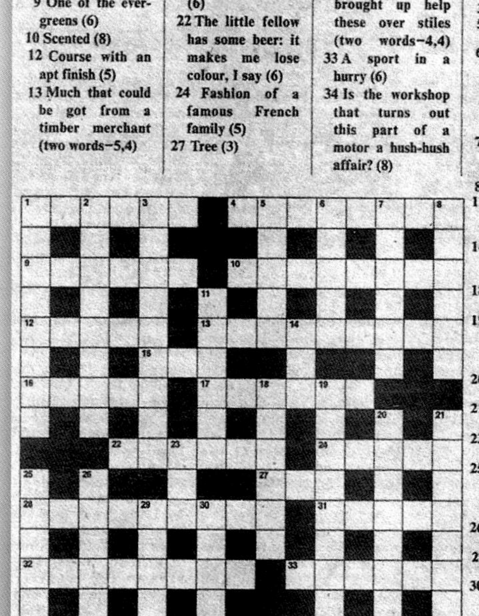

ACROSS

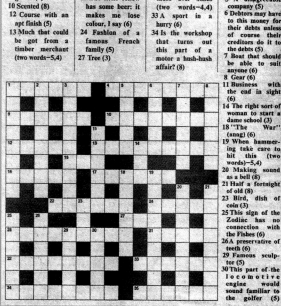

1 A stage company (6)
4 The direct route preferred by the Roundheads (two words–5,3)
9 One of the evergreens (6)
10 Scented (8)
12 Course with an apt finish (5)
13 Much that could be got from a timber merchant (two words–5,4)
15 We have nothing and are in debt (3)
16 Pretend (5)
17 Is this town ready for a flood? (6)
22 The little fellow has some beer: it makes me lose colour, I say (6)
24 Fashion of a famous French family (5)
27 Tree (3)
28 One might of course use this tool to core an apple (9)
31 Once used for unofficial currency (5)
32 Those well brought up help these over stiles (two words–4,4)
33 A sport in a hurry (6)
34 Is the workshop that turns out this part of a motor a hush-hush affair? (8)
35 An illumination functioning (6)

DOWN

1 Official instruction not to forget the servants (8)
2 Said to be a remedy for a burn (two words –5,3)
3 Kind of alias (9)
5 A disagreeable company (5)
6 Debtors may have to this money for their debts unless of course their creditors do it to the debts (5)
7 Boat that should be able to suit anyone (6)
8 Gear (6)
11 Business with the end in sight (6)
14 The right sort of woman to start a dame school (3)
18 "The War" (anag) (6)
19 When hammering take care to hit this (two words)–5,4)
20 Making sound as a bell (8)
21 Half a fortnight of old (8)
23 Bird, dish of coin (3)
25 This sign of the Zodiac has no connection with the Fishes (6)
26 A preservative of teeth (6)
29 Famous sculptor (5)
30 This part of the locomotive engine would sound familiar to the golfer (5)

《每日电讯报》中的一个填字游戏曾在招募有潜力的情报人员时，用于评估人员是否具备有利于战事发展的横向思考能力。1940年，报纸上刊登了一个填字游戏比赛，成功完成填字的申请者会被邀请参加填字游戏决赛，最终的获胜者将被聘为布莱切利公园（英国情报基地）的情报人员。

报纸消息

在第一次世界大战中，英国和法国频繁使用报纸传递消息和加密信息。私人广告或个人专栏通常包含着一些神秘语句、字谜或基于约定密钥的密码。通过报纸传递消息的最大胆的方式之一就是采用时装草图的形式（见右图），将有关敌军部署的信息设计成女子连衣裙上的装饰点。草图上的签名是玛丽·海伦·肖，表明敌人所在的位置是西部前线阿拉斯军事管制区。

孤独的心

许多报纸上的私人广告专栏包含大量用于将特定信息传递给预期者特定人的加密信息。“孤独的心”专栏总结出一系列广为公众接受的编码缩写，造成这种状况的部分原因是广告通常按照字母收费，这是一种省钱的方式。

A	Asian 亚洲人
B	Black 黑人
BI	Bisexual 双性恋者
C	Christian 基督徒
D	Divorced 离异
DDF	Disease/drug free 没有疾病/不吸食毒品
F	Female 女性
FTA	Fun/travel/adventure 有趣/旅行/冒险
G	Gay 同性恋
GSOH	Good sense of humor 有幽默感
H	Hispanic 西班牙裔
HWP	Height/weight proportional 身高体重比例
ISO	In search of 搜寻
J	Jewish 犹太人
LD	Light drinker 不太会喝酒
LDS	Latter Day Saints 后期圣徒
LS	Light smoker 抽烟不多
LTR	Long-term relationship 长期关系
M	Male 男性
MM	Marriage-minded 渴望结婚
NA	Native American 美洲原住民
NBM	Never been married 从未结过婚
ND	Non-drinker 不喝酒
NS	Non-smoker 不吸烟
P	Professional 专业的人士
S	Single 单身
SD	Social drinker 社交型饮酒者
SI	Similar interests 兴趣相投
SOH	Sense of humor 幽默
TLC	Tender loving care 温柔体贴
W	White 白人
W/	With 和，与
WI	Widowed 丧偶
WLTM	Would like to meet 希望见面
W/O	Without 不含，没有
YO	Years old 年龄

登顶世界之巅

如何通过公共通信系统将那些在遥远的地方得到的独家新闻传回报社总部，是记者必须面对的巨大挑战。为了隐藏1953年英联邦征服珠峰的消息，伦敦泰晤士报的记者詹姆斯·莫里斯与报社提前约定了一系列加密消息。这些消息主要用于迷惑那些有可能发现它们的记者，消息主要有两个关键性短语，以及加密的登顶队成员的姓名。

加密信息	含义
雪况不佳	登顶珠峰
风一直很大	放弃努力
南山坳站不住脚	班德
不可能上洛子峰	鲍迪伦
山脊营地站不住脚	埃文斯
撤回西部盆地	格里高利
放弃前进营地	希拉里
放弃营地5	亨特
放弃营地6	劳尔
放弃营地7	诺伊斯
等待情况好转	登津
下一步跟进	伍德

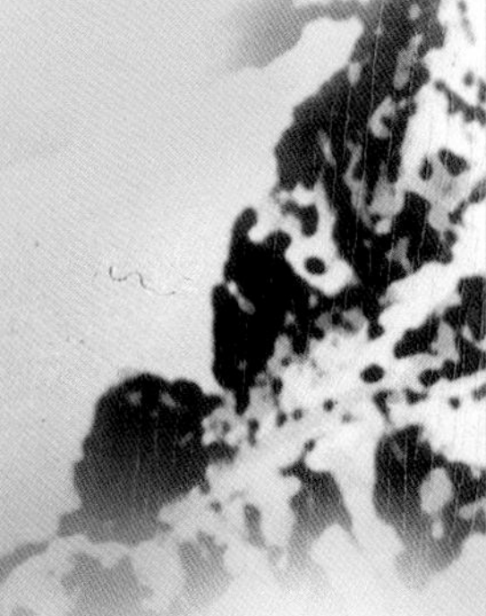

成功的消息
5月29日，莫里斯发送包含“雪况不佳”“放弃前进营地”和“等待情况好转”的消息，直接告诉伦敦泰晤士报总部：埃蒙德·希拉里和夏尔巴·登津登顶世界最高峰。三天后，报道出现在《泰晤士报》上，当天恰好是伊丽莎白女王二世加冕的日子。

古往今来，人们一直希望能在人声可及的范围之外尽可能直接地传递消息。早期，自然界中的交流依赖于编码语言的发展，其中既包括听觉语言，也包括视觉语言。

远程通信

工业革命产生了大量的技术，其中意义最深远的要数电信技术，它使得消息不仅可以远距离传递，而且以从前难以想象的速度传递；这些发明通常被视为第二次工业革命，直接导致如今这个相互连通的世界。这个基于二进制和电子系统的世界，需要一种新的编码。

远程警报

LONG-DISTANCE ALARMS

在早期的部落和族群中，人们已经具备远距离传递简单编码消息的能力，这种编码信息通常是一种威胁警报或一种战斗号令。人们用超凡的智慧发明了各种传递消息的方法，比如，火、鼓声或反光通信法。火在白天可以作为烟雾信号，在夜晚又可作为灯火信号；而反光通信法可以直接利用反射阳光作为信号。

图为草原印第安人利用烟雾信号在部族之间传递警报

烟雾信号

烟雾信号就是利用覆盖物控制喷出的阵阵烟雾传递消息，尽管这种方式如今主要由北美原住民所使用，但在古代中国，这种方式运用得更加广泛。这种方式有着天然的局限性，会受天气状况的影响，尤其是风。利用烟雾信号，可以将一个简单的消息传至10英里（16千米）远的距离。美洲原住民的信号系统比较复杂，他们意识到不论敌我都能够看到烟雾，所以通常要事先约定一些特殊含义。一般来说，对于童子军所用的烟雾信号，一阵烟雾表示需要注意，两阵烟雾表示一切顺利，三阵烟雾表示出现问题（这些规则同时适用于口哨或枪声）。

河边的鼓声

响亮的声音，一开始是鼓声，后来又有铃声或各种喇叭声等，都可作为有效的通信方法，不论白天和黑夜，而且在大多数天气状况下均可使用。在很多文化中，击鼓也与一些部落的仪式有关，在非洲和北美洲尤其显著，所以不同节奏和声调在不同的地区有不同的含义，这意味着鼓声代表的消息没有标准的解译。早期的军队在战场上用击鼓和敲打其他器具作为恐吓对手的方式，同时也可以用于上传递消息。

信号灯火和教堂钟声都是将事先约定的消息从某一地点快速传递到另一地点的有效方式

信号之火：灯塔

除了2000年前在灯塔中使用（见168页）外，高塔上的火光还可以快速传递约定好的重要消息，例如英格兰发出的入侵警报，宣布西班牙无敌舰队正在接近。在超过1000年的时间里，基督教徒利用教堂钟声向各个教区发出警报和传递消息。

反光通信法

利用镜子或者抛光的金属和石头反射阳光是一种非常古老的信息传递方式，它不仅受到天气状况的限制，还需要对信号的含义进行事先约定。尽管如此，它仍具有定向传递的优势，因此成为一种专用的、一对一的通信系统，可能的使用范围可以达到50英里（80千米）。19世纪，人们发明了机械日光反射信号器，利用安装在可移动三脚架上的两面镜子发射信号，还有一个用于中断发射的快门机制。这些装置可以精确定位，尤其在偏远地区，曾被用于发送莫尔斯码消息，例如在布尔战争和美洲西南部反抗阿帕切族的战争中。直到20世纪下半叶，许多现代军队还使用日光反射信号器作为他们通信装备的一部分。

在偏远地区，许多殖民军队使用机械日光反射信号器传递莫尔斯码消息

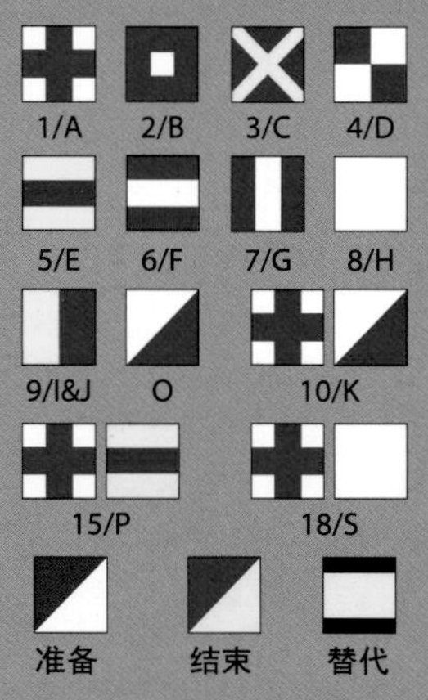

旗语 FLAG SIGNALS

利用旗帜发送信号可以追溯到大约2000年前的中国汉朝，不同的旗帜代表战场上的不同军队。几乎在同一时期，罗马骑兵也有了方旗和军旗[vexillum，研究旗帜起源的术语“旗帜学”（vexillology）由此而来]。在中世纪，战旗上带有军队士兵的服装特征，以此来区分不同国王或君主的军队。今天，许多这样的特征（纹章）保留在旗帜图案中。利用旗帜在海上传递消息、区分船只及其国籍的功能，也可以追溯到中世纪，但详细的旗语是在拿破仑战争时由英国发明的，用于从船到岸或者从岸到船的消息传递。今天所用的国际海洋旗语是在1932年确立的。

最早的海军编码

旗语“海洋电报信号词汇”起源于海军上将豪伊勋爵（Admiral Lord Howe）在1790年发明的一套系统，在1800年被海军少将霍姆·波帕姆爵士（Sir Home Popham）引进。它基于一个由10个数字旗组成的系统，这些数字旗词汇可以用来表示字母。将数字旗组合，可以产生“k”和“k”之前的字母。这套编码系统还有另外三个旗帜：一个替代旗和两个分别表示信号开始和结束的旗。这些旗与频繁修改的海军密码本联合使用。为了避免密码本落入敌手，这些本子都是用铅加重过的，如果有人被俘或者发生沉船，它们就会被扔到海中。这些密码本利用数字旗的组合可以表示大量的词汇和短语。

战斗中的海军旗语

最著名的海军旗语系统的使用，可能要数纳尔逊上将在1805年10月的特拉法尔加战争中对他的舰队所发的信号了。旗语使用波帕姆的最新密码本，包含了覆盖6000多个有用的词汇和短语的数字旗组合。每种旗组合自上而下阅读，按照顺序在后桅上升起。纳尔逊原本想说“confides”（委托），但这个词在波帕姆的编码中并没有出现，所以用了表示“expects”（期望）的三旗编码。在纳尔逊的著名信号中，只有最后一个词需要将字母逐一拼出。在“do”（做）这个词中替代旗用来表示2，在“duty”中的“u”的编号是21，而不是20，因为在19世纪的英文字母排序中“v”排在“u”前面。

“英格兰期望每个人都能恪尽职守。”

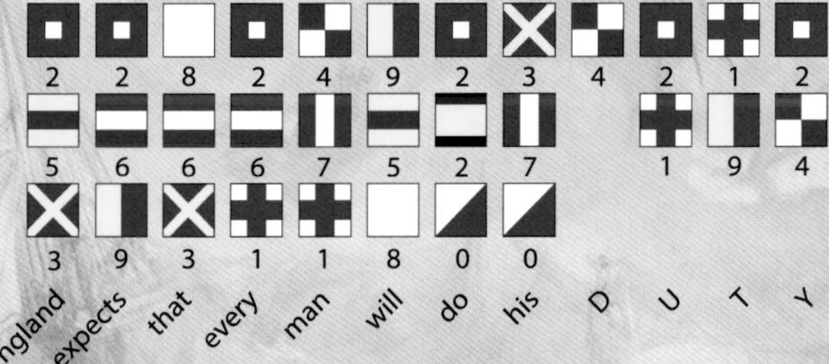

近距离行动

纳尔逊在发完最后一个信号几分钟后就身负重伤：" ENGAGE THE ENEMY MORE CLOSELY（再近一点接敌）"。这句话仅需两面旗，1号旗和6号旗，组成16，这个普通的战场命令现在依然是标准的海军旗语。

1

6

国际海事编码

1857年公布的商业信号代码（之后成为国际信号代码）包括18面旗。与保密的海军旗语不同，海事代码需要记忆，不需要详尽的密码本就能看懂。每面旗代表一个字母或数字，但当字母旗单独升起的时候，它具有特殊含义——通常为警告。今天的船只依然在使用这一代码系统的改进版。例如，用三字母旗组合表示一艘船只的国籍。

臂板信号系统和电报

SEMAPHORE AND THE TELEGRAPH

在18世纪，科学家和技术人员解决了利用各种技术远距离传递复杂消息的难题。早期的电力实验给人们带来了希望。18世纪末，一个被称为臂板信号装置、可处理编码消息的独创性机械系统在法国问世了，在世纪之交时，它有史以来第一次实现了快速可靠的远距离电报服务。

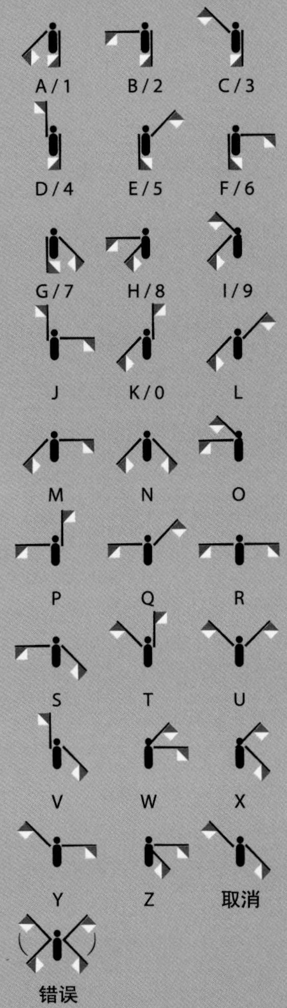

旗语臂板信号

旗语系统发明于19世纪初，它基于机械臂板信号系统（上图），逐渐发展成远距离快速传递消息的工具，在陆地和海上均可使用。旗子本身并不重要，重要的是旗人将其摆在什么位置。

机械臂板信号系统

法国大革命之后，法国四面受敌，找到一种快速有效的通信方法变得至关重要。1790年，沙普（Chappe）兄弟发明了一套系统，由一系列带有类似风车臂的塔组成，它可以利用叶片和挡板的位置变化来传递消息。在经过各种试验之后，一条消息可以通过15个塔在32分钟内从巴黎传到里尔（143英里，约230千米）。由于这个方法花费巨大，包括塔的建造成本和人员费用，所以很快就被电报所取代。但沙普兄弟很快发现，他们的系统不仅对法国的股票市场有商业价值，也迅速成为英国、瑞典、普鲁士和日本等国的主要情报工具。在英格兰，这个系统被作为一种必要的情报工具被仿造——用于连接白厅（英国政府）的海军部和国家周围的主要海军基地；在瑞典，这套系统直到19世纪80年代还是沿海防御体系的一部分；在日本，有人发明了一套新的编码系统，以便适应长得多的日文片假名表。

法国仅存的为数不多的机械臂板信号塔之一。在天气和地形都良好的情况下，它可以将组成消息的字母逐一传递给相距10英里（约16千米）的下一个塔。

甲壳虫乐队的另一个神话

摄影师罗伯特·弗里曼提出了这样的构想，在甲壳虫乐队的一张流行乐专辑的封面上，让乐队成员用臂板信号拼出专辑名称。然而，作为一个创意设计，艺人们拼出来的图并没有起到应有的效果，甚至起到了反作用——毫无意义。美国版专辑封面的效果更糟。

电报

在机械臂板信号系统发明后不久，人们又发明了利用电脉冲发送信号。18世纪早期的实验表明，电脉冲可以远距离传送，但由于脉冲的持续时间和强度不能控制，这种方式并没有得到发展。伏打电堆的发明让多才多艺的科学家、发明家塞缪尔·托马斯·凡·撒莫宁（Samuel Thomas von Smmering）能够在1811年在巴伐利亚建造他的“电化学”电报系统；1832年，俄裔西林男爵在德国发明了一套电磁电报系统，它用一个键盘发送信号，接收者用一系列标志指针来读取消息。为了便于使用，在1833年，卡尔·弗里德里希·高斯（Carl Friedrich Gauss）和威廉·韦伯（Wilhelm Weber）改进了这个设计。在十年的时间里，“指针”电报系统扩展到全欧洲；1845年，美国的第一个商用电报系统在宾夕法尼亚建立起来，电报线路沿着兰开斯特/哈里斯堡铁路而设。

指针电报接收机
工作原理与现在的里程表相似。当电报接收机接收到一个电脉冲信号（通常以二进制莫尔斯码的形式）时，就会给指针发送一个脉冲信号，由指针指示接收到的“字母”，然后逐字拼出这个信号的每个词。

“为什么你们这些无赖不写？”

美国的第一条电报消息，于1846年1月8日接收

为火车导航

19世纪的另一个发明是铁路。由于电报的影响，铁路得到了快速发展。19世纪30年代，在铁路网络开始发展的时候，沿着线路传递信息变得至关重要（为了避免撞车或提供更新的时刻表信息）。威廉·福瑟吉尔·库克爵士（Sir-William Fothergill Cooke）在英国的伦敦帕丁顿站和西德雷顿站之间建立了第一个商用指针电报系统，两站之间的距离大约13英里（约21千米），之后电报系统通过在铁轨上方架起电报线路的方式快速扩张。

信号系统还需要进一步改进，以便能向火车司机传递信息，于是发展出电报连接信号箱与改良的臂板信号系统相结合的信号体系，通过挡板和摇臂的位置变化为火车司机提供可视指示。

铁路臂板信号系统由三部分组成：一是电报，在火车穿过枢纽或到达目的地时自动触发；二是信号箱操作员接收信号（上图）；三是信号员通过一套由彩色叶片组合的机械臂板信号系统，把正确的信息传递给火车司机。

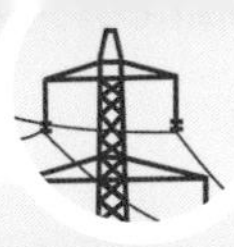

新系统的诞生

萨缪尔·芬利·布里斯·莫尔斯（Samuel Finley Breeze Morse，1791—1872年）出生在马萨诸塞州查尔斯镇。他对电的兴趣始于他在耶鲁大学的时候。从1832到1844年，在法国物理学家安德烈·玛丽·安培（André-MarieAmpre）的影响下，莫尔斯和莱纳多·盖尔（Leonard Gale）、阿尔弗莱德·维尔（Alfred Vail）和约瑟夫·亨利（Joseph Herry）一起工作，对新出现的电报系统进行了完善。除了提高信号传输技术，莫尔斯还要改进将字母和数字编码成电脉冲的方法。尽管电报和基本编码都不是独创（莫尔斯不得不在法庭上为自己的专利进行辩护），但在国会的支持下，他的方法还是迅速得到全球的认可，其中的一个二进制编码标准系统一直保留到21世纪。直到2008年，它才不再作为官方报文通信系统。

莫尔斯码
MORSE CODE

在19世纪，早期的工业国家和帝国主义国家面临的一个挑战就是如何实现高效、快速的远距离通信，其中既包括陆上通信和海上通信。一封普通信件从印度的殖民地前哨寄到伦敦需要八个星期；有时需要做紧急决定，但从一个问题发送出去到接收到问题的答案需要长达四个月的时间。在这种时代潮流中，美国的艺术家、发明家塞缪尔·莫尔斯（Samuel F. B. Morse）发明了一套用“点”和“横”的组合代替数字和字母的系统，并取得了专利。尽管这个系统是为新兴的电报设计的，但它也适用于其他远距离通信系统，例如日光反射信号器、雾号和闪光灯。

为了防止生锈或腐蚀，这个早期的电报接收机主要采用黄铜制成

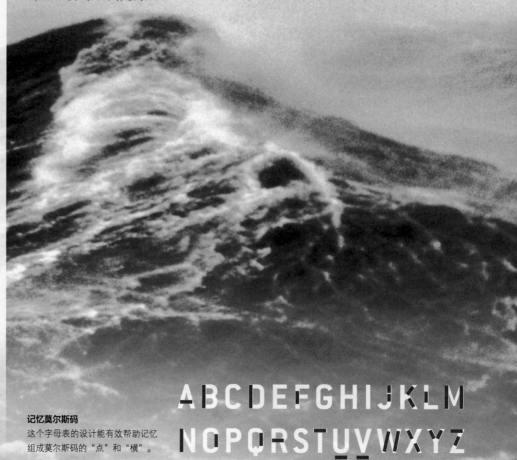

记忆莫尔斯码

这个字母表的设计能有效帮助记忆组成莫尔斯码的“点”和“横”。

ABCDEFGHIJKLM
NOPQRSTUVWXYZ

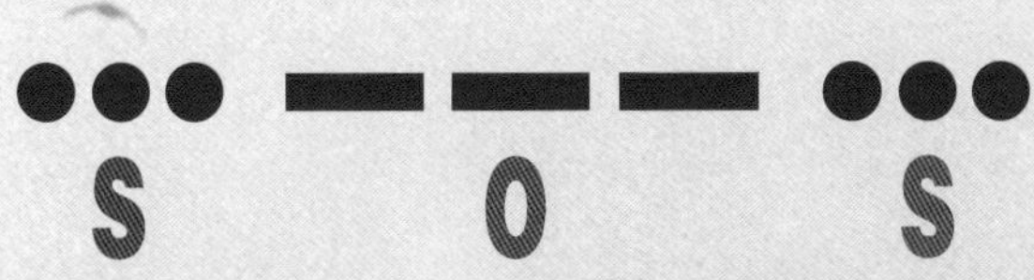

救救我们（SOS）

这是国际公认的电报求救信号，它的起源是因为这些字母在莫尔斯码中的“点”和“横”的组合最简单。作为“救救我们（save our souls）”的首字母缩写仅是事后的想法。“Mayday”成为无线电国际求救信号的起源是法语“m' aider”（救救我们）。

战争中的莫尔斯码

在克里米亚战争（1853—1856年）期间，《泰晤士报》记者威廉·拉塞尔（William Russell）第一次使用摩尔斯码从战场前线向报社发送文件。在后来的美国南北战争（1860—1865年）中，莫尔斯码变得至关重要。莫尔斯码的用途还不止这些。

追捕克里平

生于美国的声名狼藉的杀妻凶手克里平博士（Dr. Crippen）因莫尔斯码而被捕。1910年，他投毒杀害了妻子，并将尸体藏在地下室中，之后他和他的情妇乘坐蒙特罗斯号邮轮从英国逃到魁北克。伦敦警察厅的巡视员迪尤发现遗骸后立刻发出常规警报。嫌犯乘坐的邮轮正巧配备有马可尼无线电报系统，船长立刻联系伦敦警察厅的迪尤：“有重大嫌疑的克里平和同犯就在头等舱乘客中。”迪尤立刻乘坐快艇前去追捕，克里平在蒙特罗斯号靠岸前被捉拿归案。之后他受到了审判并被处以绞刑。

冰山警报

如果距离泰坦尼克号只有10英里（约16千米）的那艘最近的船上的无线电报员那晚没有关闭无线电台，泰坦尼克号的灾难也许可以避免。作为当时最先进的豪华邮轮，泰坦尼克号配备有最新的无线电报设备。船长收到了漂浮冰山的提前预警，但是他想让这艘“永不沉没”的邮轮打破跨越大西洋的纪录，于是忽视了警报。当灾难发生时，他的无线操作员发出了SOS信号，但是救援船只只能在次日赶到，船上的2200人中只有700人获救。

发送莫尔斯码

莫尔斯码是由“点”和“横”组成的二进制系统。“点”是一次接触、闪亮或哔哔声，而“横”是相似的信号，一般来说时间长度是“点”的三倍。在字母中间的间隙通常由一个与“横”相当的停顿表示，而两个词中间用两倍于“横”的暂停来停顿表示。

莫尔斯码字母表

国际莫尔斯码系统如下图所示。美国版莫尔斯码会有一些不同。

A	·—	N	—·	1	·————
B	—···	O	———	2	··———
C	—·—·	P	·——·	3	···——
D	—··	Q	——·—	4	····—
E	·	R	·—·	5	·····
F	··—·	S	···	6	—····
G	——·	T	—	7	——···
H	····	U	··—	8	———··
I	··	V	···—	9	————·
J	·———	W	·——	0	—————
K	—·—	X	—··—		
L	·—··	Y	—·——		
M	——	Z	——··		

美国版莫尔斯码在下列符号中有所不同

C	·· ·	1	·——·
F	·—·	2	··—··
J	—·—·	3	···—·
L	⸺	4	····—
O	· ·	5	———
P	·····	6	······
Q	··—·	7	——··
R	· ··	8	—····
X	·—··	9	—··—
Y	·· ··	0	⸺
Z	··· ·		

人与人通信 PERSON TO PERSON

电话（见87页）的发明重新定义了人们如何直接进行远距离通信，也为如今我们熟悉的这个现代化的相互连通的互联网世界铺平了道路。实际上，我们已经见证了在过去的二十年里，科技发展的主要推动力就是信息技术和个人通信领域的发展，关键在于高性能电脑芯片的小型化和编码系统的集成。现在，在办公室给某个人发个电子邮件或者手机信息，远比走到他们跟前去说更简单、更快捷。即使把消息发给在世界另一端的某个人也不会花费很长的时间。

电话号码和通信录

电话号码的唯一性问题由个人电信公司通过自组网解决了。为了能够拨通专线，就需要一个唯一的号码。起初电信公司利用人工局域电信交换机解决这个问题，正如在电话拨号盘上的数字和字母的组合，可以将电话号码分成地理码和数字码，尤其是在伦敦或者纽约这样的大城市。KEN162可能代表伦敦肯辛顿的一个号码。如今，又增加了区号和国家代码。格伦·米勒的著名歌曲“PEnnsylvania 65000”引用了据说这个城市中现在仍在使用的最古老的电话号码，那是宾夕法尼亚宾馆的电话号码，PE现在改成73，再加上国家代码和区号，该号码现在是：001-212-736-5000。

移动通信的变革

肯塔基州的瓜农内森·B. 斯塔布菲尔德（Nathan B. Stubblefield，1860—1928年）通常被称为移动电话的发明者，因为移动电话的发明归因于他的一个演示——利用无线电话发送声音进行通信的无线电技术，他的这项技术也于1908年获得专利。令人遗憾的是，这个世界用了大约70年的时间才追赶上他富于远见的想法。自20世纪70年代移动电话发明以来，它已经是这个星球上使用最广泛的电子产品。世界上有超过30亿的移动电话用户。黑莓手机扩展了移动手持终端，提供了一个微型键盘和屏幕，还有像Microsoft Office这样的个人电脑应用软件。各种先进技术的集合孕育了苹果公司的iPhone，它在一个小巧的电子设备上集成了电话、互联网、电子邮件、音乐、相机、电视和视频回放等功能。触摸屏幕界面可以上网、看视频和看电视等，同时第三方软件也可以安装进来，例如用于音乐下载的iTunes和提供位置数据的谷歌地图等。

2007年，苹果公司推出iPhone，为手持通信设备设立了新的标准。

屏幕
为了能阅读电子邮件和上网时最大化地利用屏幕尺寸，大部分功能都可以通过触摸屏幕实现

功能多样的iPhone是电子设备小型化的杰作

互联网

互联网的起源可以追溯到20世纪60年代末，美国国防高级研究计划局（DARPA）的数据传输研究项目。这项研究的关键成果是研发出一种发送电子信息的新方法，被称为“包交换技术”。在此之前，远距离电子通信通过“线路交换”实现，工作原理和老式的电话系统一样：正在使用的连接通话双方的链路不能再被其他任何人使用。新技术是在传输前将信息分成几个“数据包”，在接收端再重新组装，这样一个链路可以同时供两个以上的系统使用，每个系统都可以通过通信网络传递自己的“数据包”。一个常用的比喻就是一个邮箱可以将多个信件投递给多个接收者。第一个这样的网络被称为阿帕网络（ARPANET）。

我们今天所用的互联网在20世纪90年代才出现。此前，由于成本问题，网络仅在大学和政府机关中存在。然而在20世纪90年代早期，电子邮件和浏览器的发明引发了一场公共网络革命：“互联网”这个词进入了常规词汇表。为了使互联网不断扩张，需要确立一个用于信息交换的公用的、有固定规则的“语言”，也被称为“协议”。其中最重要的就是“互联网协议”，它将分散的数据打包，还要向每一个接入网络的设备分配一个“地址”（见右图）。随着互联网越来越成熟，以及带宽（或每秒可发送的数据包的数量）的不断增长，可以使用网络的应用也越来越多。

尽管互联网在本质上是一个公共网络，但也需要管理以保证它的一致性。互联网名称与数字地址分配机构（ICANN） 负责管理和控制“域名”。“域名”可以使一个设备的地址更容易记忆。万维网联盟则负责设计和维护规定网页运行方式的众多标准。

统一资源定位器和互联网通信簿

互联网上资源都用统一资源定位器（Uniform Resource Locator，URL）定位。那么什么是统一资源定位器呢？统一资源定位器是某些资源的地址，如一个网站、计算机上的一个图像、一个安全网页服务器或者其他种类的资源。我们看到的最常用的统一资源定位器是网址，例如：

http://www.google.com是谷歌网站的统一资源定位地址。其中的http表明资源通过超文本传输协议来存取，意味着它是一个HTML网站（见274页）。

file://c:/notes.txt　统一资源定位地址中的“file”表明资源“notes.txt”存储在本地电脑上。

ftp://name:password@www.downloads.com是一个更加复杂的统一资源定位地址。它代表一个以文件传输协议（FTP）与网站“www.downloads.com”进行的连接，这是在网上移动文件的一种很普遍的方式。为了安全，这个统一资源定位地址还指定了一个用户名和密码。

统一资源定位器一般都包含一个地址，例如www.something.com，它是如何导航一个网站的呢？当你在浏览器中输入一个地址，例如www.google.com，浏览器把这个地址发送给一个域名系统（DNS）服务器。域名系统服务器就像是一个互联网通信簿，它把名字变成数字，一般形式是四个用点分开的数字，数字可以是1位、2位或3位（例如206.34.2.100），这意味着它可以区分4,294,967,296个独立设备。例如，将地址www.google.com输入域名系统服务器，地址就会变成“74.125.45.99”。这就是谷歌网站的互联网“电话号码”，如果你将http://74.125.45.99输入浏览器，它会直接把你带到www.google.com。

在战争时期，对保密、情报收集，以及安全沟通渠道的需求一直都是国家和政府的头等大事。早期的希腊历史学家，诸如希罗多德和修昔底德等人，就曾在书中描绘过间谍活动，甚至在《旧约全书》中也能觅得其踪迹。

战争密码

无线电通信解密在第二次世界大战期间起到了重要作用，这证明安全和保密在现代世界变得越来越重要。现代军费预算规模庞大，足以提供充足的经费用于研究和发展新的日益完善的战略信息加密解密的方法。但是，我们始终面临一个挑战，那就是如何在获得秘密情报的同时，在敌人毫无察觉的情况下使用它。

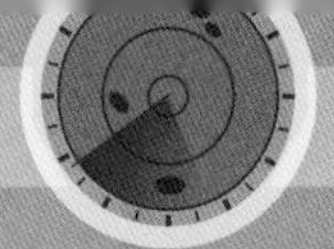

经典的战争密码
CLASSICAL CODES OF WAR

外交和战争是最早研发和使用编码和密码的两个重要领域。人们利用具有极高水准的精巧装置确保秘密不被泄露。编码的应用最早起源于古希腊，考虑到希腊人对文字和数学的迷恋，这也顺理成章。编码通过阿拉伯世界传给中世纪学者，成为宝贵的遗产。代换密码的工作原理，经过恺撒大帝的发展，决定了两千年后密码学的基本形式。

战场上的斯巴达人

斯巴达人因其骁勇善战而被载入古希腊的史册。为了磨炼战斗力及生存技巧，那些年轻的斯巴达战士们经历了各种艰苦历练。在青铜时代，斯巴达人的盔甲和兵器都是用高超的冶炼技艺制成的。因此，第一个信息加密的实例——密码棒出现在这个城邦国家也就不足为奇了。

斯巴达密码棒

我们所熟知的最古老的密码装置就是密码棒，曾在公元前7世纪的古希腊军事重镇斯巴达被广泛使用。密码棒能够产生一个简单的置换密码。所谓的密码棒就是一根木棒，消息的发送者将羊皮纸或皮带一圈接一圈地缠绕在木棒上，然后沿着棒子的长度方向逐行写下完整的消息。解下带子后，信息发送者会得到一个看上去毫无意义的字母带。这条字母带随后会被秘密地传送给接收者。如果消息写在皮带上，信使很有可能会将其翻过来作为皮带使用，方便隐藏皮带上的字母。接收者收到字母带后，再将其缠绕在自己的密码棒上（假设它与消息发送者的密码棒具有相同的直径和相同面数），隐藏的消息就会被显示出来。

加密

在以下例子中，发送者可以在密码棒上每一行写五个字母，总共写四行。明文“Under siege sendforces”被写在整条皮带上：

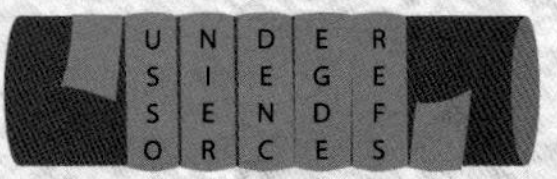

书写在密码棒上的明文

解开后，写在皮带上的密文变成这样：

USSONIERDENCEGDEREFS

解密

为了解读皮带上的原始消息，需要将皮带重新缠绕在相同直径的密码棒上。

盖乌斯·尤利乌斯·恺撒

罗马的将军和独裁者恺撒（公元前100—公元前44年）是一位伟大的历史学家和作家。他不仅可以用拉丁文和希腊文写作，同时也热衷于密文写作。公元1世纪，罗马语法学家马库斯·瓦勒留普罗布斯曾撰写了一部关于恺撒的各种密写技术的专著，可惜未能流传至今。恺撒还是一个不折不扣的阴谋家，在征服高卢时期建立了广泛的情报网。他在关于高卢战争的记述中，描述了他在发现同胞罗马首领西塞罗被围困时，如何将增援的消息传递给西塞罗。该消息用希腊文写成，这样做是为了“避免信件被截获时，我们的对策被敌人发现”。虽然该消息被绑在长矛上投掷到西塞罗的阵营，但两天之后才被发现。

恺撒移位代换密码

载入史册的第一个代换密码很可能由恺撒大帝在高卢参加竞选时，用于他与罗马的朋友和同事的私人信件中。在即将返回罗马时，恺撒策划了一场政治阴谋，其中用到的密码在150年后被苏维托尼乌斯写入了他的《十二个恺撒》这本书中。这个密码包含一个简单的字母顺序“移位”（也称算法），如果字母A要加密，且移位为4个字母，那么A被加密为E，M被加密为Q，以此类推。因此，恺撒的移位密码有25个潜在的密文，根据移位字母数的不同，依次有25个潜在的密钥。然而，这种方法不够安全：对于密码专家来说，如果他们怀疑加密者使用简单的恺撒移位密码加密信息，那么只需检查25个潜在的密钥即可解密。

REINFORCEMENTS
ON THE WAY

明文信息

VIMRJSVGIQIRXW
SR XLI AEC

字母移位后的密文

就任何代换密码而言，各种增进的技巧可使密文变得更加令人费解，如删除空格、添加其他符号或将数字作为选择明文的特征等。这些使代换密码变得复杂的方式在其他领域也有所运用（见68页）。

4字母移位的恺撒移位密码

明文字母表	密文字母表
A	E
B	F
C	G
D	H
E	I
F	J
G	K
H	L
I	M
J	N
K	O
L	P
M	Q
N	R
O	S
P	T
Q	U
R	V
S	W
T	X
U	Y
V	Z
W	A
X	B
Y	C
Z	D

“无法破译”的密码

THE 'INDECIPHERABLE' CODE

虽然各种可能的多字符加密系统已被发现，但意大利文艺复兴时期的天才阿尔伯蒂（Alberti）的方法尤其特别（见74页），其数学加密系统的构想基于使用渐进恺撒移位法进行加密的表格法，每一轮需要一个密钥。这种方法在1553年被意大利人乔万尼·巴蒂斯塔·贝拉索（Giovan Battista Bellaso）改进，后由法国人布莱斯·德·维吉尼亚（Blaise de Vigenere）推广。它代表了密码学理论的一个转折点，并提供了一个非常安全的（尽管很烦琐）用于发送秘密消息的系统，尤其适用于危急时刻或战争时期，并一直被沿用到19世纪末。由于这种密码被公认是非常安全的，所以被称为无法破译的密码（Le Chiffre Indéchiffrable）。

布莱斯·德·维吉尼亚

法国职业外交家布莱斯·德·维吉尼亚（1523—1596年）在罗马任职期间对密码学产生了浓厚的兴趣。意大利当时是欧洲密码学的中心。他退休后出版了一系列以密码学为主题的书，包括《密写方式的数字约定》（*Traictédes Chiffresou Serètes Manièresd' Escrire*，1586年），这本书着眼于不同的编码和密码，其中包括贝拉索的表格法。虽然19世纪时贝拉索的表格法被误传是维吉尼亚所创造，但后者对贝拉索的基本思想做了许多详细的阐述，将字母表扩展到26×26，而且发明了自动密钥系统（见107页）。有趣的是，维吉尼亚的密码系统直到18世纪才被广泛使用。

三十年战争

1618-1648年，长达三个世纪的大国之间的紧张态势和血腥争斗，引发了一股研究保密信息安全加密方法的浪潮。

维吉尼亚字母表

维吉尼亚密码的基本原理非常简单，但它的产生密文却很复杂。

1 画一个由连续的单个恺撒移位代换字母表组成26×26的表格。代换字母表的第一行是明文字母，最左列按从上到下的顺序编号。

2 与单个恺撒移位代换密码不同，代换字母表可以产生26个潜在的密文。通过密文行间的移位，可建立一个多字符加密系统：如果选择第5行，则明文‘a’被加密为‘F’，如果选择第22行，则‘a’被加密为‘W’。

3 现在，破译者必须知道在26个可选密文中使用哪一个，并且按何种顺序被使用，这就是“关键字”或“关键文本”，也就是“密钥”。它的形式可以是一个词，也可以是几个词或数字。

4 使用一个相对较短的关键词，例如‘ENEMY’，这个词被重复写在代换字母表的顶端形成关键文本。这个词告诉发送方和接收方明文的字母通过何种顺序被加密。它根据关键词中每个字母的顺序指定到哪一行，然后匹配第一行明文字母所在列得到密文。

维吉尼亚代换字母表

从单个字母恺撒移位代换开始

因为E对应5，‘f’将加密为‘K’

因为M对应13，‘f’将加密为‘S’

因为N对应14，‘f’将加密为‘L’

因为Y对应25，‘f’将加密为‘E’

	a	b	c	d	e	f	g	h	i	j	k	l	m	n	o	p	q	r	s	t	u	v	w	x	y	z
1	B	C	D	E	F	G	H	I	J	K	L	M	N	O	P	Q	R	S	T	U	V	W	X	Y	Z	A
2	C	D	E	F	G	H	I	J	K	L	M	N	O	P	Q	R	S	T	U	V	W	X	Y	Z	A	B
3	D	E	F	G	H	I	J	K	L	M	N	O	P	Q	R	S	T	U	V	W	X	Y	Z	A	B	C
4	E	F	G	H	I	J	K	L	M	N	O	P	Q	R	S	T	U	V	W	X	Y	Z	A	B	C	D
5	F	G	H	I	J	K	L	M	N	O	P	Q	R	S	T	U	V	W	X	Y	Z	A	B	C	D	E
6	G	H	I	J	K	L	M	N	O	P	Q	R	S	T	U	V	W	X	Y	Z	A	B	C	D	E	F
7	H	I	J	K	L	M	N	O	P	Q	R	S	T	U	V	W	X	Y	Z	A	B	C	D	E	F	G
8	I	J	K	L	M	N	O	P	Q	R	S	T	U	V	W	X	Y	Z	A	B	C	D	E	F	G	H
9	J	K	L	M	N	O	P	Q	R	S	T	U	V	W	X	Y	Z	A	B	C	D	E	F	G	H	I
10	K	L	M	N	O	P	Q	R	S	T	U	V	W	X	Y	Z	A	B	C	D	E	F	G	H	I	J
11	L	M	N	O	P	Q	R	S	T	U	V	W	X	Y	Z	A	B	C	D	E	F	G	H	I	J	K
12	M	N	O	P	Q	R	S	T	U	V	W	X	Y	Z	A	B	C	D	E	F	G	H	I	J	K	L
13	N	O	P	Q	R	S	T	U	V	W	X	Y	Z	A	B	C	D	E	F	G	H	I	J	K	L	M
14	O	P	Q	R	S	T	U	V	W	X	Y	Z	A	B	C	D	E	F	G	H	I	J	K	L	M	N
15	P	Q	R	S	T	U	V	W	X	Y	Z	A	B	C	D	E	F	G	H	I	J	K	L	M	N	O
16	Q	R	S	T	U	V	W	X	Y	Z	A	B	C	D	E	F	G	H	I	J	K	L	M	N	O	P
17	R	S	T	U	V	W	X	Y	Z	A	B	C	D	E	F	G	H	I	J	K	L	M	N	O	P	Q
18	S	T	U	V	W	X	Y	Z	A	B	C	D	E	F	G	H	I	J	K	L	M	N	O	P	Q	R
19	T	U	V	W	X	Y	Z	A	B	C	D	E	F	G	H	I	J	K	L	M	N	O	P	Q	R	S
20	U	V	W	X	Y	Z	A	B	C	D	E	F	G	H	I	J	K	L	M	N	O	P	Q	R	S	T
21	V	W	X	Y	Z	A	B	C	D	E	F	G	H	I	J	K	L	M	N	O	P	Q	R	S	T	U
22	W	X	Y	Z	A	B	C	D	E	F	G	H	I	J	K	L	M	N	O	P	Q	R	S	T	U	V
23	X	Y	Z	A	B	C	D	E	F	G	H	I	J	K	L	M	N	O	P	Q	R	S	T	U	V	W
24	Y	Z	A	B	C	D	E	F	G	H	I	J	K	L	M	N	O	P	Q	R	S	T	U	V	W	X
25	Z	A	B	C	D	E	F	G	H	I	J	K	L	M	N	O	P	Q	R	S	T	U	V	W	X	Y
26	A	B	C	D	E	F	G	H	I	J	K	L	M	N	O	P	Q	R	S	T	U	V	W	X	Y	Z

5 因此明文信息‘wait for men’通过关键词‘ENEMY’将被加密为如下所示：

明文	w	a	i	t	f	o	r	m	e	n
关键词	E	N	E	M	Y	E	N	E	M	Y
密文	B	O	N	G	E	T	F	R	R	M

6 如要破译文本，只需要颠倒加密过程，在每一行找到关键词指示的密文字母。

提高复杂度：密钥

在类似维吉尼亚密码系统的表格法的加密原理确立后，又出现了两种隐藏消息的方法。第一个是打乱表格法的逻辑顺序，第二个是引进更复杂的关键词。字母或数字的随机组合可能形成一个关键词；自动密钥就是将一个关键词简单地加到明文的开头，形成一个移位，明文本身则形成密钥，避免了一个关键词单一地重复；或者采用一个灵活的关键词，即一个具有与明文长度相同的字母或数字的组合，比如密码本（见81页）。

计算能力

尽管用弗里德里希·卡西斯基公式解密维吉尼亚密码的声明已于1863年发表，但计算机之父查尔斯·巴贝奇（Charles Babbage，见111页），可能在十年之前，即维吉尼亚密码系统被发明的300年后，最早提出破解这个系统的方法。由于被各种密码学的数学基础所吸引，特别是在一位牙医宣称自己发明了一种新的编码方式之后（虽然大部分都是模仿维吉尼亚的方法），巴贝奇开始着手寻找可能出现在典型的维吉尼亚密文中的重复周期。密钥，一如既往是关键词，因此巴贝奇的基本原则是通过搜索重复的密文中的字母串建立关键字的长度。只有密文长度在30个字母或以上才可行。

不断重复可能会让密码破译者首先确定关键词的长度，并且还可以确认一个短词的位置，因为这个短词其可能会在很长的密文中多次出现，例如‘the’，因此可能会被关键词的相同字母加密。而破译的第二关键线索是寻找可能的双字母组合，英语中最常用的有‘th’‘he’‘an’‘in’‘er’‘re’和‘es’。

这样的搜索可能再次揭示密文的加密模式，帮助使密码分析者找出关键词。尽管巴贝奇发现了攻击维吉尼亚密码的规律，但他意识到，要完成所需的分析量必须有一台机器，例如他的差分机（见270页）。对一条长消息，这台机器作用更加明显。

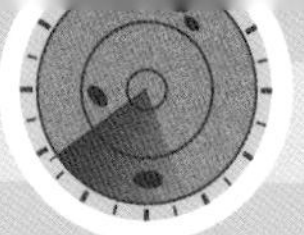

伟大密码
THE GREAT CIPHER

战争中的路易

太阳王喜欢标榜自己为战斗英雄，拥有征服欧洲的宏大军事野心。事实上，他的大部分战争都是为了增强法国东北部的边界安全，进一步的研究揭示了他为巩固法兰西民族的地位付出的巨大努力。他创造了一个强大的政府和国家官僚机构，而强大的一个重要层面则体现在民事和军事事务对安全需求的依赖。“伟大密码”在某种程度上满足了这些需求。他用复杂的装饰品和镜子装饰凡尔赛的宫殿和花园（见右图和下图），这是路易外交思维的外在体现。

路易十四（1638—1715年）于1661年加冕，统治法国超过五十年。作为欧洲大陆最有权势的人，他认为自己有充分的理由修建凡尔赛宫，彰显其“太阳王”的尊贵身份。当时许多欧洲新兴国家都处在竞争激烈的外交时代，保密工作受到国王的高度重视。与他的法庭、他的宫殿、他的海军以及他的军队齐头并进的是，路易十四毫不意外地投资于一种已经开发出来的最复杂的密码系统。其他国家也热衷于开发安全的密码系统。

罗西码

路易十四的首席密码学家是安东尼·罗西诺尔（Antoine Rossignol，1600—1682年），他的儿子博纳文德和孙子安东尼·博纳文德后来也从事这项工作。1626年，在太阳王的父亲路易十三统治时期，罗西诺尔开始崭露头角，通过他解密的消息，人们知晓法国军队在里尔蒙特的胡格诺特市被围困，最终取得一场不流血的胜利。年轻的国王和他的主教黎塞留意识到罗西诺尔这种密码分析天赋的价值，并鼓励罗西诺尔家族研发一种坚不可摧的密码，他们成功了，只可惜罗西诺尔家族构建的这个秘密已经失传，但是很多用罗西诺尔密码加密的信件抵御了几乎所有试图破译的尝试，它们直到19世纪才被破解。虽然有证据表明“罗西诺尔”一词最早被作为人名使用，但是罗西诺尔家族作为密码学家和密码破译者具有如此高的影响力，以致他们的名字已经成为法语俚语中“开锁”的代名词。

伟大密码及其工作原理

艾蒂安·巴泽拉斯（Etienne Bazeries，1846—1931年）是一位法国军事密码学家，他最终破解了由历史学家维克多·葛德兰（Victor Gendron）于1890年在路易十四的信件上发现的数字表密码。

解开谜题

信件中的几张数字表里有成千上万的数字，而巴泽拉斯选择其中的587个数字进行运算。他一步一步地计算，起初总是走进死胡同：他首先假定罗西诺尔家族已经设计出一种包含大量同音异义字（见72页）的代换密码，其中许多数字代表相同的字母。在数月的分析一无所获后，他假定数字表示二合字母（字母对）。通过分析，他搜索出密文中出现频率最高的数字，分别是22、42、124、125、341。然后，他将其与法语二合字母中最频繁出现的es、en、ou、de、nt做了比较。同样无果。他的第三个假设源于第二个假设：也许这些数字代表的是音节，而不是简单的二合字母。经过各种排列的尝试，他分离出一组经常重复的数字：124、22、125、46、345，并且猜测，鉴于这些都是信件中的文字，像‘les ennemis’这样的短语可能会频繁出现。

巴泽拉斯根据自己的发现创建了一个表，他把词分隔成音节：

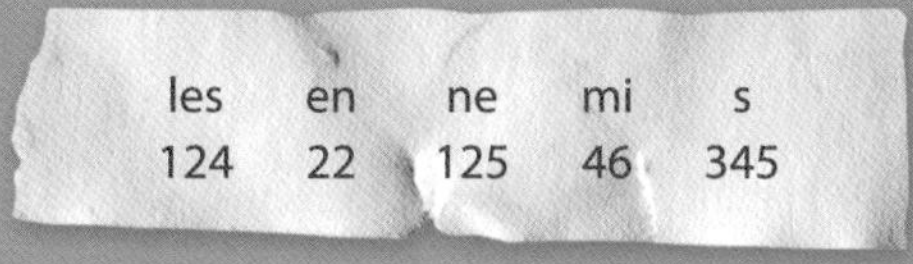

les	en	ne	mi	s
124	22	125	46	345

之后，巴泽拉斯将他的设想应用于大量的密文，有时是一个词汇的一部分，有时是整个单词，这使他确定了用数字表示其他音节的假设。罗西诺尔家族为他们的密码设置了不少陷阱，比如一个被删除先前号码的数字。然后，在接下来的三年时间里，巴泽拉斯围绕这些陷阱做了大量的工作，并最终破译了罗西诺尔的密码杰作。

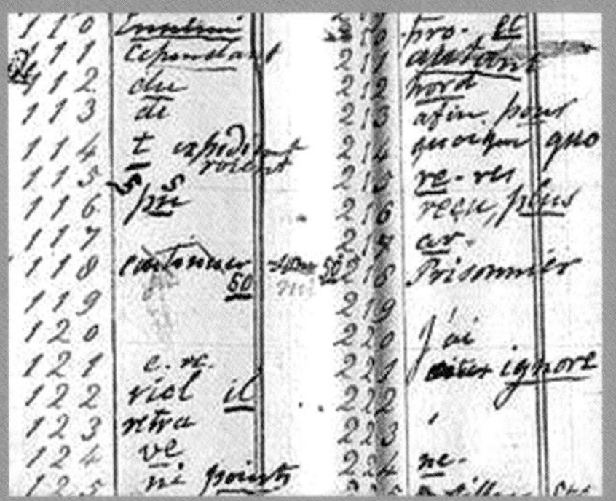

巴泽拉斯的便笺展示了他如何使用罗西诺尔密码加密的信息中的原始数字匹配音节和单词。

为保密而战

直到19世纪末，路易十四的伟大密码依然是一个非常隐蔽的秘密，然而，寻求比其更加安全的密码的努力仍在继续。维吉尼亚密码貌似固若金汤，但使用起来却太过烦琐，尤其是在需要快速加密解密信息的情况下。一种基于古希腊加密系统的波利比奥斯方阵（见80页）成为最有潜力的新加密方法，它对普莱费尔密码的设计产生了很大的影响（见111页）。

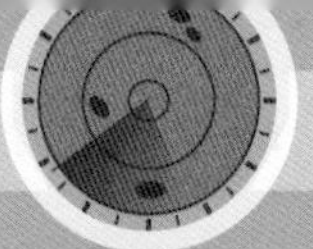

19世纪的革新

19th-century Innovations

技术革新

信号灯、电报和莫尔斯码（见96、98页）的发明，通过合理的技术解决了实际问题，同时也使密码学家面临挑战和机遇。莫尔斯码通过用点和横组成的密码系统，为密码进入一个全新领域铺平了道路，即如何通过一种纯粹的二进制加密方式为信息编码。另一方面，一种基于多表代换密码的简单却能大规模生成密码的密码盘，自从在美国南北战争期间使用后一直延续使用至今（见86页）。

从17世纪到19世纪的两百年中，人们都认为多表代换密码体系是比较复杂的密码系统，包括维吉尼亚密码系统和路易十四的伟大密码系统等（这些密码都依赖于共享密钥），加上破解这些密码所需的绝对时间通常很久，这在当时意味着军事密码是相对安全的。然而，从启蒙时期到工业革命时期，科学、数学和机械的进步很快改变了密码学和密码分析的前景，并带来解决密码安全问题的新手段及快速破译密码的新方法。

普莱费尔密码

由英国早期的电报发明者之一查尔斯·惠斯通爵士（Sir Charles Wheatstone）和政治家里昂·普莱费尔男爵（Baron Lyon Playfair）发明，这种密码以建立二合字母（双字母），然后用一对密码字母进行代换的方式加密信息。

1 首先，需要确立关键词，如PLAYFAIR。准备一个五行五列的按字母顺序排列的网格，用关键字开始（删除重复的字母），然后将26个字母中除去PLAYFAIR剩下的字母按它们在字母表中的顺序，从左至右填写到网格中，I和J作为一个字母填写在一个格子里。

P	L	A	Y	F
I/J	R	B	C	D
E	G	H	K	M
N	O	Q	S	T
U	V	W	X	Z

2 将明文消息拆分为成对的二合字母，每个二合字母必须由不同的字母组成，如果两个同样的字母同时出现，就在它们之间插入一个x，如果结尾只剩一个单个字母，在结尾处也添加一个x，例如明文：help I really need somebody，变成：he lp ir ea lx ly ne ed so me bo dy，以网格为参考，二合字母会以三种不同方式产生。

3 如果在同一行，则二合字母为其右侧的字母（所以LY变为AF），如果一个字母出现在该行的末尾，则被替换为同一行的开头字母（如me变为EG）。

4 如果在同一列，字母被网格中其正下方的字母加密（所以NE成为UN），如果其中一个字母是在网格列的底部，则它被替换为同一列顶部的字母。

5 如果二合字母的两个字母既不在同一行，也不在同一列，那么查找到网格中对应的第一个字母的所在行，继续查找到二合字母中第二个字母所在列，其行与列的交叉点的字母就是要代换的密文字母，然后加密二合字母中的第二个字母，查找到二合字母中对应的第二个字母的所在行，继续查找到第一个字母的所在列，其行与列的交叉点的字母就是要代换的密文字母。因此，BO成为RQ。

6 根据以上规则，完整的加密信息应该如下所示：

二合字母的明文：

he lp ir ea lx ly ne ed so me bo dy

密文：

KG AL RB HP YV AF UN MI TQ EG RQ CF

7 该编码信息的接收者在知道关键词的情况下，只需简单的颠倒加密过程即可解密。这样的密码几乎是坚不可摧的，只有频率分析法可以被用来检索密文的常用二合字母（如查尔斯·巴贝奇所证明，如右侧所述），然后与英语中最常见的字母对，例如th、he、an、in、er、re、es，进行比较。

巴贝奇的关联

发明家查尔斯·巴贝奇，除了发明了计算机原型机外（见270页），似乎还破解了维吉尼亚密码（见106页）。作为一系列项目的未完成者，他从来没有公布自己对维吉尼密码的破解方案，但这一次似乎是政府不让他这样做。他很可能向英国政府的高层（通常需要通过他们为自己的项目寻求资金）透露了破解方案，但被告知“不能公开”。尽管巴贝奇的破解方案不可避免地依赖大量的比较计算，即需要机器辅助完成大量的数字排序工作，他的差分机是唯一可用的计算设备，而他发明计算机似乎不可能只出于这样的目的。19世纪后半叶，随着英国和俄罗斯之间的“伟大游戏”愈演愈烈，以及越来越不安分的俾斯麦普鲁士的军国主义思想不断膨胀，英国特勤处意识到情报收集以及对有潜在威胁的通信情报的破译至关重要。

分层编码

在今天的计算机编程术语中，“分层编码”与那些在19世纪发展起来被用于电报传输的分层编码的意义有所不同，那时主要出于商业目的（见206页）。分层编码通常只是利用机械编码系统进行一定水平的信息加密，但产生的高复杂度的密文则需要相当多的巧思才能破译。国际电报公约条例将“编码电报”归类为“报文由词组成，上下文没有可供理解的意义”，把“密码电报”归类为“报文含有一系列有秘密含义的数组或字母组或在这门语言的标准字典中不存在的词”。

明文	LOADING SHIP TODAY NOON
密文	NQCFKPI UJKR VQFCA PQQP
以5BIT为单位的转换	NQCFK PIUJK RVQFC APQQP
转换为莫尔斯码	-. --.- -.-. ..-. -.- .--. .. ..- .--- -.- .-. ...- --.- ..-. -.-. .- .--. --.- --.- .--.

如图所示的莫尔斯码的四层编码：一条秘密消息通过一个简单的2个字母的恺撒移位代换法加密，然后转换成5个字母为一个单位的字母组，再用莫尔斯码二进制系统加密，通过物理电报线发送出去。

当然，其他层的编码信息，例如预先商定的码字、词组或数字码，可能被添加到叠层。战争或商业竞争促使密码系统变得越来越复杂，因此破译这个系统所需的成本更高，时间更长。

军用图标

MILITARY MAP CODES

视觉训练

雅各·德·哥何亚的《武器训练》（1607年）是一本图文并茂的武器训练手册，其目的是通过适当的训练确保整个部队行动高效一致。该书对使用长矛或枪支的各个阶段都进行了说明和编号，纯粹的视觉化描述使这本书可以被任何国家的士兵看懂，不论其使用何种语言或文化程度如何。

古典时代的帝国统治者意识到用规则、等级制度和纪律保持有效战斗力的必要性。古代中国与罗马军队都穿着制服，被划分成具有不同功能的独立部队（师、旅、团等），分为步兵、骑兵和工兵，受令于各级指挥部和政府。在战场上，双方都用像徽章一章的旗帜作为标志。在中世纪，当军队广泛领地化的时候，制服消失了，但旗帜和五颜六色的战袍被广泛用于战场以便识别身份。直到16世纪，大国的出现使军队的规模不断增大，现代军事组织的符号系统才逐渐发展起来。

表示部队的信息

军事符号标示着军事部队的种类和规模、部署和调度以及位置特征，比如堡垒或战壕。随着军队规模和战事复杂性不断增加，这些符号变得越来越必要。该系统还可以通过不同的颜色区分不同国家的军队。

军事部队的规模

XXXXX 姓名/编号	XXXX 姓名/编号	XXX 名称/番号	XX 类型	X 类型	III 类型	II 类型
集团军	陆军/海军/空军	军团	师	旅	团	营
（指挥官的姓名在方框的右侧）	（指挥官的姓名在方框的右侧）	（编号为罗马数字/指挥官的姓名在方框的右侧）	（国籍/阿拉伯数字在方框外）	（国籍/阿拉伯数字在方框外）		

军事部队的种类

步兵　骑兵　炮兵　装甲部队　机械化部队　空降兵　空军　海军

军事测绘

18世纪，一套国际公认的用于识别作战部队和部署的系统被正是确立。由于战争的影响越来越深远，且更倾向于机动作战，需要横跨广阔的区域部署大量军队，因此战略地图需要快速而准确地更新，而作战计划必须能被部署在各处的文化程度较低的士兵或由不同国籍士兵组成的盟军所理解。在1815年滑铁卢战役中，英国、普鲁士和荷兰的军队联合起来对抗拿破仑军队，取得胜利的关键一点是联合部队能够清晰地就地面各部队的位置，以及战斗中的行动命令进行沟通。右图中拿破仑军队以蓝色标示，他的对手盟军则用红色标示。

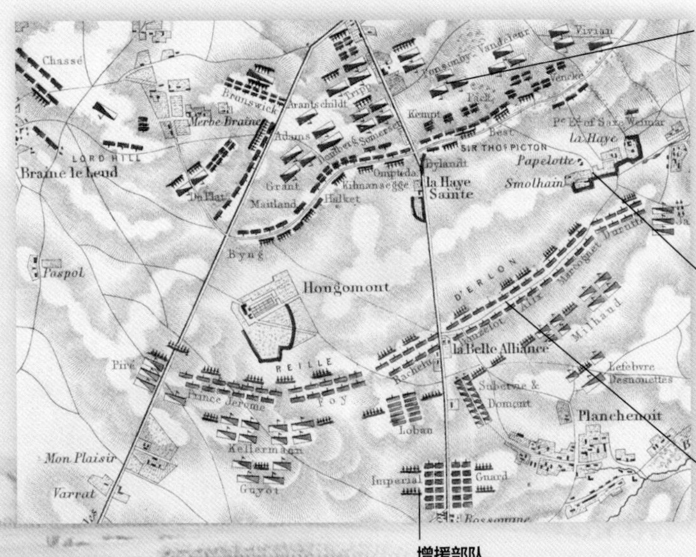

骑兵部队
大量的骑兵部队在盟军步兵前线的后方漫游，准备在步兵交战时突围。现代骑兵部队符号上的对角线是反向的。

防御位置
盟军在乌古蒙、拉海圣和巴比里埃的小村庄周围的前进阵地被证明是战斗的重点。

法国前沿阵线
地图显示在骑兵团的支援下，法国步兵部队准备继续前进。

增援部队
法国皇家卫队步兵在骑兵部队的侧翼支援下由南向北行进，当天晚些时候加入了战斗。

军事部队标志示例

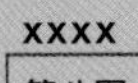
第八军 蒙哥马利
由蒙哥马利指挥的第八军

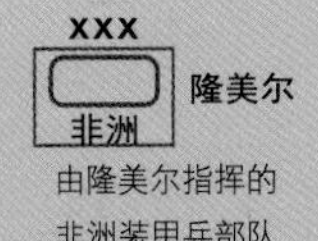

由隆美尔指挥的非洲装甲兵部队

III
fr
法国炮兵团

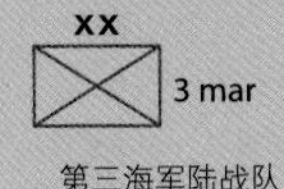

第三海军陆战队

部队行动和位置符号

 部队行动/前进方向
之前的行动/前进方向
部队后撤/退兵
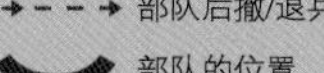 部队的位置
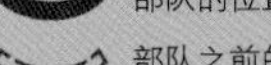 部队之前的位置
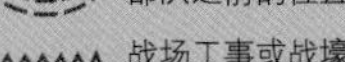 战场工事或战壕
无人驻守的战场工事
重兵防御位置
无人驻守的防御位置

 部队就位，遭到攻击
—XXX— 部队之间的分界线，以相应的符号显示部队规模
堡垒或防御性障碍物
 筑城地域
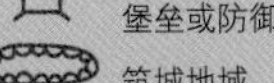 燃料管线
布雷区
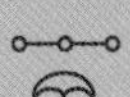 空降着陆点
 海军基地

战场信号
FIELD SIGNALS

鼓和号

从古时候起，鼓和号就被用于战争，部分原因是为了恐吓敌人，但更重要的是作为一种通信手段。集结鼓手打出连续而有节奏的鼓点，可以协调行军和进行大规模的部队调动。号手，也就是后来的号兵，将特定的消息发送给遍布战场的部署部队。

现代意义的战争形式始于19世纪中叶，受铁路和电报等新技术出现的影响，形成快速移动和灵活机动的战场特点，同时也产生了大量的近距和远距安全通信的需求，需要发展一种在危险状态下快速且秘密传送消息的系统。直到第一次世界大战时，电话语音通信、电报和无线电通信技术的出现，使迅速而有效地发送和接收信息的能力，无论在战术还是战略层面，都显示出其重要性。

1914年，德国军队横扫低地国家和法国北部直指巴黎，他们发现电报线路、铁路、电话等通信基础设施都被撤退的法国军队摧毁。侵略部队沿西线挖战壕时不得不依赖于信令系统，如旗语和日光反射信号器（见下图）。其结果是大多数德国战场信号都被法国及其盟友截获或破译。

“为国家保持警惕。”

美国通信兵座右铭

旗语编码

1860年，在美国内战爆发前不久，美国陆军成立了第一个专业通信军团，由阿尔伯特·J. 梅尔少校统帅。盟军很快也建立了自己的通信军团。尽管那时电报已被广泛使用，但在战场上使用却很烦琐，因此梅尔将臂板信号改成手持旗语或夜间使用的手电筒或闪光灯，模仿二进制莫尔斯码（见98页）传送信息。

旗语或“二元”编码最终被战场上的交战双方延用下来，一直到近代。旗语的旗帜很大，从6平方英尺（约1.8平方米）到2两平方英尺（约0.6平方米）不等。最常用的规格是4平方英尺（约1.2平方米），安装在12英尺（约3.6米）长的旗杆顶部，旗帜通常采用白色背景加黑色方块（海上是白色背景加红色方块）。

盟军通信团旗语编码

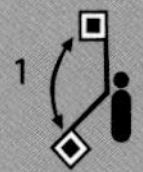

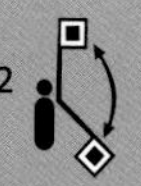

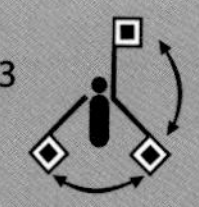

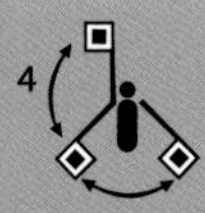

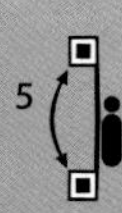

旗人将旗举在头上从左向右不断挥舞，引起人们的注意，表示信令即将开始。发送每个数字前，旗人总是将旗子摆回到垂直位置。

字母表

字母	编码	字母	编码
A	11	N	22
B	1423	O	14
C	234	P	2343
D	111	Q	2342
E	23	R	142
F	1114	S	143
G	1142	T	1
H	231	U	223
I	2	V	2311
J	2231	W	2234
K	1434	X	1431
L	114	Y	222
M	2314	Z	1111

数字

数字	编码
1	14223
2	23114
3	11431
4	11143
5	11114
6	23111
7	22311
8	22223
9	22342
0	11111

特殊数字组合

5　单词结束
55　句子结束
555　信息结束
11,11,11,5　明白
11,11,11,555　停止信号发送
234,234,234,5　重复
143434,5　错误

直到第一次世界大战末期，英国军队才意识到一个灵活机动、见多识广和训练有素的通信部队是多么重要。因此，皇家通信军团被确立为具有独立编制的陆军部队。时至今日，每个通信团都根据自己的特点，保留着自己的信号队伍，包括他们的团号手、乐队和送信人。然而，第一次世界大战已经证明，信号员必须能用莫尔斯码、旗语和日光反射信号器接收和发送消息，能熟练使用无线电、无线电报和野战电话，并时刻准备在上述通信手段失效时，用鼓和号在战壕间传递消息。

“明白，有话请讲，无话结束”

与舰船和飞机进行远距离无线电通话时常常因其他电波干扰变得不可靠，因此在语音传输时需要一个有具体说明或细节的验证系统。英国人再次成为这个领域的先行者，他们发明了现在广泛使用的、标准的、逐字母验证的确认代码，该代码目前仍在世界范围内为民用航空所使用。这是一个词汇表，每个词都与其他词有明显区别，大多数词为两个音节，且易于记忆。

A	Alpha	J	Juliet	S	Sierra
B	Bravo	K	Kilo	T	Tango
C	Charlie	L	Lima	U	Uniform
D	Delta	M	Mike	V	Victor
E	Echo	N	November	W	Whisky
F	Foxtrot	O	Oscar	X	X-ray
G	Golf	P	Papa	Y	Yankee
H	Hotel	Q	Quebec	Z	Zebra
I	India	R	Romeo		

该系统还需要有能够指代信息各个部分的词。

Roger	明白
Copy	收到
Wilco	照办
Over	请回答
Out或Clear	通话结束

“Roger, over and out”常在电影中作为广播完毕的惯用语，这完全是误导，因为这种说是没有意义的，专业人员也从不会这样说。

齐默尔曼电报

The Zimmermann Telegram

在第一次世界大战处于白热化阶段的1917年年初，德军决定重新启动他们的U型潜艇，对联军舰船发起进攻，迫使英国和法国签订条约。然而，德国人明白，这个举动可能会促使美国加入盟军。为了防止这种情况的发生，德国外交部长亚瑟·齐默尔曼（Arthur Zimmermann）通过在华盛顿特区的德国大使馆，给墨西哥总理贝努斯蒂亚诺·卡兰萨发了一封加密电报，他提出一个大胆的计划，以转移美国人的注意力。然而，拦截和破译电报是英国人的拿手好戏，正是这封被破译的电报，将之前一直置身事外的美国卷入对德作战。

伟大的计划

德国外交部部长阿瑟·齐默尔曼的计划是通过支持墨西哥对美国发动跨境攻击，夺回19世纪其在美国西南部丧失的土地，从而分散美国的注意力。此外，墨西哥人还计划让日本对驻扎在太平洋地区的美军发起进攻。

1915年，随着载有大批美国乘客的英国客轮卢西塔尼亚号的沉没，德国的U型潜艇计划被搁置

汇集线索的情报网

齐默尔曼电报的发送路线是他失败的根源。由于英国曾在战争初期切断了德国的跨大西洋电缆，因此电报通过瑞典和英国发往华盛顿。截获的电报被交给40号房间（见85页），即威廉·雷金纳德·豪尔上尉负责的英国译码办公室。在这里，长老会牧师威廉·蒙哥马利和佰德·格雷这两位和平时期的出版商，第一次着手破译这份电报。电报使用的代码（即德国编码系统中的0075号代码）于1916年7月首次投入使用。为了增加难度，它被再次加密。40号房间一直试图破解，但六个月后仍一无所获。最后，他们终于找到了一些线索。他们的俄国盟友于战争初期在波罗的海击沉了德国轻巡洋舰马格德堡号，获得了德国的密码本，并与英国分享了其中的内容。此外，策划在波斯、土耳其部落之间煽动反英情绪的德国特工威廉·瓦思穆斯，于1915年在贝赫贝汉被捕，他的个人物品也被送到了伦敦。40号房间现在拥有马格德堡号的军事密码本和瓦思穆斯的外交密码本，其中包括齐默曼电报所使用的代码的早期版本（13040号密码）。但这些内容只提供了部分破译线索。

瓦思穆斯是约翰·巴肯的间谍小说《绿斗篷》（1916年）中的德国特工原型

破译电报

阿瑟·齐默尔曼的电报使用标准军用数字代码，这就要求接收者必须拥有当天的正确的密码本。40号房间不得不用两个截获的密码本将信息碎片拼凑在一起。

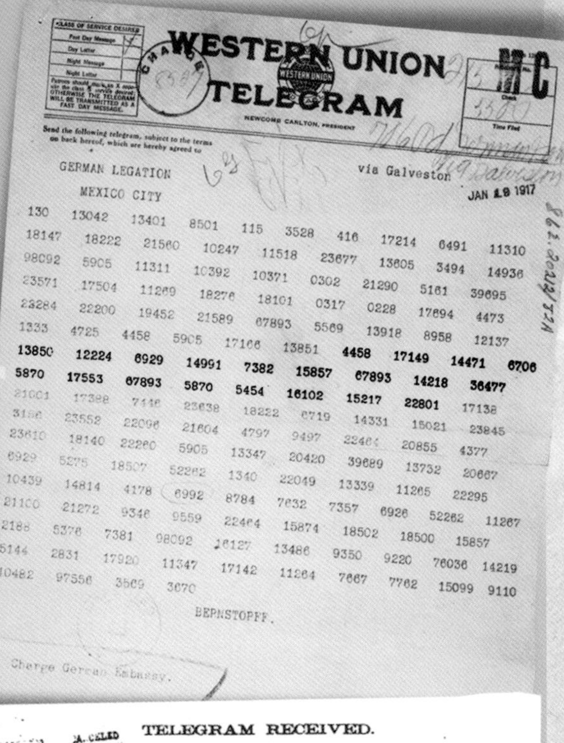

WESTERN UNION TELEGRAM

NEWCOMB CARLTON, PRESIDENT

Send the following telegram, subject to the terms on back hereof, which are hereby agreed to

GERMAN LEGATION via Galveston

MEXICO CITY JAN 19 1917

130 13042 13401 8501 115 3528 416 17214 6491 11310
18147 18222 21560 10247 11518 23677 13605 3494 14936
98092 5905 11311 10392 10371 0302 21290 5161 39695
23571 17504 11269 18276 18101 0317 0228 17694 4473
23284 22200 19452 21589 67893 5569 13918 8958 12137
1333 4725 4458 5905 17166 13851 **4458 17149 14471 6706**
13850 12224 6929 14991 7382 15857 67893 14218 36477
5870 17553 67893 5870 5454 16102 15217 22801 17138
21001 17388 7446 23638 18222 6719 14331 15021 23845
3156 23552 22096 21604 4797 9497 22464 20855 4377
23610 18140 22260 5905 13347 20420 39689 13732 20667
6929 5275 18507 52262 1340 22049 13339 11265 22295
10439 14814 4178 6992 8784 7632 7357 6926 52262 11267
21100 21272 9346 9559 22464 15874 18502 18500 15857
2188 5376 7381 98092 16127 13486 9350 9220 76036 14219
5144 2831 17920 11347 17142 11264 7667 7762 15099 9110
10482 97556 3569 3670

BERNSTORFF.

Charge German Embassy.

为了破解密码，霍尔上尉负责的40号房间全神贯注地尝试找出连续出现的数字字符串。

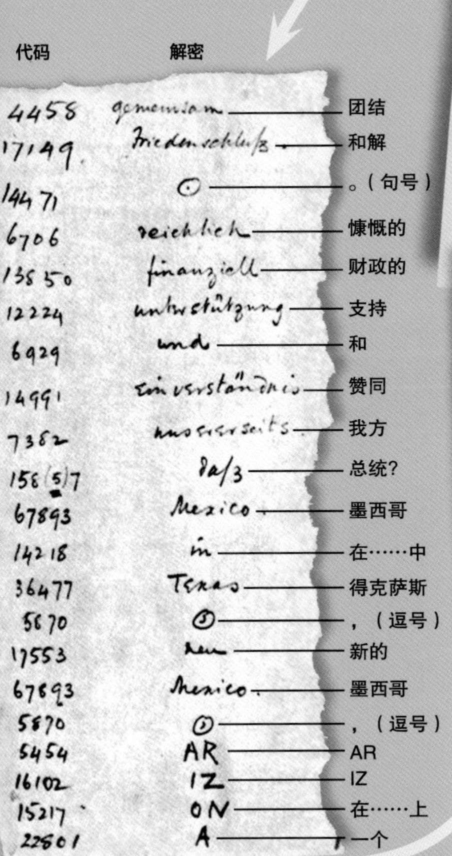

由德·格雷和蒙哥马利发是基于马格德堡号和瓦思穆斯的密码本提供的部分线索，发明了便笺本。他们的破译过程更多是基于推理和横向思维，而不是密码分析。尽管如此，他们还是破解了足够多的内容（例如，67893表示墨西哥），从而推断这是一封十分重要的电报。

TELEGRAM RECEIVED.

FROM 2nd from London # 5747.

"We intend to begin on the first of February unrestricted submarine warfare. We shall endeavor in spite of this to keep the United States of America neutral. In the event of this not succeeding, we make Mexico a proposal of alliance on the following basis: **make war together, make peace together, generous financial support and an understanding on our part that Mexico is to reconquer the lost territory in Texas, New Mexico, and Arizona.** The settlement in detail is left to you. You will inform the President of the above most secretly as soon as the outbreak of war with the United States of America is certain and add the suggestion that he should, on his own initiative, invite Japan to immediate adherence and at the same time mediate between Japan and ourselves. Please call the President's attention to the fact that the ruthless employment of our submarines now offers the prospect of compelling England in a few months to make peace." Signed, ZIMMERMANN.

40号房间集中精力破译的**数字串**提供了足够的线索，最终使电报的其余内容得以破译。破译后的电报彻底拆穿了齐默尔曼的阴谋，使他的计划落败。

解密的电报

电报的破译使密码破译者处于一种两难的境地：怎样在德国人不知其最新密码被破译的情况下，将电报的内容通知给美国人？霍尔上尉意识到，德国大使馆已经利用公共电报线路把电报从华盛顿发到了墨西哥，因此墨西哥城内的一个英国特工被派去盗取电报的副本。令40号房间高兴的是，这份电报没有使用新的0075号代码，而是使用较旧的13040号代码，因此德国人会认为，英国通过截获的旧密码本和偷来的电报就能知道他们的密谋。现在英国既能保守他们的秘密，又可以将完整的电报发送给美国。一直置身事外的美国总统伍德罗·威尔逊于2月25日收到解密的电报。这封电报在3月1日被公开，美国于1917年4月6日对德国宣战。

英国讽刺杂志《Punch》为了庆祝这件事，画了一幅约翰·牛（英国的拟人化形象）迎接威尔逊的漫画："太好了，先生！很高兴你加入我们！"

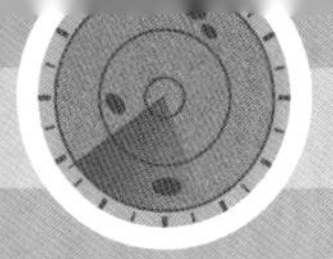

恩格玛密码机：“牢不可破”的系统

ENIGMA: The 'unbreakable' system

据英国于1923年出版的关于第一次世界大战的官方历史资料透露，德国在第一次世界大战时的军事情报能被英军轻易读取，德国军方意识到他们需要一个更安全的加密系统。他们最终获得超过30,000台比商用机设计更复杂的恩格玛密码机。在第二次世界大战期间，德国国防军、空军和海军分别为恩格玛密码机发行了每日密码本。恩格玛密码机的奥妙在于它是机械编码系统，所以其加解密速度非常快，而且几乎消除了人为错误——键入明文即可产生密文，可以通过无线电传输，接收者只需输入密文，机器就会生成解密后的明文。此外，如果没有每日密码本，恩格玛密码机几乎是坚不可摧的密码系统。

发明恩格玛密码机

恩格玛密码机最早获得专利是在1918年，亚瑟·谢尔比乌斯（1878—1929年）出于商业用途发明了这种密码机，但它很快就吸引了德国军方的注意。在之后的十几年中，其编码体系被设计得越来越复杂。

恩格玛密码机的巨大优势是**便携性**。上图是一台在战场上装在海因茨古德里安将军的半履带式战车上的恩格玛密码机。

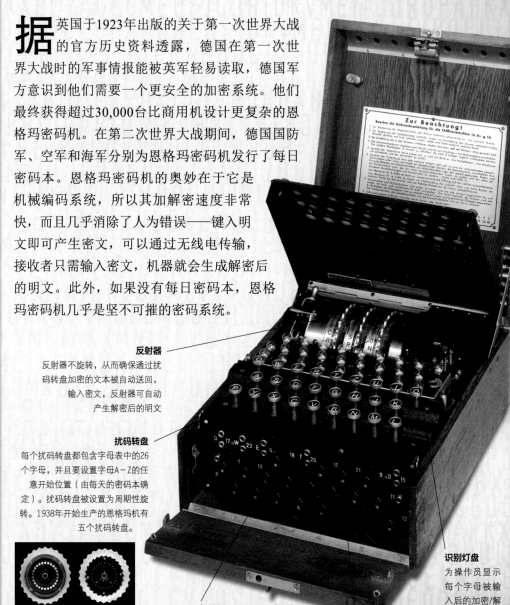

反射器

反射器不旋转，从而确保通过扰码转盘加密的文本被自动送回，输入密文，反射器可自动产生解密后的明文

扰码转盘

每个扰码转盘都包含字母表中的26个字母，并且要设置字母A～Z的任意开始位置（由每天的密码本确定）。扰码转盘被设置为周期性旋转。1938年开始生产的恩格玛机有五个扰码转盘。

转盘的每个面有26个触点（对应字母表的26个字母），通过连接线连接到其背面的26个不同的触点上。每个编号转盘都有不同的接线方式。

插接板

起初，在明文到达扰码转盘前你只能交换6个字母，但在1939年，扩大后的插接板使这个数字增加到10个

键盘

用于输入明文或接收的密文

识别灯盘

为操作员显示每个字母被输入后的加密/解密过程

每日密钥的设置

德国军队每个月都会发行一本新的每日密码本，列出各项设置要求，供操作员每天设置相应部队的所有恩格玛密码机。正是这个密码本确保发送的每一条消息都可以被接收部队读取。

设置恩格玛密码机

根据每日密码本的设定要求，每天早上，操作员将扰码转盘重新排序，并调整扰码转盘的方向（确定扰码转盘应将字母表中的哪一个字母显示在当天的首位），更改插接板的设置。该系统的设置意味着，如果要分析加密过程，总共需要10,000,000,000,000,000次计算才能完成。

重置设置

第二次世界大战期间，为了增加安全级别，恩格玛密码机的操作员每天会发送一条按每日密码本重新设置过的初始消息，这个设置体现在扰码转盘上。这个消息会被重复发送以确保一致性。因此，如果当天的密钥设置为B-M-Q，那么接下来发送的信息可能要在其前面加上一个随机选择的三字母组合，例如，S-T-P-S-T-P，接收者也要对其扰码转盘的设置做相应改变。

恩格玛密码机的使用

键入明文产生密文，密文以无线方式发送，接收者仅需输入加密后的信息，机器就会自动输出解密后的明文。

加密

如原理图所示，随着字母U的脉冲，显示其加密为S的路径。为了清晰起见，插接板上只设置4个可用开关。

1 操作员键入的明文通过电流在机器中传输

2 在插接板上已经被接通的字母首先在这里进行加密。其余的字母直接进入到第一个扰码转盘

3 通过插接板后，字母脉冲进入第一个扰码转盘

4 到达的字母脉冲通过扰码转盘来到不同的出口点，再由此从不同的字母入口点进入下一个扰码转盘。此外，每输入一个字母，第一个扰码转盘都会旋转一格

5 在第一个扰码转盘完成26个字母的循环后，第二个扰码转盘旋转一格（或一个字母），并开始重复第一个扰码转盘的过程，以此类推

6 在第二个扰码转盘完成26个字母的循环后，第三个扰码转盘旋转一格（或一个字母），并重复第二个扰码转盘的过程

7 现在每个字母脉冲都到达了反射器，反射器使字母通过不同的路径传递回扰码转盘

8 脉冲返回并通过插接板到达识别灯盘，操作员可以在这里看到最终的加密结果

解密

使用与加密操作员相同的每日密码本设置密码机，接收操作员输入接收到的加密文本。字母脉冲通过插接板、扰码转盘和反射器，然后返回通过要显示的系统，在识别灯盘上解密为明文。

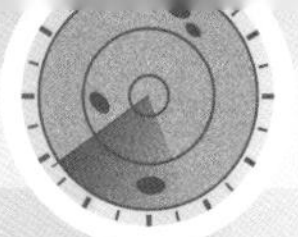

操作代码名称

为了安全，第二次世界大战中的大多数参与国几乎为所有战役或行动强制分配一个代码或代号（如下英文所示）。

Adlertag（Eagle Day）（**鹰日**）1940年，德国空袭，直接导致不列颠之战。

Attila(**匈奴王**) 1940—1942年，纳粹占领法国（后改名为Anton，即安东）。

August Storm （**八月风暴**）1945年，苏联入侵满洲。

Avalanche （**雪崩**）1943年，盟军登陆意大利萨勒诺。

Avonmouth（**埃文茅斯**） 1940年，盟军远征纳尔维克。

Bagration （**巴格拉基昂**）1944年，苏军进攻解放白俄罗斯。

Barbarossa （**凯尔特人**）1941年，德国入侵苏联。

Cartwheel （**车轮**）1943年，盟军在西南太平洋的联合作战。

Gomorrah （**罪恶城**）1943年，英国皇家空军空袭德国汉堡。

Ichi-Go （**1号计划**）1944年，日本侵华。

I-Go（**围棋**） 1943年，日本反攻西南太平洋。

Lightfoot （**脚步轻捷**）1942年，阿拉曼战争。

Market-Garden （**市场花园**）1944年，盟军空降在阿纳姆附近。

Nordlicht（Northern Lights）（**北极光**） 1942年，德军对彼得格勒发动进攻。

Overlord （**霸王**）1944年，盟军登陆诺曼底。

Steinbock（**小羚羊**）1944年，德国空袭英国。

Torch （**火炬**）1942年，盟军在法属北非沿海登陆。

Weiss (White)（白犬）1939年，德国入侵波兰。

第二次世界大战时的密码及密码破译者

WW II Codes and Code Breakers

德国恩格玛密码机是第二次世界大战期间各方使用的许多机电转子加密设备中最著名的例子。英国则依靠一个类似恩格玛机的被称为X型（TypeX）的密码机；而美国人开发了更为先进的SIGABA（或M-134-C）密码机；日本的密码机生成了一种名为“紫色”的密码，它于1942年6月被破译。这些密码机产生的密文被视为坚不可破，因为要破解这些每天无时无刻不在传输信号的加密系统，需要耗费巨大的计算量。但这也说明一个重要问题：只有人为错误或惰性才能让这些“钢筋铁甲”出现破绽。恩格玛密码系统以及它是如何被破解的故事将在后面讲述。这里要讲述的是，由于密码在现代战争中的频繁使用，码字（code words）显得尤为重要，所以用恩格玛密码机解密后的情报被称为超级情报，与齐默尔曼电报一样，超级情报的关键是破译者在不让德国人知道其秘密已被破解的情况下，可以采取什么行动。

磁带
带鼓可以切换用于生成明文或密文
曲柄
手摇柄带动密码盘转动
重量
机器过于笨重，不适合在战场上使用
密码盘
加密采用三组五个密码的密码盘，但没有反射器

X型Mark III密码机（The Typex Mark III）专为战场设计，使用手摇柄，不需要电力。

美国的SIGABA密码机

比X型更复杂的密码机，自1943年起，密码机共享信息生成，形成组合式密码机（CCM）。

布莱切利公园

这座安静的乡间别墅坐落于白金汉郡郊外（左图），英格兰在破解恩格玛编码系统的“战争”中，经历了最为严峻的考验。1939年，这幢别墅作为新建立的政府代码与密码学校（GC&CS）的总部，取代“40号房间”成为英国的解密中心。每当战争爆发，别墅中就挤满了形形色色的密码分析家、数学家、科学家、历史学家、语言学家、研究员，以及由经过严格审核的军队文员、秘书和信号官等保障人员。乡间家庭派对的氛围就这样产生了（“团队融合”的早期实例），类似棒球和网球比赛，鼓励创造性的合作。恩格玛密码机并不是他们面临的唯一挑战，他们同时还研究许多其他编码系统（例如德国海军的交互代码、意大利和日本的消息代码等）。

这里矗立着众多的小屋（左中图），每个小屋都只知道自己需要知道的特定功能。因此，只有少数高层人员才对被截获和解密的材料有全面的了解。丘吉尔称这里的工作人员为“会生金蛋却不会叫的鹅”。

曼哈顿计划

对于战争，最重要、最机密的保障是核“装备”的快速发展。在英国支持下，在美国天才物理学家奥本海默（J. Robert

Oppenheimer）领导的国际研究团队的帮助下，美国开始着手核武器的研究。因为美国陆军工程兵部队驻扎在纽约市曼哈顿工程区（MED），故该项目的代号是“曼哈顿”。项目的研究基地在洛斯阿拉莫斯，地处新墨西哥州桑里代克里斯托山区的荒野中，这更令这项绝密研究任务笼罩在神秘代码的面纱之下。

第509号混编大队 是美国空军第20军的一部分，装备有经过特殊改装的B-29“超级堡垒”飞机，是曼哈顿计划的运输联队。

Alberta 在太平洋天宁岛上组装炸弹的团队。

ALSOS 盟军在欧洲被占领区的秘密行动，绑架核科学家，盗取铀等原材料。

Bockscar 于1945年8月9日在长崎投下原子弹的飞机。

Box 1663 所有涉及该项目人员被使用的圣达菲的邮政编码。

Enola Gay 1945年8月6日在广岛投掷第一颗原子弹的飞机，飞行员保罗·蒂贝茨上校以其母亲的名字为飞机命名。

Fat Man 原子弹，1945年8月9日在长崎上空爆炸。

Fission 奥托·弗里施创造的词，指通过中子轰击原子导致原子裂变。

Gadgets 在洛斯阿拉莫斯使用的通用术语，指他们正在开发的核装置。

Little Boy 原子弹，在1945年8月6日坠落在广岛。

Site-Y 洛斯阿拉莫斯实验室，也被当地人称为“山”。

Trinity 1945年7月16日，第一次核试验的地点。

破解恩格玛密码系统
Cracking Enigma

德国的挑战

第二次世界大战爆发时，盟军的密码破译员面临一个很大的难题：恩格玛系统（见118页）有许多变形。除了现有的复杂性，在1938年，德国人给许多密码机增加了两块扰码转盘，插接板也变得更为复杂。德国军队内不同的部门使用不同的机器，每个部门都有不同的密码本；非洲军团使用自己的系统；纳粹海军，即德国海军，也有自己的系统。后来的恩格玛密码（洛伦兹密码）是布莱切利公园破译的所有密码中最难以渗透也最重要的密码，因为U型潜艇在北大西洋的活动威胁到来自北美的供给生命线。

德国人给密码机增加的两块扰码转盘说明他们在1939年9月入侵波兰完全是个意外。

自从德国军队引进恩格玛密码机以来，每个人都认为恩格玛系统（见118页）牢不可破。虽然恩格玛商用机已经被德国的前敌人收购，但军用机的运行方式和密码本仍未公开。1931年，法国特勤局从一个心怀不满的德国老将汉斯·蒂洛·施密特那里秘密购买了密码机使用计划的副本和每日密码本。在接下来的几年中，汉斯持续提供每日密码本的详细内容，但是法国没有重视这些信息，反而是波兰人打开了破解恩格玛系统的大门。

玛里安·雷耶夫斯基（1905—1980年）是恩格玛密码系统的破译者

波兰奋起反击

20世纪30年代，波兰认识到德国对其领土的野心，波兰密码机要局（Biuro Szyfrów）率先破解了恩格玛密码系统。按照波兰与法国的协议，法国将关于恩格玛密码机的许多材料交给波兰，波兰人很快着手制造恩格玛机的复制品。波兰人意识到恩格玛密码系统是一种更需要数学而不是语言分析技巧的机械系统。这是一个具有启发性的想法。波兰近代史上有几位数学家来自德国占领区，通晓德语，其中一人便是玛里安·雷耶夫斯基。

第1个字母　第4个字母

1 消息密钥

雷耶夫斯基将注意力集中在初始恩格玛三字母消息密钥上，该密钥在每次传输开始时发送两次。他发现在只有三个扰码转盘的情况下，每4个字母中的最后一个字母一定是对第一个字母的不同加密，雷耶夫斯基发现了恩格玛密码机的漏洞。虽然他仍然不知道每日密钥的设置，但他开始寻找关系、链接和代换方法，直到他在一天内获得了足够的信息，建立起消息密钥的第1和第4、第2和第5、第3和第6个字母之间的关系表格。

2 链接

通过分析这些表格，他确认了在第一个字母返回链接到这个字母本身之前有多少个链接，在这个例子中有A-U、U-S、S-A三个链接（见左图）。雷耶夫斯基意识到，当插接板的设定不明确时，每个链接的连接数就是扰码转盘设定的一种反映。有些链接很长，有些很短。雷耶夫斯基和他的同事用了一年的时间编辑所有可能的105456种扰码转盘的设定表，将他们链接到潜在的链接长度上。之后，每当德国人改变他们的设置时，雷耶夫斯基的表格也就成了备用表，于是，他研制出名为“炸弹”的电子计算器，用于重新编辑表格。

3 插接板

表格破译了扰码转盘的设置，而不是插接板的设置。然而，使用扰码转盘设置表进行解密，就可能频繁出现下述可识别的信息：SONVOYC ON SOURCE

很明显，‘s’和‘c’在插接板上可能被转换过，经过调整以后，可以读为：CONVOYS ON COURSE

成功

雷耶夫斯基的突破帮助波兰破译了20世纪30年代大部分恩格玛密码。1938年，恩格玛密码机新增了两个先进的扰码转盘和一个扩展插接板，波兰人再次遭遇难题。1939年9月，在德国入侵波兰的前一个月，波兰人将两台复制的恩格玛机、“炸弹”计算器计划以及雷耶夫斯基的分析报告送到英国。

阿论·图灵在布莱切利公园

极有天赋的剑桥大学年轻数学家阿论·图灵（Alan Turing，1912—1954年）是布莱切利公园新成立的英国密码分析中心（见120页）招募的各类专家中的一员。他一直从事二进制数学和理论可编程计算机方面的研究，面对波兰已经取得的进展，图灵着手设计并改进“炸弹”系统，分析恩格玛密码机新增的扰码转盘的设置。由于恩格玛密码机改变了设置，他们不得不在每晚午夜时分迅速开展工作。然而，设置的可能性太多，在没有获得进一步线索的情况下，他们无法在有限时间内取得突破，而其中一些设置在1939年图灵加入中心前已被确定。

阿论·图灵发明的图灵机帮助破解了恩格玛密码系统。

失误（Cillies） 一些恩格玛机操作员的人为错误和惰性导致他们使用重复的而不是完全随机的组合消息密钥。这些失误给密码分析家提供了有用的线索，这些操作员发出的信号会被时刻监控。

扰码转盘 德国人认为，确保扰码转盘每天都在不同的位置会使系统更安全。事实上，这会使系统更脆弱，因为一旦确定其中一个或两个扰码转盘的位置，就减少剩余的可能组合，同时减少了第二天可能的组合。

已知线索（Cribs） 识别消息中的已知单词或已知线索，可以帮助破译系统设置。某些类型的信息可以预测和公式化，例如那些从气象站发来的信息，往往在开头或中间包含有德语单词“多雨”。对这些信息进行监控，并通过识别这类词进行推测。另一个“线索”是在特定位置“布雷”，然后尝试在U型潜艇的消息中找到已知的地理坐标。

密码本（Pinches） 获得德国的密码本是首要任务。在大西洋战役中，德军的U型潜艇和气象船都遭到突袭，密码本也被截获。事后盟军将船只沉没，以免让德国人察觉密码本丢失。

回路 图灵还参与研究德国停止重复使用消息密钥可能会发生的结果。他专注于档案的破译，并开始探究“回路”模式，发现其与雷耶夫斯基的“链接”并无不同，如果已经知晓明文或找到“线索”，就能揭示扰码转盘的设置。他发现了另一种捷径。

许多机器 如果图灵部署足够的“炸弹”按顺序工作，每个“炸弹”模仿不同扰码转盘的运行，那么就有可能在短时间内试遍17,576种可能的设置，但他仍然需要借助机械计算这一捷径。他最终通过将按顺序排好的机器连接起来，并在它们之间建立电路，通过电路中亮灯提示匹配的循环，实现了这一目的。

插接板问题 像雷耶夫斯基一样，图灵也将插接板问题搁置一旁，将这个问题最小化。有了一个准确的“线索”，解密后的词所包含的字母可能是奇数，在换位时就会暴露插接板的设置。

“庞然大物”与“巨人”

图灵的“炸弹”计划被批准。“炸弹”串联运行，内部用线路互相连通，用于探索“回路”。政府出资十万英镑用于实现这个系统。每个“炸弹”包括12套仿制的扰码转盘，其中的第一台被命名为“胜利”，1940年3月开始运行。在原型机进行测试和改进时，德国人更改了他们的消息密钥协议，导致解密终止。8月，改进后的“炸弹”诞生了，1942年春天，又有15个“炸弹”到位，所有“炸弹”以工业化速度在已知线索、扰码转盘设置和消息密钥之间运行。效率高的时候，系统可在一个小时内解密所有消息。直到战争结束时，大约有200台“炸弹”为破译信息发挥了作用。然而，整个过程仍然依赖于准确的已知线索，并运用机械系统。

最终，“炸弹”的数量和它们之间的链接创造了世界上第一台可编程计算机，代号为“庞然大物”，但操作员称之为“希思·鲁宾逊”。1942年，图灵创立了另一种快捷方法，用来解密德国海军洛伦茨用在改进的恩格玛机上的Geheimschreiber密码，并将他的想法告诉开发“巨人”计算机的汤米·菲拉维尔（Tommy Flower）和马克斯·纽曼（Max Newman），“巨人”计算机是一种集成更高的可编程数字设备，是现代计算机真正的先祖。

1942年7月，图灵前往美国，与美国密码分析家分享他的想法。尽管英国与他们的西方盟友分享了他们的秘密，布莱切利公园也参与破译意大利和日本代码，但恩格玛系统及其解密的故事直到20世纪70年代依然鲜为人知。

布莱切利公园中运行的巨人计算机

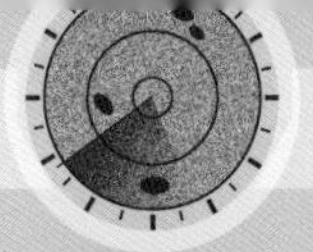

纳瓦霍风语者
NAVAJO WINDTALKERS

由于日本在1941年12月7日偷袭了美国在珍珠港的海军基地，美国卷入第二次世界大战。虽然这次袭击被描述为“偷袭”，但实际上美国在几年前就已开始破译日本的加密消息，并且怀疑将有大事发生。同时，日本也一直在破译美国的秘密信息，因此才能以争分夺秒的效率部署作战。在两个月内，日本占领了西太平洋上的重要盟军基地，并入侵菲律宾、东印度群岛和马来西亚，建立了世界历史上最长的战线和最大的占领区。因此，为了准备不可避免的穿越太平洋的反击，美国的当务之急是确保其通信系统的安全。

语言代码

使用生僻的语言作为代码并不是首创。尤利乌斯·恺撒不使用拉丁语而是用希腊语加密消息，受过教育的罗马人懂得希腊语，但他们的敌人却不懂。

第一次世界大战期间，八名乔克托部落的成员通过战壕电话与在法国的美国陆军第三十六师通信。

第二次世界大战早期，美国军队使用会说巴斯克语的人担任信号员，尽管他们知道巴斯克传教士曾在日本占领区待过。一时间，巴斯克人“供不应求”。

英国也曾尝试使用讲威尔士语的信号员。美洲原住民的语言也被考虑作为代码，但他们中的许多语言已经被德国的人类学家研究过。因此，纳瓦霍语就没有在欧洲战区被广泛使用（在1944年6月的诺曼底登陆行动中，有14个讲科曼奇语的人）。日本从未破解过纳瓦霍语口语编码系统，这对美国在西太平洋的胜利来说，无疑居功至伟。

战斗情况

美国陆军机电编码系统SIGABA（见120页）的一个缺点是比较烦琐，与德国的恩格玛系统一样，涉及通过键盘进行详细的加密、检查每日密码设置，以及繁重的加密信息破译工作。这个系统是安全的，而且适合加密高层次的战略信息，但要在激烈的战斗中迅速传递消息，它还缺乏灵活性。在太平洋战区，空军、海军和两栖登陆部队之间的快速协调是必不可少的，因此他们需要一个更实用更安全的加密系统。

风语者的诞生

早在1942年，一个土木工程师提出一个想法，利用会讲纳瓦霍语的人通过无线通信传送战地信息。菲利普·约翰斯顿被选中到纳瓦霍人保留地去执行一项基督教任务，了解美洲土著人的这种语言。他提出在美国海军陆战队率先进行试验。约翰斯顿计划的支持者面临几大优势，但也存在一些问题。

纳瓦霍人的文化程度不高，由于缺乏联邦资金的支持，纳瓦霍语操作员的培训工作可能会存在困难。另一方面，纳瓦霍语主要通过口述传承，需要记忆大量的传说和神话。此外，纳瓦霍语的关键优势之一是语调可以改变一个词的意义（与日语一样），如单词‘doo’，用高音调时意为‘和’，用低音调时意为‘不’。纳瓦霍语还拥有丰富的比喻，非常适合用于各种军事用途。

420名纳瓦霍人在战争期间接受了通信技术培训，并被编入美国海军陆战队。这种技术也被用于朝鲜战争（1950—1953年）和美国介入越南战争初期。直到1968年解密前，风语者和他们的语言代码一直是一个未被公开承认的秘密。

纳瓦霍语代码

纳瓦霍语拥有丰富的惯用形式和细微差别，创造了诸多可以被记住但又晦涩难懂的词汇，省去了对密码本的使用需求。一部纳瓦霍术语词典很快被编撰起来，共收录274个词，用于表示不同的军事术语（后来又增加了234个术语），实现了用语音字母词汇拼写军事术语和地名。

纳瓦霍语词典（部分）

术语	代码
Fighter plane	Hummingbird
Observation plane	Owl
Torpedo plane	Swallow
Bomber	Buzzard
Dive-bomber	Chicken hawk
Bombs	Eggs
Amphibious vehicle	Frog
Battleship	Whale
Destroyer	Shark
Submarine	Iron fish
Grenade	Potato
Tank	Tortoise
Rolled hat	Australia
Bounded by water	Great Britain
Braided hair	China
Iron hat	Germany
Floating land	The Philippines

纳瓦霍语字母代码

字母	单词	纳瓦霍语
A	Ant	Wol-la-chee
B	Bear	Shush
C	Cat	Moasi
D	Deer	Be
E	Elk	Dzeh
F	Fox	Ma-e
G	Goat	Klizzie
H	Horse	Lin
I	Ice	Tkin
J	Jackass	Tkele-cho-gi
K	Kid	Klizzie-yazzi
L	Lamb	Dibeh-yazzi
M	Mouse	Na-astso-si
N	Nut	Nesh-chee
O	Owl	Ne-as-jah
P	Pig	Bi-sodh
Q	Quiver	Ca-yeilth
R	Rabbit	Gah
S	Sheep	Dibeh
T	Turkey	Than-zie
U	Ute	No-ad-ih
V	Victor	A-keh-di-glini
W	Weasel	Gloe-ih
X	Cross	Al-an-as-dzoh
Y	Yucca	Tsah-as-zih
Z	Zinc	Besah-do-gliz

然而，这个字母表很容易受到频率分析的攻击，所以另外两个纳瓦霍语词被添加到最常用的字母（e、t、a、o、i、n）中，作为替换词或同音异义词。在循环使用的基础上，另外一个同音异义词被添加到下一组常用的字母（s、h、r、d、l、u）中。这样，像Marianas（马里亚纳群岛）中的三个字母‘a’，就会被三个不同的同音异义词取代。

冷战时期的代码 COLD WAR CODES

从第二次世界大战的废墟中崛起了两个超级大国，美国和苏联，他们之间的冷战导致猜疑加剧，信息保密和核武器储备升级，两国之间的互不信任发展到接近赤裸裸的攻击。前线的各种情报活动让很多人付出了生命的代价，这也激起了大众对间谍小说的想象力，创作出很多像格雷厄姆·格林、伊恩·弗莱明、理查德·康顿、约翰·勒卡雷这样的间谍人物。那个时代充满了各种真实的和幻想的缩略语，CIA（中央情报局）、FBI（联邦调查局）、MI6（军情六处）、“007”、“间谍之死”（谋杀政敌的前苏维埃组织）以及“幽灵”，然而有一个代码却让所有人不寒而栗，那就是MAD，代表Mutually Assured Destruction（同归于尽）。无论谁按下核武器的“发射”按钮，核毁灭的结果都是可以预见的。

禁用炸弹

冷战时代最著名的标志之一是“禁用炸弹”（“废除核武器”）标志，由英国艺术家杰拉尔德·霍尔顿（Gerald Holton）为反对核战争（DAC）直接行动委员会而设计，1958年4月首次出现在奥尔德马斯顿（英国伯克郡的一个村庄）的反核游行中，随后被废除核武器运动（CND）采用作为组织标志。霍尔顿声称，他的灵感来自戈雅创作的画（1814年，见上图），这幅画表现的是1808年5月3日被枪决的游击队员的姿势。标志由一个圆环和圆环内的旗语信号（见96页）N（核）和D（裁军）组成，使其含义更加明确。

安全的代码？

尽管代码被用于各种不同的领域和层次，从日常间谍活动到军事安全，以及美国总统与其盟友或敌人之间的高层沟通，但代码依然属于高度机密。许多旧代码一直在使用，新代码又被不断地开发出来。随着数字技术和计算机的日渐成熟，许多IBM这样的商业公司也要编写代码；他们的工业支柱地位意味着B-52s轰炸机（由波音公司制造）正由使用商用源代码的计算机（由IBM制造）控制。这难道是一场噩梦般的结局？

维诺那计划

第二次世界大战初期，西方盟军开始监视苏联的通信。虽然苏联的通信在加密和传输时使用了几乎坚不可摧的一次一密系统（见85页），但截获的通信内容仍被整理和分发给美国密码破译者的一个小圈子。尽管1945年以后，一次一密系统实际上已不再使用，但美国在1946年终于有所突破，因为苏联人偶尔会重复使用相同的一次一密。美军从成功破译的信息中收集到大量的情报，获得许多关于苏维埃军队和情报部门的有价值的信息，包括苏联在西方的盟友的信息。虽然这件事是非常敏感的，CIA（中央情报局）和白宫也只是看到FBI提供的部分情报摘要，但情报提到约349名美国人；情报表明苏联已经深入到曼哈顿计划（见121页）中；情报致使间谍朱利叶斯和埃塞尔·罗森堡被定罪；揭露了英国剑桥间谍唐纳德·麦克莱恩和盖伊·伯吉斯的叛逃；为破解阿尔杰·希斯和哈里·德斯特·怀特的案件提供了很大帮助。维诺那计划于1980年逐渐退出历史舞台。

根据来自维诺那计划的大量证据，**罗森堡夫妇**作为间谍被审判、定罪，并处以枪决。

电话扰码系统 在库布里克关于核毁灭的噩梦般电影《奇爱博士》中，电话扰码系统被用于连接冷战时期的白宫和克里姆林宫的红色“热线”，起到了重要作用（见下图）。

加密电话

高层之间通过电话进行的对话需要严加保密。虽然数字电话保密机现在已经随处可见，但其技术来源于贝尔电话实验室开发的SIGSALY系统，并在第二次世界大战期间（见上图）使用。语音信息通过一个声音合成机，被合成为数字化声音和音调，形成的一个文件随后被分成12个频带，加密的比例根据音调分为0至5，然后按照随机顺序通过这6个带宽区域传送。道格拉斯·麦克阿瑟（Douglas MacArthur）将军在太平洋战役中多次使用SIGSALY加密电话，在这期间，他的电话被成功加密超过3000次。

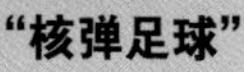

“核弹足球”

一个黑色的手提袋里装着一个金属制的黑色公文包，由美国总统的一位军事副官随身携带，它可以决定世界的命运。这就是众所周知的“核弹足球”。它构成了美国的战略防御系统的移动组成部分，包括卫星通信广播和手持设备、攻击方案（也称“剧本”），和国家核应急计划预案。这个箱子任何时候都陪伴在美国总统身边，虽然启动核武器的关键——黄金密码，每日都被修改，且不在公文包中，但总是会在总统身上（据说有一次，干洗店在总统吉米·卡特送去的西服里发现了一个前黄金密码）。在美国面临危急时刻或遭到攻击的情况下，军事副官和总统会打开公文包检查，如有必要，可通过无线手持设备使用黄金密码授权启用核武器。俄罗斯总统也总是随身携带着一个类似的公文包。

美国总统军事副官一直跟在总统身边，并随身携带“核弹足球”

监视现场信号

在冷战时期，监视可能发生的间谍活动成为一种必需的行为。如果窃听电话和跟踪拍摄发现了对嫌疑人不利的证据，那就证明这种监视行动有效。由于特工要在城市街道上秘密地跟踪嫌犯，所以一种肢体信号被设计出来，这些肢体信号首先被警察和美国联邦调查局采用，随后由中央情报局进行了改进。当然，最重要的是牢记，切勿在不合适的场合做出这些肢体动作。

注意！目标接近
用手或手帕触摸鼻子

目标移动，进一步追踪或超越
用手捋头发或抬一下帽檐

目标站在原地
单手放在背后或肚子上

特工身份暴露，希望终止监视行动
弯腰系鞋带

目标返回
双手放在背后或肚子上

监视特工希望与队长或其他特工对话
打开公文包并检查

社会边缘团体经常会为自己创造一套秘密交流系统，以保护其隐私不为他人所知。在封闭的群落或犯罪团体中，晦涩的符号、暗语、隐喻以及行话的使用非常普遍。

黑社会暗号

很多行话已经渗入人们的日常口语中，丰富了原有的语言。尽管某些符号和语言人们起初还可以看懂或听懂，但后来又变得令人费解；似乎新兴的邪教组织每天都会发明新的扑朔迷离的语言和符号，只有那些“知道”的人才能听懂和看懂。

街头俚语
STREET SLANGS

俚语指一些非正式的词或短语。俚语在使用者的语言或方言中并不常用，通常仅在某些特定的组织或亚文化团体内使用。俚语的延伸就是密码逻辑语言，也被称为“隐语”或“黑话”（见134和138页）。这些秘密语言的主要目的是掩盖和伪装某些特殊群体的交流或文化。在21世纪，我们可以很轻松地运用科技对秘密进行加密；但事实是，并非每个人都具有读写能力，语言交流毕竟是人们沟通的主要方式，因此，秘密语言变得尤为重要。隐藏信息并不是黑话和暗语的唯一目的，使用黑话和暗语能为谈话者营造一种团结融洽的氛围。

旅行者的语言

雪尔塔语（Shelta），也被称为Sheldru、Gammen或Cant，即“黑话”，人们普遍认为它始于13世纪。它的语法结构主要基于英语同时融合了爱尔兰语和英语的语言特点，并与罗姆语（吉卜赛人的语言）有一些相似之处。就像小偷的黑话一样，旅行者们（见上图）在旅行途中主要使用雪尔塔语进行沟通，以防其他人知道他们的真实意图（目前在世界范围内仍有86，000人在讲雪尔塔语）。雪尔塔语口语经常被误以为是混乱的爱尔兰语，这种表面上的混乱实则为它的真实含义增加了一层保护的外衣。

Dorahoag	黎明
Greetchyath	疾病
Kawb	卷心菜
Myena	昨天
Sragaasta	早餐
Sreedug	王国
Swurkin	旋律

小偷的黑话

16到17世纪，欧洲出现的主要社会问题是游手好闲的穷人，很多人沦落为流浪者或者走向犯罪。这些罪犯为了掩盖其违法活动，在不经意间创造了他们自己的语言。在当时英格兰约四百万人口中，曾有一万人讲过这种由地下组织发明、常被称作“小偷的黑话”的语言。在莎士比亚的作品中，从《皆大欢喜》中的塔茨斯通到《冬天的童话》中的奥托吕科斯，这些愚昧的下层阶级的人物也会说这种黑话。伊丽莎白时期盗贼使用的一些黑话词汇，现在仍为犯罪团伙所使用（见136页）。

18到19世纪，在伦敦每月出版的著名刊物《新门日历》中，经常会出现耸人听闻的公路抢劫及其他犯罪行为的报道（见左图）。

“你必须要摸一两个包”

每个犯罪团伙的黑话均有所不同，比如小偷。

Bung	目标钱包
Cuttle-bung	扒手的小刀（用来划开钱包）
Drawing	钱包得手
Figging	扒窃
Foin	扒手
Nip	扒手（专门以割断盗窃对象手包链子的方式盗窃）
Shells	钱包里的钱
Smoking	暗中观察盗窃对象
Snap	扒手的同伙
Stale	分散盗窃对象注意力的同伙
Striking	扒窃行为

拦路抢劫

拦路抢劫也有独特的黑话。

High-lawyer	拦路抢劫的强盗
Martin	拦路抢劫的目标
Oak	负责望风的强盗同伙
Scrippet	布置望风点的强盗同伙
Stooping	抢劫对象向强盗屈服

流浪音乐家的暗语

意第绪语，是中东欧犹太人及其后裔使用的语言，派生自高地德语，被喻为“音乐家的语言”。它来源于欧洲中东部的德系犹太语，最初为四处流浪的克莱兹梅尔（犹太人）音乐家所用（见上图）。这种语言也常常被称为 “职业暗语”，意指特殊职业所用的神秘语言。而专属于德系犹太人的克莱兹梅尔音乐，最早可追溯到约15世纪时期。

Geshvin	迅速地	Shtetl	村庄
Katerukhe	帽子	Tirn	闲聊
Klive	美丽的	Yold	丈夫
Shekhte	女人	Zikres	眼睛

从武士到黑帮

From Samurai to Yakuza

武士道的特征：七大美德

勇气　正义

仁慈　忠诚

荣誉　尊敬

信

诚信

这七大美德是武士道精神的基石，在本质上等同于20世纪90年代中期美国陆军提倡的“核心价值观”。大量的日本文学作品都极力弘扬这些精神，其中最为西方社会所知的作品便是由大道寺友山撰写的《武道初心集》（大道寺友山是18世纪早期的一名日本武士兼军事战略家）。至今，日本武士道精神对现代日本公司经营者的思维模式仍有强大的引导作用，特别是根深蒂固的责任感，有时甚至可以演变为复仇情绪，抑或是富有人情味的同情心。

武士道精神的源头可追溯到至少1000多年前的日本，当时的世界充斥着军事武力，为了平复战争的伤害，基于儒家思想，武士道精神得到了极大的发展。武士道，即勇士之道，是日本武士生死追寻的终极奥义。从那时起，武士成为几个世纪以来最负盛名且强大的社会阶层；但是，从约1600年开始的德川幕府改革大大降低了战争发生的可能性。和平繁荣的社会氛围激发了商人阶层的崛起，而日本武士则发现自己越来越被边缘化。最终，1868年的明治维新彻底荡除了仅存的封建社会的残余。很多日本武士对此深感不满，他们认为这是对自身生活方式及日本人民真实本性的背叛。尽管如此，日本武士的存在仍然为日本一些近现代的社会组织和机构树立了楷模，其中也包括臭名昭著的黑帮（yakuza）。

日本武士的头盔
表明佩戴者所属的家族

武士一般为军事精英、封建领主或大名（日本封建时期的大领主）的家臣

族徽

12世纪的日本封建社会，出现了很多具有标志性的门徽和族徽，在当时的战场、盔甲、旗帜及个人财产上随处可见。与西方图案复杂的纹章不同，日本的徽标通常是由圆形圈起的单个粗体符号组成，符号的颜色无关紧要。有的图案与军事主题相关，如箭头；有的则以动物为主题，如平氏家族的蝴蝶；但更常见的还是植物。在通常情况下，长子继承父亲的族徽，而其他儿子则可以在原族徽基础上稍作修改。正因如此，日本目前已登记的族徽图案估计有10000种之多。天皇与他的首相的族徽是神圣不可侵犯的，不能更改。室町时代（1336—1573年）之后，徽标在社会各个领域越来越普遍，新兴的商人阶层将其作为广告标识，一直沿用至今。

传统徽标

这些徽标属于这个国家最强大的家族

天皇的神圣徽标

首相的徽标

德川幕府的徽标

平氏家族的徽标

商业标识

许多现代日本公司依旧沿用徽标作为其商业标识。

雅马哈

三菱

丰田

红花餐厅

武士的遗产

经过19世纪60年代的现代化改革后，日本很多组织都招募曾是武士（见下图）的人，例如黑暗海洋社团（创立于1881年），社团旨在团结数百个秘密社团，每个社团都有独特的标识特征。他们成功地通过暴力手段将1892年的日本选举变成了一场屠杀，并于1895年暗杀了朝鲜的明成皇后，由此引发了长达50年的侵略战争。黑暗海洋社团的后继组织是黑龙会（创立于1901年），它推动了日本对亚洲的势力扩张，并通过暴力手段打压本国学生、工会组织以及左翼政客，干扰正常的民主化进程。通过勾结赌徒与黑道上的歹徒壮大队伍，曾一度成为世界上最大的犯罪团伙之一。

上图为日本右翼复辟者在展示他们的衣着和服饰，这也反映了中世纪武士的风俗习惯

日本的黑帮在传统上不参与政治，但却给武士的过去增加了浪漫色彩。他们打着“武士”的旗号进行敲诈勒索、诈骗、卖淫和贩卖人口等罪恶行当。

日本黑帮

日本黑帮声称他们有源自武士道的不容侵犯的荣誉准则（类似于意大利的黑手党），每一个帮派或团伙都要求成员绝对忠诚，社团内等级划分极为严明（这在日本社会的其他社会阶层也很常见），依然保留着某些传统的封建礼仪。然而，日本黑帮不是秘密社团，它得到了日本政界和商界的认可，有些黑帮社团的总部竟然像其他公司一样树立牌匾。黑帮成员即使没有佩戴代表其所属帮派的徽章，依旧很容易辨识，例如特殊的穿着、拥有深色玻璃窗的大型轿车、招摇过市的行为等特征尤其醒目，而日本却是一个连大公司经理都衣着低调的国家。

日本黑帮的传统

日本的黑帮也常常因为壮观的通体文身——“刺青”而闻名于世。文身常与“浮世”有关，划分出那些生活在社会边缘的人。文身是团结一致和血气之勇的象征，是一种选择加入黑帮的声明。

为了弥补自己的过失，黑帮成员会选择切断自己的一个指关节，并将其呈交给自己的老大（“父亲”）

传统的日本武士会因执行任务失败或是违背主人的命令，以选择切腹自尽的方式谢罪，而现代的黑帮成员则通过切断手指的一个关节为其过失赎罪，称为“断指”。

正式的入会仪式与签约仪式对日本的黑帮来说也有着非同一般的意义，入会成员需要参拜日本黑帮所尊崇的日本神道教之神Shinto，交换血液缔结兄弟仪式，后者因可能导致艾滋病毒传播而被废除。

每个文身都是独立设计的，从所文身图案中，可以推断出文身者所属的帮派；不仅如此，大面积的文身也代表着数百小时的工作量。日本的公共浴室经常会张贴“禁止文身者入内”的标志，这使到日本旅行的游客对文身的理解平添了一抹神秘的色彩。

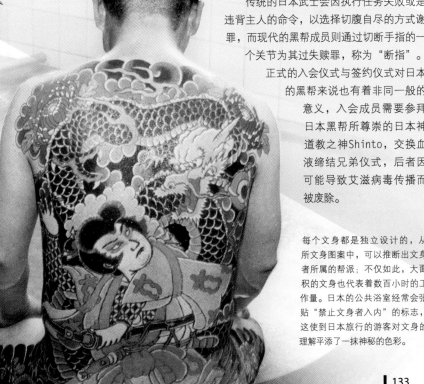

伦敦方言中押韵俚语

Cockney Rhyming Slang

一个人，只有在他出生的地方能听到伦敦圣玛丽-里-波教堂（St. Mary-le-Bow，位于伦敦市区齐普赛街，见左图）的钟声，那他才算得上是真正的伦敦人。伦敦东区曾经作为世界上最繁华的城区，一直维持着伦敦人的日常生活供给，并努力保持世界商业之城的活力。对于一些初到伦敦的游客来说，语言上的障碍往往在于伦敦式英语中特有的惯用格式、地域性极强的方言、俚语、不规则的语法结构，以及拼写与发音之间扑朔迷离的关系。

“Meol’ china’s gone down the all time loser to chew the fat.”（Meol的朋友去酒吧聊天了。”）

“Would you Adam and Eve it?”（“你能相信吗?”）

“Oy! Get that bottle of sauce off the frog!”（“嘿！让那匹马让开这条路。”）

押韵俚语的根源

19世纪的伦敦接受来自三大巨头市场的物资供应：比灵斯门（鱼市）、考文特花园（蔬菜、水果和鲜花；见下图），以及史密斯菲尔德区（肉类）。这些市场分别位于伦敦大监狱、市里的新门监狱、拘留所和泰晤士河南岸附近，而押韵俚语往往就在这些地方及新兴的伦敦码头区使用。这种俚语通常被认为是那些在伦敦东区的酒吧、小饭店、咖啡馆等地的黑社会的罪犯为躲避警察和掩人耳目时讲的暗语。事实上，有一种合理的说法可以解释这种现象：就连那些小贩、屠夫、卖鱼妇，甚至是装卸工和搬运工都不希望市场管理人员明白他们在说些什么，就更不用说囚犯了。

伦敦市场的搬运工因具备平衡头顶重物的能力而闻名

如何使用押韵俚语

押韵俚语是一门不断发展的语言，几乎每天都会出现新的形式，然而押韵俚语的构成原则却很简单：通常会取与想要表达的词押韵的一对相关的词（或表达式，或近来比较常见的名人的名字）。需要注意的是，俚语的使用必须与上下文语境融洽。例如：'WouldyouAdam' nEve it?' E's goneand changed his barnet'，表达的意思是："你能相信吗？他已经走了，而且换了发型。"为了更加混淆视听，伦敦人往往抛弃正确的语法，而将押韵部分省略，例如 'Let's have a butcher's' 变换为 'butcher's hook'，最后省略为 'look'。此外，押韵的关键常常与另一种俚语表达式相关，如 'all time loser' 变换为 'boozer'，译为酒鬼或酒吧。

"The trouble bought me a new whistle last week."（"我妻子上周为我买了套新西服。"）

"'Ave yer got a titfer to go with it?"（"你有帽子戴吗？"）

"You'll 'ave to get yer barnet sorted out."（"你该理发了。"）

押韵俚语的示例及其含义

押韵俚语	含义
Adam and Eve	相信
Airs and Graces	括号或脸庞
All Time Loser	酒吧或酒鬼
Apples (& Pears)	楼梯
Barnet (Fair)	头发
Boat (Race)	脸
Boracic (Lint)	身无分文或破产
Bottle of Sauce	马
Brass Tacks	事实
Bread (& Honey)	钱
Bubble (& Squeak)	希腊
Butcher's (Hook)	看
Chalk Farms	胳膊
Chew the Fat	闲聊、谈话
China (Plate)	伙伴、朋友
Chocolate (Fudge)	判断
Cream Crackered	筋疲力尽
Dickory (Hickory Dickory Dock)	时钟
Dog (& Bone)	电话
Down the Drains	头脑
Duchess (of Fife)	妻子
Duke (of Kent)	租金
Dustbin (Lid)	孩子
Frog (and Toad)	路
Frying Pan	老头儿、丈夫
Garden Gate	日期
Greengages	工资
Ham and Eggs	腿
Hampsteads (Heath)	牙齿
Ice-Cream (Freezer)	老头儿、男人
Iron (Tank)	银行
Jack-and-Jill	账单、支票
Jack (Tar)	酒吧
Jam (Jar)	汽车
Joanna	钢琴
Linen (Draper)	报纸
Loaf (of Bread)	头
Loop (the Loop)	汤
Lump (of Lead)	头
Mickey (Mouse)	房子
Mince Pies	眼睛
Mother (Hubbard)	橱柜
Mother's Ruin	杜松子酒
Mutt and Jeff	耳聋
North and South	嘴
Ones and Twos	鞋
Oxford (Scholar)	美元
Peas in the Pot	热
Pig (Pig's Ear)	啤酒
Plates (of Meat)	脚
Porkies (Pies)	谎言
Pork Pies	眼睛
Potatoes (Taters, in the Mold)	冷
Rabbit (& Pork)	谈话
Scotches (Scotch Eggs)	腿
Sighs and Tears	耳朵
Skin (& Blister)	姐妹
Syrup (of Figs)	假发
Tea Leaf	小偷
Teapot (Lid)	小孩
Tit for Tat (Titfer)	帽子
Tommy (Tucker)	晚餐
Trouble (& Strife)	妻子
Turtle Doves	手套
Two and Eight	国家、痛苦
Whistle (& Flute)	西装
Wooden Plank	抽出

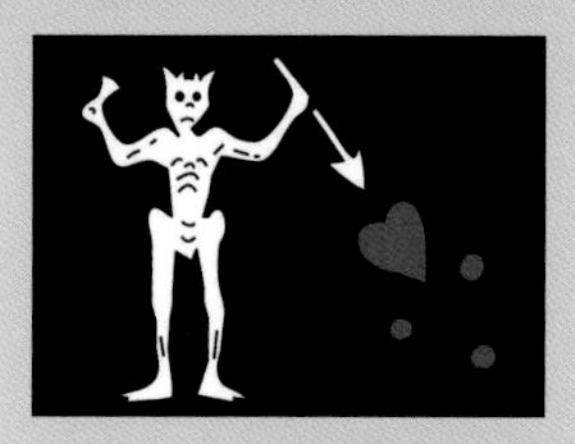
黑胡子旗是以骷髅为原型设计的，一直被海盗广泛使用

暴徒 The Mob

有组织的犯罪究其本质是社会阴暗面的反馈。与大多数社团相类似，犯罪团伙也有自身独特的行为准则和沟通方式。历史上第一批有组织的犯罪分子极有可能来自强盗团伙或臭名昭著的海盗，他们出没于偏远的公路、羊肠小道和公海，抢劫绑架路过的旅人和流浪者。自中世纪早期起（见130页），欧洲为数众多的流浪者便开始互相勾结，随着19世纪城市工业的蓬勃发展，大批高度组织化的国际犯罪团伙涌现出来。

海盗

海盗、流浪者以及一些无业游民霸占了早期西班牙的主要海上贸易路线，到后期发展为主要由逃跑的奴隶、契约劳工和被驱逐的罪犯组成的队伍，通常由欧洲某些政府里的投机取巧者组织领导。尽管他们的背景不良，但都会受到荣誉守则的约束，且所有行为必须忠于组织，无论此次掠夺获得了什么战利品，都严格按照事先约定的比例分红——这便是现代股市术语“股份”的由来。

鸣唱的金丝雀

很多时候，暴徒杀人都是公开行动，目的是警示他人。对于“知道内情的人”，公开行动的警示作用更加明显：背叛、欺诈以及侵占他人地盘等行为是决不允许的。为了让大家知道告密者为何被杀，杀人现场往往会留下一只死亡的金丝雀或是扑克牌，说明被杀者的罪行和遭到复仇的原因。

荣誉准则

很多团体通过美国移民检查站，例如纽约的埃利斯岛，进入美国，在这个新世界催生出大量的犯罪团伙。在爱尔兰、波兰、俄罗斯和犹太社区里，有些人抓住“好机会”，靠牺牲同伴的利益一夜暴富。最臭名昭著也是最成功的人往往都来自意大利南部和西西里岛，他们的传统、行为准则和丰富的黑社会俚语对如今的美国黑社会有着深刻而长远的影响。

Cosa nostra在意大利语中的意思是“我们之间共享的东西”，而在黑社会中，这些字眼是用来掩护团伙在公共场所或监听设备下有组织的犯罪行为。

Omertà在西西里语中的意思是“男子汉气概”，而在黑社会中则表示“缄默守则”：在被审问时必须保持缄默，违背此条帮规的人必须被处死。自20世纪60年代以来，警察和地方检察官等执法人员通过采取“辩诉交易”和“证人保护计划”等手段，打破了黑帮的这一帮规，其中就包括著名的告密者乔·沃洛奇和亨利·金。

Onore在意大利语中的意思是荣誉，即使是帮会家族中最卑微的成员，也能“复仇”这一独特的方式，获得帮内其他成员的“尊重”。

Big House监狱，通常用来指纽约的“新新监狱”。

Canary为官方当局者“讲话”的人。

Caper通过犯罪行径谋取钱财的行为。

Consigliere谈判的中间人或是“帮会”、“大老板”的参谋。

Contract雇凶暗杀。

Don帮会中最有声望的首领，也被称作“大老板”。

Family不以基因关系维系的黑帮家族。

G-man意指政府或执法人员。1937年，富有传奇色彩的人物“乔治·凯利”在向FBI投降时就高喊：“不要开枪，G-men。”

Grift使用欺骗或欺诈的骗局或不法行为，常出现在纸牌游戏中。

Hit谋杀，常出现在“暗杀协议”中。

Made指正式成为黑帮家族中的一员，从最低级的成员开始。

Scam欺诈、欺骗等不法行为。

Stoolie/ stool pigeon金丝雀/诱捕的鸽子，指向当局告密的人。

Turf 由一个特定帮派控制的区域。

Uomini d'onore黑帮家族中等级最低的人。

Vig赌博游戏或不法活动中所需的资金。

To whack杀死。

Wiseguy黑帮家族中的成员。

英国的黑社会

两次世界大战之间，英国的黑社会犯罪主要围绕赛马和拳击等体育赌博活动展开。第二次世界大战期间，卖淫嫖娼、赌博娱乐等不法行为蔚然成风。尽管当局严格监管当时的英国黑市，但赌博嫖娼等行为依旧存在。在20世纪60年代的伦敦，臭名昭著的科雷兄弟会（见上图）和以查尔斯·理查森为首的黑帮，一直从事敲诈勒索、卖淫嫖娼、非法赌博、贩卖毒品和收取保护费等犯罪行为。英国黑帮的暗语不仅基于伦敦本地方言，很大程度上还借鉴了伦敦方言的押韵俚语和黑话。

A long one/ a grand	£1,000	Lifters	手
A monkey	£500	Manor	邻居
A ton	£100	Minted	富有
A pony	£25	Mob-handed	一群，三个或以上
Cock-and-hen (ten)	£10	To moisher	溜达
Beehive (five)	£5	Morrie	好人
Half-a-bar	10先令	Nishte	没事
Blag	荒诞不经的故事	Nosh	食物或进食
Boiler	老妇人	The old Old Bill/Uncle Bill	警察
Broads	打牌	Punter	赌徒/投资者
Carpet	监禁的岁月	Rabbit	谈话、闲聊
Cat's-meat gaff	医院	Readies	现金
Do bird	坐牢	Screw	监狱看守
Dot-and-dash	现金	Shickered	破产
Drum	房间/公寓	Six-and-eight	正直
Flash/front	勇气/脸面	Skint	破产
Form	犯罪记录	Slush	伪造
Gaff/crib	家	Snout	烟草
Have it away	偷盗/性交易	Spieler	非法赌场
John (Bull)	拉扯/被捕	Stay shtum	保持安静
Kettle	腕表	Stubs	牙齿
Kick	口袋	Sus/suss	怀疑/明白
Kite	支票	Tealeaf	贼
Knock	信用	Tomfoolery	珠宝
To lamp	看	To top	杀死
		Twirl	答案

流浪汉的隐语

像很多“马路绅士”一样，流浪汉们逐渐建立起简单的友谊，后来又有了荣誉守则和隐语。这种语言与伦敦方言押韵俚语（见132页）非常相似，主要用于混淆警察和铁路官员的视听。

Accommodation car 火车车尾
Angelina 少不更事的孩子
Banjo 便携式煎锅
Barnacle 坚守一份工作的人
Big house 监狱
Bone polisher 恶犬
Buck 天主教神父
Bull 铁路官员
Cannonball 快速列车
Catch the westbound 死
Chuck a dummy 假装晕厥
Cover with the moon 露宿
Cow crate 货运列车
Crumbs 虱子
Doggin' it 乘坐灰狗巴士旅行
Easy mark 提供食物与避难所的人或地方
Honey dipping 修理下水道
Hot 逃亡的流浪汉
Hot shot 特快货运列车
Jungle 流浪汉的营地或聚集地
Knowledge bus 避难用的校车
On the fly 从行进中的火车上跳下
Spear biscuits 在垃圾箱里寻找食物
Yegg 四处游荡的职业小偷

漫游者的暗语

RAMBLERS' SIGN LANGUAGE

随着美国西部铁路的开发，铁轨在延伸到远方的同时也为失业工人和无业游民带来了新的工作机会和希望。在19世纪的最后几年，美国不仅迎来了大量来自欧洲和亚洲的移民浪潮（他们中的很多人来此帮助修建铁路和公路），而且国内的自由职业者也会季节性地迁徙，四处谋求生计。

在经济困难时期，特别是大萧条时期，人们跳上一列火车的空货厢，跟着火车奔向未知的遥远未来，的确是一个不错的选择，无论跟随“寻油热潮”还是对五光十色的大都市生活的渴望，他们远离了贫穷落后的农村。在20世纪30年代的罗福斯“新政”时期，高速公路得到了快速发展，越来越多的人投入高速公路的建设中，这些人以漫游者和流浪汉为主，最后发展成为一种独特的亚文化。

“我来过这里，也去过那里，
几乎所有地方我都逛过。”

伍迪·格斯里《荣光之路》，1943年

流浪汉的粉笔标记

没有人知道流浪汉的粉笔标记文化是怎样发展起来的，但是作为一种提供重要信息线索（诸如生、死或监狱）的工具，它不仅相当复杂而且无可替代。在车厢、路标、城镇指示牌、邮箱和栅栏上，都可看到它们的踪迹。

1	2	3	4	5
6	7	8	9	10
11	12	13	14	15
16	17	18	19	20
21	22	23	24	25
26	27	28	29	30
31	32	33	34	35
36	37	38	39	40

1 适合乞讨的主要街道
2 与监狱有关的街道地址
3 镇里的酒吧
4 禁酒的城镇
5 警察对流浪者有敌意
6 离开铁路转移到公路
7 铁路警察很友好
8 铁路警察不友好
9 小镇居民有敌意，赶快离开
10 教堂或宗教人士
11 住在这里的人心地善良
12 脾气暴躁的女人或恶犬
13 黑人社区，可以停留
14 监狱里有虱子
15 监狱很干净
16 监狱条件不错，但会挨饿
17 监狱很脏
18 等待某人
19 圆形城镇
20 监狱住宿条件很好
21 警察有敌意，当心！
22 警察对流浪汉很友好
23 居民很吝啬
24 住在这里的人心地恶毒
25 城里有便衣警察
26 这里住着女警察
27 危险！
28 这里住着独居女人
29 这里有两个女人，讲个好故事
30 危险！这个男人很残忍
31 在这里取交通费
32 此处是犯罪现场
33 这里有围栏
34 花园里有狗
35 干草棚里可以睡觉
36 在这里可以搞到钱
37 这里无事可做
38 这里可以找到食物
39 穷人
40 可以睡觉的地方

警察与暗语 Cops and Codes

刑事侦查是一门收集、组织和破解线索并寻找证据的艺术。其对数据库的依赖和特殊的搜索模式，使之成为基本上无异于密码破译的一门学科：将所有证据以正确的方式组合在一起，形成对犯罪活动的准确的解释，进而推断出谁是嫌疑人。如今，刑事侦查将传统警察基础工作（调查、征询和走访）和法医学结合起来，尤其是DNA采样检测（见176页）成为大多数情况下能够检测犯罪现场人为干涉的主要工具。

确定犯罪类型

早在19世纪的德国，人们就尝试利用遗传学和分类学的方法来侦破案件，并导致颅相学这门伪科学的迅速发展。颅相学宣称能够通过测量头盖骨及其外部形状获得的信息，判定一个人的性格、智商和道德水平，以此来确定犯罪类型。法国犯罪学家阿方斯·贝迪勇（Alphonse Bertillon，1853—1914年），将人体测量学引入刑事侦查，通过对罪犯进行仔细测量和拍照进行比较和判断，是现代“面部照片”档案的先驱者之一；贝迪勇还专门研究了另一种经典的科学技术——笔迹分析（他认为笔迹能提供一种独特的“签名”）。不幸的是，笔迹可以更改、伪造或被错认，阿尔弗雷德·德雷福斯案就是一例司法不公的悲剧。1894年，正是基于贝迪勇的一次错误的笔迹鉴定，德雷福斯被判处叛国罪。

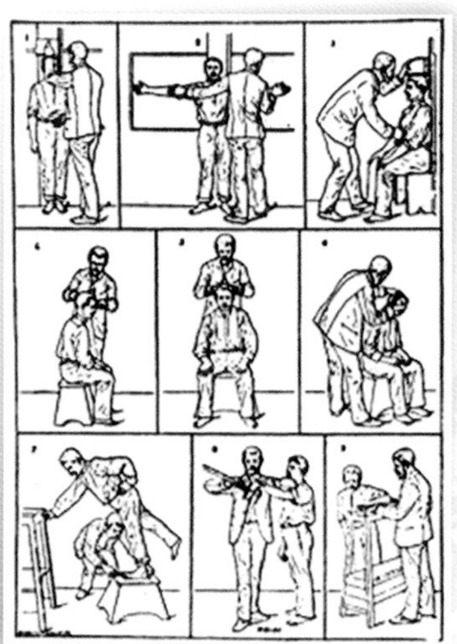

贝迪勇书中关于人体测量学的内容，图为对犯罪嫌疑人的测量过程

指纹识别

第一例可信的DNA指纹分析技术，始于19世纪遗传密码学中对指纹类型的研究，直到1886年，伦敦警察局还拒绝将指纹识别作为刑事侦查的手段。1892年，一名阿根廷警官胡安·乌策提齐通过凶手遗留在犯罪现场的血手印证明一名女嫌疑人有罪。1897年，印度加尔各答的爱德华·理查德·亨利爵士（Sir Edward Richard Henry，1850—1931年）设计出第一个指纹分类系统，他的助手阿齐尔·哈克和汉姆查德拉·鲍斯在其基础上进行了改进。亨利爵士设计的系统于1901年被苏格兰场（伦敦警察厅）和纽约公民服务委员会采用。在之后的十年内，指纹鉴定成为国际公认的刑事侦查和鉴定必不可少的工具。

自动指纹识别系统（AFIS）通过计算机扫描弓型、箕型或斗型指纹，确定指纹类型，然后与存储在数据库中的数据进行对比。

黑手党

La Mano Nera（意大利语，意为黑手党）是一个靠绑架勒索为生的意大利裔美国移民犯罪团伙，它是科萨·诺斯特拉组织的前身（美国的黑手党），该组织在20世纪早期迅速发展起来。他们向受害者寄送恐吓信，以死亡为威胁索要钱财。

每封恐吓信都会有一个独特的印记——一个黑色手印。1908年，仅在纽约就报道了424起该类事件；1910—1914年，芝加哥有超过100起黑手党谋杀案，以及55起炸弹爆炸袭击。随着1920年黑手党势力被大力打压，他们从之前的“经商模式”转为偷盗财物。随着指纹识别技术的发展，黑手党们放弃了拓印的黑色手印，改为在勒索信上画一个简单的手形图案——这就是“Blackmail（勒索）”一词的来源。

奥·萨耶塔(1877—1947年)，人称“豺狼突击兵”，是黑手党的重要成员，残忍的杀手。他曾住在纽约东区107街323号一栋被人称作“杀人马厩”的建筑内。据说他曾杀害过60人，但仅被关押过两次，一次是因造假入狱，另一次是因敲诈勒索的罪名入狱。

“如果说这是FBI在第二次世界大战以来看到过的最复杂的密码，对此我丝毫不惊奇。”

密码学专家，布鲁斯·施奈尔

炸弹客密码

“炸弹客密码”是近年来在警界最有趣也最具挑战性的奇案之一。希尔多·卡辛斯基（生于1942年）是臭名昭著的反科技恐怖分子，FBI于1996年在蒙大拿州的一间偏僻的小木屋内将其逮捕，最终判其终身监禁，不得假释。在从20世纪70年代末到90年代中期的竞选活动中，希尔多给一些提倡科技的竞选者邮寄或安放炸弹（包括在飞机上安放炸弹未遂），导致3人死于他的炸弹，29人被炸伤残。他的绰号是“炸弹客”，来自FBI在找到他之前为他设定的代号“大学和航班炸弹怪客”。警察一直寻他未果，直至他的兄弟举报了他。他以密码的形式详细记录了他的犯罪过程。

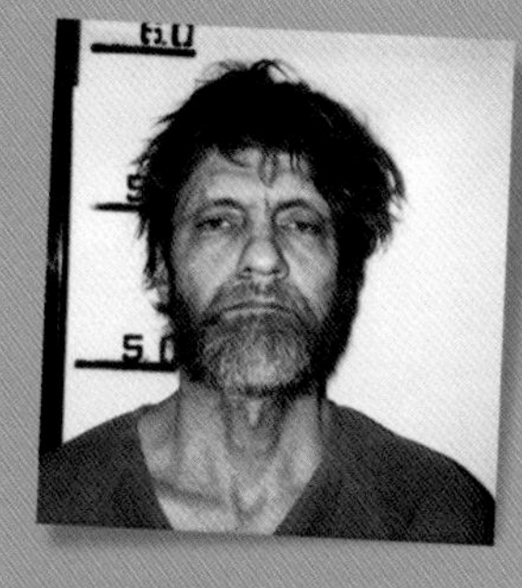

希尔多·卡辛斯基是一名数学天才，曾就读于哈佛大学；在告别正常生活以前，他一直在伯克利大学教学，后来便致力于撰写《工业社会及其未来》的宣言，并计划展开他的无政府主义运动。警方在他的藏身之处发现了多篇由密密麻麻的数字、逗号和空格组成的文章，这些东西一直困扰着联邦调查局和国家安全局的密码学家们，直到他们在一个笔记本中发现了破解这些密文的两个密钥（见左图和下图）。2006年，当局才决定将这些秘密公开，希尔多·卡辛斯基的密码并不是为自己的所作所为忏悔，而是为自己的行为寻找一个正当的理由。

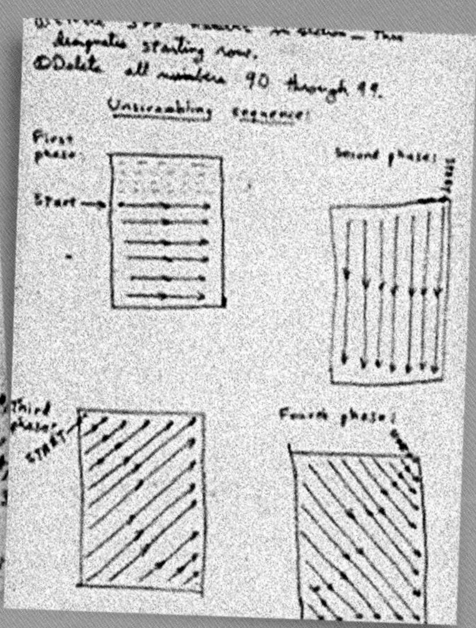

炸弹客的秘密就隐藏在他的小屋内这些记录着密密麻麻数字的纸片中，直到发现炸弹客的密码本之后，调查人员才找到破解这些秘密的密钥。

密文的破解过程分为几个步骤或阶段，这些步骤说明如何对数字进行加、减、乘、除等操作，然后配对生成一套新的数字。

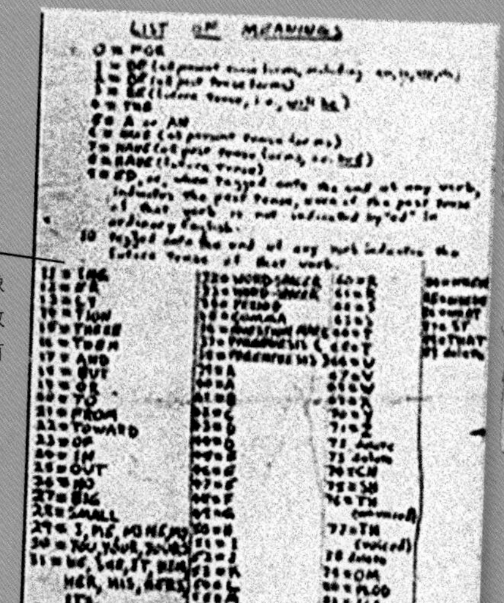

列表中数字的含义

这些密钥看起来就像一本字典，每一个数字对炸弹客而言都有着特定的含义

这个笔记本提供了一连串排列成序的数字与字母，以及常见短语与单词组合所对应的“含义列表”，而这仅是解密过程的开始（见上图）。

解密表

通过对这些数字与字母的计算，再与其含义对应起来进行分析，炸弹客的犯罪活动详细过程渐渐浮出水面

十二宫杀手之谜 The Zodiac Mystery

尽管大众普遍认为连环杀手都愿意与警察玩猫捉老鼠的游戏（这也是犯罪小说和恐怖电影里屡见不鲜的题材），但很少会有连环杀手渴望被捉住。虽然托马斯·哈里斯塑造的汉尼拔一角热衷于公开自己的恶名，而现实往往是大部分凶手都会尽力隐藏自己的踪迹。现代的第一个连环杀手——开膛手杰克制作了嘲讽警察的笔记和剪报，向警方描述所犯罪行的骇人听闻的细节，并帮助警方找到受害者，其他的几位连环杀手也做到了这点，唯一的例外就是一位自称“十二宫杀手”的人。

已核实的谋杀

美国贝利耶萨湖边的野餐区，是布莱恩·哈特内尔和塞西莉亚·谢巴德在1969年9月27日遭受攻击的地方。艺术家根据幸存的哈特内尔对攻击者的印象绘制了上面这幅图画。尽管十二宫杀手持有手枪，但他仍然用塑料晾衣绳将他们绑起来，用匕首刺伤了两名受害者。他用水彩笔在哈特内尔的车门上画上圆与十字交叉的符号，并写上：“瓦列霍/12-20-68/7-4-69/9-27-69-6:30/刀留”。

尽管十二宫杀手后来声称对多起谋杀案负责，但经过官方确认的只有五起。

第一起谋杀案发生在1968年12月20日，一对恋人大卫·亚瑟·法拉第和贝蒂·卢·詹森在加利福尼亚州贝尼西亚的赫尔曼湖畔被枪杀。

1969年的7月4日，另一对夫妇在瓦列霍郊外的蓝岩泉高尔夫球场遭到了枪杀。达琳·伊丽莎白·费林死亡，迈克·雷诺·马高幸存下来。这起案件发生后不久，就发生了上文所述的贝利耶萨湖畔惨案。

最后的一起案件中，出租车司机保罗·李·斯坦在1969年10月11日于旧金山的普雷西迪奥高地，在载客的过程中被射杀。

“亲爱的编辑，我就是那个凶手”

十二宫杀手游荡在旧金山海湾和河谷地区，尾随公园和小路上的情侣，1968—1969年，他三次在偏远地带的袭击事件中杀害五人、重伤两人（尽管一些人认为他第一次犯案的时间是1966年，且一直持续到1974年或更晚；如果所有传言包括他自己声称的都算在内，遇害人数多达40人）。他向当局邮寄了一系列的卡片和信件，表达他的嘲笑之意；其中有四封信的内容经过加密处理（见144页）。第一封信件也是内容最长的一封，被分成三部分，分别寄送给当地的三份报纸《瓦列霍时代先驱报》、《旧金山纪事报》和《旧金山观察家报》，收到的日期均为1969年7月31日。每一份加密消息都附有一份涂写潦草的封面说明，描述了未被警方公开的犯罪现场的细节。十二宫杀手在每一封信件中都要求他们对外公布这些几乎相同的封面说明（其中两份声称对赫尔曼湖案和蓝岩泉案负责）。事后，警方委托法医对笔迹进行了检验和分析，并将加密的信件交由密码学家研究，然而却没能得到实质性的证据。直到同年8月8日，来自萨利纳斯的一名高中教师唐纳德·哈登和他的妻子贝蒂破解了这些加密信息的大部分含义。

Dear Editor
I am the killer of the 2 teenagers last christmass at Lake Herman & the girl last 4th of July. To prove this I shall state some facts which only I + the police know.
Christmass
1 brandname of ammo - Super X
2 10 shots fired
3 Boy was on his back with feet to car
4 Girl was lyeing on right side feet to west
4th of July
1 girl was wearing patterned pants
2 boy was also shot in knee
3 ammo was made by Western

Here is a cipher or that is part of one. The other 2 parts are being mailed to the Vallejo Times + S.F. Chronicle
I want you to print this cipher on the front page by Fry afternoon Aug 1-69. If you

寄到《旧金山观察家报》的封面说明还附有一份加密文件的三分之一的内容，每一份封面说明都记录着十二宫杀手所犯罪行中未被公开的细节。

哈登的解密

十二宫杀手的第一封加密信件由24行、每行17个字母或符号，共408个字符组成。信件内容写在一张纸上，纸被切割成三部分。这是一份奇特的使用代换密码加密的信件，但只是部分遵循加密系统逻辑，其中还包含很多拼写错误（也许是故意为之）。哈登夫妇假设，“杀戮”和“乐趣”这样的词会出现在某处，而“自我”和“我”这样的词则会一再出现。词频分析法得出：十二宫杀手使用了同音异形字（即在明文中的某些字母用两个或多个字母或符号表示）。

已被哈登夫妇确定的关键词和短语被标记为红色；在分离出这些词汇后，哈登夫妇便着手解密其他部分。有一些令人迷惑的同音异形字被标记为蓝色。有趣的是，关键词“我（I）”便是其中之一，它轮流由“三角形、P、U、反写的K和三角形”表示。相反，字母“K”总是用符号“/”表示。

唐纳德·哈登和他的妻子贝蒂在破译密文

哈登的破译结果还是很令人信服的，尽管信件里最后的18个字母没有找到合适的释义，但它依然暴露了杀手言语间内在的矛盾和拼写错误（也可能是故意为之，就像封面说明一样，想给人留下没有受过教育的印象），这些都向我们揭示了十二宫杀手那令人不寒而栗的混乱思维状态。但故事并没有到此结束，哈登夫妇的破译只是揭示了十二宫杀手那复杂的内心状态，而后来破译的密文和其他令人毛骨悚人的消息（见144页）又证明了杀手的内心是坚不可摧的，而这一切持续受到密码学家和阴谋论者的热烈追捧。

由哈登夫妇破译的密文如下

“我喜欢杀人，因为那是如此的有趣。杀人比在森林里猎杀动物要有趣得多，因为人是最危险的动物。杀人给了我最刺激的体验，比追到一个女孩还要开心。最棒的是，在我死后，我将会在天堂重生，并且所有被我杀死的人都会成为我的奴隶，我不会告诉你们我的名字，因为你们会阻挠我在余生搜集奴隶的脚步。”

十二宫杀手留下的未解之谜

The Zodiac Legacy

这是十二宫杀手的标志性象征，也是凶手唯一没有变换过的编码符号。这个符号借鉴了炼金术与巫术的图案，且与令人毛骨悚然的“瞄准”器极为相似。

尽管哈登夫妇在破译十二宫杀手的第一封匿名密信（见143页）时取得了突破，但杀戮依然在继续。十二宫杀手没有停止对当局的嘲笑，他称他们为“蓝色的猪”或“蓝色的小气鬼”。十二宫杀手先后给《旧金山纪事报》及其员工邮寄了大约15封信件和卡片，向人们展现了他不仅热衷于杀戮，且渴望通过暴露其犯罪细节甚至下一个令人不寒而栗的恐怖计划，寻求更多关注的强迫性人格。这些邮件中包括另外三份有待破译的密文。

后来的信件

他后来的信件中还包括一部分记分卡，记录并比较了被他杀害的人数（据他声称有37人）和旧金山警方破获的结果（一无所获）；即便到了今天，该案件也没有丝毫进展。警方先后调查了数名嫌疑人，但只有一人的嫌疑最大。事实上，十二宫杀手只活跃了两年左右，他犯下的罪行一直未被侦破，后来的密文也没有被破译。

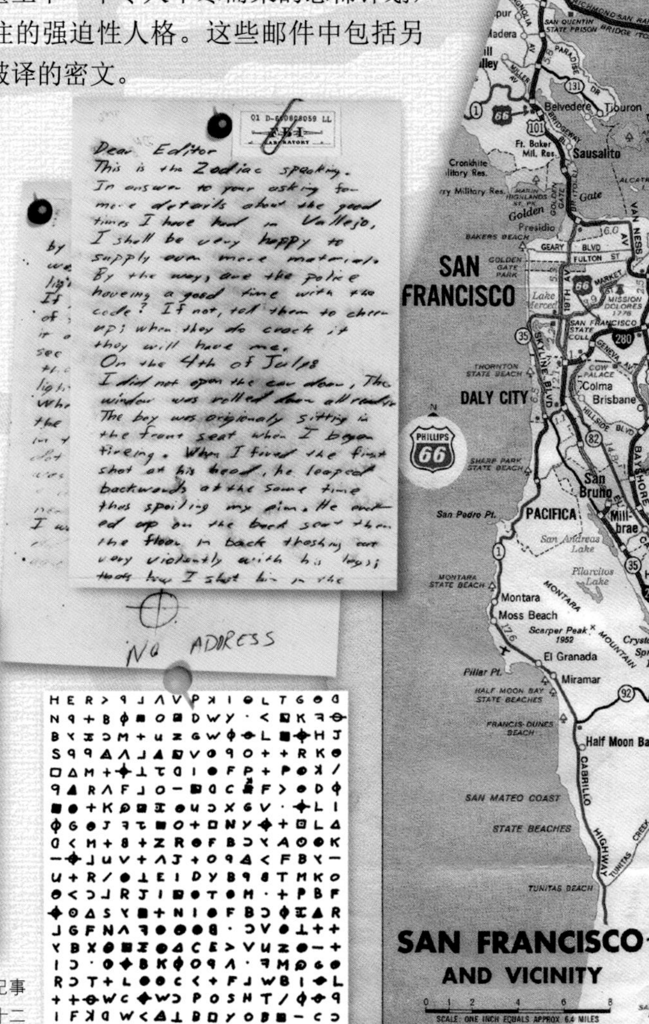

Dear Editor
This is the Zodiac speaking.
In answer to your asking for more details about the good times I have had in Vallejo, I shall be very happy to supply even more material. By the way, are the police haveing a good time with the code? If not, tell them to cheer up; when they do crack it they will have me.
On the 4th of July
I did not open the car door, The window was rolled down all ready. The boy was origionaly sitting in the front seat when I began fireing. When I fired the first shot at his head, he leaped backwards at the same time thus spoiling my aim. He ended up on the back seat then the floor in back thashing out very violently with his legs; thats how I shot him in the

NO ADRESS

“这是来自十二宫杀手的声明。”
凶手第一次在寄往《瓦列霍时代先驱报》的信件中透露了他的化名，邮戳显示的时间是“1969年8月4日”，信尾画上了他特有的“十字与圆”标志。

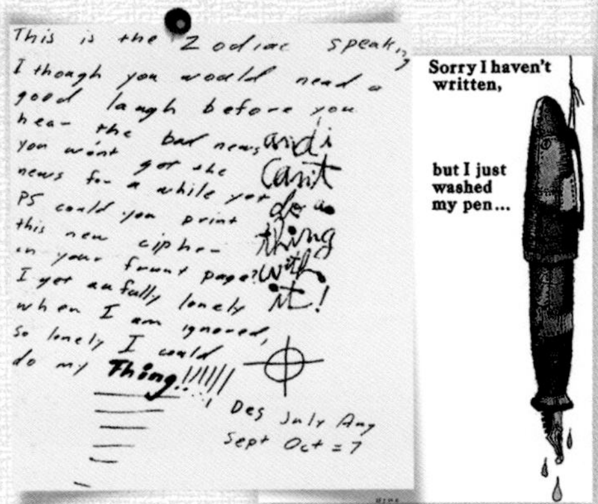

This is the Zodiac speaking
I though you would need a good laugh before you hear the bad news you won't get the news for a while yet
PS could you print this new cipher in your frunt page? I get awfully lonely when I am ignored, so lonely I could do my Thing!!!!!!
Des July Aug Sept Oct = 7

“抱歉，我还没有写完。”1969年11月8日，《旧金山纪事报》收到一张廉价却充满恶意、看似很新颖的卡片，这是十二宫杀手的另一杰作。凶手在这张卡片上记录了一份由340个字符组成的密文。从表面上看，这封密文与哈登夫妇破译的第一份密文很相似，但这次哈登的破译方法却难以奏效，这份密文至今仍是不解之谜。

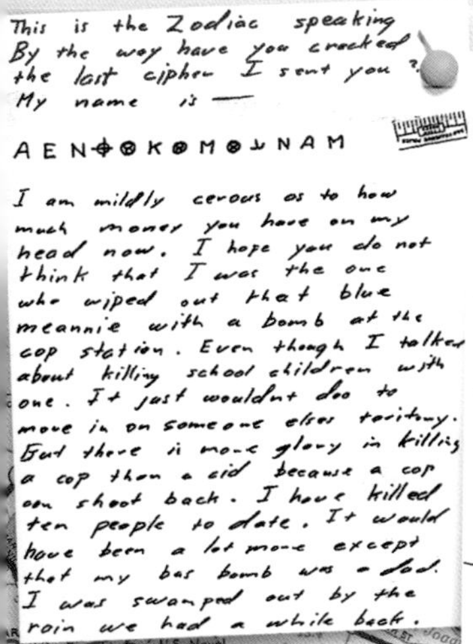

This is the Zodiac speaking
By the way have you cracked the last cipher I sent you?
My name is —

I am mildly cerous as to how much money you have on my head now. I hope you do not think that I was the one who wiped out that blue meannie with a bomb at the cop station. Even though I talked about killing school children with one. It just wouldnt doo to move in on someone elses teritory. But there is more glory in killing a cop than a cid because a cop can shoot back. I have killed ten people to date. It would have been a lot more except that my bus bomb was a dud. I was swamped out by the rain we had a while back.

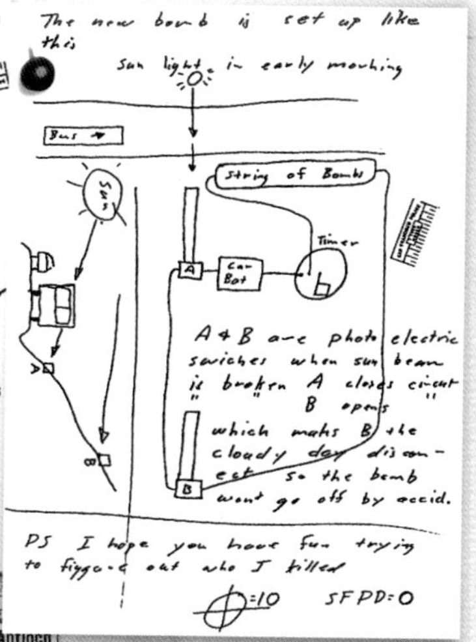

The new bomb is set up like this

Sun light in early morning

A & B are photo electric switches when sun beam is broken A closes circuit " " B opens " which makes B the cloudy day dis-connect so the bomb wont go off by accid.

PS I hope you have fun trying to figgure out who I killed

=10 SFPD=0

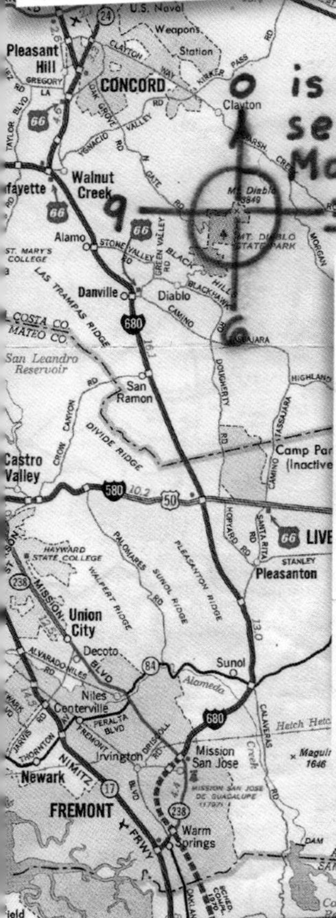

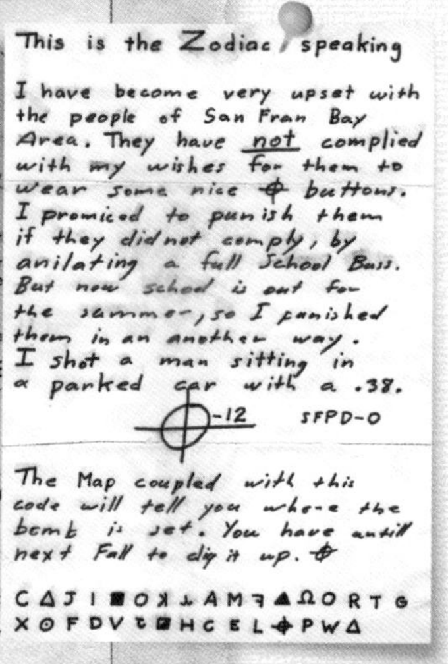

O is to be set to Mag. N.

This is the Zodiac speaking

I have become very upset with the people of San Fran Bay Area. They have not complied with my wishes for them to wear some nice buttons. I promiced to punish them if they did not comply, by anilating a full School Bass. But now school is out for the summer, so I punished them in an another way. I shot a man sitting in a parked car with a .38.

-12 SFPD-0

The Map coupled with this code will tell you where the bomb is set. You have untill next Fall to dig it up.

“我的名字是…”

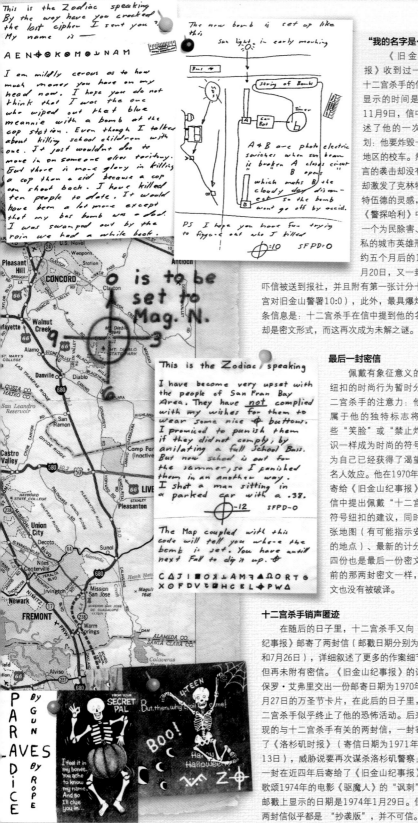

《旧金山纪事报》收到过一封来自十二宫杀手的信，邮戳显示的时间是1969年11月9日，信中详细描述了他的一次炸弹计划：他要炸毁一辆海湾地区的校车。然而他所言的袭击却没有发生，却激发了克林特·伊斯特伍德的灵感，在电影《警探哈利》中塑造了一个为民除害、铁面无私的城市英雄形象。大约五个月后的1970年4月20日，又一封炸弹恐吓信被送到报社，并且附有第一张计分卡（十二宫对旧金山警署10:0），此外，最具爆炸性的一条信息是：十二宫杀手在信中提到他的名字，但却是密文形式，而这再次成为未解之谜。

最后一封密信

佩戴有象征意义的徽章和纽扣的时尚行为暂时分散了十二宫杀手的注意力：他意识到属于他的独特标志将会和那些“笑脸”或“禁止炸弹”标识一样成为时尚的符号；他认为自己已经获得了渴望已久的名人效应。他在1970年6月26日寄给《旧金山纪事报》的一封信中提出佩戴“十二宫杀手”符号纽扣的建议，同时附上一张地图（有可能指示安放炸弹的地点）、最新的计分卡和第四份也是最后一份密文；与之前的那两封密文一样，这封密文也没有被破译。

十二宫杀手销声匿迹

在随后的日子里，十二宫杀手又向《旧金山纪事报》邮寄了两封信（邮戳日期分别为7月24日和7月26日），详细叙述了更多的作案细节，但再未附有密信。《旧金山纪事报》的记者保罗·艾弗里交出一份邮寄日期为1970年10月27日的万圣节卡片，在此后的日子里，十二宫杀手似乎终止了他的恐怖活动。后来出现的与十二宫杀手有关的两封信，一封寄到了《洛杉矶时报》（寄信日期为1971年3月13日），威胁说要再次谋杀洛杉矶警察；另一封在近四年后寄给了《旧金山纪事报》，歌颂1974年的电影《驱魔人》的“讽刺”特征，邮戳上显示的日期是1974年1月29日。但是，这两封信似乎都是 “抄袭版”，并不可信。

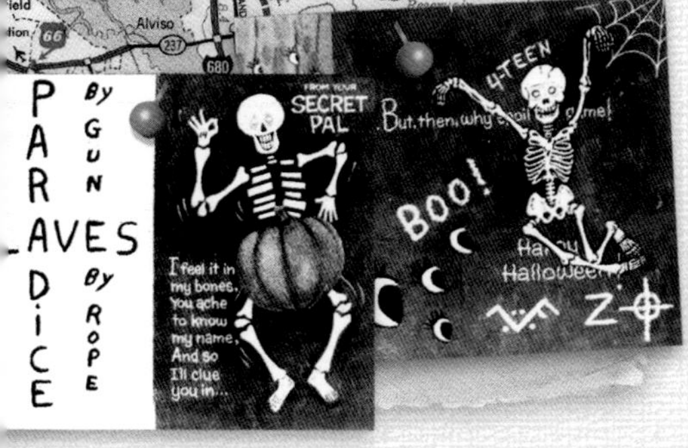

PARADICE SLAVES By GUN By ROPE

FROM YOUR SECRET PAL

I feel it in my bones, you ache to know my name, And so I'll clue you in...

But, then, why spoil the game!

BOO!

Happy Halloween

亚瑟·雷·阿伦直到1969年依然是“十二宫杀手”案中最大的嫌疑人

疑云密布

热门的炒作，导致出现了数百名可能的犯罪嫌疑人，但其中只有一位嫌疑人的嫌疑最大。亚瑟·雷·阿伦（1933—1992年）是一个孤僻的人，他一直与父母同住；除了在不同的几所小学里上班，还打着不同的零工。1971年，警察收到了来自阿伦的一位熟人的举报，他说阿伦举止怪异且声称自己犯了案。警察对阿伦进行了几次问询，积累了不少证据，显示两者之间存在着毫无疑问的相似性。当时的法医技术水平有限，在1971年，一份来自司法部的笔迹鉴定分析报告排除了阿伦的嫌疑。尽管如此，他的情绪依旧极不稳定且严重酗酒，经常会出于幽默，故意拼错单词和短语。在他的车里发现了枪支和带血的刀（他声称是杀鸡时使用的刀），他承认曾经读过1924年理查德·康奈尔所著的短片小说《最危险的游戏》，而第一封密信似乎也借鉴了这本小说。此外，他还拥有一块“十二宫”风格的手表，这是他母亲在1967年送给他的礼物；他的同事和朋友也先后提供了一些耐人寻味的证据。最终，阿伦于1974年因骚扰儿童罪入狱。对十二宫杀手一案的调查终止于阿伦去世时，直到那时，警方也没有建立起任何具体的证据链。

EMPLOYEE'S WITHHOLDING EXEMPTION CERTIFICATE

Print full name: Arthur Leigh Allen   Social Security Account Number: 572-44-8882

HOW TO CLAIM YOUR WITHHOLDING EXEMPTIONS

(Date) Sept. 8, 1966   (Signed) Arthur Leigh Allen

阿伦的笔迹分析样本，鉴定结果是否定的

涂 鸦 Graffiti

自古时期，涂鸦就是匿名表达政治观点和交流文化信息的一种方式，很长时间以来都带有讽刺的意味。在接近20世纪尾声时，随着气溶胶喷雾涂料的发明，以及城市实用型建筑提供的广阔的创作空间，涂鸦发展成为一种极具争议的流行艺术。与嘻哈文化一样，现代的涂鸦艺术起源于纽约，后来发展至全球，具有鲜明的民族特征。不同的青年运动通过涂鸦确定地盘，而一个看似很难看的涂鸦图案实则蕴含着丰富的信息。

艺术的身份

大多数涂鸦艺术都处于法律约束的边缘，因此，涂鸦艺术家都选择使用化名，并经常绘制抽象的图画。现代涂鸦艺术的创作特点是精心伪装的重叠字，并常以大号字体和鲜明的对比色示人。这种晦涩的创作方法与迷幻的海报、专辑套筒画风（始于20世纪60年代）有着异曲同工之妙；它借鉴了说唱和嘻哈唱作中的暗语，有效地形成了双重加密。

一幅作品通常需要经过精心创作，因此往往带来很大的工作量，需要几名涂鸦艺术家共同绘制才能完成。这些复杂的图画经常混以抽象和具象元素，或是模仿传统艺术字的风格创作。

点缀

涂鸦艺术最有趣的地方在于巧妙的点缀和字母的变形，在外行人眼中，上述种种都化为一幅单纯的抽象画

标签

这些无处不在的波浪线用来指定一个涂鸦者的涂鸦范围。标签通常是短小的缩写，方便使用

拼写

涂鸦中的点缀和标签的拼写风格始于20世纪70年代，并影响了人们使用手机发送短信时的拼写习惯

现代的涂鸦艺术并没有失去其原有的政治倾向，例如著名的涂鸦艺术家班克西创作的作品多半带有很浓重的反政府倾向，且在艺术品市场里的评价很高。他小心翼翼地排版，快速地作画，作品的选址非常仔细且有针对性。左侧这幅涂鸦刻画的就是一名卫兵正在画“无政府状态”的标志。

青春的符号 YOUTH CODES

年轻人总会寻找到一种独特的方式在群体中标新立异。自第二次世界大战以来，出现了许多年轻人的时尚，并逐渐趋向多元化：从20世纪40年代的时髦女郎到50年代的节拍乐，从60年代的嬉皮士到70年代的朋克乐和哥特风，以及近年来嘻哈一族的盛行。年轻人通过各种“符号”显示自己在不同群体中的特殊身份，表明自己在青年运动甚至犯罪团伙中的阵线，这种“符号”通常表现为不同的着装要求、语言或标志，例如涂鸦。

朋克

二十世纪七十年代的“性手枪”乐队和“雷蒙斯”乐队，时尚设计师维维安·韦斯特伍德，以及包括理查德·赫尔在内的多位作家，都是推行这场有影响力的反文化运动的先驱人物。朋克风爱好者经常留着极端的发型、穿着修改过的衣服，身上布满文身和穿孔，希望借此表达他们对无政府主义的支持。

逆拼法、儿童黑话和天书

除了改进版“猪圈密码”的突然流行（见62页），另一种新兴语言在19世纪的见证下，也在校园内的年轻人之间流传开来。逆拼法，就是简单地将一句话从后往前拼写；它起源于英国的肉铺和杂货铺，起到掩饰话语的作用。例如‘yob’就是‘boy’的逆拼。与之相似的语言在法国被称之为‘Verlan’。

另一种用于掩饰话语真实意图的语言称为儿童黑话，其语法规则是：以辅音开头的字，将辅音移到字尾，再加上‘ay’，例如‘Pig Latin’就变为了‘Igpay Atinlay’。

在每个元音之前插入毫无意义的音节，使原本的语意再次得到隐藏，然而此处字母的反转就变得多余了。在每处元音前插入音节‘ayg’可以很快地拼凑出一句话，例如：‘Two pounds of rice, please’就变成了“Taygoo paygounds aygof raygice, playgease.”如果听到这句话的人不明白其中的诀窍，那么他很难弄懂这句话的真实含义。

另一种语言代码被称作天书，它将每个辅音替换成固定的字母组合（如B=Bub, C=Cash, D=Dud, F=Fuf等）：词组‘Double Dutch’就变成“Dudbubublul Dudtutcashlul”；然而这种语言的缺点也很明显，它会将一句很简单的话拖得很长。美国版的“天书”则叫作‘Yuckish’或‘Yukkish’。

哥特

哥特风格黑色的衣服和长靴，惨白的妆容，处处彰显着一种更加复杂、更加讲究的朋克式无政府主义和虚无主义。很多音乐、文学作品和电影都对哥特文化产生了启示作用。包括浪漫主义哥特人和贵族风格哥特人在内的各个派系，喜欢穿着有维多利亚时代风格的服装，而网络哥特人从日本漫画和“网络朋克”（见265页）中汲取灵感，喜欢穿着前卫的带有运动风格的服装。

情绪硬核

情绪硬核 这种艺术形式最初是从哥特文化中派生出来的，借鉴了多种音乐和文学元素。追捧这种文化的人的衣着和行为往往都与社会格格不入。

朋克

嘻哈

嘻哈

嘻哈是在20世纪70年代的美国兴起的一种音乐风格，受到牙买加押韵俚语和各种其他因素的影响。最初只是心怀不满的黑人青年们的一种帮派文化，后来迅速渗透到大众生活的方方面面。嘻哈文化现已席卷全球，有着许多不同的表现形式：西班牙的嘻哈常伴有弗拉明戈音乐，而日本嘻哈音乐界的翘楚克鲁什则常在他的专辑中混入日本传统唱曲。涂鸦（见146页）只是嘻哈文化的一方面，它还涵盖很多其他艺术形式：说唱、（唱机）唱盘音乐、霹雳舞以及整套的服饰和语言规范。说唱歌手的唱词和手势来自人们并不熟悉的亚文化。

嘻哈密码

说唱是嘻哈文化的关键性代表，唱词广泛取自街头俚语，内容多与污言秽语、性和毒品相关。

- 187 谋杀（来自加利福尼亚的刑法法典）
- 850 监狱（布莱恩特850 号是旧金山州立监狱的地址）

- All gravity/gravy 一切都好
- Base 弱
- Bing 监狱
- Biter 剽窃他人歌词的说唱歌手
- Blood 朋友、亲戚、帮派同伙
- Boo 情人
- Boofer/duck 丑女人
- Cabbage 钱
- Faded 喝醉
- Ghost 离去
- Grill 脸庞
- Hood 邻居
- Jawzin' 说谎
- Out the pockets 失控
- Piece/heater/gat 枪
- Pulling licks 抢劫
- Snake 觉得很蠢
- Whip 汽车
- Wolfin' 撒谎

街头黑帮的手语

隐蔽的手语是街头帮派间的重要沟通手段，这些手语据说源自美国西海岸的移民。不同的数字手势表明效忠于不同的帮派。

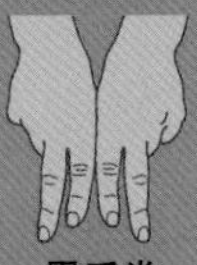

黑手党瘸子邦

拉丁国王帮

胡佛瘸子邦

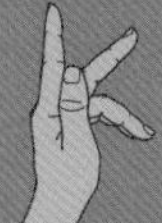

杀手们

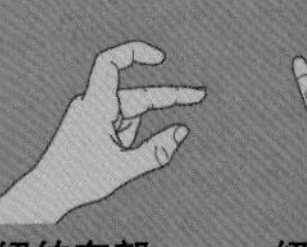

纽约东部贫民区帮

纽约曼哈顿西区帮

卫衣

卫衣

年轻人穿着卫衣的内涵远远超过了它所带来的时尚感。通过对卫衣品牌的选择，甚至可以获得相应的"街头信誉"。在今天的英国，穿着卫衣会被认为是带有轻微犯罪倾向的标志。

日本的青年狂热派

暴走族在20世纪80年代的日本城市中产生了一定的影响，其特点是成员们都骑着特别定制的小摩托车（在骑行的过程中必须双腿叉开）。尽管帮派中的成员都是学校中的差等生，但他们却给自己的帮派赋予了独特新奇的名字，比如"堂吉诃德"或"狼蛛"；借用右翼分子的口号和符号，例如纳粹所用的万字符号。以上种种只是为了制造视觉上的冲击效果，而不是表明政治立场。"年轻的美国佬"一词源自驻日美军，这一帮派通常由高中生或辍学的学生组成，他们对高度有序的社会极其不满。成员经常穿着黑色、白色或原色的衣服，夏威夷衬衫和闪闪发光的缎子衣服，即使是男人也穿着高跟鞋，从那一头染成金色的长长的烫发就可以很轻松地认出他们。与暴走族一样，"年轻的美国佬"们只是把帮派活动当作一种闲暇时的消遣，大多数成员都会在满20岁之后选择回归主流社会，只有一部分人会继续留在暴走族，最后直接加入黑帮。

洛丽塔

受到浪漫哥特主义的影响，一些年轻人穿着维多利亚时期洛可可风格的孩童服装，并遵循着复杂的极端唯美主义行为规范。

数字时代的颠覆
Digital Subversion

在过去的三十年里，新的通信技术已经发生了翻天覆地的变化，导致恐怖分子和犯罪分子的作案手段也发生了改变，为政府应对恐怖主义犯罪带来了新的挑战。数字技术为数据采集和监控、身份盗用和伪造，以及引爆炸弹等一系列犯罪行为提供了许多新的途径和机会，电子通信轻易地跨越了政治和物理上的边界。尽管手机通信和互联网流量在技术上是可追踪和监视的，但面对海量的信息，安全服务几乎成为一个难以解决的问题。

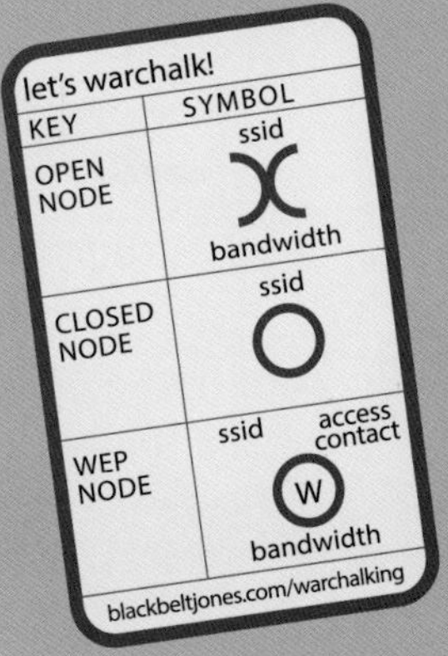

let's warchalk!
KEY
SYMBOL
OPEN NODE
ssid
bandwidth
CLOSED NODE
ssid
WEP NODE
ssid
access contact
W
bandwidth
blackbeltjones.com/warchalking

无线上网开战标记

在一些城市中，道路旁墙壁上随处可见奇怪的用粉笔画出的圆圈或圆弧，表明此处可以侵入公司的无线互联网，为黑客入侵某个公司的无线网络提供了可乘之机。因此，这些符号被称为“开战符号”或“黑客符号”。无线网络通常是安全的，许多餐馆和一些大型连锁店的客户支付业务都通过无线网络终端处理。但在2008年，有报告称，约有1亿张信用卡的持有人信息遭到过黑客的非法访问。通过在磁条中置入木马程序，这些不法分子能够轻易地侵入无线网络系统内部。客户的详细信息被黑客上传到网络进行拍卖，并经常使用一种叫作“e-Gold”的网络货币进行交易。

恐怖主义

恐怖分子一直面临着这样一个问题：如何保证通信安全可靠。19世纪，俄国的无政府主义者（见左图）曾使用某个版本的波利比奥斯方阵密码（见80页）传递秘密信息。波利比奥斯方阵密码也称为波利比奥斯棋盘密码，是利用波利比奥斯方阵进行加密的一种密码，产生于公元前2世纪的希腊，相传是世界上最早的一种密码。近年来，许多恐怖组织，特别是爱尔兰共和党和西班牙巴斯克祖国与自由党，通过使用电话和手机输入预先设定好的密码来引爆炸弹，而安全部门（报纸或广播电台）也会事先收到来自恐怖组织发来的炸弹袭击警告。举世震惊的“9·11”恐怖事件之后，人们意识到手机已经成为恐怖分子组织、协调和实施恐怖袭击活动的主要工具。因为一次性手机很难被追查（因此被许多犯罪团伙广泛使用），马德里和伦敦发生的炸弹袭击事件就使用了这种手机。甚至仅通过拨通另一部手机，在铃声响起的那一刻便可引爆炸弹。电子邮件和互联网的出现彻底颠覆了传统的信息交流方式，而诸如PGP（见276页）加密软件的出现，更增强了安全服务和抵御攻击的能力。

左图是1998年发生在北爱尔兰的奥马爆炸事件的事故现场，由于未能及时监测到恐怖分子的手机短信，最终酿成了特大伤亡的惨剧

监控

数字技术已经改变了政府观察和监督普通民众生活的方式。除了大街上无处不在的闭路电视监控系统，我们的日常活动均可通过手机、互联网服务提供商提供的上网记录，以及从服务器到浏览器的网页缓存被追踪。在有限的网络中，我们的工作很可能正在被监控：45%的美国公司会监视员工的电脑、电子邮件信息。远程遥感卫星可以跟踪并分析地球上人们的各种行为，将此作为一个人的移动“指纹”。与此同时，从各种渠道汇集的信息组成了一个庞大的数据库，包括我们的日常开支、商店积分、所购商品上的无线射频识别标签、信用卡记录，以及医疗记录等，所有这些看似细碎但又极具辨识度的信息“点”，将我们的生活编织成一张巨大的数据网络。

英格兰拥有世界上最高的闭路电视监控系统覆盖率。伦敦警察局于2007年设立的特别行动控制室（见上图），可提供针对任何突发事件和公共事件的持续监控录像。

受到冲击的语言

随着经济的飞速发展和手机短信带来的便捷（见102页），一种新的数字俚语出现了。早期的短信系统对输入字数有严格的限制（不超过160个字符），因此人们开始使用缩略语表达完整的日常用语，这些词还经常混有（阿拉伯）数字。

lol　大笑（laugh out loudly）
b4　之前（before）
l8r　之后（later）
btw　顺便（by the way）

在网络论坛上，一种叫作“Leet”（黑客语）（或称133t，甚至1337）的独特语言已盛行多年。“Leet”的一个特点就是：没有固定的语法规则。事实上，它的唯一规则就是没有固定规则。这种语言仿佛刻意让人读不懂，通常只有老玩家才能看懂其中的含义。网络游戏的出现极大地扩充了语言的范围，在玩快节奏的游戏时，你必须尽可能快速地与团队中的其他成员交流，如果你忙于敲字，那便无暇顾及游戏了。

sry m8　对不起，伙计（sorry mate）
np　没问题（no problem）
gs,gg all　干得漂亮，伙计们！（Good shot, good game, all）
noob　我是新手（newbie）

这些新出现缩略语对文学和教育领域的冲击逐渐吸引了人们的关注，并在2008年的英国学术公开辩论会上引发了广泛的讨论。一些来自牛津和剑桥大学的声音对此持宽容的态度，只是建议在拼写和标点符号的使用上朝着更加“正确和传统”的方向发展。

人们对想要描述自然界中通常无法触及的功能的需求，促使人们发明了各种各样的方法描述这个看似无法描述的世界。

编码世界

古代的数学家和科学家已经为我们提供了解决问题的钥匙。他们创造了描述各种抽象概念关系的框架，用于描述诸如时间、物理、机械、化学、生物、绘图和声音等。

描述时间 DESCRIBING TIME

在人们发明文字之前，人们学会了通过观察天体移动标记时间。在那时，尽管所有日历系统都以“天”为基础单位，但每个日历系统中天的开始时间都不同。现在，大多数日历系统都以7天作为一“周”；但在过去，人们使用不同的天数作为一个周期。“月”则根据月相来衡量，大多数日历系统以首次看到“新月”作为一个月的开始，而有些日历系统以“满月”作为一个月的开始。各个日历系统对于“年”的开始都有不同的定义：有的以春分或者秋分作为一年的开始，有的以太阳从最南方或最北方升起的日期作为一年的开始，也有的用其他方法定义新的一年。

记录时间

在发明机械时钟之前，人们尝试过各种不同的方法来表示一天中的具体时间，包括日晷（见上图）以及水钟。早期的计时器由发条装置驱动，驱动力来自盘簧或仔细测量过的钟摆摆锤。不同的文化分别使用月亮历、太阳历或日月混合历来记录“月”和“年”，其中“月”与月亮周期相关，但与太阳年相适应。每一种系统都需要按照固定周期增加天数或月份，补足阴历月与阳历年之间所差的天数。

约公元前2500年　埃及

太阳历。一年有12个月，每个月30天，再加上额外的5天。每天从日出开始。新纪元从公元前746年2月18日开始。上图为埃及出土的记录在羊皮纸上的日历系统

中国水钟模型

约公元前1300年　中国

日月混合历。基于天文观测。每日从午夜开始，每月从北京出现“新月”开始，一年有12～13个月，每个月有29天或30天，每60年一个轮回。新纪元：从公元前2637年3月8日开始

约公元前500年　印度

太阳历。一年有12个月，每个月有29～32天。一天从日出开始，每天有30个小时（muhurta），每小时有48分钟。新纪元从帝王即位开始，也可以从佛陀圆寂（约公元前544年）开始，或从耆那教创始人、第24代祖师筏驮摩那的去世（约公元前538年）开始

公元前3000年　公元前1000年　公元前500年

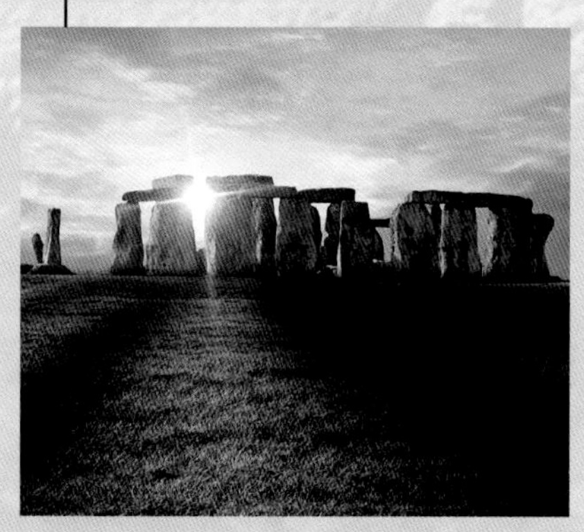

约公元前3000年　欧洲

太阳历。最早使用环状列石，如英国的巨石阵（见上图），根据日出、日落和二至点的位置记录时间。

约公元前1500年　古巴比伦

月亮历。一年有12个月，每个月交替为29天和30天。每天从日落开始。当季节与月份不匹配时，这一年会增加一个月，使季节与月份重新吻合。在阿契美尼德王朝（见24页）统治时期，每19年为一个周期（称为莫顿周期，或太阴周），会以固定时间间隔插入第13个月。随后，日历系统又换成希伯来（Hebrew）日历系统。古巴比伦是否使用7天为一个星期的计时方式至今无所考证，但巴比伦月份名称至今仍然在阿拉伯和希伯来等地区使用。新纪元开始时间尚无从考证

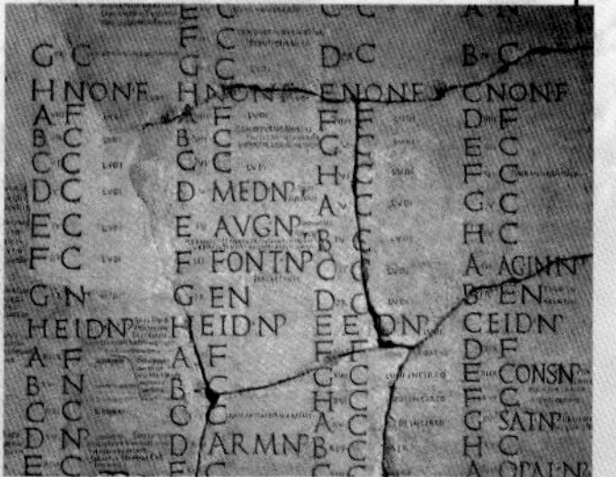

约公元前713年　罗马

日月混合历。公元前713年，罗马日历系统在原系统基础上增加了两个月，1月（January）和2月（February），一年有355天（古罗马采用月亮历，一年10个月）。为了使月与太阳年吻合，日历会按固定周期增加一个月。在共和国时期，新纪元由领事确定。随后，另一个新纪元从城市建立时间（公元前753年）开始

约公元前500年　希腊

日月混合历。希腊有多种地方日历。雅典使用的日历有日月历、民间太阳历（一年有10个月），以及基于星座的农业日历。日月历一年有12个月，每月有29天或30天，每三年会增加一个月。每个月被分为3旬，每旬10天。民间日历每年有365天或366天，共有10个月，其中有6个月每月37天，4个月每月36天

约公元前250年　玛雅

玛雅长历（Long Count Calendar）的纪元对应公历公元前3114年9月8日。在每个长历周期的结束时，地球都会毁灭然后重生。我们之前所处的最后一个长历周期在2012年12月21日结束。哈布历一年365天，没有闰年，每个月20天，一年有18个月，最后一个月会增加5天。卓尔金历或"日历轮"的一年有365天，52年为一个周期，而且似乎已经开始在中美洲得到广泛使用。马德里古抄本中记录了一些有关250年年历的事，其中有求雨仪式、播种时间、新年庆祝、供奉猎物、狩猎以及养蜂

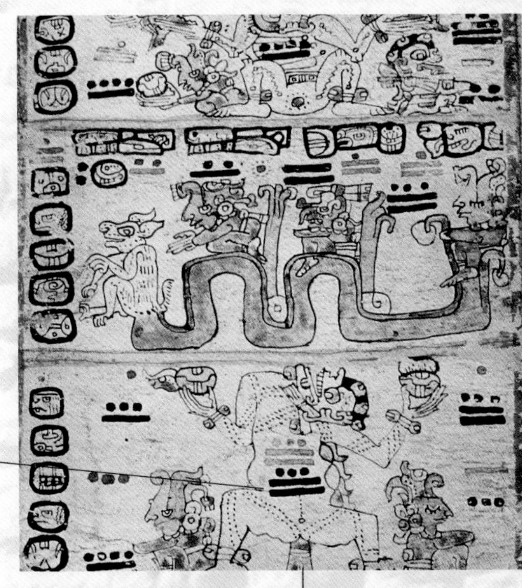

生与死

死神仰着头，手中握着玉米种子。雨神恰克（Chac）将赋予它们新的生命

马德里古抄本

这一页（第29页，共56页），展示了两种农历

约公元前250年　玛雅

三个互相关联的日历，分别称为长历（Long Count）、哈布历（Haab）和卓尔金历（Tzolkin）

公元532年　罗马时代

从基督的出生日开始纪年，即耶稣纪元（Anno Domini）

公元1789年　法国

法国共和历（或称法国大革命历）（见199页）

公元元年　　**公元1000年**

公元前45年　罗马

太阳历。恺撒大帝（Julius Caesar）改进了罗马历法。一年有365天，每四年有一个闰年。每天从午夜开始，旧罗马历法中的12个月得以保留，平均每年有365.25天。因此，儒略日（Julian date）与季节准确匹配。

公元359年　希伯来

日月混合历。新纪元：公元前3760年9月7日

约公元前250年　凯尔特人

日月混合历。每年有12个月，每个月29～30天，每2.5年增加一个月。每个月被分为两个星期，两星期有14天和15天

公元1753年　哈里森天文钟

第一个真正精确的时钟（右图），由英国人约翰·哈里森（John Harrison）用了约40年的时间发明出来，目的是参加由英国政府和英国海军赞助的制造精密计时表的竞赛。以前的计时器在测量相对于格林尼治子午线，经度，精确度只能依赖不受天气影响的时钟。所以，这一发明拯救了成千上万的轮船和海军士兵

新纪元和现代日历

每个日历都会有一个起始点，即一个特定的年份和日期，被称为"纪元"。这个日期可能是一个历史事件发生的时间，或者是一个具有传奇色彩的纪念日，或者就是简单地随机选取。实际上，它只是一个假设开始计算日期的时间，在日历上几乎从来不会出现。对于周期性日期计算系统，比如在中国，任何一个周期的第一天都可以作为纪元，尽管一个纪元完全可以用作更长时间日期计算系统。

公元2008年（公历）开始于1月1日，对应着：

回　历：此时是回历1428年，下一年从公历2008年1月10日开始。

儒略历：此时是儒略历的公元2007年，下一年从公历2008年1月14日开始。

中国农历：此时是中国农历的4644年或4704年，或第78或77周期中的第24年，下一年从公历2008年2月7日开始。

印度日历：此时是印度日历的1929年，下一年从公历2008年3月21日开始。

伊朗日历：此时是伊朗日历的1386年，下一年始于公历2008年3月21日。

埃塞俄比亚日历：此时是埃塞俄比亚日历的2000年，下一年始于公历2008年9月11日。

科普特日历：此时是科普特日历的1724年，下一年始于公历2008年9月9日。

犹太日历：此时是犹太历的5768年，下一年始于公历2008年9月29日的日落之时。

日本日历：此时是日本历的2668年或平成（日本天皇明仁的年号）20年，下一年从公历2009年1月1日开始。

佛教日历：此时是佛教历的2552年，下一年从公历2009年1月1日开始。

罗马教皇格利高里的日历

由于罗马儒略历随着时间的推移逐渐慢于实际季节（与实际季节相比慢），到公元1582年，已经累积了十天误差（与实际季节相比慢了十天），罗马教皇格利高里十三世批准了自古以来的第一次重大历法改革，下令从公元1582年10月4日（儒略历）的下一天为公元1582年10月15日（格里高利历）。这个日历也是如今应用最广泛的日历。

创立复活节

我们日常生活中总是会有许多神秘的事物，其中之一就是基督徒的复活节日期是如何计算的。实际上，这是一个非常简单的公式，但这个公式基于基督诞生之前的天文日历。复活节日期的计划方法如下：先找到春季昼夜平分点的日期，在这之后的第一个满月后的第一个星期日就是复活节。

欧几里得

虽然古希腊数学家、几何学之父欧几里得（其鼎盛时期在约公元前300年）并没有留下对几何学和数学最具影响力的著作，但是他在《几何原本》中对希腊前辈思想家的成果进行了总结，并在各个方向拓展了他们的调查研究，包括因子、透视和光学的研究。直到19世纪才有数学家在欧几里得理论的基础上提出更先进的观点。

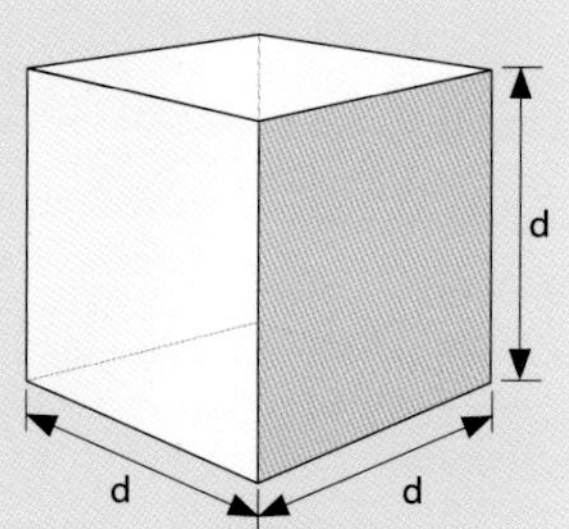

正方形和立方体

正方形：简单的对称几何图形，由4条长度相等的边组成，相交处为直角。把其中任意两条边的长度相乘即可计算出它的面积：

面积=dxd

立方体：这是一个三维空间的图形。一些简单的数量关系可以用如下公式表示：

表面积=$6xd^2$

体积=dxdxd或d^3

描述形式

DESCRIBING FORM

几何学是对形状、面积、体积和角度的研究和整理，是对我们所处的物质世界的一种定义方式。从公元前3000年开始，数学就与几何学一起发展起来。最早的数学就是几何学，是为了描述物体的长度和大小以及二者之间的关系而诞生的。古希腊人痴迷于几何学，他们坚信形状和特殊数字，例如黄金比例（或黄金分割）和“π”，都有其自身的虚拟现实。17世纪的法国学者笛卡儿提出了笛卡儿坐标系的概念。在笛卡儿坐标系中，一个点的位置可以精确地由它和线与面的关系表述出来。现代几何学在相对性、对称性、非对称性和量子力学等领域起到了决定性作用。几何学的发展与代数学（见160页）的发展紧密地结合在一起。

几何学

古希腊人对二维空间和三维图形属性的定义和研究，最终形成了几条基本定理，这些定理直到今天仍然在数学领域的多个方面被广泛使用。很多重要的公式都由毕达哥拉斯和他的追随者们（见160页）创立。古希腊人最精妙的证明是描述了正方形、立方体、三角形和圆的属性，以及如何用代数方法来表示这些属性。

黄金比例

毕达哥拉斯发现的黄金比例为我们提供了一个基本的和谐比例，它不仅反映了和谐的全音阶，也在建筑学和图形学中被视为最美观的比例。黄金比例是基于正方形、圆和矩形之间的关系而产生的。

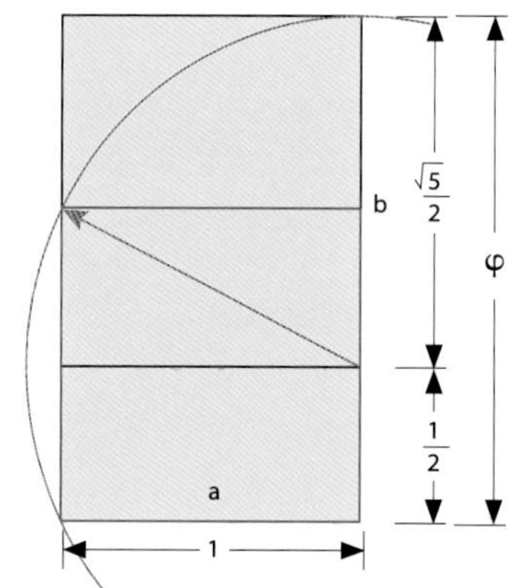

画一个正方形，然后从它一边的中点引一条直线到这个点的对角；用这条线作为圆的半径构建一个长方形。这个比例被定义为希腊字母φ，并且可以用多种形式表达：

a + b 比a，等于a比b

或

$$\frac{a+b}{a} = \frac{a}{b} = \varphi$$

图为2008年7月开放的位于伦敦海德公园的蛇形艺术长廊的盖里馆。这是一个迷人的建筑，能够很好地表述几何建筑学。

毕达哥拉斯定理

这一重要定理结合了正方形与三角形理论，为后来超过300条有关三角形属性的定理的证明奠定了基础，并且与三角函数领域有直接关系，即通过两个已知量的函数关系计算得出其他一系列未知量。

> “直角三角形斜边的平方等于两条直角边的平方之和。”
>
> 约公元前300年，欧几里得对毕达哥拉斯定理做如此描述

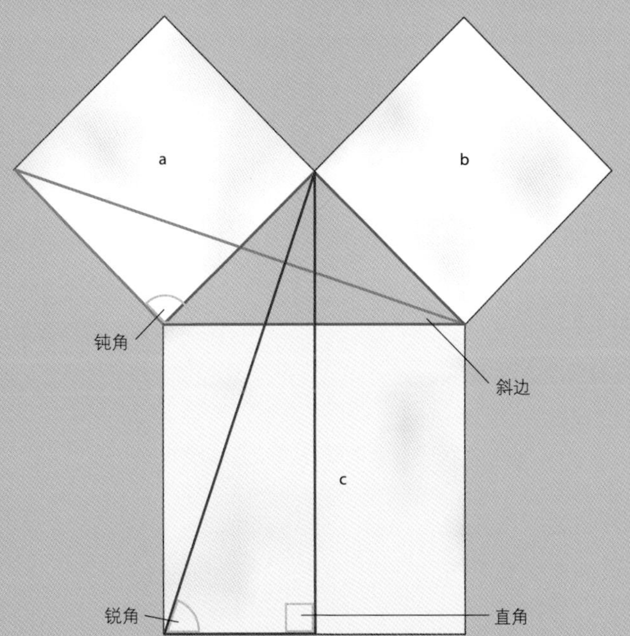

三角形 定理总结了三角形的各种属性，这些属性在几何学领域以及研究几何学与代数学之间的关系方面有着极其重要的意义。希腊人痴迷于三角形，他们把三角形定义为以下四个主要类型

直角三角形

在这类三角形中，有一个角是90度的直角。这种三角形在三角学领域最为重要。

不等边三角形

三角形中所有边的长度均不相等，而且每两条边所成的夹角也各不相同，是一个不对称图形。

等腰三角形

在等腰三角形中，有两条边的长度是相等的，也就是说三角形中也有两个角的度数相等。

等边三角形

等边三角形的三条边长度相等，三个夹角的度数也相等。等边三角形是对称性最高的三角形。

毕达哥拉斯同时还证明，如果已知直角三角形两边的长度，可以计算出第三边的长度。

π的超自然属性

能够证明古希腊人为何如此痴迷于数字的神秘属性的最好例子就是π。π是什么？它是一个和圆有着紧密联系的超越数（一个无尽的数字）。严格来说，阿基米德（公元前287—公元前212年）是第一个研究π的人。π是与直径和半径这两个最直接衡量圆的属性的量有关的函数。除了关于圆的几何描述，π还有很多种定义形式。π的准确值永远不可能被完整地写出来，这是它的前50位小数位：

π = 3.14159265358979323846264338327950288419716939937510…

如果你认为这个数字看起来已经很长了，可能你还不知道，最新的超级计算机已经把它计算到了1.24万亿位！

π在圆的几何和代数方面的作用可以用以下公式来表述：

圆的周长 = π×d（直径）

圆的面积 = π×(d÷2)²

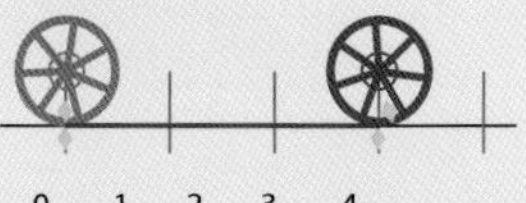

π的表述：当一个圆的直径是1时，它的周长大约为3.14(π)。

力与运动 FORCE AND MOTION

一米有多长？一公斤有多重？一个球掉到地上速度有多快？所有这些问题都与力、运动状态以及测量条件密切相关。我们如何规范测量条件？此外，我们如何知道诸如速度、距离、时间它们之间的关系？这个领域就是物理中的力学，包括研究力、运动状态和测量条件，并用数学原理公式对它们进行定义。为了破解这些奥秘，描述力的作用，必须建立一种非常精确的测量语言，这种语言如今还在不断发展。

我找到了！

古希腊人率先发现了宇宙的运转方式以及推动宇宙正常运转的力。当毕达哥拉斯主义者还在深思和谐、均衡以及天文学时，来自锡拉丘兹的阿基米德（公元前287—公元前212年）就已经在关注更加务实的问题，像发明攻城机械、杠杆、射线枪（可能是使用抛物面反射镜将太阳的光线集中在目标上），以及发明用来提高储水量的阿基米德螺旋泵。他还意识到可以通过排水量精确测量不规则物体的体积，他在浴室里发现排水量的故事已被今天的人们所熟知。质量（密度）的概念也被定义，质量相当于重量除以体积。

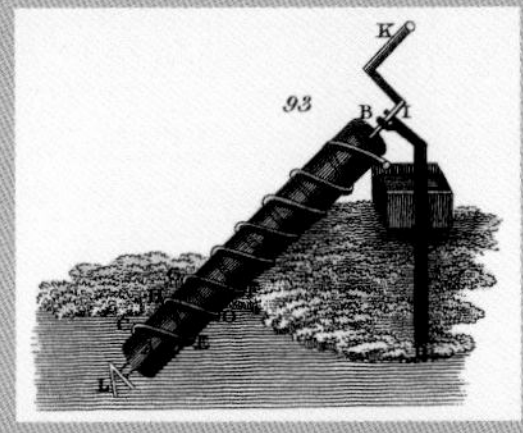

在当今世界的一些传统地区，人们仍然利用阿基米德螺旋泵取水灌溉。

PHILOSOPHIÆ
NATURALIS
PRINCIPIA
MATHEMATICA

IMPRIMATUR

LONDINI

牛顿的著作引用了一些早期科学家，诸如伽利略、开普勒等人发现的概念

牛顿和数学原理

艾萨克·牛顿是第一个从科学角度描述重力、光学和光的人。他在力学与运动学领域最著名且最重要的成就，就是在1687年出版的《自然哲学的数学原理》。在这本书中，他用数学方程描述运动定律，并解释重力是如何影响人类生活的。

第一定律：惯性

除非受到外力的作用，否则物体将保持静止或匀速直线运动。这意味着，如果你扔出一个网球，它应该永不停止地朝着你扔出去的方向飞去，除非遇到一个外力作用于它。如果你在地球上扔出一个网球，那么重力将其拉向地面，空气阻力将使其下降速度减慢。如果你在太空中扔一个网球，它将永远朝着你扔出的方向飞去，永不减速，也不会改变方向。

第二定律：合力 F=ma

物体所受的合力等于质量和加速度的乘积。这个定律可以更加简易地表述：如果你对一个物体施加一个力，将导致这个物体产生加速度，但物体越大加速度越小。踢足球使足球加速很快，而以相同的力量踢一个炮弹，它产生的加速度却小得多，这是因为炮弹的质量更大。

第三定律：作用力与反作用力

每一个作用力都有一个与它大小相等且方向相反的反作用力。这就是最著名的牛顿第三定律，但它有一个更微妙的含义。如果你对一个物体施加力，它会对你产生一个相等的力。当你推一堵墙时，墙将用相等的力作用于你。如果没有反作用力，你将会穿过这堵墙。

牛顿的三大力学定律和重力方程构成了最早的运动力学体系，同时也是牛顿力学的重要组成部分。这是多年后其他运动力学定律（如爱因斯坦相对论力学）的基础。

走向神秘

阿尔伯特·爱因斯坦（1879—1955年）是现代历史上最著名的科学家。人们之所以记住他，是因为他对广义相对论的描述。他提出了一个前无古人的概念：相对于观察者，光速是宇宙中唯一不变的常量。这引发了一系列令人难以置信的想法。比如，对于以不同的速度运动的人来说，时间流逝的速度是不同的。爱因斯坦在晚年时发现了被称为“光电效应”的现象，这成为引发量子力学革命的导火索。光电效应显示了一个在物理学中被称为质能等价的原理。它告诉我们，任何有质量的物质都包含巨大的能量，即使它是完全静止的。牛顿定律告诉我们，一个运动的物体存在动能，一个被举起的物体存在势能（这与它坠落至地面有关）。爱因斯坦告诉我们，即使是一个质量微小的物体，也包含有巨大的能量。

E：能量

物体现存的能量，单位为焦耳

m：质量

物体的质量，单位为千克

c^2：光速的平方

c是光速，它是一个值为300,000,000米/秒的常数，所以平方之后它是一个巨大的值

$$E=mc^2$$

能量

方程中有c^2意味着很小质量就能得到大量的能量。一克的质量，大约相当于一美元纸币的质量，包含着约22千吨的能量。这大约与扔在长崎的原子弹的能量相当。然而，这个能量是以质量这种非常稳定的形式存在的，通常只在强有力的核反应中释放。

复杂的方程式并非只在现代世界中出现。印加人发明了以多节彩珠串组成的计算器，叫作QUIPU。它可能用于记录、数学计算和发送秘密信息。

不同寻常的度量单位

在过去人们用很多有趣和不寻常的方式描述长度、质量、时间和其他重要的测量值。而在今天，最常用的度量单位（如秒和米）都有特定的科学定义。这意味着即使所有时钟和米尺都被摧毁，它们依然可以被重新制造出来。这些定义通常复杂到令人难以置信，但却非常精确。

秒 铯-133原子基态的两个超精细能阶间跃迁对应辐射的9,192,631,770个周期的持续时间。

米 光在真空中1秒内所行进的距离的1/299,792,458。它基于光在真空中的行进速度，以及现存原子的振动这两个不变的值。

牛顿 能使一千克质量的物体获得（1m/s²）的加速度所需的力的大小，被定义为1牛顿。

焦耳 1焦耳等于施加1牛顿作用力经过1米距离所需的能量（所做的功）。

光年 在天文学中，光在1儒略年的时间中（365.25日）穿过的距离，即5,878,625,373,183.61英里（9,460,730,472,580.8千米）。

摩尔 化学国际单位，1摩尔大约包含600,000,000,000,000,000,000,000个基本微粒。这在涉及原子数量和实际质量的计算中十分有用。例如1摩尔的氢原子质量为1克，1摩尔的金原子质量约200克。

千克 这是唯一一个人工定义标准计量单位，不像速度是通过基本原理（光速）来定义。IPK（国际千克原器）是一个保存在法国塞夫勒国际度量衡局的铂铱合金圆柱体。一千克的定义为IPK的质量。这实际上意味着一千克的价值将随着每年附着在这个铂铱合金圆柱体表面的气体和离开它表面的分子而改变。

国际千克原器被保存在钟形玻璃罩中，以尽量减小因大气条件改变导致的质量变化。

数学：奥妙无穷的学科

MATHEMATICS: THE INDESCRIBABLE

数学一直是最纯粹的抽象科学，可以描述物理现象背后的过程，否则这些物理现象将难以描述。虽然数学家已经发明自己的标志、符号和数字等“编码”语言，用于表达他们的想法（见156和158页），但是他们关注的是如何通过纯计算解密与我们有关的神秘的宇宙结构，并了解它是如何运转的。密码学和数学有着复杂的联系：从独立运行的恩格玛密码机，到最先进的网上银行系统，数学是描述编码系统如何工作以及开发新的编码系统的基本工具。

> “世界上最不可理解的事，
> 就是它是可以理解的。”
>
> 阿尔伯特·爱因斯坦，1936年

代数

代数是在什么时候从哪里开始的？代数是一种数学和逻辑方法，通过计算已知量的函数得出未知量，通常用方程表达。代数这个词来自阿拉伯的《简明的计算》一书（上图，成书于公元820年），该书由波斯数学家阿尔-花拉子米（al-Khwarizm），算法（algorithm）一词便是由他的名字而来。然而，代数的原理可以追溯到4000年前的第一个计数系统（见28页）。

对于今天的我们来说，代数看起来像一个编码语言，事实上它是“切分法”的产物。几百年来，所有代数都用句子表达。例如，一道题可能会写成：“25是3和一个未知数的和。25-3等于22。因此未知数是22。”使用“切分法”，这道题可以表述为：

$25 = 3 + x$

$25 - 3 = x$

$x = 22$

微积分

有史以来，微积分是最重要的数学发现之一，分别由牛顿（Newton）和莱布尼兹（Leibniz）创立。微积分可以认为是对变化量和无穷小量的研究。下面是一道非常著名的哲学问题，许多思想家被其困惑了数千年，它的解决方案便来自微积分。这是一个来自古希腊哲学家芝诺的悖论。

牛顿的理论完全用拉丁文书写，没有使用切分法。

阿喀琉斯（Achilles）要与他的朋友乌龟赛跑。为了让乌龟更容易一点，阿喀琉斯让乌龟先领先100米。阿喀琉斯怎样才能追上乌龟？当阿喀琉斯跑100米的时候，乌龟又跑了一点，假设为10米。当阿喀琉斯再跑了10米时，乌龟又移动了一段距离。当阿喀琉斯跑了这一段距离时，乌龟又移动了另一个10厘米，相当于阿喀琉斯总是差一点才能赶上乌龟。他怎样才能超过乌龟呢？

解决方案

芝诺（Zeno）没有意识到的是，人们可以找到一个数学办法来解决这一问题。简化一下，假设乌龟开始领先阿喀琉斯一米，乌龟的速度是阿喀琉斯速度的一半，那么阿喀琉斯要跑的总距离为：

$$1 + \frac{1}{2} + \frac{1}{4} + \frac{1}{8} + \frac{1}{16} + \cdots$$

直到无穷。因此，这些无穷多的小数据之和是无限的，对吗？错了。将所有无穷级数加在一起，将得到2米。因此，我们使用微积分的方法计算这种无穷级数之和。

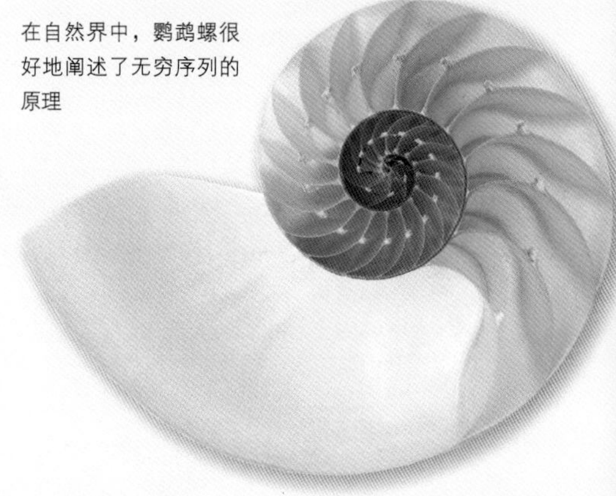

在自然界中，鹦鹉螺很好地阐述了无穷序列的原理

19世纪革命

在19世纪的欧洲出现过一次爆炸式数学活动，一群天才数学家彻底改变了几何、数论和物理。他们是约瑟夫·拉格朗日、皮埃尔·西蒙·拉普拉斯、约瑟夫·傅立叶和伯恩哈德·黎曼。这些数学家创立了新的几何类型，超越了欧几里得几何的界限，如椭圆几何（或黎曼几何）。在这些类型中，平行线最终相交，由此可以导出行星和其他天体运动的精确方程。在这些数学家中，最具影响力的也许是詹姆斯·麦克斯韦（1831—1879年），他的麦克斯韦方程组准确描述了电磁学，帮助爱因斯坦创建了广义相对论学说。

麦克斯韦方程组

这是科学史上最重要的发现之一。麦克斯韦方程组完整地描述了电磁学中电场和磁场相互作用的方式。这些方程不仅解释了复杂的电磁现象，还使用了一些数学工具。要完整地写出所有方程组会非常耗时，因此下文只简要介绍几个不同的符号，代替许多更复杂的运算符。

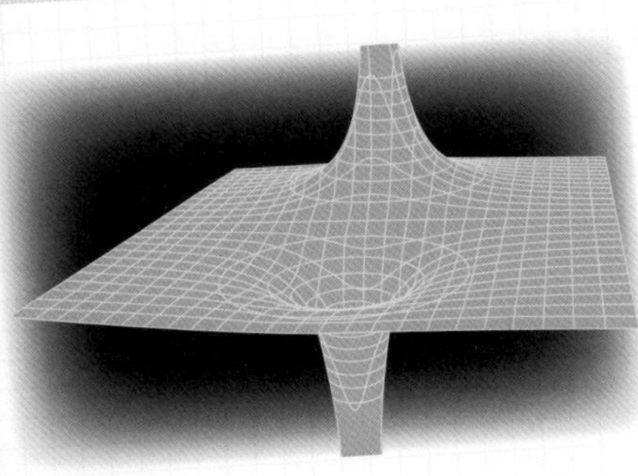

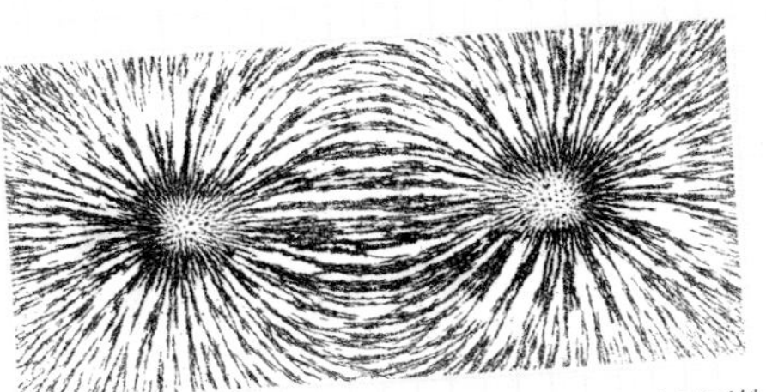

B 磁场符号，代表系统中的磁场。上图显示了条形磁铁附近被吸引的铁屑，它们结合了磁铁周围的磁场，使我们看到磁场实际的样子。

E 电场符号，代表系统的电场。在上面计算机生成的图片中，我们看到电场区域是由一个正离子（波峰）和一个负离子（波谷）形成的。

$$\nabla \cdot B = 0$$

$$\nabla \cdot E = \frac{\rho}{\epsilon_0}$$

$\nabla \cdot$ **散度（div）运算符** 是一个复杂的数学运算，本质上是告诉我们这个场是汇聚还是发源的属性，比如某电场所示的一个汇聚点（正电荷）和一个发源点（负电荷，倾斜）。散度计算如下所示：

$$\operatorname{div} F = \nabla \cdot F = \frac{\partial F_1}{\partial x_1} + \frac{\partial F_2}{\partial x_2} + \cdots + \frac{\partial F_n}{\partial x_n}.$$

$\nabla \times$ **旋度算符（旋度算子）** 告诉我们给定点电场的旋转程度。这个运算符本身看起来挺简单，但实际上它的完整形式要复杂得多。

$$\nabla \times E = -\frac{\partial B}{\partial t}$$

$$(\vec{\nabla} \times \vec{F}) \cdot \hat{n} \overset{\text{def}}{=} \lim_{A \to 0} \frac{\oint_C \vec{F} \cdot \vec{ds}}{A}$$

$$\nabla \times B = \mu_0 J + \mu_0 \epsilon_0 \frac{\partial E}{\partial t}$$

$\frac{\partial}{\partial t}$ **对时间的偏导数** 将这个运算符用于磁场B，意味着我们研究的不是磁场本身，而是研究磁场如何随时间而变化。

自由空间的介电常数和磁导率 ϵ_0 μ_0
这些都是与电磁学有关的基本物理常数。它们同时运用可以帮我们算出光速。

像科学家一样说话

自从牛顿时代以来，用来描述各种函数的符号词汇已经有了新的发展。

i **虚数**，定义为-1的平方根。我们发现，某些方程的解是一个复杂的量，一个实部和一个虚部,例如12+3i。

$\sum$ **求和符号**，代指它后面跟随的表达式的和。

$\begin{pmatrix} a & b \\ c & d \end{pmatrix}$ **矩阵**，通过设置网格，一个矩阵可用于转换数字和向量。例如，可以创建一个矩阵，在空间中绕x轴旋转90度。

∞ **无穷**，这是无穷大的数学符号。在更复杂的数学领域，我们发现，实际上无穷大也可以比较大小，一些无穷大比其他的无穷大更大。

$\propto$ **成正比**，这个符号表示两个量成正比。例如，“汽车速度∝引擎大小”意味着若增大一个引擎的尺寸，汽车的速度也将增加。

$\therefore$ $\because$ ■ **所以、因为和结束符**，在数学证明过程中，我们经常要用到“因为”“所以”的符号，这些是速记符号，代指因为、所以。正方形被作为证明过程的结束符，和Q.E.D.有相同的意思，这些是证明完毕的简写，意味着证明过程已完成。

$\mathbb{N}\mathbb{Z}\mathbb{R}$ **自然数的集合、整数和实数** 在与数值组合属性有关的集合的理论中，我们观察常用的几种数集。自然数是用来计数的数字例如，1、2、3、4等。整数指所有完整的数字，如-1、0、1、2等。实数是只含有实部而不含有其他部分，即不含虚数，比如12.3、15、-19.2，等等。

百科全书

法国哲学家狄德罗（Denis Diderot，1713—1784年）是《百科全书》得以顺利出版的最大推动力，这是一本涵盖面极其广泛的出版物，涉及“人类知识的各个分支。”第一卷在1751年出版，其他27册在接下来的20年中陆续出版。该合资公司表示出版此书困难重重，因为狄德罗的激进观点经常受到来自政治和社会方面的威胁。但此书一经问世，对科学和艺术的贡献之大不可估量。

炼金图

狄德罗的《百科全书》中有一幅“相契合的炼金图”，图中的内容也许是根据元素的化学反应对元素进行分类的最早的探索（下图）。这张图被编译后，只有大约30种元素被认可，其余都是化合物，即多种元素的混合物。元素被公认。比狄德罗更年轻的法国化学家拉瓦锡（1743—1794年）首创了基于属性和已知元素反应的分类系统。狄德罗的图表部分借鉴了各种元素的炼金术符号，并奠定了以表格形式表示元素的基础。

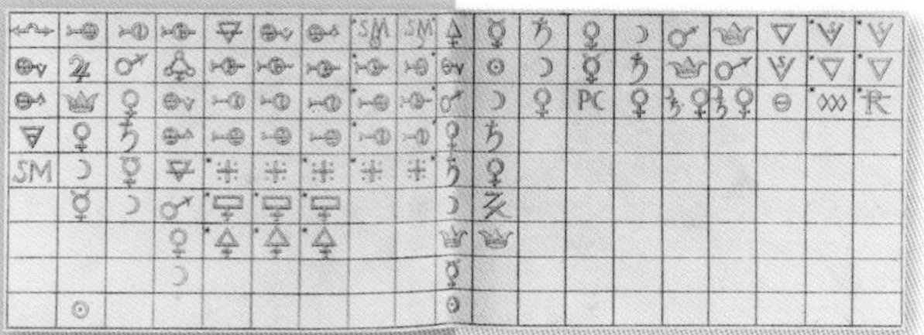

元素周期表
THE PERIODIC TABLE

现代化学起源于中世纪的炼金术士（见54页）。他们搜罗了金石，并研究这些基础物质的化学特性，逐渐发现其特性并加以使用。正规的化学学科的发展始于18世纪，化学家用更加严格的方法对构成宇宙的各种元素进行分类。学科发展所面临的问题是需要一种新式的具有足够的灵活性的编码语言，用于表示并运用这些元素。各种各样的元素表随即问世，最后俄罗斯化学家门捷列夫（Dmitri Mendeleev）于1869年发明的元素周期表被采纳。该表是“周期性的”，因为同一列元素都有相同属性。现代的元素周期表中包含了这些元素的大量信息。粗略一瞥，便可以知道这些已知元素的基本特性。

氢 1 H 1.0079								
锂 3 Li 6.941	铍 4 Be 9.01218							
钠 11 Na 22.98977	镁 12 Mg 24.305							
钾 19 K 39.098	钙 20 Ca 40.08	钪 21 Sc 44.9559	钛 22 Ti 47.90	钒 23 V 50.9415	铬 24 Cr 51.9961	锰 25 Mn 54.938045	铁 26 Fe 55.845	钴 58.9331
铷 37 Rb 85.4678	锶 38 Sr 87.62	钇 39 Y 88.9059	锆 40 Zr 91.224	铌 41 Nb 92.90638	钼 42 Mo 95.94	锝 43 Tc 98	钌 44 Ru 101.07	铑 102.905
铯 55 Cs 132.9054	钡 56 Ba 137.34		铪 72 Hf 178.49	钽 73 Ta 180.94788	钨 74 W 183.84	铼 75 Re 186.207	锇 76 Os 190.23	铱 192.217
钫 87 Fr 223	镭 88 Ra 226.0254		𬬻 104 Rf 261	𬭊 105 Db 262	𬭳 106 Sg 266	𬭛 107 Bh 264	𬭶 108 Hs 269	鿏 268
			镧 57 La 138.9055	铈 58 Ce 140.12	镨 59 Pr 140.9077	钕 60 Nd 144.24	钷 61 Pm 145	钐 150.4
			锕 89 Ac 227	钍 90 Th 232.03806	镤 91 Pa 231.03588	铀 92 U 238.02891	镎 93 Np 237	钚 244

元素周期表

元素周期表有7行18列。那么判断元素行列位置的依据是什么呢？那就是价电子，如果两种元素具有相同的价电子，那么它们在化学反应中表现的特性会比较类似。当门捷列夫首次绘制元素周期表时，他还在表中为有待发现的元素预留了空位置。

稀有气体

位于周期表的最后一列，它们的核外电子完全充满最外一层。这是一个非常稳定的结构。正因为如此，这些气体在大多数情况下极不活跃。它们被广泛用于照明和为敏感化学品创造惰性环境，例如为了防止灯丝燃烧，氖气常用来填充灯泡；而氦气则是填充气球和飞艇的完美选择。

特性

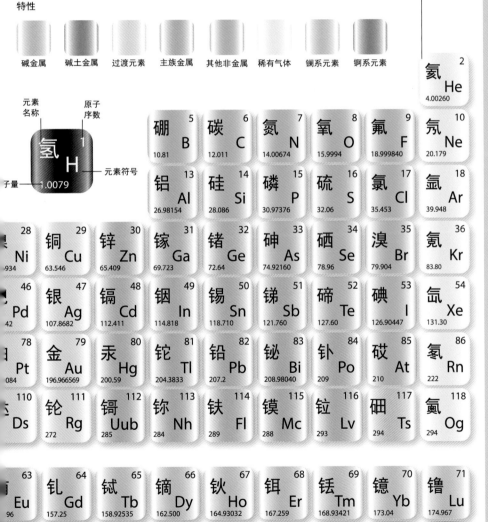

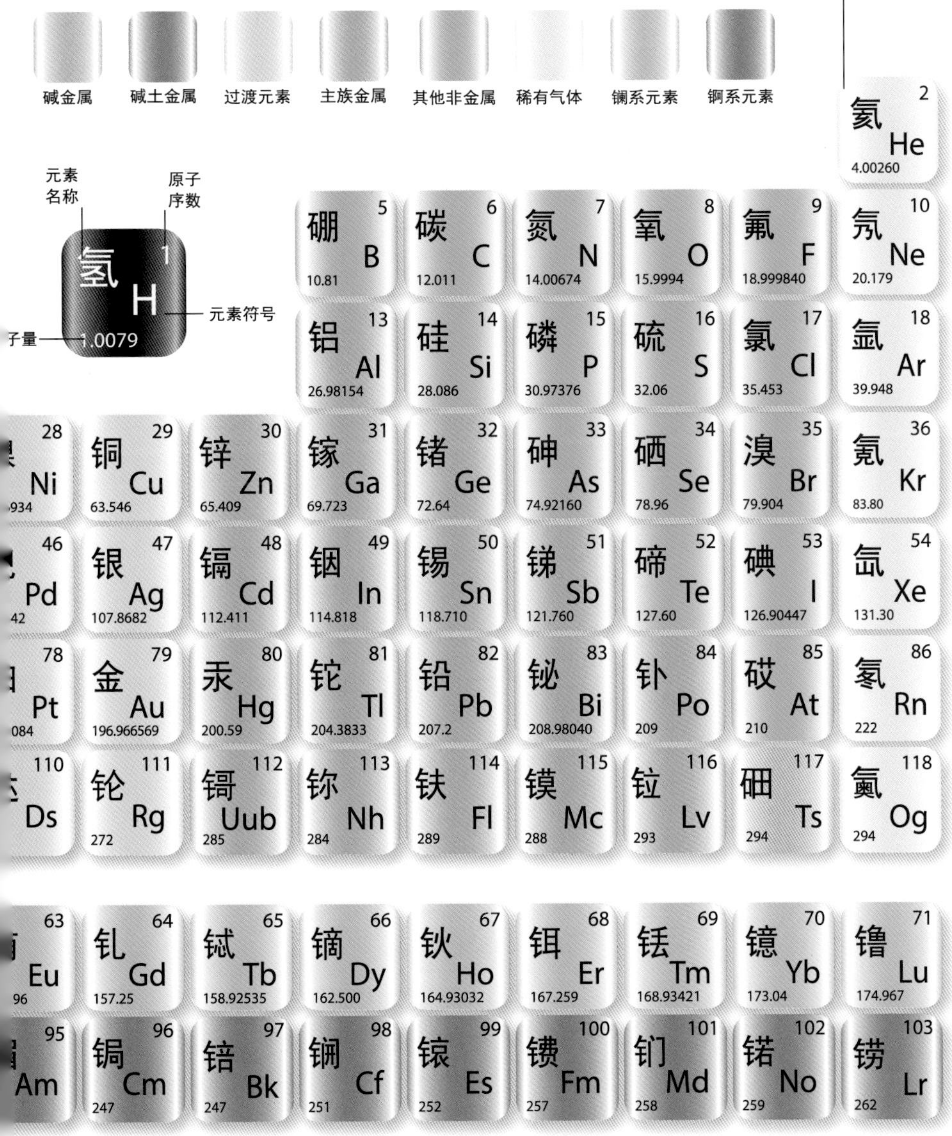

碱金属　碱土金属　过渡元素　主族金属　其他非金属　稀有气体　镧系元素　锕系元素

元素名称　原子序数　氢 1 H 1.0079　元素符号　子量

								氦 2 He 4.00260
			硼 5 B 10.81	碳 6 C 12.011	氮 7 N 14.00674	氧 8 O 15.9994	氟 9 F 18.999840	氖 10 Ne 20.179
			铝 13 Al 26.98154	硅 14 Si 28.086	磷 15 P 30.97376	硫 16 S 32.06	氯 17 Cl 35.453	氩 18 Ar 39.948
28 Ni 934	铜 29 Cu 63.546	锌 30 Zn 65.409	镓 31 Ga 69.723	锗 32 Ge 72.64	砷 33 As 74.92160	硒 34 Se 78.96	溴 35 Br 79.904	氪 36 Kr 83.80
46 Pd 42	银 47 Ag 107.8682	镉 48 Cd 112.411	铟 49 In 114.818	锡 50 Sn 118.710	锑 51 Sb 121.760	碲 52 Te 127.60	碘 53 I 126.90447	氙 54 Xe 131.30
78 Pt 084	金 79 Au 196.966569	汞 80 Hg 200.59	铊 81 Tl 204.3833	铅 82 Pb 207.2	铋 83 Bi 208.98040	钋 84 Po 209	砹 85 At 210	氡 86 Rn 222
110 Ds	轮 111 Rg 272	鎶 112 Uub 285	鉨 113 Nh 284	鈇 114 Fl 289	镆 115 Mc 288	鉝 116 Lv 293	鿬 117 Ts 294	鿫 118 Og 294
63 Eu 96	钆 64 Gd 157.25	铽 65 Tb 158.92535	镝 66 Dy 162.500	钬 67 Ho 164.93032	铒 68 Er 167.259	铥 69 Tm 168.93421	镱 70 Yb 173.04	镥 71 Lu 174.967
95 Am	锔 96 Cm 247	锫 97 Bk 247	锎 98 Cf 251	锿 99 Es 252	镄 100 Fm 257	钔 101 Md 258	锘 102 No 259	铹 103 Lr 262

化学中的其他代码

大多数人都很熟悉用于表示化合物组成的分子式，这些都是描述该物质分子结构的简写方式，用化合物的元素符号和数字来表示各元素的比例。其中最常见的有：

氨 NH_3　一个氮原子和三个氢原子。

二氧化碳 CO_2　一个碳原子和两个氧原子。

石灰石、粉笔、大理石 $CaCO_3$　一个钙原子，一个碳原子，三个氧原子。

烧碱 NaOH　一个钠原子，一个氧原子，一个氢原子。

氯化氢 HCl　一个氢原子，一个氯原子。

食盐 NaCl　一个钠原子，一个氯原子。

硫酸 H_2SO_4　两个氢原子，一个硫原子，两个氧原子。

碳酸钠 Na_2CO_3　二个钠原子，一个碳原子，三个氧原子。

水 H_2O　两个氢原子，一个氧原子。

分子结构

化学结构可以用多种不同方式来表达。

苯：C_6H_6

化合物苯是一个与氢原子结合的碳原子组成的环。

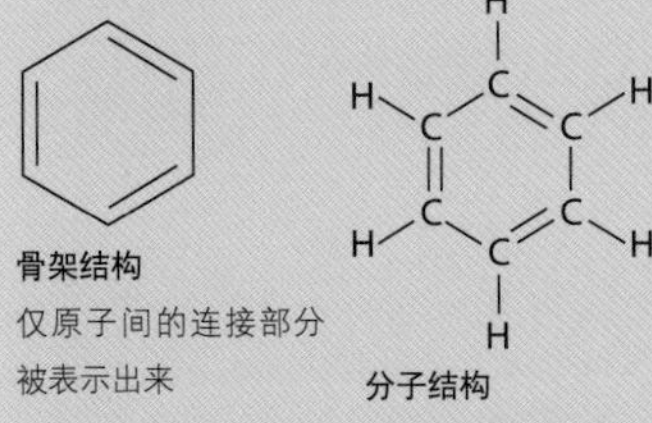

骨架结构

仅原子间的连接部分被表示出来

分子结构

所有原子都被表示出来

咖啡因：$C_8H_{10}N_4O_2$

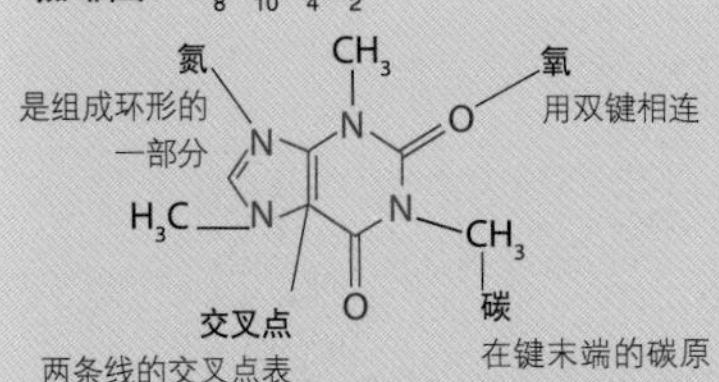

描述世界 DEFINING THE WORLD

在很多文化中，从早期的岩画艺术到古代中国、日本和罗马，都有用图表形式描述地理景观的强烈需求。通过这些示例，我们发现古人用于描述河流、海岸、山脉、海洋和居住区的图形编码的特征都异常相似。

范围和方向

这些地图的不同之处是地图的比例尺和方向。今天，我们熟悉的地图都是以北为基准方向，且有特定目的和比例尺。在过去，地图的范围往往就是白天行进过程中测量的范围，主要目的是满足人的需求，方向也往往与此有关。当时的大多数穆斯林地图都以南为基准方向，但有趣的是，他们都用同一种符号语言表示某一具体特征，这些符号语言我们今天仍能轻而易举地辨识。

颠倒的世界

阿拉伯地理学家是前现代地图制作者中最具野心的地理学家。大约在1154年，阿尔-伊德里西（Al-Idrisi）为西西里王罗杰（Roger of Sicily）绘制了这张已知世界的地图。穆斯林王国从中国边境扩张到大西洋海岸；同时，穆斯林旅行家如伊本·巴图塔（Ibn Batuta）和雄心勃勃的阿拉伯商人探索的足迹远远超出了非洲和东南亚世界的限制。

波伊庭格地图

在公元3世纪晚期，罗马的地图印证了这条格言：“条条大路通罗马”，但是这与地理信息几乎没有什么联系。这样的“条”地图绘出了主要道路系统，以及如何从一个地方到另一个地方，没有其他细节（就像今天的GPS地图）。在中世纪，类似的地图被绘制用于引导基督教朝圣者前往耶路撒冷。

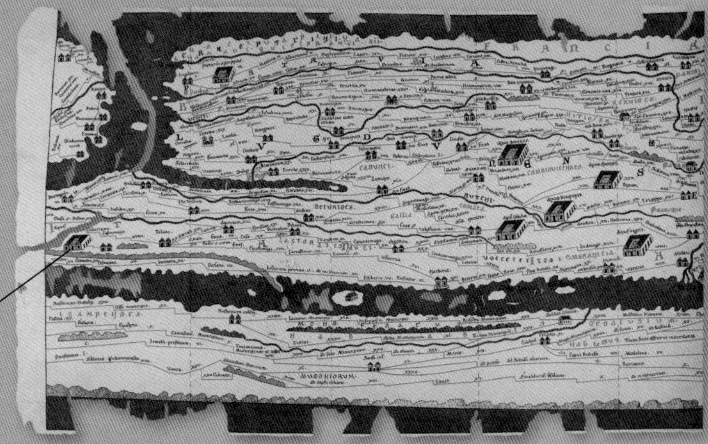

不只是古罗马道路，在地图上，沿着旅行者的行进路线，都有相当标准的图标表示一些主要城市，以及城市的边界轮廓。同时，还用不同的尺寸表示各个城市的重要程度。

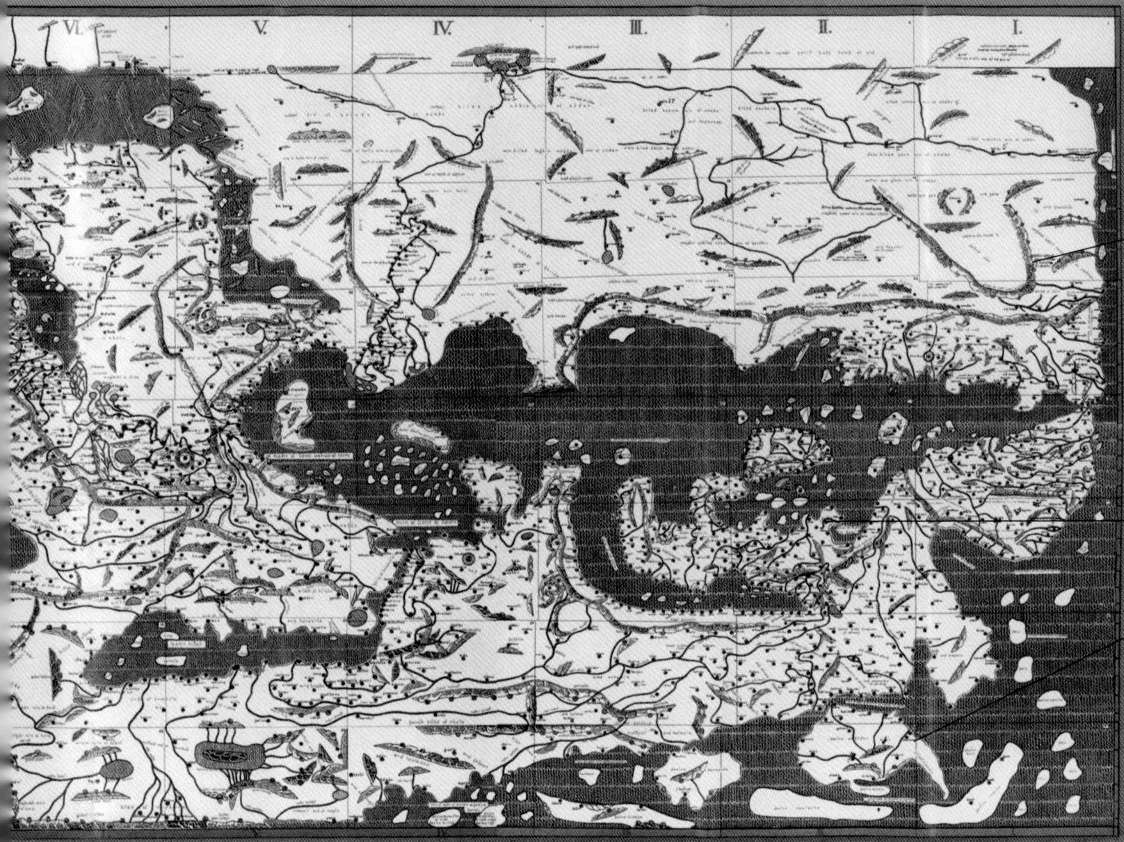

山脉

山脉主要通过链条状的线来表示，但是它们的高度和面积几乎没有表示出来。山脉处往往还有表示茂密森林的小树符号

密集细节符号

地中海沿岸和亚洲西南部海岸有很多细节符号，众所周知的意大利“靴子”形状也清晰地表现出来

信息稀少

很明显，制图者对欧洲西北部了解很少。不列颠群岛严重变形，一些不存在的大西洋岛屿被添加在地图上

波多兰航海图

随着欧洲人开始寻找新的市场和殖民时机，新地图被绘制出来，帮助那些勇于开拓的航行者。这张地图源于1540年的波多兰·阿特拉斯（Portolan Atlas），图中标出了罗盘方位。不熟悉的区域通常根据推测或猜测进行绘制。制作者很重视沿海的地形、特征以及定居点，而陌生的土地和内陆地区通常在地图上显示为空白，有时制作者也会在这些地方插入想象图。

在制作这张地图的时候，位于巴西境内的大面积热带雨林还没有被完全发现，但上面的小图案已经表示了它的存在。

编码地形

ENCODING THE LANDSCAPE

调查

第一次准确详细的勘测结果被用于制作航海图。在现代社会早期，准确地测量海岸线、潮汐和水流对航海非常重要。而对陆地的精确测量工作则始于1747年，当时英国为平息高地叛乱需要绘制炮火袭击图，因此进行了全国地形勘测。英国的精确勘测方法一直被后人沿用至今。相同的技术也在印度的大三角测量法中得以运用（下图），而当地测量队（上图）经过训练后开始测量次大陆绘制地形图。

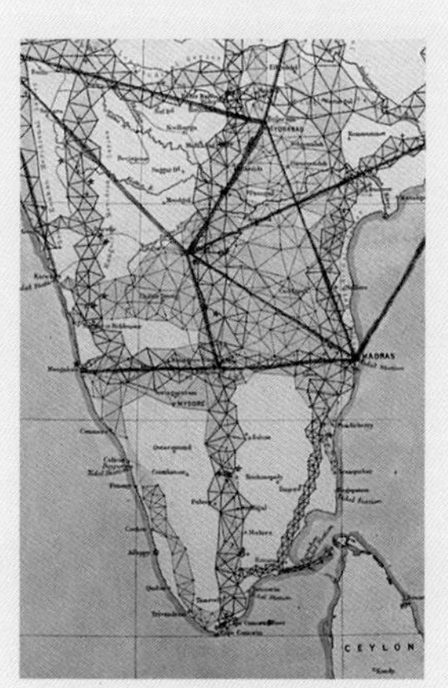

印度勘测采用三角测量法，绘制地形中的平地以及丘陵和山脉的海拔。

迄今为止，制图仍然是有史以来人类发明的最复杂的信息编码系统。尽管现代先进的卫星全球定位系统（GPS）和谷歌地图都发展迅猛，但制图作为一种描述我们周边复杂世界的重要方式，仍然是最具灵活性和包括海量信息的编码系统。可以说，地图有一个统一的基本功能，即显示位置与位置之间的关系。然而，地图还可以通过使用网格、颜色、阴影、线和符号等数据表达大量信息，用不同的印刷样式表示不同的地形特征。

描述地形

人们通过地图描述周边世界特征的习惯在过去的500年中已经形成。制图员的任务是根据地图的比例尺，有选择地绘制地貌，但现代卫星技术已经使人们能非常细致地绘制出地球表面的地形和地貌。

早期的现代地图

第一张大比例尺地图，用各种象形图表示地形、植物和各种人为建筑，这些符号是现代地图图标的先驱。

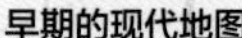

晕渲法和影线表示法

为了使地形更加直观地表现在平面上，人们尝试使用细纹和底纹，运用LED技术制造出立体效果，同时对非常特殊的地理地貌命名并标注高度。一个展示地形轮廓的更严谨的方法随之产生：将等高线连接起来构成闭合线路，它们之间的区域往往被标注成不同的颜色（见107页）。

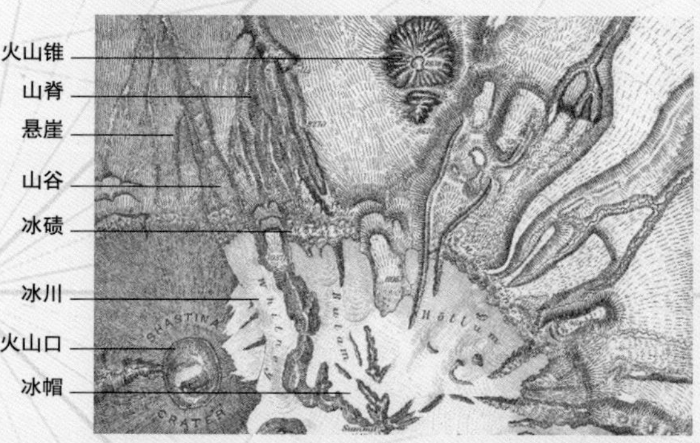

遥感

轨道卫星向地球发射电磁波信号，并接收从地表反射回来的电磁波信息，根据海量数据准确地描绘出地球表面的地形和地貌。信号本身以编码形式存在，需要通过各种算法的解读才能形成数字地形模型（DTMS），然后在此基础上进行最精准的现代地形测绘。右图是西藏地区的假色地图。

地图上的标线

为了实现定位功能，地图上还绘有基于人工标线的基准编码系统。它是基于由经线（连接南北两极的子午线）和纬线（或“平行线”）构成的地理坐标网，全球通用。位置用坐标定义，以度和分（或以相应进制的小数度）表示。地图也可以采用简单的几何网格系统。在这个示例中，塞维利亚的位置可以用经纬度坐标37.24° N，5.59° W表示，也可以用出版商网格表示为7C。

纬度线
以赤道为基准向北或向南平行于赤道的线

经度线
以本初子午线或格林尼治线为基准向东或向西的平行线

0° 本初子午线
经度的计算以这条线为基准

经纬网格
用红色的数字和字母表示地图特征位置，是比较容易理解的编码方式

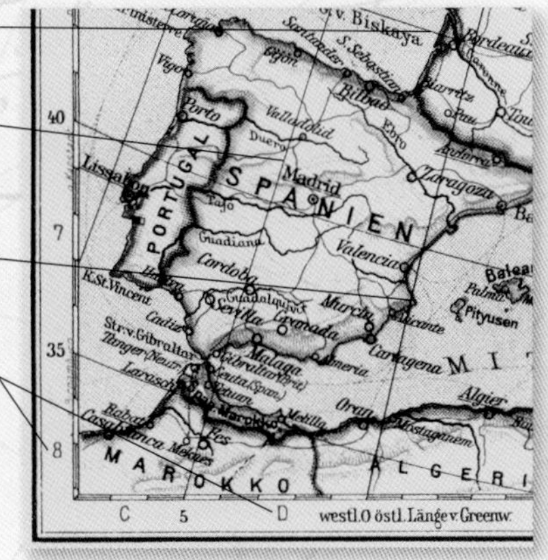

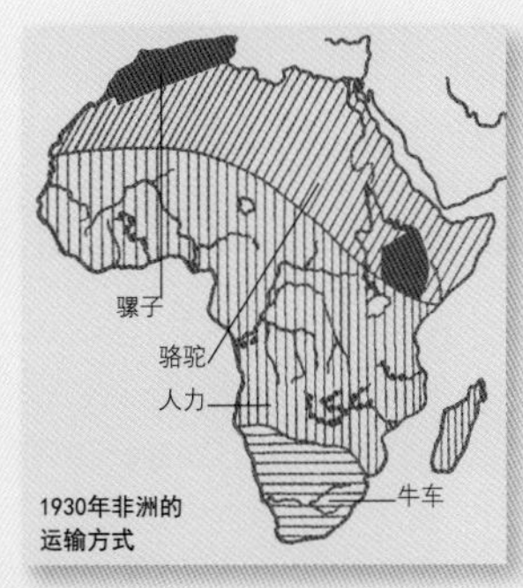

1930年非洲的运输方式

简明地图

地图可以用于显示各种各样的分布（见上图），如人口密度或土地用途，这些都被称为“专题地图”。简明地图（见下图）越来越多地用于显示具备基础地理特性的高度程式化的信息。这些地图通常用来显示交通流量和交通网络，像铁路和地铁系统。专题地图和简明地图都创建了属于自己的编码语言，通常体现在关键字或图例上。

现代制图

大多数普通地图使用多种色彩、线条和符号来传达信息。根据地图的风格和目的，可以采用不同的制图方法。以公路地图为例，它注重的是公路网络和公路类别。

地貌
用轮廓和色彩来表示地形的轮廓

水文特征
海洋、湖泊、海岸线、沼泽和河流通常用蓝色表示

分界线
国家和其他行政机构的边界在地图上也可以表示出来，尽管它们实际上在地表是不可见的

历史特征
历史边界也被添加在地图上

行政中心
为了表示较大的城市，通常使用较大的字体

人口稠密地区
通常用城镇标志表示。此处用一系列红点表示城镇的相对大小

道路
此处根据道路大小分别用实线和虚线表示

地图中的其他图标还包括
教堂
清真寺
国家防御设施
桥梁

下图是某长途车站出发层的地图

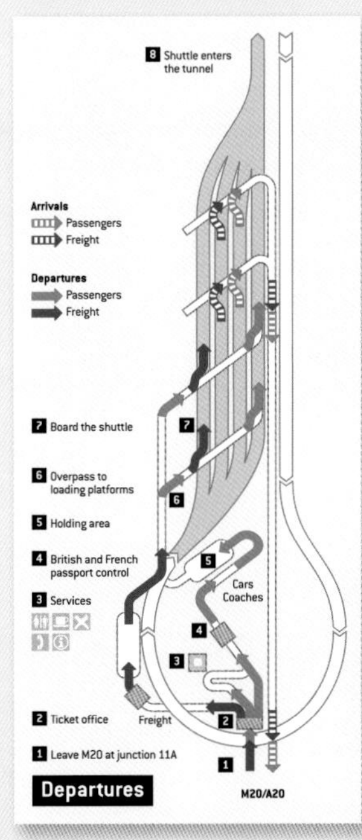

航 海

NAVIGATION

人类对在海上航行时如何避开礁石和其他危害的安全方法的探索历史不同寻常。没有人知道几千年前第一批航海家如何横跨太平洋，拓展他们在澳大利亚和太平洋岛屿的殖民地。在过去的几十年中，卫星导航的问世几乎可以否定过去两千年中所有的导航设备和编码技术。尽管如此，原来发明的技术对于帮助海上航行的水手仍有里程碑式的贡献，这充分说明人类完全有能力解决我们所面对的棘手问题。

灯塔和灯船

信标作为助航设备可以追溯到两千多年前，现代的明暗光信号灯是查尔斯·巴贝奇（Charles Babbage）在19世纪发明的。灯光分为高强度（重要）和次强度（次要），默认颜色为白色，有时也会采用红、绿、黄等颜色。

常亮(F)一般为彩色灯光

闪亮(FL)每分钟多达30次

快速闪烁(Q)每分钟60次

断续快速闪烁（IQ）

等相信号(ISO)相位长短相等

联闪（GP FL）

明暗光（OCC）

交替灯光(AL)变换颜色

长闪(LFL)至少持续两秒

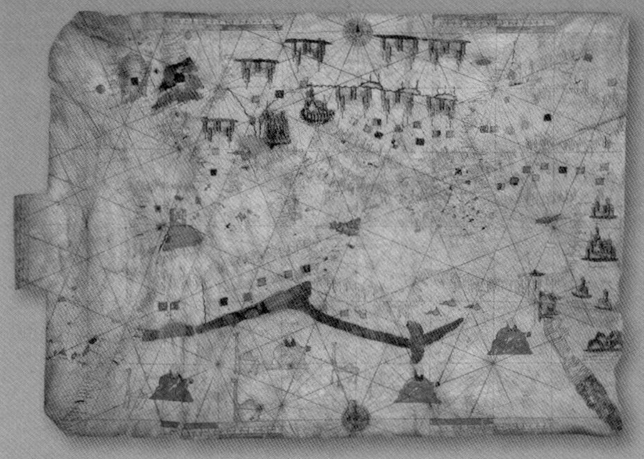

从13世纪起，阿拉伯人和一些地中海国家的航海家就开始制作简易的航海图来辅助航行。虽然范围很小，但航图提供了海岸线信息、海上坐标、罗盘方位等主要航海信息。波多兰航海图（左图）按照比例尺标出了海岸城镇的位置，以及城镇之间的距离。

航海图和引航员

地形图和航海图的最大差异在于，前者为使用者提供可以轻易看到的地形；而航海图则需要和灯塔、灯船和浮标标记等信息一起使用，才能告知海员海岸线的位置和看不到的海底地形，这些信息对领航员至关重要。英国海军从17世纪起，最早开始制作详细的航海图（尽管早在13世纪，伊比利亚半岛就开始绘制波多兰航海图，用于地中海以及欧洲和非洲的近海航行），同时也绘制详细的“航海图”，准确描述海岸线以及各种地形特征，例如山峰、港口以及其他地标。

航位推算和经度

纬度可以通过星盘或六分仪，在特定的时间和季节测量太阳的角度，然后结合罗盘方位一起准确确定。而经度的确定是测量从一个固定点算起的时间。在确定经度时，航位推算 （根据已知纬度、风向风速和洋流进行有效推测）的误差曾导致大量的生命、船只和货物损失，这促使英国政府发起了一场制造精密计时表的比赛。实际上，从18世纪中叶起，人们才真正开始利用船只对海上地形进行精确的勘测，而现在的海上测绘任务都依靠卫星导航系统同步完成。

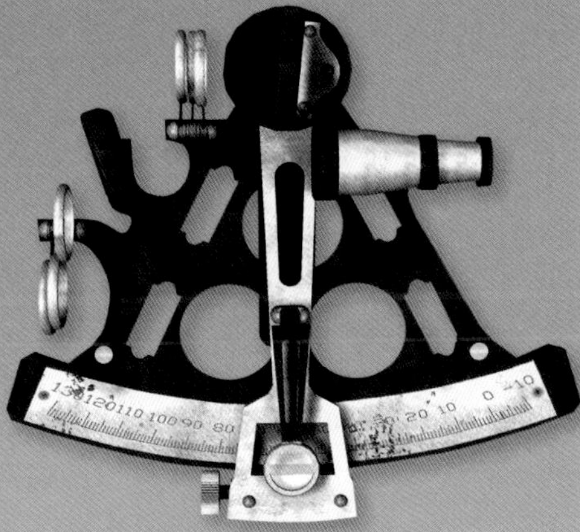

六分仪 用于精确测量太阳或其他天体相对于地平线的角度，也可以计算纬度。

与生俱来的能力 早期的欧亚导航很多都靠口述经验来完成，而且基本上都是近海导航。真正意义上的远海导航由当时的维京人开创，在过去的1000多年间，他们通过对风向和洋流的敏锐判断，接连发现了诸如冰岛、格陵兰岛、北美新大陆。即使在今天，渔民们仍然能够通过敏锐的嗅觉判断无数近海水域海水的水质。

浮标

自1977年以来，国际公认的浮标系统有两种标志，国际航标协会A（欧洲和世界上大多数国家）和国际航标协会B（美国、日本、韩国、菲律宾），但现在两种标志的区别已经很小。浮标是固定的漂浮标记，通常伴有定时闪烁的灯光，为航海者提供特定的有关危险和航路的信息。位置、形状、颜色以及其他标志都是浮标提供的编码信息。

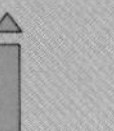

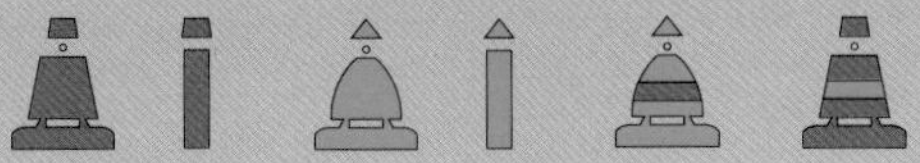

侧方标志 表示可通航的航道，红色代表向左转舵，绿色代表向右转舵，红绿色相间没有特定的频率。

北 东 西 南

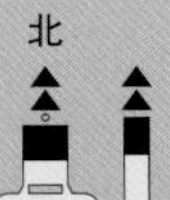
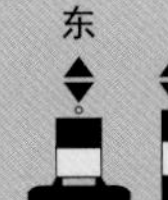
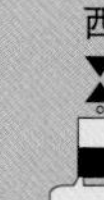
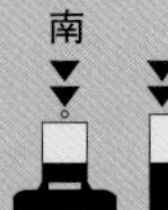

重要标志 表示最佳航道的方向，或表示必须改变航道。这种灯光一般为白色，闪烁频率经常变化。

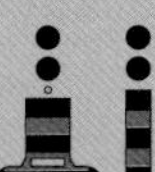

孤立危险物标志 表示周边的航海水域有危险；白色灯光，联闪。

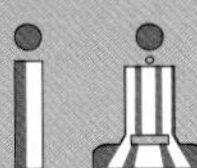

安全水域标志 通常设置在航道中央或登陆处，使用白色的等相光、明暗光或10秒长闪光。

专用标志 没有特定的目的和形状，只表示一般的沿海危险；使用没有特定相位的彩色灯光。

航海惯例 很久以来人们就规定，在两船相汇时，应以右舷对右舷通过。在夜晚，船只右舷挂绿灯，左舷挂红灯，桅杆上的白灯则指示前进的方向。

分类学 TAXONOMY

始祖鸟
（已灭绝）

地球上所有生命形式的分类代码或生物组织都是我们理解自己和同类的一种基本代码。自古典时代以来，为了了解各种植物、动物、真菌以及细菌之间可能存在的相互关系，人类尝试着为地球上数不胜数的生物建立秩序。直到18世纪初期，瑞典博物学家卡尔·林奈（Carl Linnaeus）设计出基于相同的物理属性的生物分类体系，这个体系自建立至今仍在使用。事实上，林奈的被称为“双名法”的分类系统为19世纪达尔文思想的形成奠定了基础。DNA密码分析（见172～177页）使我们对地球上所有生命形式之间的相互关系有了更深的了解。

种 始祖鸟种

属 始祖鸟属

科 始祖鸟科

目 始祖鸟目

纲

亚门

门

界

古典起源

很久以前，人们就试图了解不同生物体之间的联系，其中最著名的可能就是希腊哲学家亚里士多德，他很可能是第一个将已知生物或现存生物进行分类的人。他在关于如何对生物进行分类的著作中首先使用了“物质”“属”和“物种”这样的词汇。亚里士多德通过研究它们的血液是否为红色、它们的繁殖方式及栖息地的种类等几个特征，对它们进行分类。亚里士多德的著作也为博物学家卡尔·林奈铺平了道路，他在启蒙运动时期上学时就读过这本书。

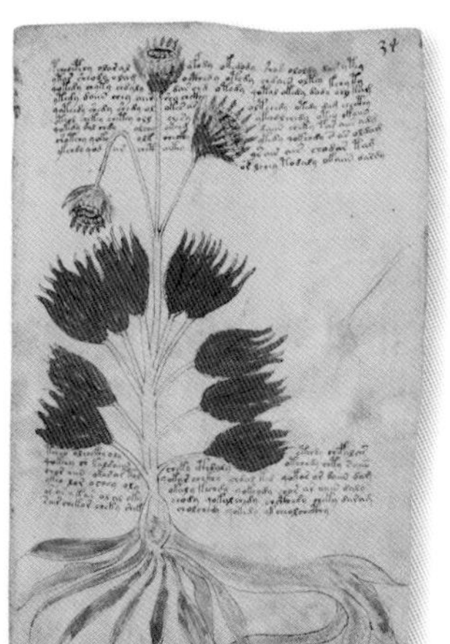

中世纪言论

中世纪的学者仍根据亚里士多德的部分思想探索万物中存在的关系。因此，亚里士多德的思想渗透在大多数中世纪作品的主题中。事实上，科学家和哲学家圣托马斯·阿奎那（St.Thomas Aquinas）将其发展为“存在论的类比”，该理论后来成为本体论（独立实体或有机体之间相互关系的形而上学的研究）研究的基础。13世纪的方济会修士罗杰·培根（Roger Bacon）被认为是所谓的伏尼契手稿（Voynich，左图）的作者。这个神秘的加密文件从未被解密，但它似乎包含了植物以及其他自然现象的系统分析；然而它涉及的几个物种被认为是在欧洲人到达美洲后才为人所知，因此培根不可能是其作者。

林奈为他的房子设计的以他的植物画作为主题的墙纸

林奈的家族姓氏以一棵巨大的椴树而命名

林奈和分类学

卡尔·林奈（1707—1778年）有充分的理由被称为“现代分类学之父”。作为一个不拘一格的博学家，他大量吸取同行的研究，建立了一个可以将一切生物编入分类的强大系统。在1735年首次出版的《自然系统》中，他利用层级结构对生物进行分类，该系统经过不断更新，至今仍为我们所用。根据界、门、纲、目、科、属、种进行分类的方法就是由林奈首创，并由此产生了用双名法来区分每一个生物体的方法，例如从黑猩猩属（学名：*Pan troglodytes*，黑猩猩）到人类（学名：*Homo sapiens*，智人）。随着生物学的发展，他对不同生物体分组的组织结构在很大程度上已被修改。

学名：*Geospiza fortis*，勇地雀（现存）

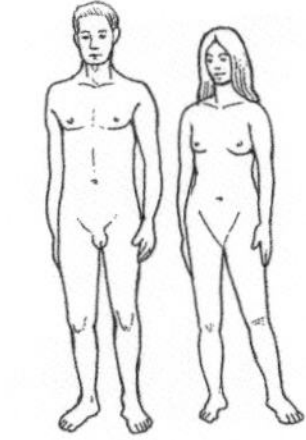

学名：*Homo sapiens*，人类（现存）

这个图片展示了三种动物在林奈分级结构中的主要类群。分类等级扩展为七个可识别的用“进化树”排列的纲，暗示着组与组之间的进化关系。

始祖鸟（左上），是它所属目中的唯一成员。虽然它被分类为鸟（鸟纲），但它与许多小恐龙（爬行）有许多共同特点，而且它很可能和原始鸟类的祖先有密切关系。

科学家怎样给有机生物分类

简单来说，科学家根据各种生物体的相似点和不同点对生物体进行划分及分类。然而，实际的过程要复杂得多。这是因为两种动物可以看起来很相像，但却有着完全不同的进化历史。例如，鸟类和蝙蝠都有翅膀，但关系并不密切，而恐龙现在被认为是鸟类的远古祖先。因此，这些科学家，也称为“分类学家”，必须区分有意义的相似和偶然的相似。为了做到这一点，系统学家必须非常严格地研究这些动物的解剖学特点、进化、有性生殖方式，以及化石记录。随着遗传学的发展（见172～177页），我们已经能够在基因层面上对动物进行分类。

达尔文和分类学

在查尔斯·达尔文（Charles Darwin，1809—1882年）提出“自然选择”进化论学说之时，林奈分类法的应用以及他的继承者们提出的连接各种生物和谱系“生命树”（见下图）发挥了巨大的作用。事实上，达尔文在1859年出版的《物种起源》中指出，生物不仅可以进行分类学归类（正如林奈所做），甚至可以有一个共同的家谱。在达尔文之后，系统学家开始明白，人类可以使用进化关系来推断物种之间的密切程度，分类学中的纲、目、科能反应进化关系中相似的模式，带领我们进入一个能反映地球生物关系的更加细化的画面中。

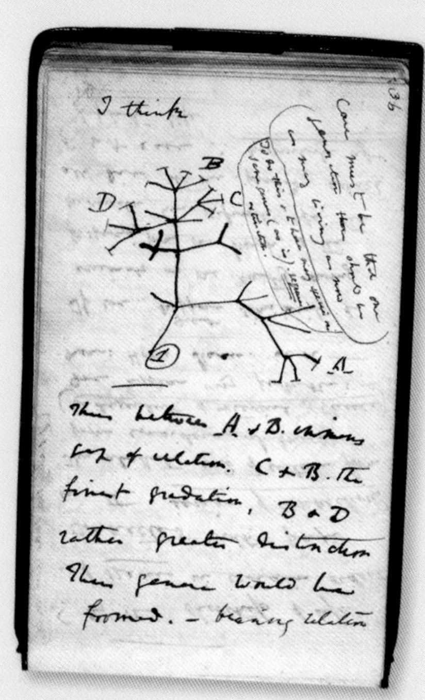

分类学的未来

自亚里士多德首次尝试对有机生物进行分类以来，至今，分类学“代码”已经发展了2000多年。通过对新世界以及林奈分类系统的探索和研究，特别是对过去200多年来生物进化的探索和研究，我们可以更好地了解有机生物是如何进化的，更加准确地掌握它们之间的相互关系。然而，科学本身总是不断发展的，进化遗传学的最新研究意味着我们已经开始在基因层面上了解有机生物之间的关系。例如，我们现在知道，人类和黑猩猩共享98.5%的相同的DNA，这证明我们有着某种共同的祖先，然而，人类和香蕉也拥有较高的基因相似度，这实在很令人费解。

遗传密码
THE GENETIC CODE

在世界上存在的所有密码和代码中，最根本的也许就是遗传密码了。遗传密码镶嵌在每个有生命的有机生物的DNA中，包含着有机生物如何工作和繁殖的一系列指令，甚至能决定我们毛发的颜色或者是否喜欢芽甘蓝等。每种有机生物的DNA组成都决定着我们是人类、是黑猩猩还是一根香蕉，同样也决定着我们是否有患心脏病、糖尿病和乳腺癌的风险。在过去五十年中，科学家一直致力于破解遗传密码，以便找到人类与其他动物的相似点，以及人与人之间的相似点。

遗传密码是怎样工作的

决定我们身体构造以及功能的指令，也就是通常意义上的“图纸”，就镶嵌在我们身体内的数万亿个细胞中。每个细胞的细胞核（不包括生殖细胞）中都包含一套称为染色体的相同结构；同样，每条染色体中又包含一种被称为脱氧核糖核酸（DNA）的化合物。正是染色体的数量以及每条染色体中基因的不同，决定了人之所以为人、大猩猩之所以为大猩猩，以及香蕉之所以为香蕉。例如，人类有46条染色体，大猩猩有48条染色体，而香蕉有33条染色体。此外，虽然同一物种的所有成员都有着相同数量的基因和相同数量的染色体，但很多基因之间也各不相同（例如眼睛颜色的基因和头发颜色的基因等）。正是这些从基因库中提取的特定组合，使我们每个人都与众不同。

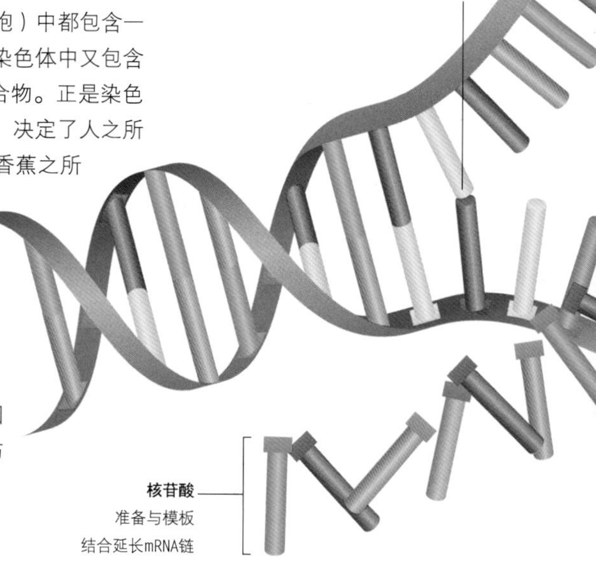

染色体由生物细胞核中的DNA组成，DNA的双螺旋结构包含着生命的图纸。

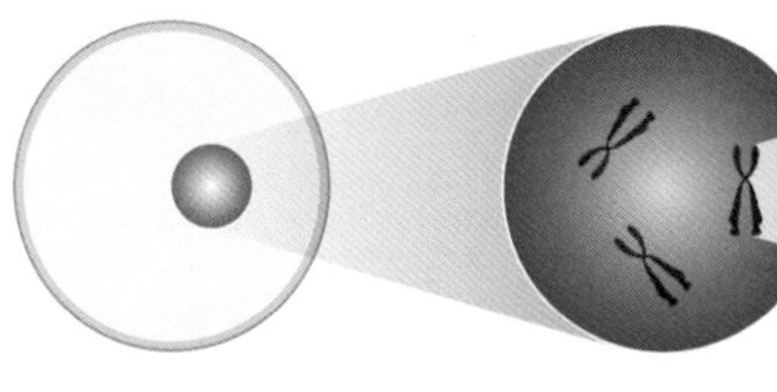
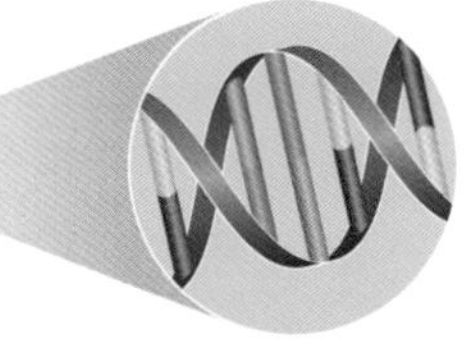

沃森和克里克

与DNA密不可分的两个名字是詹姆斯·沃森（James Watson，生于1928年，上图左）和弗朗西斯·克里克（Francis Crick，1916—2004年，上图右）。1952年，沃森和克里克都是剑桥大学卡文迪什实验室的研究人员，他们的目标是确定DNA的结构。当时，科学家对于DNA的结构和组织，以及基因对决定人类遗传密码的重要性，都还没有明确的认识。沃森和克里克试图通过原子比例模型确定DNA的结构。很快，他们发现了腺嘌呤、胸腺嘧啶、胞嘧啶和鸟嘌呤等四种碱基是如何结合在一起的。他们注意到这些碱基的分子结构是这样的，腺嘌呤只与胸腺嘧啶结合，而胞嘧啶只与鸟嘌呤结合。利用这些信息，他们决定把这些碱基堆叠在彼此顶部，从而观察到整个基因结构。这样做的结果就是得到一个通常被比喻为螺旋状楼梯的著名的双螺旋结构。由于这一成果，沃森和克里克与同事莫里斯·威尔金斯（Maurice Wilkins）一起分享了1962年的诺贝尔生理学或医学奖。尽管他们的发现备受争议，例如研究员罗莎琳德·富兰克林（Rosalind Franklin）先前研究结果的用途，以及沃森关于种族和性别的论述，他们仍然因为发现DNA的结构与作用为世人所称赞。

DNA由四种碱基分子即腺嘌呤（A）、胸腺嘧啶（T）、胞嘧啶（C）和鸟嘌呤（G）组成。这四种碱基连接到其支撑结构形成一个核苷酸，然后像梯子的横档一样链接成对：腺嘌呤与胸腺嘧啶组合，胞嘧啶与鸟嘌呤组合。而在mRNA链中，胸腺嘧啶被替换为尿嘧啶。

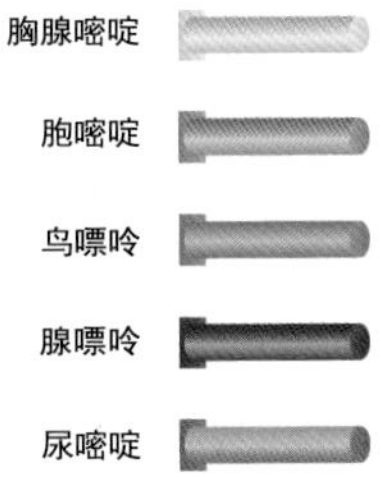

胸腺嘧啶
胞嘧啶
鸟嘌呤
腺嘌呤
尿嘧啶

基因和蛋白质

生物将营养物质分解为其所需的组成成分，并根据基因提供的模板合成为它们所需的物质。基因是一段包含500个到10000个碱基对的DNA链，可为单个蛋白质提供编码。基因中碱基对的顺序形成了一个“模板”或“密码”，决定了我们身体的蛋白质是如何制造的，这是基因的主要作用。我们的身体不断地产生蛋白质，以调节身体的功能，建立或修复组织或肌肉。

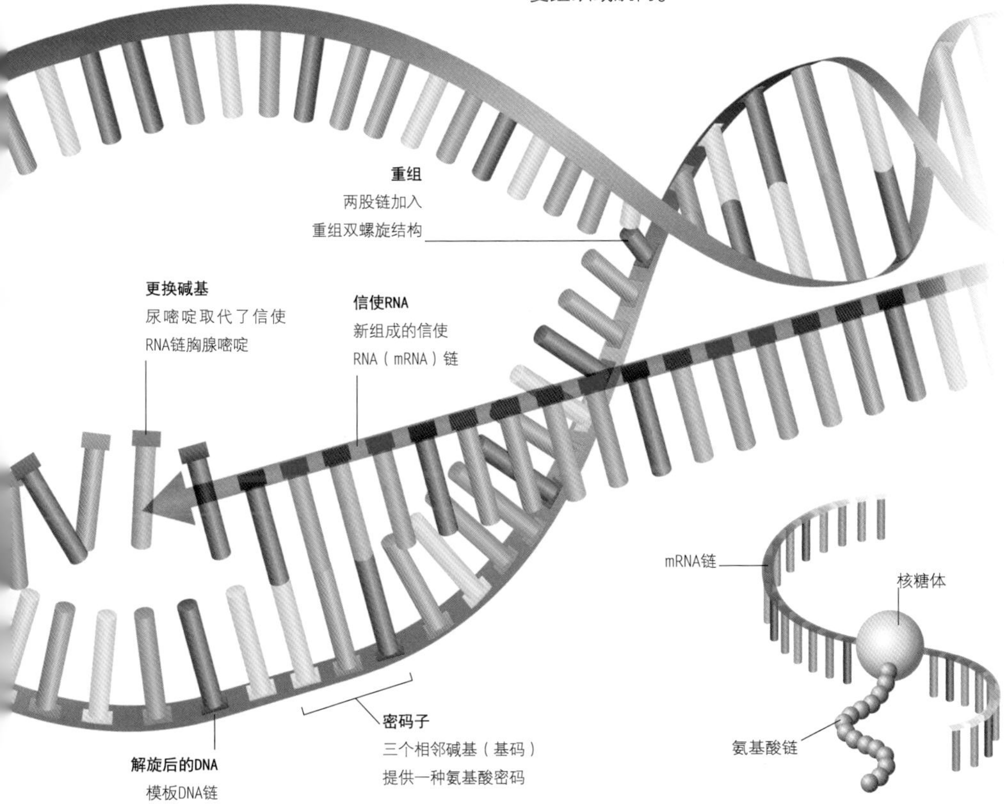

重组
两股链加入
重组双螺旋结构

更换碱基
尿嘧啶取代了信使
RNA链胸腺嘧啶

信使RNA
新组成的信使
RNA（mRNA）链

mRNA链
核糖体
氨基酸链

密码子
三个相邻碱基（基码）
提供一种氨基酸密码

解旋后的DNA
模板DNA链

复制遗传密码

在基因被读取时，DNA的两条链解开，其中一条链发挥模板作用。核苷酸按照碱基对的顺序沿着“模板”链进行排列，形成“信使”RNA（mRNA）链。这样，新的mRNA链的碱基序列因而与先前配对的模板链序列匹配（除了RNA中用尿嘧啶替代胸腺嘧啶与腺嘌呤配对）。这个过程被称为“复制”，新形成的mRNA与模板DNA分离并从细胞核迁移到一个被称为“内质网”的网状结构中，这里就是合成蛋白质的地方。

解读遗传密码

从本质上讲，蛋白质是由氨基酸组成的长分子链。氨基酸只有20种，每一种氨基酸都是由mRNA上三个相邻的碱基（称为“密码子”）决定的。由于碱基一共有四种，因此可以形成64种密码子。在合成蛋白质时，一个叫作“核糖体”的细胞器沿着mRNA链读取或“翻译”密码子。另一种RNA分子，即转运RNA（tRNA），与所需的氨基酸相连，根据最初镶嵌在DNA中的密码子，将其逐一传输到合成蛋白质的核糖体上。

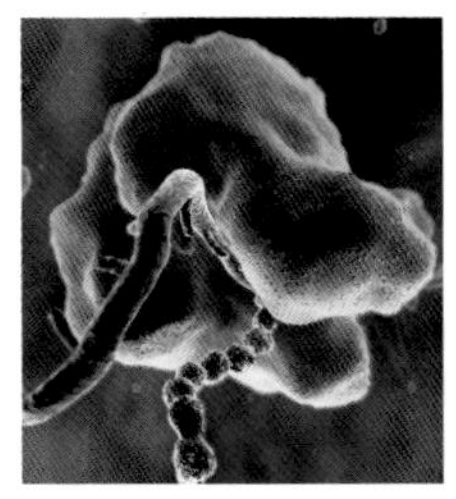

核糖体沿着mRNA链解读密码子，将氨基酸相互连接以合成蛋白质。

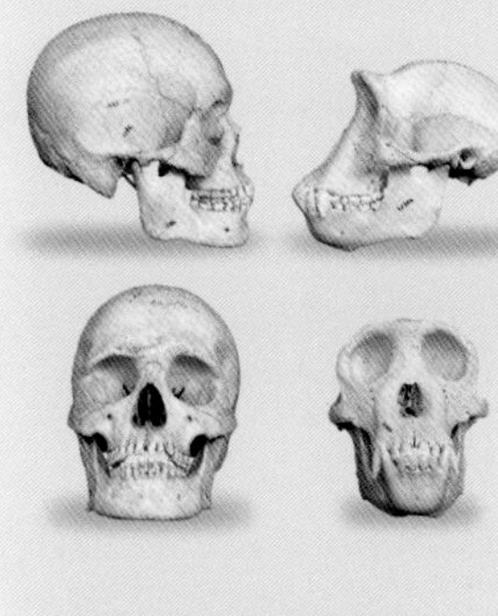

人类和人类的近亲

在研究遗传密码时，我们能得到的最重要的信息之一就是人类与其最相似的动物近亲之间究竟有何联系。将人类的头骨（上图左）与黑猩猩的头骨（上图右）加以比较，我们能看到二者之间明显的相似之处，但是它们也有很多不同之处。事实上，通过比较人类与黑猩猩的遗传密码，我们发现人类与黑猩猩大约有98.5%的遗传基因是相同的，而只有1.5%的基因存在差异，但正是这1.5%的差异使我们成为人类。除了发现人类与人类的动物近亲有密切联系，遗传学的研究还可以确定人类与许多现存动物近亲的最近共同祖先存在的大致日期。这些信息作为对化石和考古资料的补充，也非常有价值。这方面的研究显示，黑猩猩与人类最近的共同祖先存在于大约500万～700万年前，而考古学家对最早人类祖先化石数据的研究也支持这一结论。

遗 传 GENETIC ANCESTRY

早在沃森和克里克发现DNA结构，并开始进行人类基因组项目（见172和176页）研究之前，科学家和农学家就已经初步了解遗传密码的模式及其工作方式。对生命力更强、产量更高的粮食作物进行选择育种，可以追溯到更早的时代。动物的选择育种也是如此。然而在18世纪，为了满足日益增长的人口的需要，欧洲农业开始寻求更高的效益，动植物的选择育种都得以迅速发展。19世纪，在弗兰肯斯坦男爵（Baron Frankenstein）和查尔斯·达尔文（Charles Darwin）的影响下，科学家们开始思考如何将基因工程技术应用于人类。

选择育种

在还未详细了解遗传密码是如何发挥功能的情况下，它已经成为早期现代农业革命的核心。

17世纪，在以荷兰和英格兰为主的地区，农作物轮作已经出现，人们掌握了为不同的植物和土壤提供适当的种植周期，使土壤的肥力和生产力最大化的方法。通过对病株、杂交作物和交叉授粉的实证研究，人们生产出大量的鲜花和蔬菜（包括从新世界和亚洲进口的新品种）以及新的肉食性畜品种（上图）。

荷兰人也热衷于研究最大限度地从海水中收回土地的方法，并尝试通过农作物轮作使土壤恢复养分，避免在传统耕作方式下，耕地每种植两年需要休耕一年的状况。

到18世纪中期，欧洲西北部出现了新的综合系统，将农作物的种植周期与畜牧业结合起来，粮食生产大规模增长，进而推动了所谓的工业革命。

哈布斯堡王朝的下巴

在培育人类家族后代方面，最具选择权的就是欧洲皇室。由于几个世纪的近亲婚姻，下颌突出（俗称大下巴）等特征在皇室成员中越来越普遍。这是发生在哈布斯堡家族中的真事。西班牙的查尔斯二世（1661—1700年，左图）据说是受哈布斯堡王朝血统影响最严重的一位，他的下巴先天畸形，无法正常进食。

血友病：皇家疾病

了解基因如何代代相传，有助于我们了解疾病如何遗传给下一代。维多利亚女王的遗传疾病——血友病就是一个特殊的例子。血友病基因携带在X染色体上，它会导致血液的凝血能力降低。女性有两个X染色体，如果其中一个染色体携带血友病基因，健康的X染色体将可以确保该女性没有血友病症状；男性有一个X染色体和一个Y染色体，也就是说，只要他们继承一个含血友病基因的X染色体，他们就会患病。维多利亚在不知情的情况下将自己携带血友病基因的X染色体遗传给她的几个孩子，后又通过孩子遗传给孙辈，他们中的许多人后来都成为欧洲的皇室成员。四代后，维多利亚的后代们才不再将血友病基因遗传下去。如今的皇室已经没有血友病遗传特征。

艾尔佛雷德王子（1844—1900年）娶了俄国公主玛丽

维多利亚公主（1840—1901年）嫁给普鲁士的弗雷德里克王子

爱丽丝公主（1843—1878年）嫁给了德国黑森和莱茵河畔大公路易王子。她是血友病携带者，俄国沙皇皇后亚历山德拉的母亲

露易丝公主（1848—1939年）嫁给了洛恩侯爵

维多利亚女王家族中的九个人通过联姻进入欧洲贵族和王室。三人带有母亲的血友病基因，其中两个将该基因遗传给这个欧洲大家庭的九个家庭成员。

DNA和罗曼诺夫家族

最著名的血友病患者是维多利亚女王的后裔阿列克谢。他是俄国沙皇尼古拉斯二世和他的妻子亚历山德拉（维多利亚的孙女）之子。他们在布尔什维克革命后于1918年被谋杀。沙皇尼古拉斯、亚历山德拉和他们的三个孩子的遗骸于1991年在一个较浅的坟墓中被发现。2007年，通过对更多的遗骸进行DNA测试，发现了属于阿列克谢和玛丽的遗骸。

丢失的遗骸属于罗曼诺夫家族（左图）。它引发了无数关于可能继承巨大财富的幸存者的话题。然而最近的DNA测试表明罗曼诺夫家族无人幸存

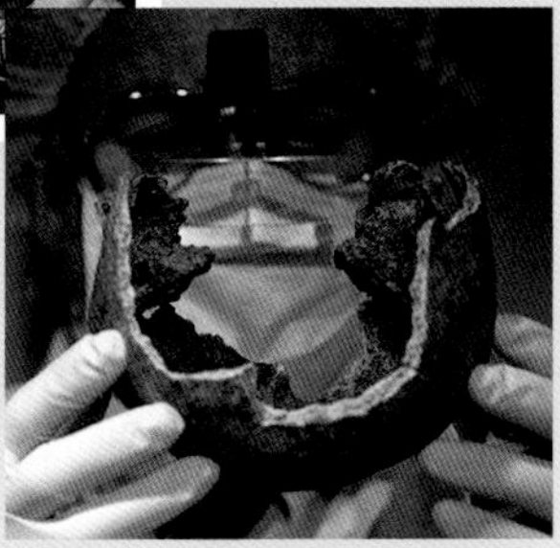

法医对一块头骨进行研究，认为该头骨属于阿纳斯塔西娅，这个推测后来被DNA测试所证实

阿尔伯特王子（1819—1861年）

比阿特里斯公主（1857—1944年）嫁给了巴腾堡王子亨利，她是血友病携带者

维多利亚女王（1819—1901年）血友病携带者

阿尔伯特·爱德华（伯蒂）威尔士亲王（1841—1910年），娶了丹麦郡主亚历山德拉

海伦娜公主（1846—1923年）嫁给石勒苏益格-荷尔斯泰因公国王子克里斯汀

亚瑟王子（1850—1942年）娶了普鲁士公主露易丝

利奥波德王子（1853—1884年）娶了皮尔蒙特的海伦娜公主，他是血友病患者

活体解剖和优生

作家H. G. 威尔斯（H. G. Wells）在1896年出版了关于对动物和人类通过手术治疗疾病的小说《莫洛博士之岛》（*The Island of Dr. Moreau*），他没有想到这本小说激发了玛丽·雪莱创作《弗兰肯斯坦》（*Frankenstein*）的灵感：科学家能够像上帝般控制人类的命运。那时，这种活体解剖手术实验的有效性受到严重质疑。尽管如此，人们已足以相信“遗传学”正在为更加危险的伪科学服务——人类对遗传基因的操纵被称为优生学，借此获取人们的信任。威尔斯本人对此表示赞同，并说他感兴趣的是“绝育的失败，而非选择受孕的成功”。

纳粹是安乐死社会工程的倡导者。早在集中营建成前，他们提倡对“弱智者”和“功能退化者”实施安乐死。纳粹声称这些人的生存将会花费国家60,000德国马克：“德国同胞们，他们花的也是你们的钱。”

遗传密码的应用
USING THE GENETIC CODE

DNA和打击犯罪

自从20世纪80年代英国警方和法医科学家首次使用DNA分析技术来识别犯罪现场的潜在犯罪者以来，这一技术的使用量急剧增加。DNA密码为每个人提供了独一无二的“指纹”。对在犯罪现场采集的唾液、发丝、汗水或其他分泌物进行检验和分析，然后将其与调查人员提供的犯罪嫌疑人的精确DNA样本进行对比 （或与越来越丰富的数据库中的DNA记录对比），就可以为调查人员提供精确破案依据。

第一次使用DNA取样的刑事调查是1987年在英国莱斯特郡进行的。在1983年和1986年，发生了两起相似的强奸和谋杀案，警方控告当地年仅17岁的理查德·巴克兰（犯罪嫌疑人）。他迫于压力承认自己杀害了受害者。莱斯特大学的DNA研究人员提出通过对比两起案件中的残留物来确定他是否有罪。结果证明罪犯确实是同一个人，但不是巴克兰。在取自当地5000名男性的样本中，没有发现任何相匹配的DNA。然而其中一名样本捐献者承认他曾把自己的DNA样本给了当地一个名叫科林·皮茨佛克的面包师。随后皮茨佛克被捕，检测结果表明他的DNA与罪犯相符。最终，他认罪并被判终身监禁。

沃森和克里克等人在英国剑桥大学卡文迪什实验室中的发现（见172页）不仅确定了基因遗传与DNA之间的联系，而且还具有更重要的意义。人类基因组计划于19世纪80年代在英国剑桥大学启动，同时，在人类的计算能力能够通过序列分析绘制完整的人类基因组图时，美国、中国、法国、德国和日本也加入该研究项目。2000年，该基因组图的绘制初步完成；2006年，最后一条染色体被确定并绘出。尽管早在19世纪80年代，人们就已经将人类个体的DNA独特性用于犯罪案件的侦察（左图），但该基因组图的影响仍然非常大。随着基因组图绘制完成，出现了各种各样的伦理问题，其中涉及健康、保险、基因工程、生物识别和安全数据库。一夜之间，人们开始被自己独一无二而又不可回避的身体密码所困扰。

分析DNA的准备

先从染色体中提取DNA，然后再将其分成若干段。将这些DNA片段分离并克隆得到许多溶液中，每管溶液都包含相同的DNA链，且长度不超过4000个碱基对。双链染色单体加热后分裂成两条单链，其中一条单链DNA作为复制的模板。复制的过程还需要酶、载体和A、G、C、T四种碱基（见172页）。每个碱基都“特异地”对应另一个碱基。随着复制过程纳入越来越多的DNA链，这些特殊碱基在特定标记处停止复制。复制从载体上相同的地方开始（通常是模板链上非常确定的某一点），通过碱基配对进行，并在阻止复制的“特殊”碱基标记处停止。

两条DNA的比对是利用由凝胶电泳发展而来的放射自显影技术进行的。这个方法需要对每一种碱基（C，A，T和G）分别准备溶液，它们在凝胶中的泳道相互平行。两个样本的同一段DNA并排进行电泳，以确定它们碱基位置的差异，这可能排除两个样本来自同一个人的可能性。

读取基因密码

这些混合物（溶液）现在通过一种叫作凝胶电泳的方法被分成等长的片段。这段凝胶受到电场的作用。含有DNA片段的溶液被添加到其负极，由于DNA带有负电荷，因此可通过凝胶向正极移动。每个DNA片段的移动速度与其大小有关，小片段的移动速度快，长度相等的片段移动速度也相同。由于在它们的特殊基团上均有不同的标记附着，因此，可以显色（在激光照射下A呈荧光绿色，G为红色）。在自动化系统中，探测器在DNA团块经过时读取其颜色，并由计算机记录序列。也可以关闭电场，使各DNA团块沿着凝胶固定在其当前位置。

科恩之谜

科学家们如今可以追溯到数万年前的基因谱系，但这经常导致一些具有争议的结果。很久以来，常见的一个犹太姓氏“科恩（Cohen）”，被认为与犹太的宗教种姓亚伦（Aaron）的后裔、摩西（Moses）的哥哥克汗尼姆（Kohanim）有关。1998年，科学家分析了数百名男性科恩人的DNA，以评估姓氏与父系遗传之间的遗传联系。结果显示两者之间确有联系。但进一步分析表明，该父系基因链可以追溯到3000年前远离累范特地区的阿拉伯半岛，这就提出了一个疑问，那就是这些发现如何与《圣经》传统相符合？

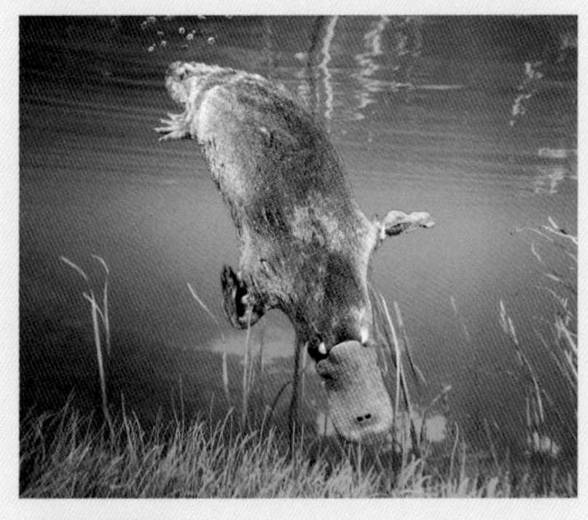

神秘的鸭嘴兽

对这种神奇动物的基因组序列的研究表明，它是哺乳动物、爬行动物和鸟类动物的奇妙混合体。

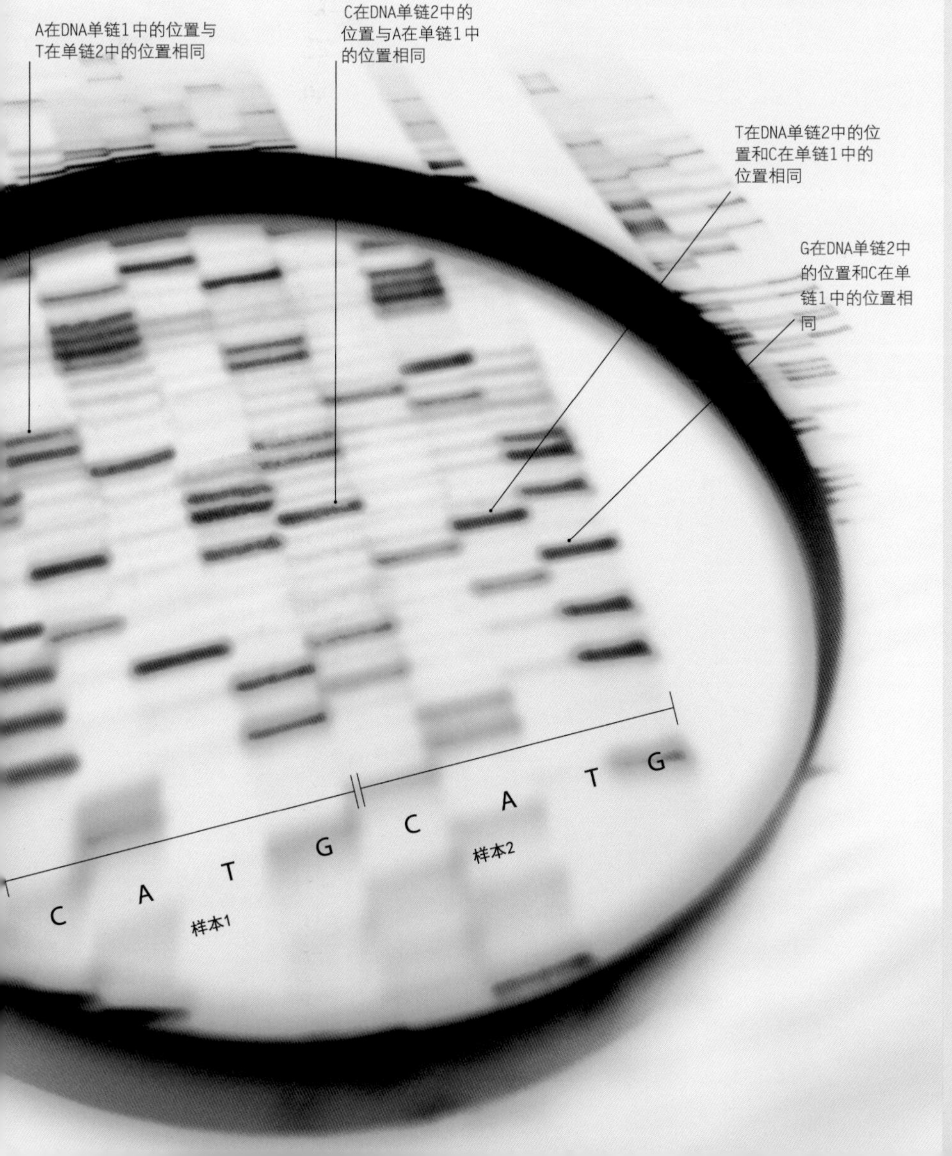

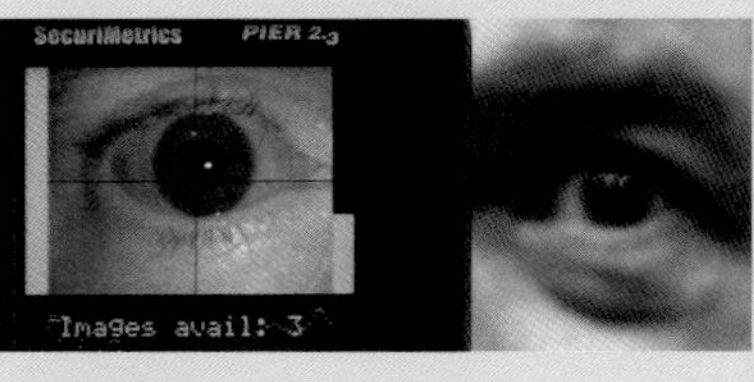

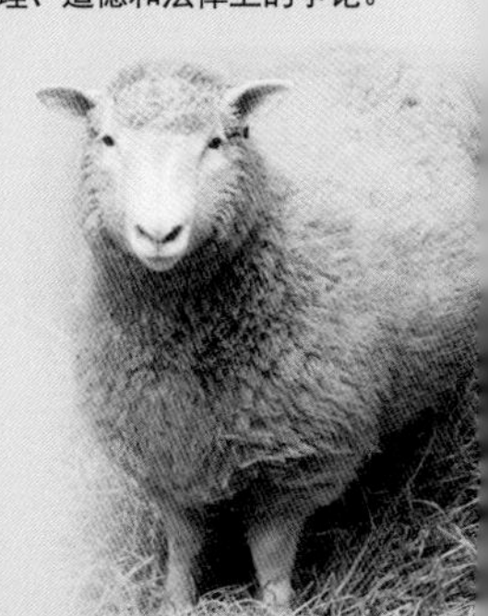

A在DNA单链1中的位置与T在单链2中的位置相同
C在DNA单链2中的位置与A在单链1中的位置相同
T在DNA单链2中的位置和C在单链1中的位置相同
G在DNA单链2中的位置和C在单链1中的位置相同
C A T G
样本1
C A T G
样本2

SecuriMetrics
PIER 2.3
Images avail: 3

DNA检测

利用指纹分析进行刑事侦查是独特的基因分析的最早实例（见140页），而DNA检测的出现则使基因分析的安全性大大提高。目前，生物识别护照已经在40个国家发行，这个微型芯片包含持有者的照片和越来越多的指纹及虹膜扫描资料（上图）。在护照中加入持有人的DNA信息，使伪造护照变得不再可能。同样，警察和安全部队认为，应该建立国家DNA数据库，并将其与身份证和护照信息关联起来。而公民自由论者则认为这是对个人隐私的严重侵犯。

保险和健康

人类基因组的解码使人们开始担心，保险公司将拒绝为那些携带与糖尿病、心脏病、老年痴呆症或癌症等疾病相关基因的个人提供健康保险。因此，许多人对自己的DNA进行这种遗传标记的检测持谨慎态度或者秘密进行检测。上述做法存在许多伦理和法律问题，而现存的各种法律与即将颁布的一些法律都涉及“基因保密”问题。

基因工程

近年来，利用基因技术操纵生物体的做法引起了巨大的争论。尽管许多人对未知的长期影响感到不安，但基因工程作物的潜在益处有望养活世界上不断增长的人口。1996年，第一只克隆羊——短命的“多莉”的诞生预示着动物和人类的基因改造成为了可能，自此引发了许多伦理、道德和法律上的争论。

人类历史上的各个文化体系纷纷开发出各种语言类、文字类和图形类的简化符号，作为交流思想和传递信息的工具。这些符号来自久远的人类发展的共同历史，尽管它们的起源可能已被后世遗忘，但其含义仍沿用至今。

文明密码

这些符号通常以暗喻或图像的形式，传递零散却复杂的思想。其中许多符号至今仍为那些有连续宗教信仰或相同价值观的社会群体所使用，同样，其中也有许多符号随着时间的流逝渐渐退出历史舞台。

建筑标志 CODES OF CONSTRUCTION

在20世纪初叶现代文明诞生之前，西方建筑一直被两大截然不同的派别所主导，每一种建筑流派都有其独特的正式语言和结构风格，其影响延续至今。一种是经典的梁柱式建筑，这种建筑起源并兴盛于古希腊和古罗马，公元1000年时的罗马式建筑保留了其简化形式，直到文艺复兴时期，考古学家和人文主义者重新唤醒并开始使用这种建筑语言；另一种是哥特式建筑，这种富有生命力、优雅且骨感的建筑的特点，在欧洲中世纪时期得到进一步发展。

石匠的标记

早在古罗马时期，标志、交织文字或符号就被刻在石块上，这些标记在中世纪十分盛行，其用途和意义至今仍未完全为人所知。这些标记大概分为两种：一种是画线标记，表示石块应该摆放的位置；另一种是签字标记，说明加工该石块的石匠，也可以用来统计该石匠的工作量，这实际上是一种双重代码。

方位

无论经典流派还是哥特流派，大多数基督教堂都按照十字形平面图设计，并且都整齐划一地朝向东方。清真寺很少具有统一的朝向，但都有一种精心设计的名为米哈拉布的壁龛，用来为朝圣者指引麦加的方向。

哥特式建筑

在巴黎近郊圣丹尼斯，由本尼迪克·阿贝·苏格（约1081—1151年）赞助重建的阿贝教堂，采用一种新的建筑风格，这种建筑风格迅速在欧洲传播开来。最初的构想是通过减少建筑结构要素，让更多光线进入教堂，最终采用的尖拱和扇形拱顶产生了一种类似天空的奇妙效果，让建筑有一种类似天堂的感觉。由于当时的社会注重简约的形式和装饰，这种建筑风格最初仅被用于诸如索尔兹伯里教堂等教会建筑中，直到15世纪才被广泛应用于各类建筑中。哥特式建筑语言建立了一套特有的词汇体系（见右图）。

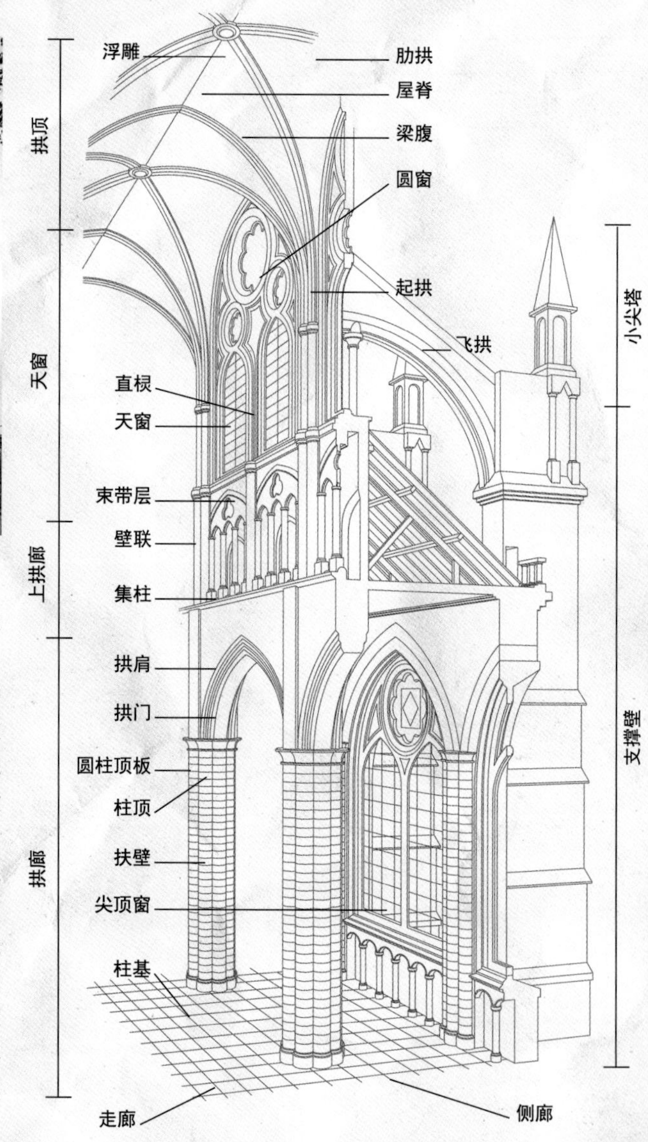

经典式建筑

古希腊和古罗马的建筑风格通过两种途径一直延续到文艺复兴时期：一个是大量的经典建筑物的遗迹，另一个是古罗马建筑师维特鲁威（公元前80—公元前15年）的文字记录。维特鲁威在其著作《建筑十书》中的描述涵盖了从殿宇建筑到民居工程，以及风景园林等主题。莱昂·巴蒂斯塔·阿尔伯蒂（LeonBattistaAlberti，1704—1772年）将这份文字记录编辑成书并加以普及，后来塞利奥、维尼奥拉、帕拉第奥等意大利建筑师先后对其进行了修订。直到1500年，经典建筑流派才逐渐为人们所接受，并广泛应用于意大利的公共建筑、宫殿，甚至私人住宅，并且还可能向北传播至法国、英国和美国。维特鲁威对建筑的比例、特色以及经典建筑元素的正确使用方法都进行了描述，其中最重要的就是三个希腊柱或“顺序”，及其在构建或“表达”一座建筑时的正确使用方法。

保存最完好的经典古罗马建筑万神殿，以其精美的对称外观、漂亮的混凝土圆形拱顶，以及大胆的铭文著称，并成为无数文艺复兴时期以及后文艺复兴时期建筑师的灵感来源。

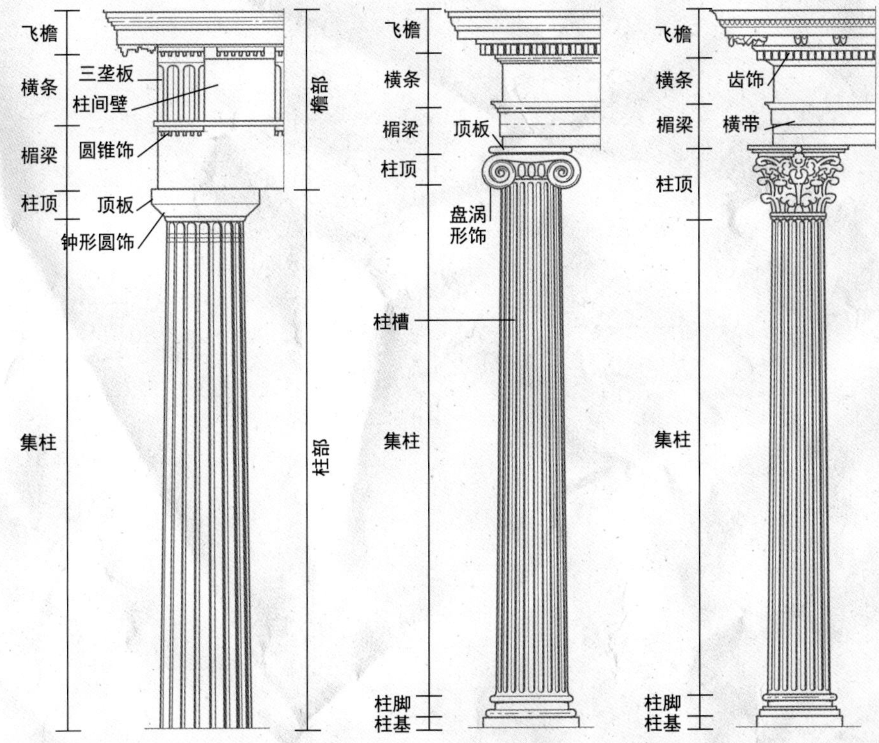

多利斯柱：最古老的柱式，希腊的多利斯柱没有柱脚和柱基；比例为6/7:1；充满阳刚之美；古朴、高贵；常用于公共建筑及设施

爱奥尼亚柱：比例为8:1；充满阴柔之美，而不失庄严；优雅而有气势；常用于图书馆、法院、大学及校舍

柯林斯柱：比例8/9:1（接近人体的比例）；优雅而柔美；装饰性强；常用于政府建筑及娱乐场所

《寻爱绮梦》

文艺复兴时期最具影响力的建筑资料之一，这本具有神秘色彩的插图书籍，相传由一位名叫弗朗西斯科·科隆纳的方济会修士编写而成。1499年，威尼斯人阿尔杜斯·马努蒂乌斯将其印刷成书，并配以大量优美的插图。这本书讲述了普利菲利斯的情爱之梦，梦中出现了各种装饰奇特且具有魔幻色彩的异教建筑。这些建筑有的来自古代世界，有的来自遥远的埃及和中东等地区。其中的大部分建筑已被毁坏，并且在很多建筑上都刻有神秘的雕饰。

塞维利亚大教堂
作为欧洲最大的教堂，混合了摩尔式风格、哥特式风格，以及后文艺复兴时期的古典建筑风格，这些建筑风格在几个世纪中此消彼长。

道教神秘主义 Taoist Mysticism

中国的哲学家和思想家老子（公元前6世纪）被认为是道教的创始人。道教是一个坚持万物有灵论的大型教派，寻求天地之间、秩序与混乱之间、男人与女人之间的对立统一。道教包罗万象，其根本教义在中国具有强烈的吸引力，尽管在某些时期，道教受到过压制，但是它以多种形式保留下来，并影响了新儒家思想和共产主义时代的宣传意象。道教艺术的所有特征——色彩、形状、材料、书法——几乎都保留了其最初的象征意义。例如，玉的使用（被认为源自神龙）至今仍得到广泛认同。

山水画

道教敬畏自然的壮丽，这在全世界的代表作品中无一能及。用浓淡相宜的水墨精心创作的山水画，并不是描绘实际地形，而是反映大自然包罗万象的神奇力量的一种方式。作品中通常包括弯曲且有力的线条，用来表示自然的基本活力，通常以裸露的岩石、河流以及瀑布等形式展现。在风景画中，人物以及建筑被周围的大自然所征服，且常常附有诗文。

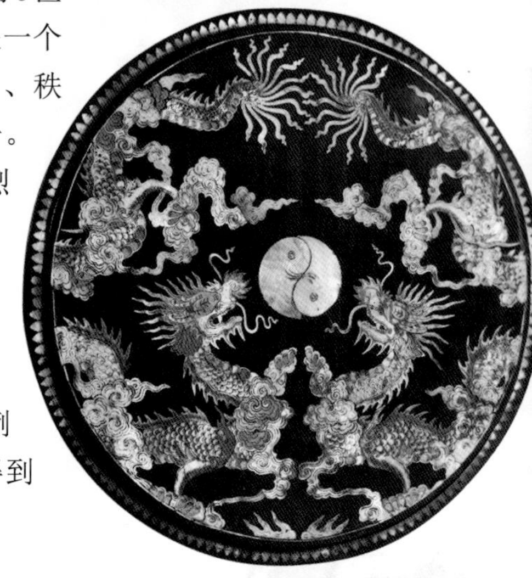

阴阳是统一的象征，也是中国道教信仰的核心，它暗示着天（神界）与地（世俗）的力量之间不可分割的联系。

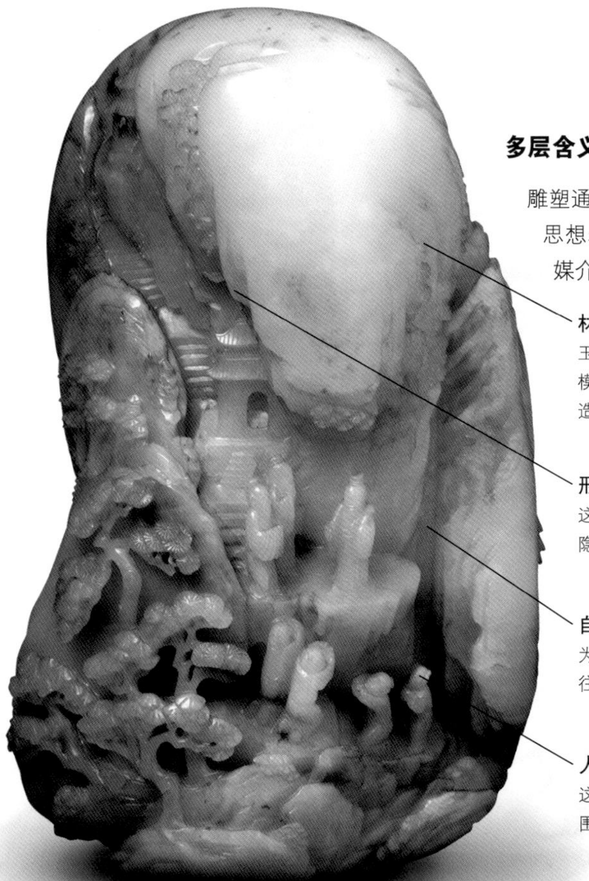

多层含义

雕塑通过使用多层符号，也许是核心道教思想表达形式中最全面也最完美的艺术媒介。

材料
玉石有着至关重要的象征意义。作为中小规模雕塑的最佳材料，玉石被视为连接神灵、造物主和神龙最直接的纽带

形状
这种肾形既表示器官，同时也用凸起和凹陷隐晦地表示阴阳两性

自然符号
为了表现自然界的能量和动态美，雕塑家往往会保留玉石的脉络

人物代表
这个小人代表阳刚之物，朝圣者似乎被其周围的阴柔和壮丽景观所折服

天
这种易经三线形经卦代表天或造物主，两肩处各有一个

鹤
天神的信使

龙
在道教中，这种神奇的巨兽被认为是天地之间的桥梁

日
与月相平衡，这种易经八卦也象征火

月
一种赋予能量的易经八卦，也象征着水

褶边
装饰有象征意义的花，荷花谐音为“和谐”；牡丹象征财富与荣誉；兰花代表智慧与美德

长袍

道教的象征意义经常被附加在宫廷服饰的装饰中，以这件14世纪的长袍为例，上面包含了丰富的信息，反映了穿戴者的地位。

神秘文字

这是道教中传授口诀、符咒和法术的手段，充满神秘的色彩，并且演变出多种书写风格。这些文字笔法相当潦草，只有“通灵之人”才能解读其真正的含义。

神奇的图形

弯曲的线条（见右图）代表一个神奇的口诀。环形代表道教思想中的“阳”。

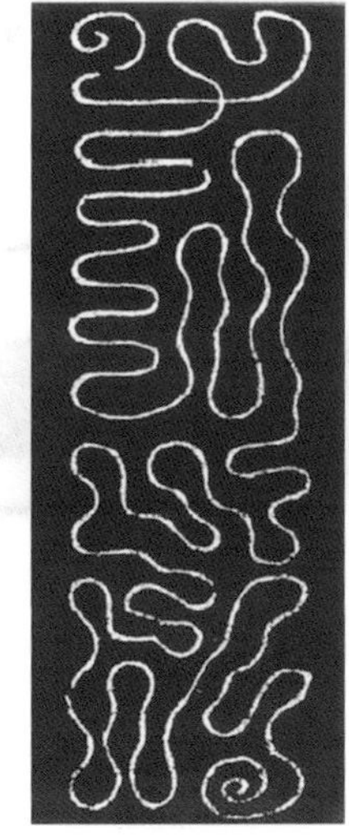

草书

这种代表中国象形文字的高度风格化的书写方式（见左图）有着神奇意义。图中的“寿”字用了一种隐藏形式。该作品的日期“1863年”，以及作者名字“彦志”与“寿”字一起印在作品上。

易经

在道教中占有主导地位的神学文本就是易经。它实际上是一系列玄妙深奥的口诀，这些口诀作为一种复杂的编码工具，用于解读预言、占卜以及自然科学。查阅易经的主要方法就是掷蓍草棒或三枚钱币，以此建立易经八卦（见下图），这些符号往往具有多重含义。

☰	天、造物主；能量、斗争、力量；玉，冰；父亲；头；马
☴	风、木；温顺；大腿小公鸡
☵	地狱，月亮；水；勤劳；耳朵；猪
☶	山，开始/结束，出生/死亡；种子；持续不动；手；黑色喙的鸟、狗
☷	大地、容纳、孕育、屈服；母亲；腹部；母牛
☳	雷、唤醒；大地之力；青竹；足部；龙
☲	太阳、火、光、坚持、意识；眼睛；雄鸡
☱	湖；快乐、迸发；妾；嘴、羊

占卜图

有了上述易经八卦，再结合占卜图，占卜者就可以给出“答案”。

南亚的神圣符号

South Asian Sacred Imagery

南亚次大陆上的几个大型宗教——印度教、佛教、耆那教和锡克教，都拥有共同的图形符号，其中一些可以追溯到大约公元前1000年的吠陀时期。这些符号相当复杂，而且具有多种开放性释义。对于印度教徒来说，宗教符号通常可以代表真实的神灵，因此，符号本身就具有神圣的意味。

神秘符号

虽然印度教在符号的使用方面占据主导地位，但是在南亚的众多宗教中也出现了许多符号。佛教作为较晚形成的教派，融入了一些印度教符号（如足印和莲花），以满足自己的象征需求（见186页）。南亚宗教中一些反复出现的重要符号包括以下两种形式，一种是被广泛应用的固定形式，另一种是当地的变化形式。

灯

伊斯兰教也使用该符号，代表启迪

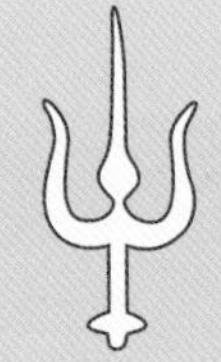

三叉戟

这种三叉形武器代表湿婆神的法力

椰子

这种由杧果叶包裹的壶形椰子常用作仪式祭品，代表多子多孙

海螺壳

这是一种与毗瑟奴有关的符号，代表战争的开始

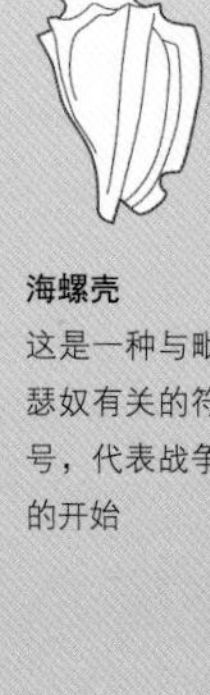

阳具雕塑

这种雕塑的尺寸和形状各不相同，但都以抽象形式表现

华盖

华盖由一条七头眼镜蛇或那伽构成，守护着下面的阳具

阴户底座

这种底座常常呈蛇形或卷布形

神圣活动

对于居住在南亚次大陆的许多人来说，从身体装饰到每日仪式，宗教活动就是他们日常生活的一部分。身体装饰和创作卡拉姆（kolam）都被视为神圣活动，也是宗教活动和效忠神灵的表现形式。

林迦和那迦

林迦是印度教中男性生殖器的象征，与湿婆神和生殖相关。它通常位于代表女性生殖器的基座或凹形槽上。虽然其形状和比例有严格的规范，但是外行人仍然很难单从外形上辨别它们。左图所示为坐落于印度力帕西的雕像，它的林迦由一条七头眼镜蛇（或那伽）保护。那伽和湿婆神象征着死亡，那伽还可以表示宇宙的力量；作为吠陀神阿格尼（或火）的象征，那伽也可以表示守护者。另外，那伽与毗瑟奴也有某种联系，因此那伽还可以代表知识、智慧和永恒。那伽是神圣的，它可以被描绘成完整的人形、蛇形或长着蛇头的半人形。

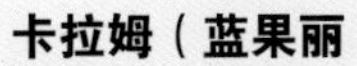

湿婆神

图中的湿婆手握三叉戟，旁边是他的妻子帕瓦蒂和象头神格涅沙

仪式装饰

湿婆神和帕瓦蒂分别点缀了额头红点和眉心红点

唵（OM）

一个神秘的音节。将世间万物之音通过语言的方式加以描述是一种很重要的理念，“唵”打开了祷告、咒语和仪式的大门，并且经常出现在圣地（见左图）。虽然与抽象的冥想相关，但“唵”来源于印度仪式，并且在南亚的主流宗教中普遍盛行。

额头红点和眉心红点

额头装饰在南亚很常见。参加宗教仪式的男人或某个特定神灵的信徒，都要在额头上点上红点。红点的颜料可以是灰烬、牛粪、姜黄或者木炭。破坏者湿婆神的信徒用火葬仪式过后的灰烬，在额头上画出三条线（或三叉戟），或新月形符号。毗湿奴的信徒用檀香描画出U形符号，代表毗湿奴的足印。对女人来说，最常见的额头装饰是眉心红点，作为“第三只眼”，代表神灵。最初，只有已婚妇女才点缀这种眉心红点，而现在眉心红点通常作为装饰，也可画在未婚女子的额头上。在婚礼和节日上代表喜庆的另一种装饰符号就是点朱砂——朱砂，代表生育和力量，通常被画在发际线处。

卡拉姆（蓝果丽）

依照传统，南印度妇女每天早上都要在其住宅前用米粉画出复杂的几何图画，即卡拉姆。卡拉姆由象征祥瑞和神灵的符号组成，这种艺术作品经过一整天会被破坏掉，但在第二天破晓时分又被重新绘制。最理想的卡拉姆应该由一名妇女用一种姿势连续完成，而学习创作不同形式的卡拉姆则被认为是一种关于注意力、灵巧性和技能方面的训练。在节日和宗教庆典期间，寺庙前会出现大型的彩色卡拉姆，它通常由多个妇女共同完成。现在，印度人通常将卡拉姆加以简化，绘制在住宅或寺庙的门前。

每天的卡拉姆创作需要极强的专注力，印度人将其视为一种宗教仪式。

佛教语言
The Language of Buddhism

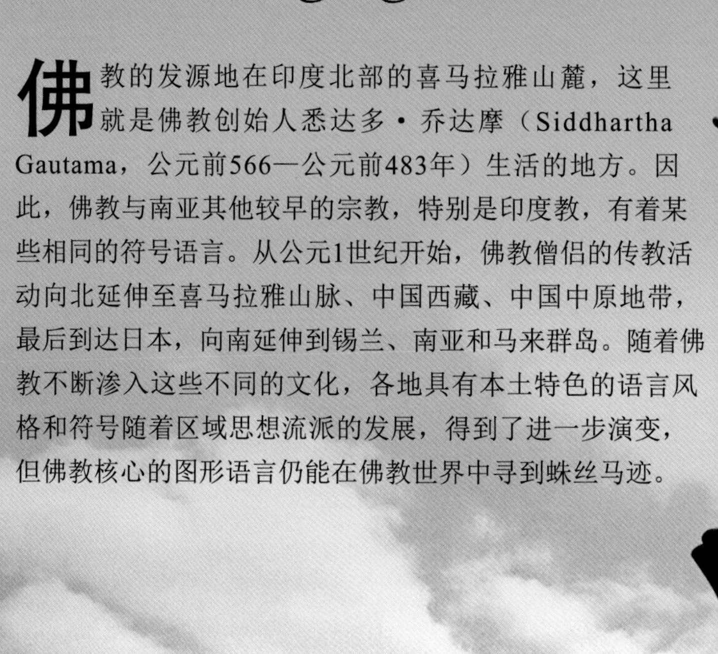

佛教的发源地在印度北部的喜马拉雅山麓，这里就是佛教创始人悉达多·乔达摩（Siddhartha Gautama，公元前566—公元前483年）生活的地方。因此，佛教与南亚其他较早的宗教，特别是印度教，有着某些相同的符号语言。从公元1世纪开始，佛教僧侣的传教活动向北延伸至喜马拉雅山脉、中国西藏、中国中原地带，最后到达日本，向南延伸到锡兰、南亚和马来群岛。随着佛教不断渗入这些不同的文化，各地具有本土特色的语言风格和符号随着区域思想流派的发展，得到了进一步演变，但佛教核心的图形语言仍能在佛教世界中寻到蛛丝马迹。

佛教手印

佛教手印就是在印度教和佛教图腾中的手势。它们象征佛陀在特定方面的教化，并进而形成一种特殊的形象。一部7世纪时期的佛经列举了130种不同的手印，每种手印都有不同的含义，对于佛教徒来说，他们可以解读看到的任何一种手印包含的精神含义。

禅定手印：表示冥想

法轮印：表示法轮的转动

托与印：表示教化

无畏印：表示无所畏惧以及施予保护

与愿印：表示同情和施与希望

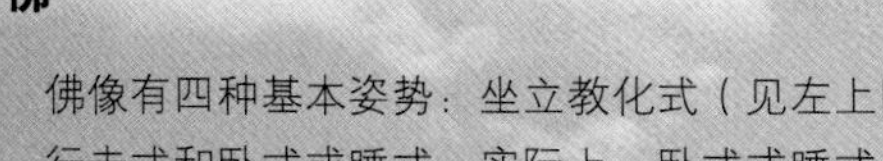

卧佛

佛像有四种基本姿势：坐立教化式（见左上图）、站立式、行走式和卧式或睡式。实际上，卧式或睡式代表死去的佛，已经修成般若并进入涅槃。卧佛通常身形巨大，由原石雕刻而成，在斯里兰卡和东南亚（如老挝万象）很常见。

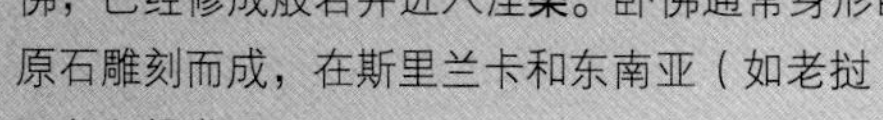

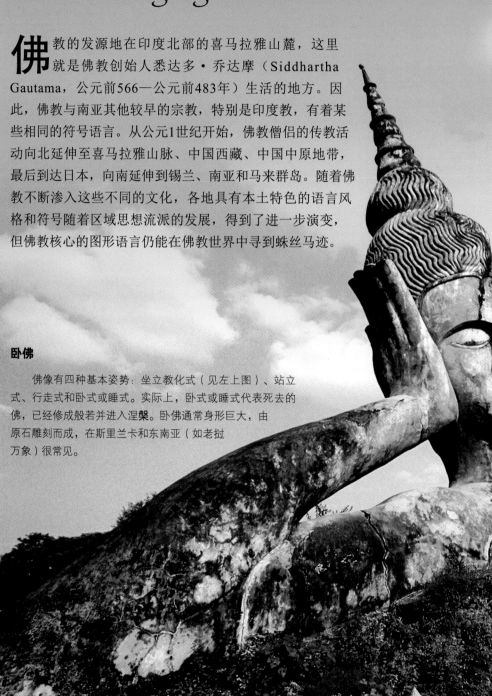

生命之轮

生命之轮（六道轮回图）是主要的佛教图案，代表永生和生命的延续——轮回，即从出生到死亡，这个循环只能被般若打破。生命之轮的八个辐条分别代表佛教的基本原则，即八正道。生命之轮可以采用不同的表现形式，上面通常装饰有不同的符号。

曼陀罗

曼陀罗一词源自梵语“圆”，也可以解释为“连接”或“完成”，用来将宗教图画和佛教的生命之轮（见上图）联系起来。冥想这些复杂的符号，并建立“神圣的空间”。曼陀罗的中心通常为佛陀或代表佛陀的符号（如莲花），并由正方形层层包围，这些正方形被代表世界的圆包围，通道表示获得启示。绘制曼陀罗需要经过寺院的培训和密宗启动仪式，并耗费上百个小时。曼陀罗通常用彩砂或宝石粉绘制而成，曼陀罗的消失警示人们世界的脆弱本质。曼陀罗也可以用墨水绘制，色彩本身具有象征意义（见右图）。

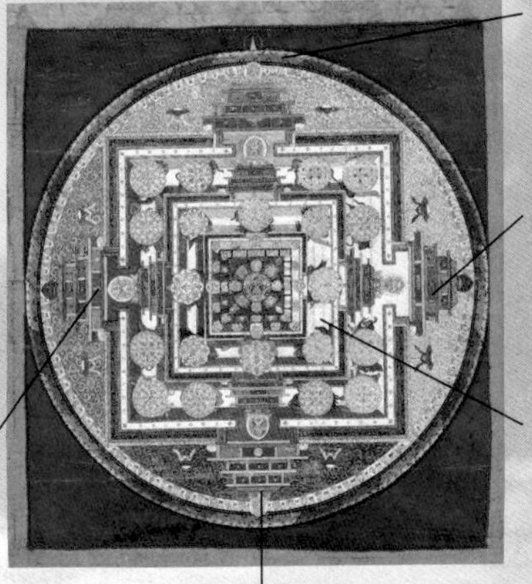

绿色
代表北方、空气、不空成就佛，也象征化猜忌为创造

蓝色
代表东方、水、阿閦佛，也象征化愤怒为智慧与和平

白色
代表中心、天、毗卢遮那佛，也象征化无知为聪慧

红色
代表西方、火、阿弥陀佛，象征从爱慕到明辨

黄色
代表南方、大地、宝生佛，也象征从傲慢到克制

佛祖的象征意义

起初，给佛祖画像是不允许的，所以出现了很多记录其生活和传教的符号。其中许多符号起源于印度教的图画（见184页）。

卍字符
该符号源于梵语“万事如意”。佛教、耆那教以及许多其他文化都使用这一符号。右旋十字表示好运，是宇宙的保护者毗湿奴的象征，也是太阳和光明的象征。左旋十字代表卡莉，象征死亡和毁灭，是代表黑暗力量的可怕女神。

脚印 佛教在初期不绘制人物形象，因为乔达摩不喜欢被临摹，所以那时只用脚印来代表佛陀。

莲花 对于佛教徒来说，莲花本身代表佛陀，四个组成部分的含义分别为：根代表大地，茎代表水，叶代表空气，花代表火。其生长过程也有寓意，表示从土壤即物质中生出，经历水即磨炼，最后冲向光明 即获得启示。花瓣的数量也很有讲究，八个花瓣代表通往千层或万层上界的八正道，其颜色分别有以下几种含义：

白色代表菩提——纯洁，即八正道
红色代表观世音菩萨，即同情
蓝色代表文殊菩萨，即智慧，超越感官的精神胜利
粉色代表古老佛陀

佛陀的形象往往以莲花为底，并在身后配上一片精美的树叶

伊斯兰教的图案
The Patterns of Islam

无尽的图案

在瓷砖、石头、石灰墙，以及许多清真寺的砖砌墙壁上，都有密密麻麻的图案。人们始终无法对这些复杂的空间填充式图案的制作给出令人满意的解释，这些图案通常由多边形或各种不同形状的单元格组成。或许这些图案最初是由数学家设计，随后进入伊斯兰世界的艺术殿堂，又或许是由工匠自己设计。尽管其中一些图案出现的时间更早，但是它们在伊斯兰世界中循环出现，使其成为伊斯兰文化必不可少的一部分。这些图案缔造了一部几何学的鸿篇巨作。

几何图案源于人类对于装修和装饰的最初追求，后来人们在编织和缝补时便开始使用几何图案，图案也越来越复杂，例如在约公元前645年的尼尼微（Nineveh，古代亚述的首都）的亚述巴尼帕宫殿内出现的类似地毯的雕花石门槛，交叉的圆圈形成雏菊的图案，这就是伊斯兰教几何装饰图案的前身。在不同的媒介和设计之间总存在着某种联系，因此图案中隐含的主题得以传递。

对称结构

在伊斯兰教中，对称代表完美。阿拉伯工匠究竟是如何精确计算并绘制出穹顶和拱肩上这些严格对称图案的？这个问题至今仍吸引着许多数学家去探寻其中的奥秘

花卉花纹

虽然伊斯兰教禁止描绘人物，但是人们用这些风格高度固定的花卉图案赞美真主安拉的创造力

伊斯兰教的破坏圣像运动

自从公元7世纪伊斯兰教出现以来，几何图案就有着举足轻重的地位，它们最初仅作为装饰之用，后来渐渐有了某种象征意义。从某种程度上说，几何图案是因伊斯兰教禁止描绘生物而产生的，但是也有人认为，这些不断重复且没有人物的彩色几何图案代表着真主的至高无上和无所不在。贾拉勒·丁·穆罕默德·鲁米曾经说过：“你应该用不断重复的、漂亮且有序的对称结构表示上帝，并且配以神圣的词语。”

伊斯兰教中的符号

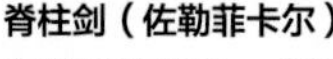

伊斯兰教反对使用画像表现方式，也不提倡使用符号，并且反对画像表现手法。所以符号很可能仅用来表示真主的名字，或者某个代表虔诚的短语——因此在大量的手稿中出现了装饰性手稿，典型的有“unwans”一词，或精装版《古兰经》中的“portals”一词。这些符号中与伊斯兰教联系最紧密的是后来的新符号或部分民俗，而两者都不被正统伊斯兰教所接受。

脊柱剑（佐勒菲卡尔）

在伊斯兰教中，尤其对于什叶派来说，这把属于先知穆罕默德阿里的双刃剑有着很重要的象征意义。剑也常常出现在图画作品中，例如在沙特国旗上，就画着一把剑，提醒所有国人，他们有义务参与圣战，即抵抗多神论者的战争。

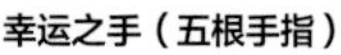

幸运之手（五根手指）

这个符号也被称为“法蒂玛之手”，在北非非常流行。手是代表守护的最古老的象征之一，特别用于抵御恐怖的“邪恶之眼”。人们有时将手与鱼、眼联系起来——后两者也是前伊斯兰教时代代表守护并延续至今的象征符号。

全知眼

这是另一个象征守护的古老符号，并被广泛使用，尤其在土耳其和地中海东部，例如，用常见的蓝色玻璃珠制作的全知眼可以抵御“邪恶之眼”。松绿石的材质和色泽都可以视为守护的象征。

绿色

绿色与伊斯兰教有着特殊的联系，穿绿色服饰是先知穆罕默德后裔的特权。

新月

新月符号的含义与伊斯兰教的联系最为紧密。最初，新月象征异教的月亮女神，随着时间的推移，新月和星成为圣母玛利亚的标志，并被拜占庭人用来表示君士坦丁堡。1453年，奥斯曼土耳其人占领了君士坦丁堡，也占用了该符号。也许是因为伊斯兰世界使用月历的缘故，月亮有着很重要的意义，并作为主要标志出现在许多清真寺的寺顶和旗帜上。

星

星经常和新月一同出现，这个图形因其自身的象征意义在伊斯兰的几何设计中也十分重要。它有很多种变形，可以在一个有重复图案的场景中形成一个完美的焦点，例如，在圆屋顶的顶尖或墙壁的中央都可以用星作为点缀。

北国之谜
MYSTERIES OF THE NORTH

比喻复合词

传说故事的传统口述形式（从9世纪开始才被大量转录成文字形式）中含有大量的“比喻复合词”，这些传说故事大多和挪威人祖先的探险经历和万神殿有关。比喻复合词源自“kenna”一词，在古挪威语中意为“认知”。挪威诗歌中使用了大量的比喻复合词；听者或读者都可以理解其表达的含义。

鲸路 海。

森林之殇 斧。

大地的冬衣 雪。

残锄 剑。

愤怒的蜂群 飞行的箭。

狼之哀伤的抚慰 离开尸横遍野的战场，即将被狼吃掉的伟大战士。

他喂饱了乌鸦 他杀了很多人，这句话常刻在战士的墓碑上。

雕刻血鹰 一种酷刑。

瓦尔基里 女人的名字，在战争时将女人置于狼背之上，等待鹰或乌鸦来啄食，表示“选择死亡的人”。“战争之网”是用死者的肠子编织而成。

巴尔德尔的克星 槲寄生，能够杀死奥丁之子巴尔德尔的唯一生物。

埃吉尔之女 海浪，海神的九个女儿。

战车女神之泪 黄金或琥珀，爱与死亡的女神，一种隐喻的说法是“死者的拥有者”，乘坐野猫拉的战车。

蛇巢之火 黄金，因为龙曾被视为大量的黄金。

居住在欧洲北部的人因为他们的贸易活动、掠夺行为和殖民技巧而闻名世界，如挪威人（或称维京人）、瓦兰吉人。从公元前的最后一个世纪起，这些民族一直保留着高度封闭的文明体系，直到大约公元1000年，他们转而信奉基督教。他们的文明与所谓的凯尔特人有着千丝万缕的联系，这不仅体现在复杂的传奇故事中，也体现在其独特的书写形式——符文上。为了发展贸易关系，这些流浪民族与许多其他文化进行联系，他们不仅横跨欧亚大陆，还在北美建立了第一个欧洲殖民地。迄今为止，大部分挪威文化内涵已经丢失，但是仍有许多未解之谜等待我们去探索。在盎格鲁-撒克逊（Anglo-Saxon）的基督教画像中，在现代的占卜和预言里，以及托尔金（J. R. R. Tolkien）的小说中都出现过传说中的神秘符文。

符文的使用一直持续到约1100年。19世纪末，纳粹的出现重新激发了人们对于日耳曼民族主义以及北欧神话传说的兴趣。例如，从1933年起，党卫军开始正式使用西格（Sig）符文制作其徽章。

符文

符文是从公元150年起在北欧地区使用的一种文字体系，其形式在不同时期不同国家不尽相同；符文似乎还具有某种魔力。公元1世纪，罗马史学家塔西佗描述了日耳曼人用带有标记的木片预测未来，这些木片类似今天在日本寺庙中发现的算命签。这些刻在木片上的标记是否就是符文，还不得而知，但是在传奇故事中出现的“掷符文”意味着类似的文字符号已开始被使用。无论如何，只有懂得这种代码含义的人能够解密这些符号。传说欧丁神为了获得智慧并掌握符文的含义，在世界之树上悬挂了九天九夜。就写法来讲，符文可以被视为具有象征意义的权利和守护力量的源泉。

符文用来书写铭文，特别是墓碑和纪念碑上的铭文。然而，在斯堪的纳维亚发现的许多文物上都标记着一些字母，这些字母不像铭文这么简单，它们更像是缩写，或密码，或某些为人熟知的短语，其含义可能是一个愿望、一段咒语或一段祝祷。

大锅（The Gundestrup Cauldron）

这个巨大的银质器皿在丹麦的一个泥炭沼泽地中被发现，其历史可以追溯到大约公元前1世纪。这个器皿充满神秘色彩。如果它是在仪式时使用的，那么它上面的精美装饰都应该是经过加密的信息，并且只有其创始者才能明白其含义。尽管这些信息至今仍无法解读，但这些混合在一起的不同元素仍为后人提供了一些探寻文明起源的线索，使后人能够从某种程度上对其制作者和拥有者有所了解。

角神

角神右手握着一条大蛇，左手握着一个金属项圈，人们认为这是瑟诺努斯，即生育之神

入会仪式

神或巨兽站在大锅中，其他人则骑马征战

狮鹫

在波斯和赛西亚世界里，狮鹫是一个很常见的图形，被视为往返于神界与凡界之间的使者

凯尔特谜题

虽然很多人对大锅持有不同的看法，但是很明显，它为一个凯尔特人所有，这个人也许是督伊德教徒，不过这个大锅的制作者是否是色雷斯人（在黑海附近）还没有定论。我们可以从中看到欧亚大陆不同文明对其产生的某些影响，其中有些人物已被初步识别出来。

长胡神

这幅带有小侍者的人物反复出现很多次，可能象征海神马南南

中世纪的视觉布道

MEDIEVAL VISUAL SERMONS

福音传教士

在天主教国家，这种表示四传教士的标志随处可见，它完全脱离了人类，并成为信仰中四个关键原则的标志，有时也与以色列的四个部族有关：

马修：天使；转世；流便。
马克：狮子；复活；犹大。
路加：奥克斯；祭祀；以法莲。
约翰：英格尔；升天；丹。

现如今，无宗教信仰的人去参观教堂，可能是出于对其历史或艺术价值的兴趣，但是并不是每一个人都能意识到，教堂中几乎每一幅图画或每一个装饰性的细节都蕴藏着深刻的含义。早在公元前400年，圣•保利努斯（St. Paulinus）用大量绘画装饰圣•菲利克斯神殿，营造“奇异”的视觉效果，并带领那些几乎没有受过教育的农民学习和讨论基督教义。中世纪时期，基督教国家的教堂都用油画、马赛克、雕刻、祭坛画和彩色玻璃窗作为装饰（见194页）。壁画往往都与《圣经》故事或最后的审判场景有关，形成了有效的视觉布道。雕像和圣坛画常常描绘圣人，其中圣坛画也经常描绘那些崇拜基督和圣母或被杀害的圣徒。由此，产生了一套复杂的图像表示法，它蕴含着很多深层含义，而其中大部分对于现代人来说都晦涩难懂。

圣人及其特征

过去，很多人都通过圣人的特征辨识他们，这些特征在很多时候能够显现出来。其中一部分保留至今——例如，圣乔治和龙（圣迈克尔，用一把十字形长剑降龙）；圣玛丽•抹大拉和她流动的长发以及银色药瓶；抱着幼年基督渡河的旅行者之守护神圣•克里斯托芬——但是也有很多已无法得以辨认，其故事也渐渐被人们遗忘。很多圣人的肖像还包含殉难的朝圣者。

人们常常通过服饰辨识圣人的身份。这一组位于巴黎圣母院北门的雕像（自左向右）分别是：圣莫里斯，他手握长枪类似罗马士兵；第一个殉难者圣斯蒂芬，他身穿执事的长袍，削发；罗马第四主教圣克莱门特，他身穿长袍，头戴法冠，手持法杖；圣劳伦斯，与圣斯蒂芬一样被塑造成执事的形象——他们往往一同出现。

锚：圣克莱门特，他是被在脖子上套上锚淹死的。

蜜蜂：圣安布罗斯，他的语言如蜂蜜般甜蜜。

炮塔（常见于军械库的入口处）：圣巴巴拉，他是从事与火相关工作的人的守护神。

穗状齿轮：亚历山大的圣凯瑟琳，她在被斩首前曾被包裹在穗状齿轮的边缘上滚动；她是数学家、学者和律师的守护神。

带有面包和花图案的围裙：圣卡西尔达，她是所有司法工作人员和慈善工作人员的守护神。

海扇：圣詹姆斯大帝，与朝圣者一起前往圣地亚哥德孔波斯特拉圣殿朝拜。

被撕成一半的斗篷：图尔的圣马丁，他是一名年轻的罗马士兵，曾与一名乞丐分享他的斗篷，是那些乐于助人者和士兵的守护神。

披着旗帜的羊羔：施洗者圣约翰。

烤架：圣劳伦斯，他在烤架上殉难。

箭：圣斯巴斯蒂安，他是一名罗马士兵，曾身中数箭。

钥匙：信徒圣彼得，他是天堂的门卫。

眼睛：圣露西，她在殉难前被挖双目；她是盲人的守护神。

与身体分离的乳房：圣阿加莎，她被切掉双乳后处以火刑。

长着瘟疫疥疮的狗：圣罗奇，能够治愈瘟疫。

钱袋和三个金球：圣尼古拉斯，他曾为女孩提供嫁妆从而使其免于卖淫，他也是典当商的守护神。

地狱之景

耶罗尼米斯·博斯（Hieronymus Bosch）和老皮特·布鲁盖尔（Pieter Brueghel the Elder）等荷兰画家笔下的精美画作，大多采用象征画法，将神话和神学概念与当地的民俗和箴言结合起来。这些画作成为与目不识丁的旁观者进行思想交流的有效途径。在《尘世乐园》（1500年）的右半部分，博斯加入大胆的想象，呈现了一幅这样的场景：人们生活中的种种陋习最终将给他们带来应得的报应。

民间乐器

风笛与冲突、放荡、傻瓜相关。

亵渎与不敬

这个被驼兽吞掉的骑士是有罪的；他手里还攥着圣杯。

贪婪

这个守财奴被吊死在他自己的保险箱钥匙上。

滑冰者

投机取巧的人在薄冰上滑行。

乐器

这是性爱和肉欲的象征。

巨鸟

巨鸟头顶一口大锅，一边吞噬着牺牲者，一边排泄着牺牲者，代表贪婪。

虚荣

这个骄傲自大的女人因自己的容貌受到谴责，被魔鬼压在身下。

懒惰

这个懒汉正在床上遭受折磨。

贪吃者

他不得不将口里的食物吐进坑里。

复仇

猎人变成了被捕猎的对象，一只巨兔正拖着他的战利品，猎犬吞食着他的同伴。

赌徒

他们正用西洋双陆棋互相殴打。

教堂

披着修女衣服的猪正在娇媚地引诱一个男人签字放弃其财产，暗指神职人员的贪婪。

彩色玻璃窗

Stained Glass Windows

随着12世纪欧洲教会建筑的哥特式建筑风格的发展（见180页），彩色玻璃窗逐渐取代了罗马式建筑中的壁画和拜占庭式建筑中的镶嵌画，成为能够为人们（通常不识字的人）展现福音书以及圣人故事的新手段。这些彩色玻璃窗还能改变室内的光线，产生一种超凡的意境，增添了哥特式结构产生的神秘效果。另外，“观看”彩色玻璃窗也是解读基督教神秘故事的体验。就像壁画一样，有些玻璃窗还描绘有某些家喻户晓的故事片段（比如耶稣诞生记和最后的审判），还有一些则隐含着更加复杂的神学思想。最出色的也是最早的彩色玻璃窗是在巴黎近郊的沙特尔大教堂发现的玫瑰窗。

圣母玛利亚

这个玻璃窗的中央画有怀抱幼年耶稣的圣母玛利亚。这幅图画在一大块透明玻璃上，形成视觉焦点。鸢尾花纹和百合花纹，是三位一体的象征，也与圣母有关，在图案周围构成花环。鸢尾花同时也是卡斯提尔（Castile）女王布兰奇（Blanche）的纹章图案，正是她捐赠了这扇玻璃窗

玫瑰结

玫瑰在古代欧洲文明及许多其他文明中是完美和团结的象征，像百合花一样，人们常常将玫瑰与圣母联系起来。在这里，玫瑰结内还包含了几朵鸢尾花

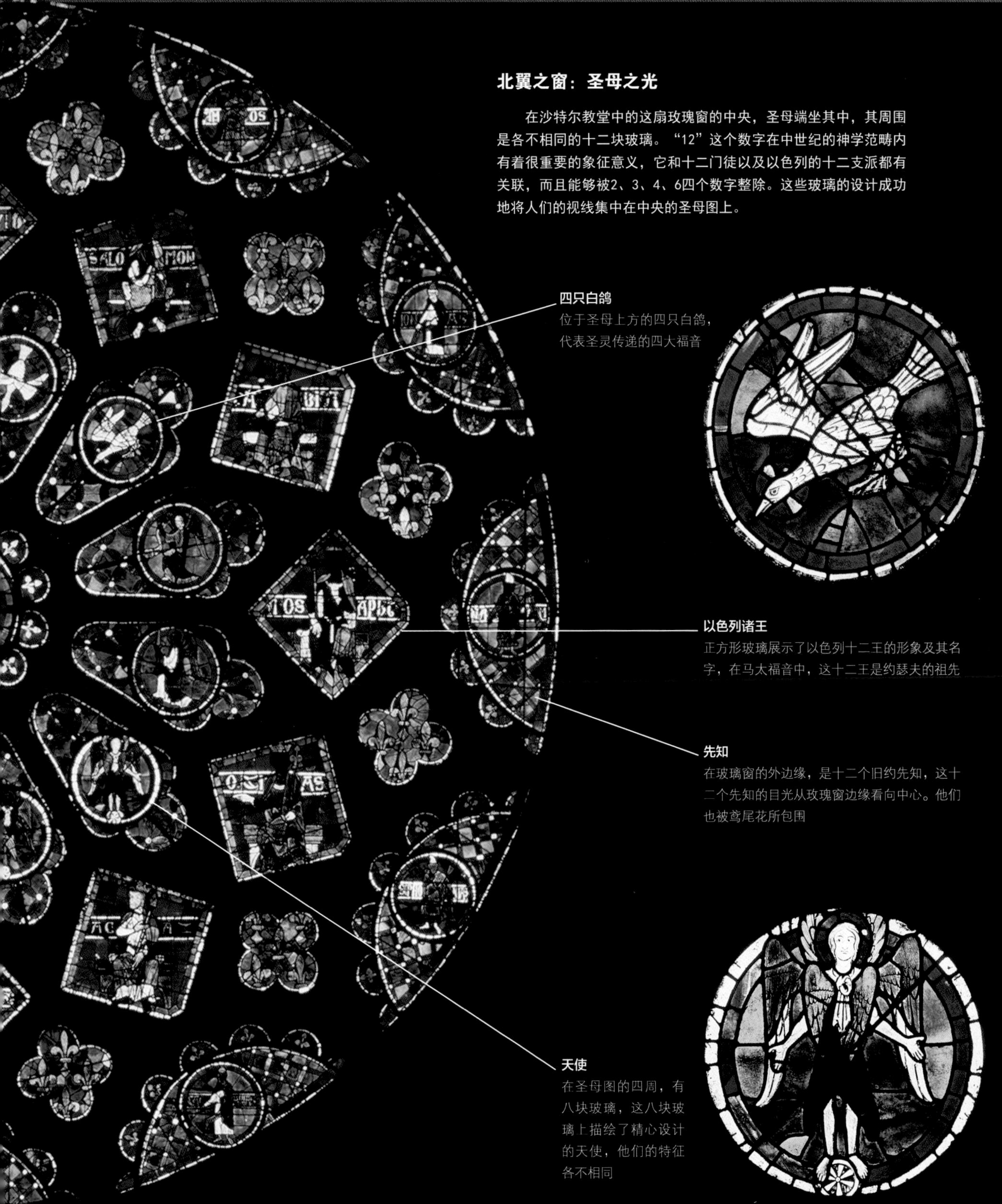

北翼之窗：圣母之光

在沙特尔教堂中的这扇玫瑰窗的中央，圣母端坐其中，其周围是各不相同的十二块玻璃。“12”这个数字在中世纪的神学范畴内有着很重要的象征意义，它和十二门徒以及以色列的十二支派都有关联，而且能够被2、3、4、6四个数字整除。这些玻璃的设计成功地将人们的视线集中在中央的圣母图上。

四只白鸽

位于圣母上方的四只白鸽，代表圣灵传递的四大福音

以色列诸王

正方形玻璃展示了以色列十二王的形象及其名字，在马太福音中，这十二王是约瑟夫的祖先

先知

在玻璃窗的外边缘，是十二个旧约先知，这十二个先知的目光从玫瑰窗边缘看向中心。他们也被鸢尾花所包围

天使

在圣母图的四周，有八块玻璃，这八块玻璃上描绘了精心设计的天使，他们的特征各不相同

文艺复兴时期的肖像艺术

RENAISSANCE ICONOGRAPHY

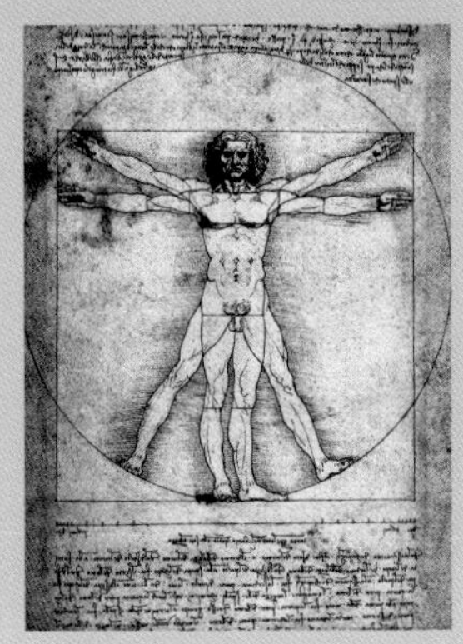

维特鲁威人

文艺复兴的伟大之处就在于科学和艺术的融合。列奥纳多·达·芬奇就是一个彻彻底底的文艺复兴者，同时也是人文主义者、画家、雕塑家、科学家和发明家。达·芬奇并未对科学和艺术加以明显区分。为了在雕塑和绘画作品中精确地表现人物形象，他通过解剖研究了解人体的各个部分；为了能够设计出所需的战斗机器，他学习机械学知识（见78页）。文艺复兴思想的核心是寻求理想的定义。对柏拉图和亚里士多德著作的重新解读，炼金术（见54页）的统一表达方式，以及寻找点金石的行为都与之相关。然而，达·芬奇创作了一幅肖像，将人体表现为成比例的原型，这是一种经过加密的理想比例表示法，使用这种方法可以画出真正的正方形和完美的圆形。达·芬奇的这种比例构造法以罗马建筑师维特鲁威（见181页）的相关理论为基础。

对古典世界的重新探索，在很大程度上引发了欧洲的“艺术重生”，称为文艺复兴，并为艺术家、建筑师和诗人在象征和暗喻方面提供了一种全新的世俗的（有时有些亵渎的）创作灵感。文艺复兴最重要的一个影响就是人文主义的复苏和实践科学的复兴，虽然这往往有违教会的神圣要求，但教会仍然是艺术的主要赞助者之一。另外，在教会之外，涌现出一大批富有且有权势的贵族，他们热衷于通过创作充满野性的艺术作品来展现自己的财富、个人价值和学识。

《三个国王》背后隐藏的信息

在反宗教改革运动（严禁使用宗教绘画进行个人或政治宣传）时期，一件委托创作的艺术作品可能带有强烈的时代信息，尽管这些作品很多已经失传。贝诺佐·戈佐利的《麦琪的游行》（1459—1460年，陈列于佛罗伦萨美第奇宫殿的小教堂内）已被部分破译，《圣经》故事中许多的关键人物都用当时的人物形象表示。站在最前端的洛伦佐·德·美第奇代表卡斯帕（Caspar）。这幅壁画横跨三面墙壁，其中拜占庭国王代表巴尔塔萨（见右图上侧图），前神圣罗马帝国国王西吉斯蒙德（Sigismund）代表梅尔基奥（Melchior），锡耶纳的教皇庇护二世仅由洛伦佐（Lorenzo）的一个随从来表示。整幅图画没有直接描绘想象中的圣地景象，而是展现美第奇统治下的托斯卡纳地区的景象。

拜占庭国王约翰八世巴列奥略象征巴尔塔萨（Balthasar），巴列奥略曾于1438年出访意大利，以寻求东西方基督教之间的和谐。

对手的势力
来自两个强大家族的北意大利王子，位列洛伦佐军队的前端

画家
作者戈佐利在人群中也加入了自己的形象

皮耶罗·古蒂
洛伦佐的父亲在洛伦佐的马后步行追随着他的儿子。美第奇家族的其他成员紧随洛伦佐其后

卡斯帕
青年洛伦佐·德·美第奇的理想化形象——这是对当时社会等级制度的大胆声明，他将自己尊为东西方的皇帝和罗马的牧师（他曾受美第奇的恩惠）

《大使》

汉斯·小荷尔拜因(Hans Holbein the Younger)创作的两个法国朝臣的形象分别是吉恩·德·丹特维尔(Jean de Dinteville)（见下图左侧，这幅画正是受他委托）和乔治斯·德·赛尔夫(Georges de Selve)（拉沃尔的主教当选人），他们同为出访英格兰亨利八世宫廷的大使。此画作完成于1533年，当时正是亨利国王扬言要脱离罗马天主教从而引发宗教改革的危急时刻。这幅画富含隐秘信息，它不仅展现了两位博学贵族的形象，更体现了政治危机一触即发的状态。

这个**地球仪**显示的位置是法国领土，这表示外交利益关系。波利西的丹特维尔城堡也标注在地球仪上

耶稣受难像

这幅画有一部分被帘子遮住，暗示耶稣在当时生活和重大事件中的重要性

星象仪

黄铜边框设定在罗马（而非伦敦）所处的纬度，这违背了画中两个主体的天主教信仰

日晷

日晷显示的日期是1533年4月11日，在这一天，英格兰正式与罗马决裂

书

赛尔夫手肘下面的书只露出了一角，其年代已经无法考证

鲁特琴

鲁特琴常常作为和谐的象征，其断裂的琴弦暗指新教和天主教之间的冲突。与之相连的长笛也缺少一个部件，意味这些乐器已经不能演奏出和谐的乐曲

赞美诗集

这本诗集的第一页被翻开，内容是对新教教堂和天主教教堂的赞美诗句（《到来》《圣灵》《十诫》）。马丁·路德将其从拉丁语翻译成德语

三角尺

这把三角尺为打开状态，德国人在机械方面关于应用数学的论述由此产生。三角尺下面是“除法运算”的演算纸，桌子上还有一些其他的科学工具，暗示图中的两个人已经掌握现代的某些知识

匕首

匕首上刻有代表丹特维尔出生日期的拉丁文缩写

头骨

这个头骨以极端画法呈现，它是假死的象征，也是丹特维尔个人徽章的一部分

考斯莫迪的马赛克艺术

这幅马赛克作品精确地刻画出威斯敏斯特大教堂避难所的地板之貌。在罗马教堂，考斯莫迪的镶嵌画作品随处可见

理性时代 THE AGE OF REASON

新简约主义

在16世纪的欧洲，无论新教的改革运动，还是天主教的反宗教改革运动，都反对艺术作品采用复杂的肖像表现形式。对于大多数新教徒来说，这意味着对各种宗教画像的全面禁止；而对于罗马人来说，这意味着在宗教艺术中要使用直白和简约的手法。意大利画家卡拉瓦乔在其作品中注入了简约主义和自然主义，同时又沿用了舞台灯光、当代服饰，以及工人阶级人物，来表现神圣的形象。《在伊默斯的晚餐》（创作于1601年，见上图）中的场景可能是那不勒斯的某个小旅馆。

来到罗马的游客可能也会对各种各样看似不协调的标志产生兴趣，这些标志出现在油画、雕塑和建筑上，其中很多是时任教皇的家族标志，最著名的是与巴尔贝里尼教皇乌尔班八世有关的蜜蜂。

在1600年至1900年，触及欧洲生活、宗教、科学、政治等各个方面的一系列改革催生了现代世界。一种新理性主义随之产生，这不可避免地在多个方面对艺术产生影响。为了管理立法机构和政治机构，君主颁布了新的法典。此外，从自然科学到应用科学领域，涌现出大量描述世界的新方法（见154～161页）。一个始于启蒙运动的时代，随着理性时代的到来而渐渐接近尾声。

霍迦斯：道德迷宫

17世纪，出现了一种新的世俗艺术风格，这种画风着眼于用自然主义表现现代世界，而这种自然主义是自布鲁盖尔（Brueghel）绘画以来未曾出现过的。在英格兰，这种新世俗主义的主要支持者是英国画家和版画复制匠威廉·霍迦斯（William Hogarth，1697—1764年）。霍加斯接受正统教育，但他同时也是一个狂热的政治和社会评论家，其作品都经过精心设计，并且大量融入当代和古代的典故。在包括《时髦的婚姻》（创作于1743年，见下图）在内的一系列道德作品中，他使用漫画和电影的叙述技巧，以及大量借物指代的手法，使其叙述的故事更加饱满。

债务
这个衣衫褴褛的管家因未缴清账单而被解雇

放荡
若干乐器和一把仰置的椅子表明女人前夜的狂欢

受伤的鼻子
一个鼻子受伤的人物意指无能为力

剑和狗
这是忠诚和欲望的象征，折断的剑和狗嗅闻另一条手帕都表明丈夫对妻子的不忠

新古典主义

17世纪中叶的考古发现引发了崇尚古典理想主义的新一轮热潮。其中以斯多葛主义尤为推崇，由此，一种新的古典主义风格开始在欧洲艺术中盛行，并大量吸收了大革命时期的法国和新晋独立的美国的风格。许多作品都暗含着对政治及道德操守的训诫。雅克·路易·大卫（Jacques Louis David，1748—1825年）的作品（见上图）很好地印证了这一点。这幅画使用现实主义手法展示了古典准则的重要时刻，经典的起绒粗呢看上去栩栩如生。

《理性沉睡，心魔生焉》
（左图）新理性主义的一个效应就是导致浪漫主义的诞生。威廉·布莱克和亨利·富塞利等画家致力于研究梦境。而西班牙画家弗朗西斯科·戈雅（Francisco Goya，1746—1828年）曾经目睹拿破仑军队入侵自己的祖国以及他们犯下的滔天罪行，认清了“新思想”的本质，他的讽刺作品则揭示正统和邪恶之间的分歧。

《拿破仑法典》
1799年督政府解体之后，拿破仑为法国引入了法规，并在其征服的领土内建立了一个以财富和价值（而非传统和世袭特权）为基础的社会。《拿破仑法典》鼓吹世俗的观点，并从根本上影响了西方社会政治思想的发展。之后，19世纪的埃及、日本，以及奥斯曼帝国和拉丁美洲的许多新独立的国家都采纳了《拿破仑法典》中的思想。

CODE CIVIL
DES
FRANÇAIS.

ÉDITION ORIGINALE ET SEULE OFFICIELLE.

À PARIS,
DE L'IMPRIMERIE DE LA RÉPUBLIQUE.
AN XII. 1804.

十进制革命

除了后革命督政府奉行的极端理性改革将许多贵族送上断头台，当时的法国社会还有许多规划新秩序的非极端手段。十进制革命就是其中之一，这场革命试图为生活的各个方面提供一种最科学合理的规则，并得到政府的大力推崇。这场革命为后世遗留的财富就是在计重和度量方面建立了公制系统。

改革后的日历

经过审议之后，法国共和国的新日历于1792年1月1日开始启用。由于月球和太阳周期的缘故，新日历仍包含12个月，但每个月由3个星期组成，每星期有10天，每天10个小时，每小时100分钟，每分钟100秒。之后，人们制造了十进制钟表。当时的日期以共和国建立的日期为“元年”作为新纪元。

秋季
葡月：起始于9月22日/23日/24日
雾月：起始于10月22日/23日/24日
霜月：起始于11月21日/22日/23日

冬季
雪月：起始于12月21日/22日/23日
雨月：起始于1月20日/21日/22日
风月：起始于2月19日/20日/21日

春季
芽月：起始于3月20日/21日
花月：起始于4月20日/21日
牧月：起始于5月20日/21日

夏季
获月：起始于6月19日/20日
热月：起始于7月19日/20日
菓月：起始于8 月18日/19日

维多利亚时代 Victoriana

也许是因为很多事情不宜明言，也许是因为当时正处于社会大流动的开始阶段，维多利亚时代的人们十分热衷于使用标记、符号，以及只有“正确”的才能解读的加密信息。这些符号在维多利亚时期的艺术作品中随处可见，从经典艺术到刺绣花样，从墓碑和园林设计到珠宝，纷繁多样。

亡者的符号

自从1861年维多利亚女王深爱的丈夫阿尔伯特王子去世之后，英国人开始对死者狂热膜拜，在今天发现的所有古墓中，墓碑上都有丰富的加密信息。

锚：在罗马迫害基督教徒时期，锚是一种变相的十字架，之后象征希望，而墓碑上的锁链代表救赎的信念。

断柱：悲痛和迷失。

天使：儿童的坟墓。

用布覆盖的墓碑：通常用于老人。

双手：紧握的双手代表爱情和友谊。抓住另一只手的那只手（女人的袖口有褶边）代表先死去的一方，他（她）为爱人指引去往天堂的路。手和心一起代表仁爱；一只指向下方的手可能代表共济会会员；拇指相触的双手代表犹太家庭。

沙漏：生命的短暂。

灯：知识、希望、指引、不朽。

孔雀：长生不老，这是前基督教的符号。

扇贝：朝圣者，特别指曾去过圣地亚哥德孔波特拉斯朝拜过的人，北美的清教徒也使用这个图形。

配饰

维多利亚时期的配饰和同时期的许多其他作品一样，也富含了丰富的加密信息，这体现在配饰的形状和选材方面。锚代表希望和坚持，常春藤代表永久的回忆，紧握的双手代表友谊。一些古老的象征意义也寓于其中：蝴蝶象征心灵，蛇象征永恒（维多利亚女王与阿尔伯特的订婚戒指就是蛇形），戴着王冠的心象征爱情的胜利，两翼昆虫象征谦逊。

宝石往往深藏加密含义，有时可以使用多个宝石名称的首字母拼出一个新单词：D（diamond，钻石）E（Emerald，祖母绿）A（Amethyst，紫水晶）R（Ruby，红宝石）——dear（亲爱的）。

玛瑙：健康

紫水晶：奉献；有镇定功效

红玉髓：驱赶噩运

蓝玉髓：消除悲伤情绪

钻石：纯洁、忠贞

翡翠：希望；守护爱情

石榴石：永恒、忠诚

碧玉：勇气、智慧

月光石：好运

缟玛瑙：幸福的婚姻

蛋白石：轻浮

珍珠：纯洁、天真、眼泪

红宝石：热情

蓝宝石：忏悔、忠诚

缠丝玛瑙：美满的婚姻

黄玉：友谊

绿松石：成功、无私

对花的迷恋

维多利亚时期对于符号的使用十分讲究，并由此形成了一套花语，一束富有隐含意义的、经过精心制作的花束很容易俘获年轻女孩的芳心。从15世纪开始，“tussie-mussie”（捉小鼠）一词开始成为花束的代称，尽管该词的含义很露骨，但很显然年轻女孩并没有受其影响。有一些花代表的意义可以追溯至古典世界，而另一些则是19世纪的产物。

不同颜色的同种花可能有不同的含义——黄色代表嫉妒，白色代表纯洁，红色代表热情（有时代表愤怒），紫色代表任性，蓝色代表信念。

金合欢：秘密情人

海葵：被抛弃的人

月桂：矢志不渝

秋海棠：小心

铃兰：谦逊、永恒

山茶花：完美、赞美

樱草：哀思

水仙花：尊重

开花的芦苇：对天堂的信仰

四叶草：你是我的

天竺葵：你真幼稚

禾草：同性恋

金银花：忠贞的爱情

雾中爱：我不明白

万寿菊：悲伤

矮牵牛花：怨恨

月见草：我不能没有你

香豌豆花：离别

桂足香：逆境中的信念

维多利亚时期的艺术

维多利亚时代的人特别喜欢叙述型或“社会问题型”的绘画作品，这些作品通常以含有寓意的故事为场景，鉴赏者需要根据各种加密线索揭开故事的寓意。拉斐尔前派兄弟会尤其擅长这种画作的创作，例如霍尔曼·亨特(Holman Hunt)的《良心觉醒》（1854年）。一般情况下，虽然某些故事隐含着丑陋的本质（例如《走上歧途的丈夫和堕落的女人》），但这些作品必须从表面上能够为人们所接受。

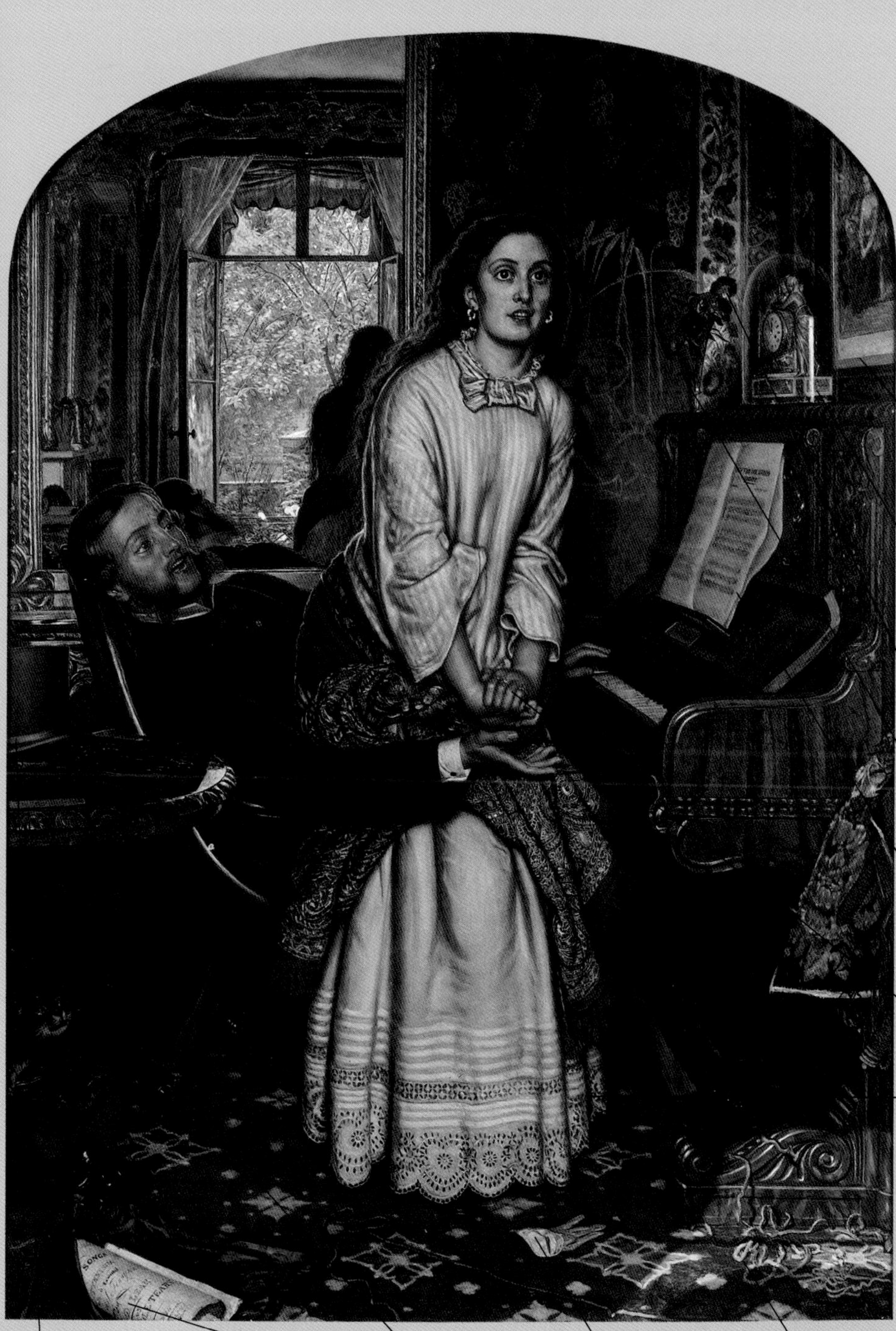

画
壁炉上所挂的画是福音书中的《通奸的女人》或《忏悔的抹大拉》，而其中任何一幅都不可能挂在女人的闺房之中

钟表
钟表暗示了这个女人的青春正在慢慢流逝，她很快就会被抛弃，但是钟表上装饰有“贞洁的丘比特”——她的命运也并非注定悲惨

钢琴上的花
钢琴上的花可能是象征遗弃的海葵，也可能是象征世事无常和男性通奸的耧斗菜

壁纸
壁纸上画的葡萄和玉米——圣餐的象征——为野鸟准备的食物

乐谱
在钢琴上放置的乐谱是摩尔的《常在万籁俱寂的夜晚》，乐曲表现一个女人在静静地回忆她纯真的童年时代

戒指
画中的女人戴着戒指，但不是婚戒

裙子
这是一条衬裙——这在维多利亚时期是非常敏感的，作者在此谴责了该女子不得体的行为

桌上的帽子
表明画中不是男人的房子，他只是个访客

丁尼生的《泪水无端流淌》
这是一首追念逝去的童真，感慨如今的悲伤的诗

玩鸟的猫
这是一种典型的画法，暗指女子任由好色之徒摆布

单只手套
掉在地上的手套代表被玩弄和抛弃的女人

杂乱的羊毛线
谎言会败坏家庭品德，导致混乱

亨特曾在圣约翰伍德（St. John’s Wood）的“方便之家”旅店租过一个房间。画中的这个房间象征着城市生活、物欲和金钱的诱惑；里面尽是奢华的家具。而从镜子里反射出的花园（也具有某种象征意义）与房间截然不同，花园里充满阳光，还种有白玫瑰，这代表了纯洁、天真，也象征着消失的伊甸园，甚至天堂。

纺织品、地毯和刺绣
TEXTILES, CARPETS, AND EMBROIDERY

重复的图形

在欧亚大陆，有一些古老图案是通用的，不过其风格和确切含义可能不尽相同。在地毯图案中，伊斯兰教的痕迹尤为明显，其中包括米哈拉布（壁龛）和清真寺灯具上的各种变形的伊斯兰图案，另外一些图案则常常同古老的传统符号一同出现。

动物

固定风格的家畜是传统部落生活的写照；动物与行走的人类一起，可以反映一种迁徙的生活方式或古代大迁徙；野生动物则是对狩猎的歌颂

佩斯利涡旋花纹

在佩斯利毛织品和许多地毯上都能找到这种眼泪状图案，它象征守护和快乐，也可能代表生命之树，或远离邪恶之眼

梳子

梳子说明这块地毯可能是嫁妆的一部分，同时也提醒穆斯林真主讲究清洁

水壶

水壶提醒穆斯林在祈祷前要进行洗礼

卍字饰

在亚洲，卍字饰是吉祥的象征，它有很多种形式

现代社会倾向于纹理图案的时尚性、装饰性或原创性，但在古代和一些传统地区，每一个元素和图案都有其特殊意义。特定的颜色或图案可以代表村庄、部落、种族、地位和宗教信仰等，此外，每一个元素背后都有其意义，尽管这些元素的起源已经无从考证。

地毯

除了美国土著人仍保留着自己独特的传统，在从巴尔干半岛东部到中国西部这条“地毯带”中，地毯都使用一套标准的图案，通常采用边框图案包围主图案的形式。其中最常见的是十字形“花园”图案，这种图案象征天堂及四条河流。乡村和部落地毯，以及最近才走向家用的花毯，都有其指代意义。内行人能够一眼看出其中的含义，而在外行人眼中，那只是一些几何图案。

颜色

很多基本色块常常被罗列在一起

抽象图案

诸如动物、人类、地貌等“真实的”形象往往被抽象为几何形状

在北美，人们普遍使用色彩鲜艳的地毯。这种充满活力的本土风格往往将高度抽象的几何图案与固定风格的动物图案相结合（见上图）。

高加索地区位于“地毯带”的中心，该地区的地毯有其鲜明的部落风格。高加索地毯上也有高度抽象图案，不同的是，还有很多循环出现的几何装饰图案（见下图）。

湖

这种抽象的多边形图案可能曾经是部落的徽标

赫拉提图案

这是一种带有树枝的菱形图案，常常配有四片锯齿状树叶，它在波斯被称为“鱼”

波形饰

这种边框图案象征着永恒和统一，花朵或水果（经常是葡萄）样式的波形饰标志着富有

中国刺绣

与中国的地毯图案一样，刺绣图案也很丰富，主要由植物、动物以及象征吉祥的万字饰和花团组成。

龙

有一些动物和中国的生肖有关，其中最重要的就是龙

祥云

通常代表永恒

中国的图腾

在中国，符号代码非常复杂，因为它不仅要用符号表示意义，很多还包含双关含义。这种符号代码构成了一种语言，并且遍布中国。在很多场合，这些符号的使用规则是固定的，例如五趾龙象征着皇帝，只有皇室才能使用这种图案，黄色亦如此。官员和士兵的等级由其长袍前的方形刺绣表示和区别。一些动物图形与中国的生肖符号相关，还有一些则根据其发音有着不同的含义，例如，蝙蝠谐音“福”，象征幸福；红蝙蝠意味着洪福齐天。此外，还有一些符号与民间信仰相关，例如成双成对的鸳鸯是婚姻幸福的象征。中国符号中的标准元素还有花和植物。

木耳：长寿

水仙：新年

兰花：书生、美德

桃花：长寿

牡丹：“富贵之花”“尊贵之花”，象征婚姻幸福的女人

“岁寒三友”：象征老朋友，它们分别是

梅：勇气

竹：气节

松：坚韧和忠诚

边框和褶纹常常包含蝴蝶和花朵

西班牙披肩

19世纪早期，披肩开始成为欧洲的时尚元素。由于开司米披肩超出了大多数人的承受能力，所以大量“西班牙”披肩或“钢琴”披肩从中国和菲律宾涌入欧洲。开司米披肩可以说是人类的一项重大成就，但并不是所有中国图案都能得到西方妇女的青睐：蝙蝠（象征幸福）被演变成另一种更受人喜爱的中国符号——蝴蝶，它象征着快乐。而曾经象征慷慨大方的“蟾蜍吐金币”图案和爬虫图案被剔除；象征精力充沛的敛财老鼠被松鼠替代；象征长寿的云耳被简化为祥云。1911年以后，西班牙开始大量生产这种披肩，与此同时，安达卢西亚妇女将这些中国符号进行了一定的修改：牡丹由玫瑰代替，象征爱情；藤蔓葫芦由葡萄树代替，象征长寿；草束或稻束则由小麦代替。

“地下铁”棉被

19世纪时期，从美洲南部逃往美国和加拿大的奴隶得到一些居民及组织的帮助，他们中大部分是贵格会教徒。该资助群体并没有正式成立，后来人们称为“地下铁”，与其相关的一系列代号也随之产生：例如安全屋用“stations”表示，向导用“conductors”表示，奴隶用“cargo”表示。

从19世纪早期开始，当地就流传着这样一种说法：棉被能用于帮助奴隶逃跑。据说，他们把地图缝进被子，在特定地点再把地图打开查看信息，不同的图案也有其特殊的含义，例如“安全屋”，“向北走”等。20世纪80年代，手工业的复苏使棉被制造行业越做越大，随之出现了“棉被密码”的传闻。后来，整个故事在人们口中变得越来越复杂，随后还出现了相关的书籍和“棉被密码”套装；古董商也开始用高昂的价格收购奴隶手中的“密码棉被”。但是并没有证据显示这种棉被真实存在过。首先，没有当事人提到过这种棉被；其次，一些图案的含义是从20世纪20年代才开始流传的；最后，仅存的棉被实际上产自种植园，且很有可能出自奴隶之手，远非传说中的那么精致。

显然，偶尔被掷出窗外的棉被只是一个简单的“是/非”暗号：表示“安全，过来/危险，走开”，但是“棉被密码”的确已经从一个美好的故事演变为一个完整的现代商业神话。

贸易、金融、工业以及与其相关的许多手工业都有其特有的编码系统和语言系统，用于保障企业的运行效率。

商 业 编 码

从目录和清单，到品牌、商标、条形码和保质期，现代商业和产品都离不开各种各样的编码。这些编码的作用就是保证产品信息在生产商、零售商和消费者之间畅行无阻，同时还能确保商品的质量、一致性，以及有效性。令人遗憾的是，就像所有编码系统一样，这些编码也并非无懈可击。

商业编码 COMMERCIAL CODES

人类第一个计数与书写系统就是用于记录库存和贸易往来（见22页和28页），后来又出现了砝码、度量衡、硬币与检测系统（见214页）。自17世纪以来，随着银行系统，证券交易所和洲际贸易的发展，监管存货、行政开支和详细账目的想法才逐渐成熟。到21世纪初，编码的深度和灵活性适用于从退税到从当地杂货店购买肥皂的所有方面，这意味着蛛网式的编码网络已经涉及各个层次的商业和行政管理。

电报电码

19世纪中期，在远距离商业往来的带动下，电报得到快速发展（见96页）。然而电报是按字母收费的，产业界很快认识到简短的信息可以节省开销。因此，很多缩写系统随之出现，比如电报码和宾利二阶码。各行各业（纺织业、运输业等）预先约定一些商业活动中经常用到的单词或短语，并压缩成固定的编码词汇。他们也允许用户对信息进行加密以保证安全。比如宾利5位码中，ATGAM意为“已经被授权”，OYFIN意为“没有再保险”。

电传打字机

通过自动电传打印机，输入的信息无须经过人工编码成莫尔斯码就可以发送和接收。为了提高带宽效率，消息最初压缩至固定的5位字符串，即1874年发明的博多码。由于人们需要更多的字符传输信息，6位TTS（电报排字机）系统和ITA2（西方联盟国际电报字母表2）随之出现，它们成为7位美国信息交换标准码（ASCII）和16位统一码（UNICODE）的前身（见275页）。

邮政编码

1943年，邮政编码首次出现在美国，用于大城市，而大城市中的区通常仅用一位或两位数来表示。1963年，这个系统以邮政编码（ZIP，Zone Improvement Plan）的形式推广到全国，同时也开始在其他国家使用，主要是欧洲国家。在美国，前三位数字代表邮件要寄送的地区邮政局，后两位数字用于进一步分类。1983年，引入了ZIP+4附加编码，这是一组由四个数字组成的单独编码，用于标识本地邮政区内的更具体地址。事实证明，这种地理信息系统包含其他许多行业都需要的重要信息。这些信息可以用于身份认证、邮件运送、用户调查、人口普查、快递与评估家庭保险等。邮政编码正越来越多地被数字化，变成邮网条形码，最终使利用光学字符识别技术分发邮件成为可能。

根据好莱坞的故事，托马斯·爱迪生（1847—1931年）几乎发明了所有东西，从电灯到电话。自动收报机纸条（彩色纸带）也是他的一项重要发明，它不仅可以打印出商业编码信息，还可以成为庆祝游行的五彩纸屑。在今天的电视新闻频道上不断出现的股价显示中，我们还能看到这种纸条的影子。

午餐

在印度孟买，数以百万计的办公室员工每天都有一份公司提供的家庭制作午餐。一个团队负责从各家收集餐盒，然后用火车从郊区运到城市；另一个团队从火车上卸下餐盒；第三个团队负责将餐盒运送到餐桌；餐后，空餐盒被收集起来再运回那些家庭。这是一个组织奇迹，被公认有100%的效率。午餐公司雇用了数千名快递员，并使用一个精心设计但又有些模糊的编码系统。它非常像邮政编码；每个午餐盒上标有一个彩色的圆或花，并带有一个号码，比如：

K-BO-10-19/A/15

K 是快递员的身份号

BO 是接收午餐的区域

10 代表孟买的目的地区

19/A/15 代表特定的地址、建筑和楼层。这个编码反过来可以用于送回空午餐盒。

与航空公司的行李处理不同，这个系统的工作效率非常高。美国前总统比尔·克林顿和微软总裁比尔·盖茨都曾经想了解这个系统是如何工作的。

孟买，午餐盒被收回的情景

洗衣包 洗衣店将衣服小心地包好，并挂上独特的编码标签

洗衣牌

洗衣牌在现代生活中仍然很神秘。这个号码可确保衣物送回所有者手中。实际上，洗衣牌并没有一个固定的模式，但在19世纪，中国移民在美国、欧洲以及亚洲殖民地开了许多商业洗衣店后，就有了这种技术。洗衣牌上有用胶水粘贴的标签，标签上是不同颜色的墨水书写的数字或字母，或字符的组合。这些洗衣牌被挂在每件衣服上。在今天的印度，每个客户都被分配一个身份识别码，即将一些独特排列的点印在每件衣服的隐蔽处。

条形码

使用条形码管理货物可有效记录存货情况。尽管条形码专利早在1952年就被批准，但直到20世纪60年代中期才被用于商业目的，并在20世纪80年代得以推广。条形码最初被设计用于识别和记录有轨电车，然后又用于那些使用收费公路的汽车。第一个使用条形码的零售商品是1974年俄亥俄州特洛伊市某超市中的一种多条装口香糖。这种机读交易记录系统对零售业的效率产生了革命性的影响，同时也提供了许多机会：当系统与信用卡或消费者会员卡关联起来时，可以通过评估消费者的购买方式生成针对每个客户的独特销售方案。

条形码系统

0 0001101	3 0111101	6 0101111	9 0001011
1 0011001	4 0100011	7 0111011	
2 0010011	5 0110001	8 0110111	

最广泛使用的条形码是通用产品码（Universal-Product Code），这是在北美流行的一种条形码，完全数字化，共12位数字，压缩后共95比特。除了开始条和结束条外，中间还有一个安全条。每个数字编码成7位（与法国的培根码不同，见84页）。

条形码是如何工作的

解读条形码从中间条或安全条向左，印刷条代表1，空格代表0；从安全条向右，排列规则相反，并用相反的表示方法。尽管在不同国家和贸易区条形码有所不同，但是基本原则相同。

品牌和商标
Brands and Trademarks

世界上最常见的代码就是“品牌”。这个想法最初源于在牲畜和奴隶身上印上表明主人身份且擦不掉的印记。现代品牌概念始于19世纪后期，竞争激烈的大规模制造和大规模消费时代，企业将产品简化为简单的图像或商标，以此体现产品的质量、款式和道德价值等专有核心价值。在日本，企业使用封建时代的姓氏作为现代的商业商标（见132页）。然而，创建一个品牌远比设计一个难忘的图案或者标志要复杂得多。一个成功的商标能将一系列价值浓缩为一个简单而抽象的图案，并能得到市场的积极回应。

阿尔布雷克特·多勒

用他名字的首字母组成一个简单图案。这是一个早期的版权商标

皮尔斯肥皂

最早的商业品牌尝试是皮尔斯肥皂。1886年，这一产品将独特的商标和英国著名画家约翰·埃弗雷特·米莱（John Everett Millais）的画作结合起来。皮尔斯通过赞助一个非常受欢迎的百科年鉴，首创了“产品扩展”（将一个还不错的产品和另一个有价值的产品或创意结合起来）的推广方式，从而将肥皂与人们所钟爱的维多利亚式居家风格联系在一起。

出版所有权：版权商标

在欧洲，大规模生产的第一个案例随着印刷业的出现而产生，德国艺术家与印刷商阿尔布雷克特·多勒（Albrecht Durer，1471—1528年）很快抓住品牌这一想法，在他们的印刷品印上了独特的签名。从此，印刷商和出版商致力于通过印刷一个简单图案或版权商标的方式确保品牌质量。在这方面最成功的案例是英国带有企鹅标记的平装书籍。自1935年起，尽管平装或软装的概念不能用品牌表示，但名字与商标变成了“品质”的同义词，而且代表人们买得起的文学书籍。很快，商标开始用于很多其他出版许可和彩码商品。

企鹅出版许可还发展到其他几个方向：鹈鹕代表科学/非小说类书籍，善知鸟代表儿童读物。在企鹅书籍目录中，不同的颜色代表不同的文学类型，起初，橙色代表文学类，绿色代表犯罪/神秘类，蓝色代表非小说类，紫色代表旅游类。

从想法到图片

现代品牌的理想目标是尽可能精炼产品信息。这可以通过很多方法来实现，比如独特的可口可乐瓶身以及它的“动感曲线”标志，麦当劳的“黄金拱门”。20世纪70年代，耐克通过在公司名字中提到古代希腊胜利女神，实现了品牌的完善，用一个简单的“对号”暗示迅速和敏捷；1988年，这个标记与看上去十分振奋人心却毫无实际意义的口号“Just do it”联系起来。

知名乐队

尽管一些乐队和艺术家通过字体编排和产品设计追求品牌认知度，比如“蓝色音符”的“酷”图案、“迷幻”乐队的迷幻旋转唱片中心和“谁人”乐队的独特的摩登字体，但有些乐队则努力将自己简化为简单的视觉符号。1971年，滚石乐队的米克·贾格尔（Mick Jagger）委托约翰·帕切（John Pasche）设计了著名的“唇与舌”商标，而这个商标现在仍然为人们所熟知。一些人走得更远：齐柏林飞船乐队（Led Zeppelin）的第四张专辑封套上没有标题和艺术家的名字，仅有四个神秘符号，每一个符号代表一位乐队成员。

佩奇　琼斯　博纳姆　普兰特

吉他手吉米·佩奇（Jimmy Page）甚至坚持不在唱片封套上印刷曲目和编号，直到被告知没有这些内容零售商无法销售，他才妥协。

商标和质量

从1875年起，公司或产品名称都能注册成为商标，就像注册专利一样。有时一个创新的产品名称能够成为一个被大家认可的短语，例如“hoover”吸尘器。近年来，人们对本身毫无意义的“设计师品牌”的热情导致假货市场快速发展（见右图）。

曾经的王牌艺术家将自己简化为一个符号，如同他的知名度逐渐下降，即使这个符号后来变成长寿符号，也只有少数人知晓。

制作者标记
MAKERS' MARKS

编码标记的使用已经有1500多年的历史，用于确保贵重物品的品质。从本质上讲，这些标记是最早的消费者保护实例，交易双方可以通过这些标记确认商品的价值和标准。公元4世纪，拜占庭帝国最早使用这种标记来表示银制品的质量；在那个时代的很多银器上都能找到五个冲压的印记，尽管考古学家不能确定它们的意义，但可以看出银在那个时代的经济意义，它们似乎是现代检验印记的前身。从这些原始编码开始，评估贵金属（主要是银和金）价值的系统很快发展起来。在过去的几个世纪中，这种做法也用于细瓷，今天也用于武器的验讫印记。

克拉

克拉这个词最初用于表示宝石和珍珠的品质或金的纯度。24克拉金的纯度至少为99.9%，22克拉代表纯度为91.6%，20克拉代表纯度为83.3%，18克拉代表纯度为75%。为了获得CCM品质证明，黄金制品的纯度至少为18克拉。在用克拉描述宝石时，1克拉代表0.007,055盎司（200毫克），与宝石本身的质量没有任何关系。这是一个通用的度量标准，它可以进一步划分至百分之一的精度，即2毫克。一个24克拉的钻石重量是0.169盎司，约4.8克。

印记

在拜占庭王朝之后几个世纪，法国是第一个将银纯度印记标准化的欧洲国家。1275年，法国首先将银纯度印记标准化，随后在1313年将金纯度印记标准化。1300年，英格兰爱德华一世颁布法令，所有银制品必须满足“标准纯度”标准，即至少含有92.5%的纯银，并首次开始使用“守护之狮”印记。满足标准的银制品会在享有盛誉的金史密斯学院的检验所打上豹头印记。“印记”一词就源于此处，尽管在不列颠群岛上的九个城市都有类似的检验所。其他印记还有“制作者标记”，它仅说明谁是制作者，通常是姓名的首字母；“日期标记”用小写英文字母表示，每个检验所的日期标记都不相同。英国在1784年至1890年制作的银制品还带有一个“税收标记”，即国王的头像。

英国最古老的四个金属检验所分别用符号表示为豹头（伦敦）、锚（伯明翰）、约克郡玫瑰（谢菲尔德）和城堡（爱丁堡）。其他检验所包括切斯特、埃克塞特、约克、纽卡斯尔、格拉斯哥和都柏林。“守护之狮”代表纯银。

英式标记 典型的英式标记（从左向右）包括制作者标记、金属检验所标记、通用标记或“守护之狮”标记，以及用小写字母表示的日期标记。有时也会使用其他标记，比如在2000年使用的千年标记。

标准化

几个世纪以来，不同国家制定了各自不同的系统和符号，用以标记产品。直到1973年，人们才真正开始标准化的尝试。1973年，30个欧洲国家签订了维也纳公约，用于管理贵金属的纯度和标记。这促使签约国开始在金、银和白金制品上使用通用标记（CCM）。尽管这对贵金属标记标准化有所帮助，但仍未实现真正的国际标记系统，因为不同国家以及国家内部的标准和实施都有所不同。

金、银和白金的现代通用标记

数字代表纯度：750表示每1000份中有750份金；925表示每1000份中有925份银；950表示每1000份中有950份白金。

细瓷

细瓷是一种明朝制造的带有中国汉字标记的高质量瓷器，在16世纪从中国出口到欧洲。在17世纪20年代贸易中断时，荷兰Moor'sHead工厂生产的代夫特陶瓷，开始模仿中国陶瓷的色彩和样式。在化学家约翰·弗里德利奇·波特歌（Johann Friedrich Botger）发明了一种可以模仿中国陶瓷光泽和质量的方法后，德累斯顿（Dresden）开设了许多工厂，这些技术迅速传播到法国和英国。于是，一个相当有竞争性且高利润的行业发展起来。陶瓷标记与贵金属标记不同，因为陶瓷不需要标记说明瓷器的质量和纯度，也不需要通过检验所认可。陶瓷标记主要是制作者标记，说明这件瓷器由具有良好声誉的老字号制作，如梅森、明顿、皇冠德比以及伟吉伍德等公司。此外，标记还能提供一些信息，比如生产日期（大多数工厂通常会修改他们的标记），有时瓷器制作者的身份也会出现在瓷器上。这些标记往往比商标更为华丽，而且用四种不同的方法制作：雕刻、压印、绘制或印刷。雕刻标记看上去比压印标记更有个性，绘制标记比印刷标记更简单，但却更加独特。大多数19世纪的标记都采用印刷方式，即在釉下印上蓝色标记。

中国瓷器的广泛流行导致很多欧洲制造商不仅模仿它的质量、颜色、釉色，还模仿中国添加制作者的标记。法国的尚蒂伊工厂模仿汉字标记设计了自己的标记，尽管当地符号不久后也发展起来，例如十字交叉的弓箭。

明朝的中国标志

尚蒂伊

弓箭

德累斯顿的麦森工厂是第一个完全掌握中国细瓷生产工艺的工厂，制造了许多中国风格的作品，例如这个吉他手，就采用中国瓷器的风格。18世纪中期，其他工厂也掌握了这项技术，并融入很多独特的本地风格。鉴于中国瓷器在西方世界的流行，CHINA（瓷器）一词便被用来代表中国。

瓷器标记

每个欧洲工厂都有其独特的制作者标记。尽管有些工厂使用印刷图章，但大多数标记仍由制作者自己添加。这类标记无论怎样都不可能被标准化，而且经常变化。由于这些标记很少含有日期，所以现代收藏家可以根据标记的类型鉴别很多作品的年代。

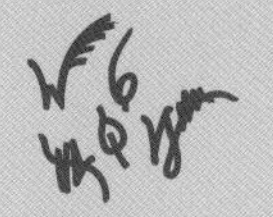

伍斯特模仿的中文

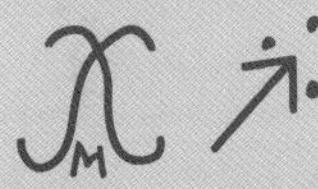

明顿

德比

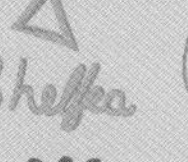

切尔西

颜色和款式 制作者标记也能帮助确定一个作品的年代，比如德比的皇家担保标记。

武器印记

验讫印记是一些印在武器金属上的小符号。通常是在枪管上的某个位置，只有拆开武器才能看到。该印记证明武器已经通过测试，可安全使用。

建筑编码 Codes of Work

圣保罗大教堂

在1666年伦敦大火之后，最宏伟的单体建筑方案是圣保罗大教堂，它由克里斯托弗·韦恩爵士（Sir Christopher Wren）设计和监督建造。大教堂始建于1675年，竣工于1710年。为了确保建筑工人能够准确理解建造方案，设计师除了绘制出平面图和立体图外，还建造了一个成比例模型。

多个世纪以来，建筑师和建筑工人之间都需要就他们的想法和设计进行交流。特别是建筑师，需要发明一套编码系统，能够让领班石匠和工人理解他的建筑设计方案。由于现代建筑包含各种管路和电路，因此需要创造一套新的图标编码，以便告诉后人这些建筑以及建筑内电路和系统的布局。在过去的150年中，新技术的爆炸式发展见证了许多建筑技术的诞生，而这又相应地需要创建一套完整的编码语言。

建筑方案

尽管很少有证据表明在建造罗马式和哥特式建筑时曾绘制建筑总平面图，但在文艺复兴盛期，一个用平面图和立体图描述建筑构造的系统方法诞生了。阅读这样的建筑平面图通常需要同时参照一个成比例模型。近现代最令人惊讶的一项成就就是1666年伦敦大火之后的城市重建，克里斯托弗·韦恩爵士、詹姆斯·吉布斯、尼古拉斯·霍克斯莫尔等建筑师们绘制了许多教堂和其他建筑物的详细设计图，从而恢复了这座城市的原貌。

立体图
用立体剖面图表示圆屋顶的建造方案

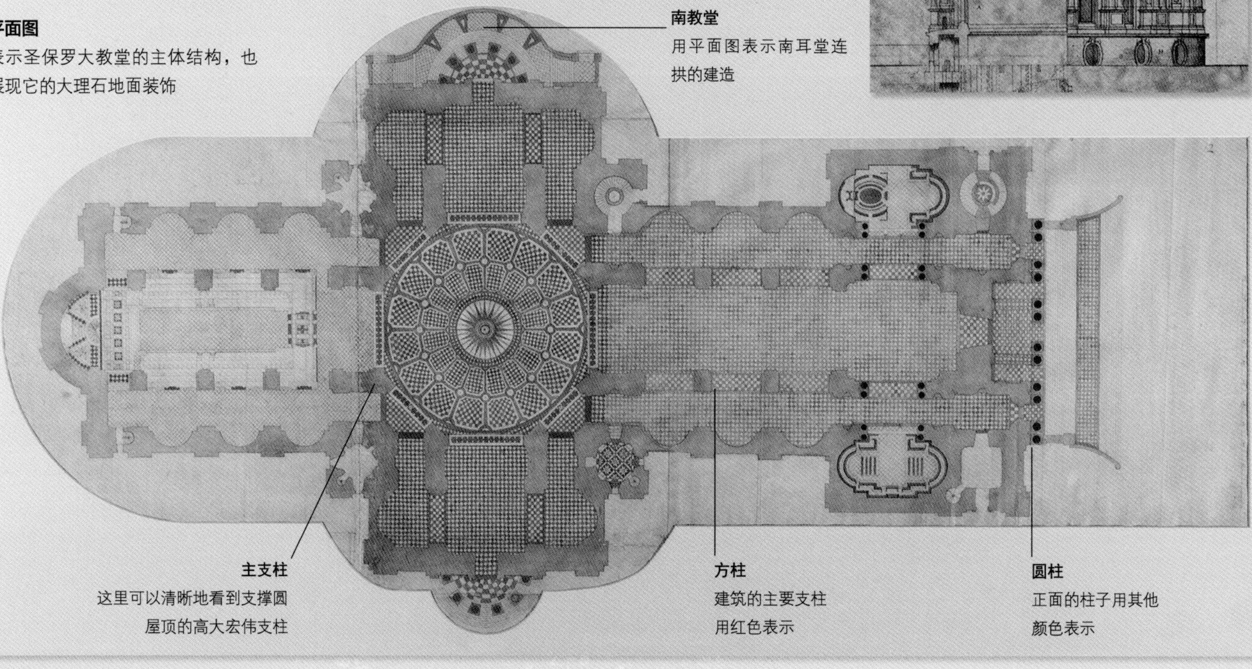

平面图
表示圣保罗大教堂的主体结构，也展现它的大理石地面装饰

南教堂
用平面图表示南耳堂连拱的建造

主支柱
这里可以清晰地看到支撑圆屋顶的高大宏伟支柱

方柱
建筑的主要支柱用红色表示

圆柱
正面的柱子用其他颜色表示

重要管线

尽管每个国家的电路和管路根据当地的标准和相关法规各不相同，但仍然有一个广泛认可的基本符号词汇，用来描述这些重要的封闭管线系统是如何设计和工作的。

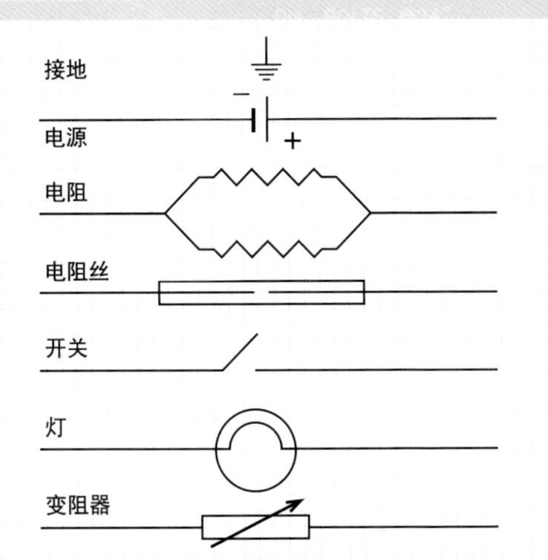

电流 电流形成的基本条件是形成电路，这样就能将电源的正负极同时连接起来。大多数电路都能用这些符号表示。

管路 供排水系统，特别是有中央供暖和其他网络的供排水系统，更需要清晰的管路图。尽管大多数管路图都标明复杂的管路交叉点和连接点，且各有各的标示方法，但我们最关心的是每条管路的具体用途。

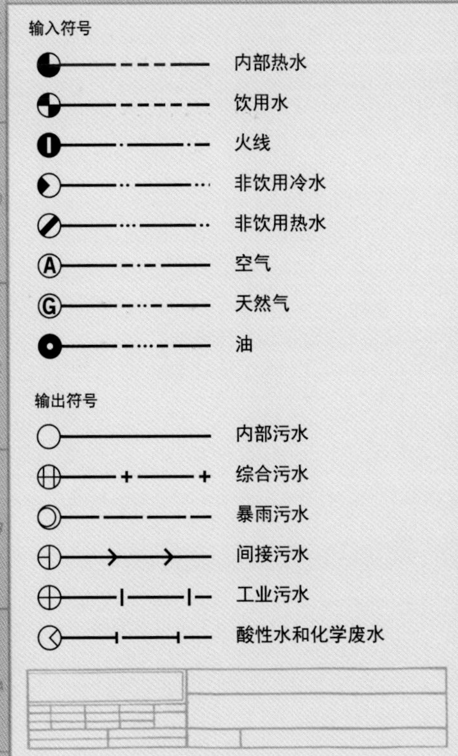

无论工业管路还是家庭管路，对我们来说最重要的是识别水流方向，控制点，如阀门和水龙头，以及每条管路的功能。

速记

从19世纪中期开始，系统与通信技术的发展导致第二次工业革命爆发。打印机和电报的出现，使文秘技能变得十分重要，因为这些人能够更快速有效地处理信息。皮特曼（Pitman）速记法于1837年问世，它为秘书们提供了一种能够在打字之前快速记录言语信息的方法。随后很快又出现了法国的多勒（Duploye）速记法、1888年的格雷格（Gregg）速记法等；这些都不是新方法：罗格·贝肯（Roger Bacon）在13世纪就推荐一种能够快速抄写的速记法。皮特曼速记法完全基于语音，重点记录辅音，用笔画表示，元音用点和线表示。其中还包括许多常用字的缩写。

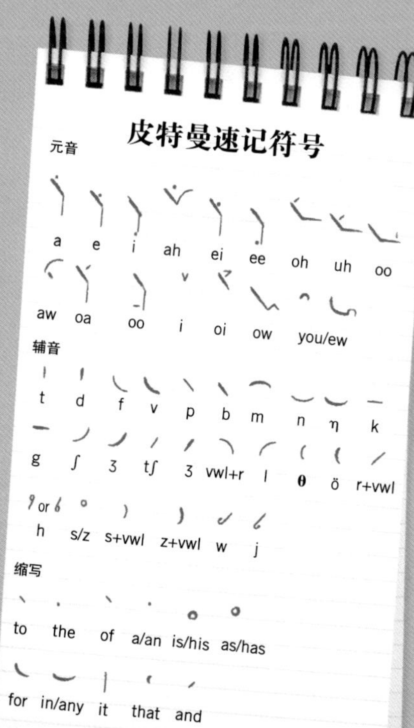

货币与防伪
CURRENCY AND COUNTERFEITS

第一枚硬币

吕底安希腊人在公元前7世纪制造了第一枚硬币，但这个系统很快就传到了亚洲和地中海地区。硬币，通常是一块有固定质量和价值的金属，上面印有权威标志，通常是统治者头像或城市符号，有时还有相配的一句格言。

古代远距离交易的发展需要一种新的货币交换形式来替代传统的以物易物的贸易方式，那时货物就是最早的货币。随着17世纪国际贸易公司的出现（如英国和荷兰的东印度公司，创立于17世纪初），这些大公司希望能够改变跨国运送金条购买货物的方式。信用券，现代纸币起源，成为股票交易所和贸易市场外的普通货币，但它也带来了如何为纸币加密以确保价值并防伪的问题。

伪造纸币

长久以来一直被认为是一种经济犯罪

第一张纸币

第一张纸币在公元9世纪末期传入中国宋朝，当时的国际贸易非常发达，政府开始发行纸质收据代替金条。到13世纪，印刷的纸币开始广泛流通。

造币厂和鉴定所

在近代早期，货币的价值直接与其“表面”的金属价值挂钩，因此伪造货币是一门大生意。广为传播的“削边”技术，就是将货币上的金或银刮下，再用便宜的合金重铸，或将金或铜溶化后提炼出来（在今天，这两种做法都是犯罪行为）。牛顿并没有因为他的科学成就获得骑士身份，而是作为皇家造币厂厂长获得了这一荣誉。在这个职位上，他用自己的管理才能和炼金技术确保英国货币通过精确的检验。

现代硬币

在1998年的英国，铜币的制造成本已经超出了金属本身的实际价值。于是人们开始用铜铁混合物制造硬币，以平衡价值。用一块磁铁就可轻易鉴定你口袋里的硬币。2008年，美国造币厂承认他们的小面值硬币也遇到了同样的问题。

印刷货币

随着纸币的出现，防伪成为一个新的问题。起初，印刷货币的安全性基于所用纸张的质量（通常货币纸张只有一个安全的来源，并配有精心制作的水印），以及雕刻、油墨与印刷的质量。20世纪末，更多高级加密技术被用于货币印刷。然而，现代数字扫描技术仍然使伪造纸币成为一个有利可图的行业。

美元

美元在设计与形式上很少发生改变，采用的安全加密技术也很少。2008年发行的五美元和十美元增加了一些新的防伪技术。

缩影印刷

纸币上添加了一些特征，这些特征因为很小所以很难被模仿，包括许多黄色的“5”

金属安全线

在纸币两边都可以看到交替出现的“5”和“USA”，在紫外线下这些线显示为蓝色

水印

之前的林肯肖像水印被新“5”水印所替代，一些更小的“5”水印也被设计在纸币的其他位置

欧元

近年来纸币与金属货币体系的最大问题就是欧元。欧元于2002年启用，并在大部分欧洲国家通用。较大面值的硬币采用两种金属制成，而纸币有超过20种安全特征。

校验和

与所有纸币一样，每张欧元都有一个独特的序列号。序列号的起始字母代表发行国家，结尾的校验位为1～9中的一个数字。当首字母被转换为其在字母表中对应位置的数字时，所有数字之和应该是一个两位数。将所有数字之和除以9，余数应该等于两位数的两个数字之和

登记测试 纸币价值在纸币的两面都未被完整印刷出来，但在灯下会全部显示出来

浮凸印刷

在纸币的某些位置油墨会更浓，形成一种凸起的文字效果

水印

除了采用传统的水印纸外，欧元还嵌入了数字水印，这使通过扫描或复印伪造欧元不再可能。油墨水印只在红外线和紫外线下才能看到

磁条

金属安全条只在灯光下才能看到，并在其上显示面额和“euro”字样

智能油墨

大面值纸币采用特殊油墨印刷，这种油墨从不同角度看颜色会发生变化，有些颜色只在特定角度才能看到。而小面值纸币则采用磁性油墨

全息图

小面值纸币有全息图，50欧元及以上面额的纸币会带有全息贴纸

很少有国家公布已经确认的伪造货币的数量或价值，但在欧元流通的第一年，就有超过50万欧元的假币从流通环节中回收销毁，但每年的假币总值仍在继续上升。

信用卡

信用卡的原形最早出现在20世纪30年代初期，在20世纪70年代开始广泛使用。然而，直到近年，确保信用卡安全使用的技术才出现。全息图这项技术很难伪造，通常用于支票和信用卡。

磁条 包含两个只读磁道数据，即持卡人的个人信息与个人身份识别码（PIN）结合使用，才能访问持卡人的银行账户。第三个磁道为读写磁道。

用户交易记录 自动系统能够检查交易记录，判断每笔交易是否异常。如果有人企图用一张持卡者从未使用过的信用卡从ATM提取大量现金，银行会冻结账户。

智能卡 这些集成芯片卡经常用作银行卡和信用卡，与手机SIM卡的工作原理相同。它们能够用于获取、交换、存储多项数据。一些卡还嵌入了保密功能，例如3DES与RSA，或带有数字签名。

个人身份识别码

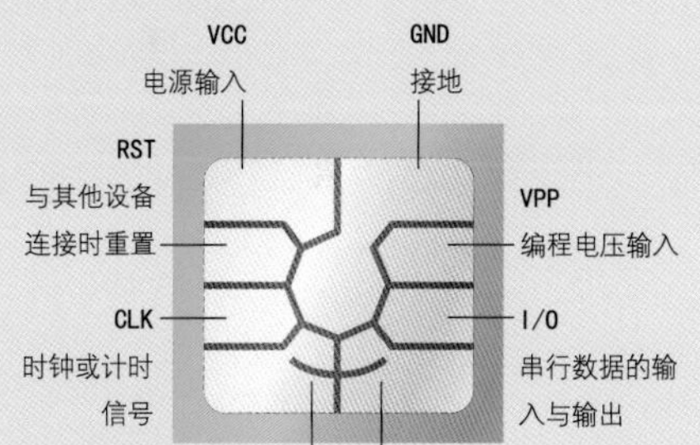

最新的智能卡为非接触卡，这些卡不使用读卡器，而是使用RFID进行通信

四位个人身份识别码（PIN）是信用卡和借记卡交易最常用的编码认证方式。但是，PIN码就一定安全吗？任意四位数均有10,000种可能的组合。与绝大多数口令和密码相比，这个数字小得可怜（一个由八位字母和数字组合构成的密码最多可达到1000亿种组合）。然而，银行一般通常只给三次尝试输入密码的机会，这就意味着暴力破解（将每种可能的组合都尝试一遍）不会奏效：三次尝试仅有1/3333的概率可以使攻击获得成功。

你手中的书
The Book in Your Hands

大多数今天生产的商品都标有一系列代码：品牌名称、生产批号（这对包括多种成分的产品，如药品和化妆品非常重要）、生产日期与保质期（对药品和食品非常重要）、序列号（通常用于电子产品与机械产品，出于保护消费者和产品保险的目的），以及条形码（用于存货管理）。然而，拥有最多内置编码的产品是书籍。这项了不起的发明依旧是最持久的远距离交流工具，能够跨越距离和时间的限制。书籍完全是一种由各种编码技术组成的产品，有些技术可以追溯到几个世纪之前。

书

自从1450年约翰内斯·古登堡（Johannes Gutenberg，约1398—1468年）使用活字印刷以来（译者注：最早的活字印刷术是由中国北宋时期的毕昇发明的），精装书的基本结构没有发生明显的改变。古登堡用于制作《圣经》的很多技巧今天仍在使用。这种流传已久的传统技术意味着，你手中这本再普通不过的书也包含着许多技术，无论这本书是一本线装的漫画书，还是一本装订华美的通俗读物平装书、小说、百科全书、字典、地图集，或是一本我们不假思索就能欣然接受的限量版文集。然而，书是一系列活动的成果，它涉及贸易、工艺、编目、编辑以及其他编码。

装订
两种流行的装订方法是线装法，即将对开页装订在一起；或通常用于软皮书的无线装订法，即将书页褶皱裁剪后直接贴到书脊上

书页
现代图书大都有许多大幅拼页，这些拼页经过折叠、合并、裁剪后，再进行装订，通常对折页可多达16页

护封（折进去的部分叫勒口）

封底

ISBN
国际标准书号始于1966年的英国，当时采用独特的9位数字编码。1970年，这种编码得到国际认可，后变为10位编码，即ISBN。从2007年起，该编码增加到13位，增加了一个独特的编码称为校验码。该条形码中的信息包括组号、出版者号，书序号以及校验码

条形码
包含国际标准书号ISBN的条形码（见207页）通常出现在封底上

书脊

封面

前切口

出版许可页
读者熟知的“版权页”，显示出版商、版权和书目等信息

出版商

版权符号
©表示出版商对这本书的设计和内容的所有权

美国国会图书馆目录编号
该编号包含大量信息，除了书的标题和国际标准图书编号，还有作者的出生日期和出生地

Published by Weldon Owen Inc.
415 Jackson Street
San Francisco, CA 94111
www.weldonowen.com

Weldon Owen inc.
Executive Chairman, Weldon Owen Group John Owen
CEO and President Terry Newell
VP, Sales and New Business Development Amy Kaneko
Senior VP, International Sales Stuart Laurence

VP and Publisher Roger Shaw
Assistant Editor Sarah Gurman

VP and Creative Director Gaye Allen
Art Director Tina Vaughan

Production Director Chris Hemesath
Production Manager Michelle Duggan
Color Manager Teri Bell

Conceived and produced for Weldon Owen Inc. by Heritage Editorial
Editorial Direction Andrew Heritage, Ailsa C.Heritage
Senior Designers Philippa Baile at Oil Often, Mark Johnson Davies
Additional Design Bounford.com
Illustrators Andy Crisp, Philippa Baile at Oil Often, David Ashby, Mark Johnson Davies, Peter Bull Art Studio
Picture Research Louise Thomas, cashou.com
DTP Manager Mark Bracey

Consultant editors
Dr. Frank Albo MA, MPhil., Ph.D. candidate History of Art, University of Cambridge
Trevor Bounford
Anne D. Holden Ph.D. (Cantab.), 23andMe Inc., San Francisco, CA
D.W.M. Kerr BSc. (Cantab.)
Richard Mason
Tim Streater BSc.
Elizabeth Wyse BA (Cantab.)

A Weldon Owen production
© 2009 Weldon Owen Inc.

All rights reserved, including the right of reproduction in whole or in part in any form.

Cataloging-in-Publication data for this title is on file with the Library of Congress
ISBN 978-0-520-26013-9 (cloth : alk. paper)

Manufactured in China

18 17 16 15 14 13 12 11 10 09
10 9 8 7 6 5 4 3 2 1

CONTENTS

版本号
显示这本书的重印次数以及印刷时间。每次重印时，编码中的日期和版次数字都会更新

偶数页
书的左页

订口
书页装订处

图书导读

在这样一本包含大量插图的书里，会有许多要考虑的常规核心要素，很多要素都有自己的一套专用“语言”。

字体

版面和字体根据效果、内容和信息层次的不同而有所不同

版面

通常会用一个版式或模板给设计者提供一个基本框架

页眉标题

通常显示图书、章或节的名称

斜体字

通常用来表示引用或参照的条目

引线

表示注释与案例或者图标的关系

页码

02 SECTS, SYMBOLS, AND SECRET SOCIETIES

Early Christians	42
The Pentangle	44
Divination	46
Heresies, Sects, and Cults	48
Rosslyn Chapel	50
Alchemy	52
Kabbalism	54
Necromancy	56
Rosicrucians	58
Freemasons	60

03 CODES FOR SECRECY

The Art of Concealment	64
For Your Eyes Only	66
Frequency Analysis	68
Disguising Ciphers	70
Medieval Cipher Systems	72
The Babington Plot	74
The da Vinci Code	76
Ciphertexts and Keys	78
Grilles	80
Spies and Black Chambers	82
Mechanical Devices	84
Hidden in Plain Sight	86

04 COMMUNICATING AT DISTANCE

Long-Distance Alarms	90
Flag Signals	92
Semaphore and the Telegraph	94
Morse Code	96
Person to Person	98

05 CODES OF WAR

Classical Codes of War	102
The 'Indecipherable' Code	104
The Great Cipher	106
19th-Century Innovations	108
Military Map Codes	110
Field Signals	112
The Zimmermann Telegram	114
Enigma: The 'Unbreakable' System	116
WW II Codes and Code Breakers	118
Cracking Enigma	120
Navajo Windtalkers	122
Cold War Codes	124

奇数页

书的右页

目录

提供本书结构的基本信息。目录中还可能含有其他导读信息，比如索引（列出具体参考文献或词条与对应页码的查阅表）、术语表（书中用到的术语的定义）、附录（可能包含对读者有用的参考资料），以及参考文献（提供信息来源和扩展阅读的资料）。

文字导航

在文章或者一些学术书籍中，会出现大量的通用缩写和符号，其中很多都源于拉丁语词根。

cf. confer，比较而言
e.g. exempli gratia，例如
et al. et alia，其他
etc. et cetera，等等
ff. 接下来
fl. floruit，繁盛时期（后面跟年代或时间段）
ibid. ibidem，出处同上
id./dem， 同上
i.e. id est，即
loc.cit. loco citato，在之前提过的地方
non obs. non obstante，尽管
non seq. non sequitur，由此不可见
viz. videlicet，即

校对符号（译者注：本套符号为国外所用，与中文校对符号大同小异）

几乎每个作者创作的原始文稿都需要编辑。编辑和排版员发明了一套用于编辑和校对的编码语言。为了让排版员可以在印刷前将印刷文稿录入制作好的模板，报纸文字编辑需要一种编码方法，这种方法后来发展成为一种校对技术。通常，文字编辑会用“长条校样”进行标记。

变成加粗大写字母 | 段落缩进 | 将i改成y | 文字接排 | 插入内容 | 将b换成d | 插入逗号 | 插入单引号 | 将内容交换顺序 | 变成小写 | 插入字母i | 删除单词 | 去掉空格 | 另起一段（不缩进） | 插入句号 | 插入破折号 | 删掉字母并去掉空格

Introduction

We are all proficient cryptanalists. y/

We live in a global culture dominated and underpinned by a massive of codes that ∧number betermine our actions,provide us with information,and provide information about us to others. d/

Even before learning to speak children learn to decode their immediate environment. They learn to read expression and gesture and are sensitive to intonation long learning before to speak. Learning to speak is an enormously complex process,not only involving mastery of a set of sounds,but the rules that govern them, along with all the Gestures,intonations,and facal expressions that convey meaning. How we can do this remains a mystery. It is nothing short of miraculous that all humans are able to do this,and that none of us even remembers or is even conscious of this arduous act of dec oding.

We all continue to decode for the rest of our lives,'reading' our environment and assessing those around us,almost always without being fully conscious of what we are doing We even learn to listen to what is not said for language is used as much for concealment as it is for communication.

10

文明社会的顺利运行依赖于一系列未言明、未界定、通常难以理解但却被普遍接受的行为和仪态准则。

人类行为代码

在社会习俗、传统和礼节的全貌之下，隐藏着人类环境中固有的标志和符号，它们经常不受我们的意识控制，在不经意之间向外界泄露我们的信息。

肢体语言
BODY LANGUAGE

除了语言交流之外，人类还能通过面部表情和肢体语言表示决定或表达情绪和感情，且潜能巨大。除了有意识地使用肢体语言（如眨眼、皱眉或挥手）以外，通过仔细观察，我们还能发现许多肢体动作中隐藏的潜意识信息。这类信息大多数都能被人们本能地理解。例如，我们可以发现对方是否对我们感兴趣或厌烦我们，能发现对方局促不安，也能发现对方想隐瞒什么。精神病专家和心理学家已经解密人是如何泄露自己信息的，这些知识已被广泛用于人事招聘、面试和刑讯。

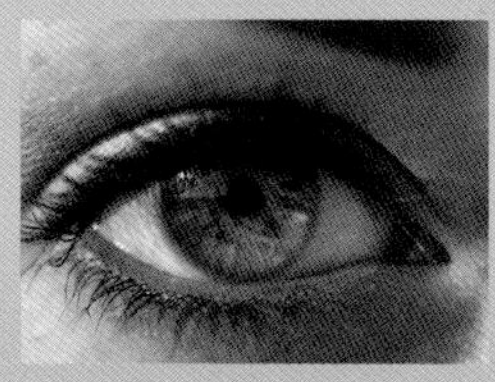

受控制的身体

虽然大多数人都努力控制自己的身体可能发出的信息，但事实证明，有些反应是不可控制的。脸红、流汗、哭泣和对疼痛的反应等，通常都不可控制。眼睛可以泄露许多信息，扩张的瞳孔通常暗示着兴趣和注意，不能对视或不能保持视线接触通常意味着尴尬和不诚实。

扮鬼脸

古典时期的艺术家就已发现并且通过描绘面部表情和身体的姿态表达作品中的情感。然而，奥地利雕塑家弗朗茨·艾克萨费尔·梅塞施密特（Franz XaerMesserschmidt，1736—1783年）是首位尝试对人类表情进行分类的人，他根据在慕尼黑疯人院的研究，塑造了50多个表情各异的半身雕像。虽然这是一个极端的例子，但这些研究反映了启蒙运动对各种人类行为的兴趣。

意识和潜意识交流

如果我们把肢体语言划分为两类：面部表情和肢体动作，那么我们就可以清楚地知道，相对于肢体语言，我们更容易读懂大部分面部表情。我们更熟悉微笑、鬼脸、皱眉和震惊等表情，虽然成人的大脑有很好的控制力，但这些表情还是难以控制。从手和胳膊的动作也可以获取许多信息，这些下意识的动作大多是为了强调或反映说话人对谈话主题的态度，这在诸如西班牙语、意大利语等罗马语系的使用者中尤其普遍。

潜意识身体语言示例

腿和胳膊紧紧交叉
不感兴趣，愤怒，一种防御的姿势

身体前倾、手托下巴
注意，感兴趣，有热情

玩弄领带或头发（男人）
紧张，不确定

舒适的交叉双腿，抖脚（女人）
调情，引诱/ 性兴趣

眼睛向左边看
明显的不舒服，通常在撒谎，在面试中表现不好

眼睛向右边看
寻找真相，思考，在面试中表现良好

抬头，双眼茫然
没什么兴趣，可能在思考其他事

头偏向一边，双眼微眯
感兴趣，积极地思考

紧闭嘴巴，咬紧牙关
绝望和愤怒

扑克的“马脚”

扑克是一种技巧和运气同样重要的游戏。大多数技巧都在于在游戏过程中隐藏自己的情感，并且努力去发现对手在想什么。泄露的迹象被称为“马脚”。在电影《皇家赌场》（2006年）中，当犯罪头目奇弗瑞作弊时，被詹姆斯·邦德以他老练的直觉发现了，因为奇弗瑞眨了眨眼。当奇弗瑞知道自己手上的牌很糟糕时，他的眼中会流露出想放弃的神情。这只是一点小技巧，牌桌上还有很多更加微妙的“马脚”。

手颤抖

押注时手颤抖。如果是新手，这通常意味着他们有一手好牌，正为可能赌赢而激动。如果不是新手，则有可能是虚张声势。

目光下垂

在发完牌之后（翻牌）看一眼他们的筹码，通常意味着玩家得到了他们的强手牌。相反，注视“翻牌”表示在寻找着什么，通常意味着他们错失了某张好牌，也可能暗示即将到来的虚张声势。许多老练的玩家现在都戴着墨镜玩牌，以隐藏这些马脚。

停滞

越来越不安的迹象：嚼口香糖的人经常在他们虚张声势的时候停止咀嚼；类似的，一个人在攻击对手时会短暂地屏住呼吸。

说话

手拿强手牌的玩家会变得自信、善言和放松。焦虑的举止或者被强迫的谈话可能暗示着弱势。

我加入

对赌博的渴望可以反映许多问题。拿着强手牌的玩家通常会热切地下注。这里有一个重要的马脚：通常在叫牌之前乐于等待的玩家会一反常态地快速下注。然而，不急于下注可以隐藏许多计策，并且可以使其他玩家措手不及。

调情的折扇

在19世纪的西班牙，年轻富有的女士外出时通常会有一个年长的女伴同行。这些女伴负责监督年轻女士的行为举止，确保她们在良好的教养下成长。与年轻男士交谈时，不能脱离诸如天气、艺术、文学和政治等正统的话题，否则会被禁止，这就迫使这些未婚少女想出自己的办法，利用她们的折扇进行交流。因此，为求爱和调情而设计的姿势各式各样，层出不穷，但都比较直观。19世纪末期，折扇制造商为了刺激销量，开始出版“扇子语言指南”。

将折扇轻轻拂过胸前 我是单身
将折扇快速拂过胸前 我有男朋友或者伴侣
打开又收起折扇，然后碰碰脸颊 我喜欢你
用折扇碰触太阳穴然后看向天空 我对你日夜思念
用折扇碰触鼻尖 这有难闻的味道（男人使她不开心，也许是和其他人在调情）
走在一旁，用折扇轻拍手掌 注意，我的女伴要来了
打开又收起折扇然后用它指一指 在这里等我，我很快回来
用扇子遮住嘴巴然后暗示性地注视 送吻
收起折扇并且在左手中摇晃 我在寻找男朋友
快速的扇扇子 我不太相信你
突然收起折扇 和我父亲谈谈
将收起的折扇置于心口 我非常爱你
将打开的折扇置于心口 我想和你结婚
将扇子给男士 我的心属于你
将给男士的扇子收回 我不再需要你
用打开的折扇遮住部分脸颊 我们结束了
让折扇掉落 我爱你但是我很挣扎
用折扇轻敲左手 我喜欢你
向外看 我在考虑
用折扇轻敲右手 我讨厌你
用扇子轻敲衣裙 我吃醋了
将收起的折扇靠在左边的脸颊上 我是你的

救生信号
SURVIVAL SIGNALS

有时视觉交流比语言交流更加恰当，手势信号能使语言交流更加清晰。自古以来，出于显而易见的原因，猎人要在不能出声的情况下传递信息；同样，军人也需要在不被敌人听到声音的情况下进行交流，有时甚至间隔一段距离（见18页）。在这些情况下，清晰简洁的信号非常重要，成功交流也许就意味着生命。在我们日常生活的许多领域中，信号编码也是生死攸关的大事。

被困在荒岛沙漠时的求救信号

如果有人因为海难或空难被困在偏远地带，可以使用一套国际公认的地空编码信号，向搜救人员发送即时信息。虽然这些编码信号像肢体信号和图案一样很容易使用，但大部分飞机和船只都配有照明弹来吸引注意力，还可将彩毯铺在地上发送信号。

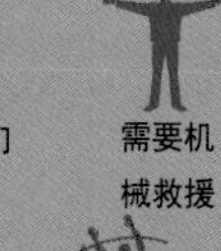

将我们带走 需要机械救援 需要医疗急救

很快可以继续 不要试图在此降落 使用空投信息

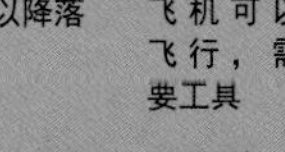

可以降落 飞机可以飞行，需要工具 需要衣物

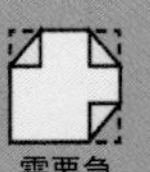

需要急救物资 需要医疗救助 需要食物和水

地对空图案

	一切都好
L	不明白
V	请求援助
X	请求医疗援助
F	请求食物和水
N	不
Y	是
↑	继续这个方向

空对地答复

收到信息、明白：
- 白天：摆动机翼
- 晚上：闪烁绿灯

收到信息、不明白：
- 白天：飞机向右盘旋
- 晚上：闪烁红灯

登山救援

这些信号已被所有国际登山救援服务认可，同时可发送声或光消息。

消息	信号	声音或灯光信号
SOS	红色	三次短闪，三次长闪；间歇1分钟后重复
需要帮助	红色	六次连续快闪；间歇1分钟后重复
明白	白色	三次快闪；间歇1分钟后重复
返回原地	绿色	持续闪烁

潜水信号

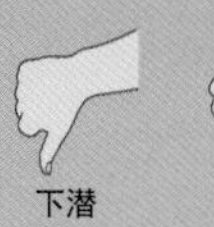
下潜

上浮

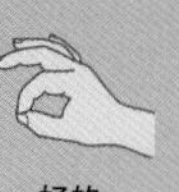
好的

不舒服

有异常

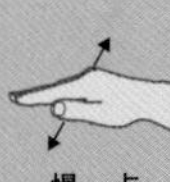
慢一点

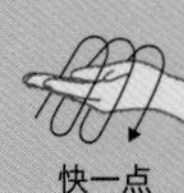
快一点

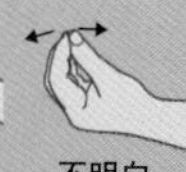
不明白

在水下说话是不可能的，但潜水员之间的准确交流又十分重要。因此，他们设计了一个能表示大多数信息的手势信号系统。

在路上

慢一点

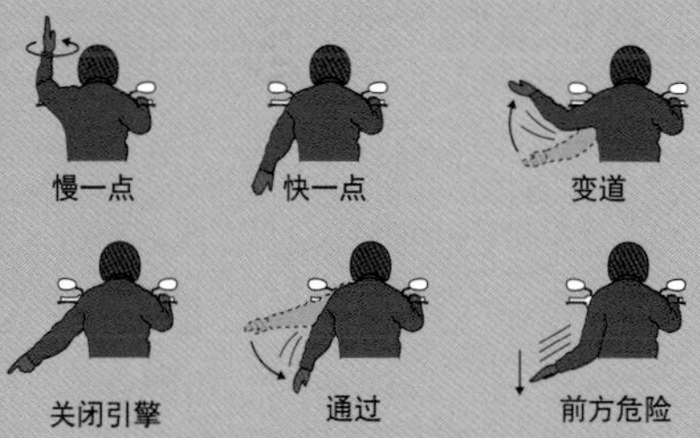

快一点

变道

关闭引擎

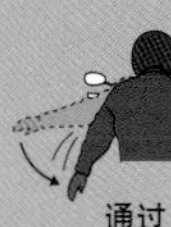
通过

前方危险

现在开车的人已经很少使用手势信号了，但对成群结队骑自行车或摩托车的人来说，手势信号依然重要。

在工地

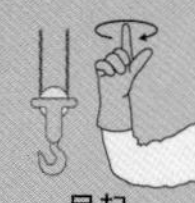
吊起

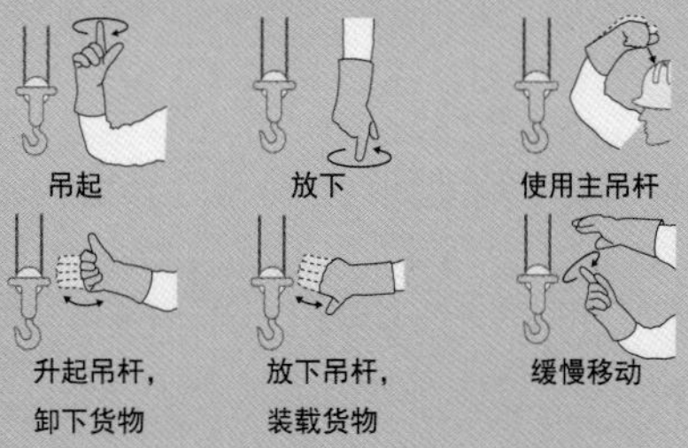

放下

使用主吊杆

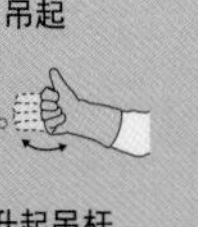
升起吊杆，卸下货物

放下吊杆，装载货物

缓慢移动

在繁忙的建筑工地上安全运送沉重的货物，依赖于起重机操作员和地面工人对手势信号的准确理解。

约定赔率

特别在英国，这是一个用来交流博彩赔率的被称为“Tic-tac”（赛马时赌注登记经纪人之间用手表示的秘密信号）的系统，随着手机使用的增加，现在已经不经常使用了。赌注登记经纪人在不断变化的赔率叫喊喧嚣声中决定是否需要改变博彩形式。

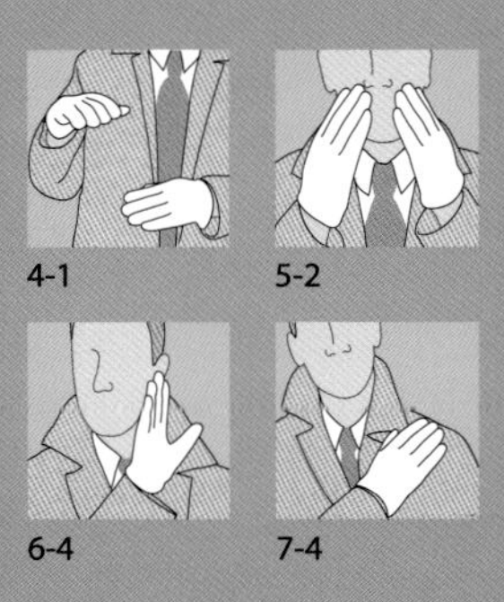

体育密语

SPORTING CODES

在许多运动中，人们都使用视觉信号向其他参与者、观众和记分员传递信息。在棒球、足球、橄榄球、板球和很多其他运动中，距离或语言成为快速交流的障碍，而夸张的肢体语言在这里得到了有效应用。虽然现代科技对此有所帮助，但却不能适合所有运动并完全有效。因此，人们设计了一套清晰的人工信号系统。

场地比赛

虽然板球的规则和手势信号依然难以理解，但人们却按照需求为其他场地比赛设计出一系列手势信号。许多运动的全球化，例如众所周知的足球，意味着裁判的手势信号需要得到世界范围的认可。在一项由使用多种不同语言的运动员参加的运动中，手势信号的指令或信息能帮助人们理解裁判的裁决。这些手势信号在人声鼎沸的比赛现场尤其有效。

板球的规则对许多人来说都是一个难以理解的谜，对那些不了解板球的人，裁判的手势信号显然不能将所有意思都表达清楚。他们通常通过球场中央的裁判将最后的裁决结果传递给记分员和观众。尽管这种手势信号已经由来已久，但裁判仍然有机会使用他们自己发明的手势信号。

没有球

六分球

偏球

出界/三柱门

四分球

漏击得分

棒球手势信号

在场地比赛中，裁判所在的位置对于参赛队、记分员和观众（包括现场观众或电视观众）来说至关重要，这样才能确保棒球手势信号必须清晰明了。事实上，裁判必须站在投球手或接球手（左图）后方的“直接发球线”位置，充分体现了棒球手势信号的重要性。

计数（左手表示坏球数，右手表示好球数）

开球

裁判判为好球

好球/挥动则表示出局

安全上垒

暂停、界外球、犯规或死球

与许多其他运动中的手势信号相比，**足球的手势信号**没有那么重要，因为足球的规则简单明确。在比赛中的大部分时间里，运动员和观众都会立刻知道为什么判罚点球或得分，所以大多数裁判使用的手势信号只为维持比赛进程快速顺畅。

英式橄榄球联合会的裁定通常是主裁和边裁互动的结果。主裁判需要尽快将裁定结果告知两队，同时还要将这个结果传递给运动员、记分员和观众。

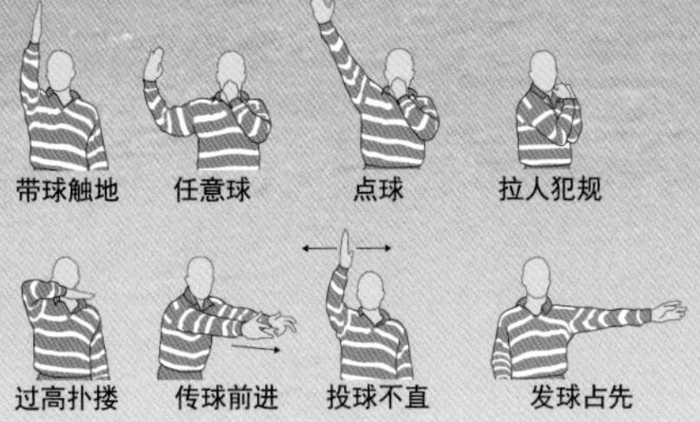

带球触地

任意球

点球

拉人犯规

过高扑摟

传球前进

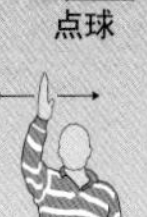
投球不直

发球占先

礼 仪 ETIQUETTE

宫廷礼仪

优雅的宫廷礼仪在法国路易十四（1638—1715年）统治期间的凡尔赛宫达到鼎盛。在宫廷里，正确的行为举止是宫廷社交的重要条件，烦琐的宫廷礼仪也使社会等级更加严格。

进门 任何人都不允许敲国王的门。按照要求，他们要用左手小拇指刮门，因此许多侍臣都把左手小拇指的指甲留得比其他手指更长。

接触 女士不允许牵男士的手，或者挽着男士的手臂。女士应该将手搭在男士弯曲的手臂上。

坐 在公共场合，男士和女士都不允许叉腿而坐。男士就座时，需将左脚滑到右脚前，将双手放在椅子两侧，然后慢慢地坐到座位上。

打招呼 当男士在街上遇到熟人时，要把帽子高高举过头顶。

礼仪决定了宫廷地位秩序，严格保持复杂的讲话习惯，并明确规定有皇室人员在场时，什么人在什么情况下应该站立或坐下。

打招呼、送礼物、餐桌礼仪、穿着等看似平凡的风俗习惯，往往会引起不同文化背景的人们的误解。有些礼仪只是一种社会行为规范，目的是定义正确的社会行为，有些礼仪仅仅是为了尊重他人的舒适和情感，而更多烦琐的礼仪行为在像皇宫这样单纯而等级森严的环境中得到发展。除了皇宫这样高贵的场所，社交礼仪在过去的几百年中，作为被普通大众广为接受的行为规范，也得到了长足的发展，这在“懂礼貌”这样的夸赞中得以充分体现。尽管礼仪在过去的几百年中已经变得越来越简单，也不再像过去那样正式，但是某些能够改善社交的礼仪还是应该有所保留，例如“请”“谢谢”“打扰一下”等词语永远不会过时。

失礼行为

在大部分非西方地区，从太平洋群岛到中东，人们认为脚最具冒犯性。人们在进入房间之前会脱掉鞋，在清真寺和庙宇等神圣的场合，穿鞋被视为严重失礼。人们认为脚不干净，并且有很多有关裸露脚底的禁忌，比如裸露的脚底永远不能朝向清真寺的麦加圣地，或佛教寺院的圣坛。在印度，头被视作灵魂的所在，触摸别人的头，特别是小孩的头，最令人反感。韩国人认为擤鼻子不礼貌，尤其是在晚宴的餐桌上。

问候

尽管美国人和欧洲人都理所当然地认为与陌生人握手不会失礼，但亚洲的礼节则复杂得多。最优雅的迎宾员也许是日本人，他们鞠躬表示尊敬和谦逊。男人鞠躬时手臂伸直，手掌平放在双腿两侧。女人鞠躬时双手拢在一起放在腿前。鞠躬的深度有明确的含义，能反映出社会地位的差异。在泰国，传统的问候方式是像祈祷者一样双手合十放在胸前。

赠送礼物

在社交中，找到一种赠送礼物的合适方式有时并非易事。在有些国家，比如日本和很多太平洋岛国，人们盼望收到礼物，因此，如果不送礼物会被认为不礼貌。而在另一些国家，特别是北欧，人们认为赠送贵重礼物是不正常的，因此赠送这类礼物是失礼行为。在中国，人们应该用双手赠送和接受礼物。在接受一件礼物之前应该再三拒绝，以示自己并不贪心。而且他们绝不会当着送礼者的面打开礼物，除非送礼者坚持这样做。在大多数亚洲国家，人们认为礼物的精致包装跟礼物本身一样重要。在中国，人们会用红色或黄色的包装纸，而不会用黑色、白色或蓝色的包装纸。在南亚，绿色、红色和黄色都是幸运的象征，而黑、白两色的包装纸则应避免使用。

以花传情

在全世界，鲜花可能都是给女主人送礼的最佳选择，但是在不同的文化中，同样的花有着不同的含义。在美国，百合花和剑兰往往会使人联想到葬礼。在日本，山茶花被认为是不幸的象征，黄色和白色的菊花往往被用于葬礼，这点和中国相同。在法国，菊花也被认为是葬礼之花，在11月1日的诸圣节（万圣节），人们将菊花放在墓地上以示哀思。而在瑞士，白色康乃馨则象征哀思。在日本，送花的数目含有4或9会被认为不吉利，而在中国，双数更吉利，而4是最不吉利的（译者注：原作者对中国文化理解有误，已更正）。在许多欧洲国家，用13朵花扎成的花束被认为是不吉利的。

19世纪英国社交指南和家庭实用手册都对这个快速变化的社会所使用的社交礼仪进行了详细说明，逐条列出参加宴会和主办宴会的每一个细节，包括如何写请柬、如何装饰餐桌、如何上菜，以及如何安排客人就座等。

“这世界本是我的牡蛎，可我却用错了叉子。”

英国作家，奥斯卡·王尔德

配菜
在正式开餐前放在你左边或右边客人面前的附加菜

正菜
等待上菜，在所有人的菜都上好之前不能吃，除非主人请你提前品尝。在欧洲，正菜不一定就是主菜

面包卷
要用手掰开，不能用刀切

玻璃杯
在上每道菜时，饮料或酒应该倒在正确的玻璃杯内。酒不能自己倒

调味品
如果不在你面前或没有传递使用，不能越过邻座自己去取，要礼貌地请别人递给你

叉子的使用
在大多数情况下都要叉齿朝下使用，除非叉子是唯一的餐具（比如吃甜品时）

餐具
刀、叉、勺和其他餐具依次摆放，每道菜使用不同餐具，由外到内依次取用

餐巾
不要将餐巾（Napkins）称为“serviettes（纸巾）”，餐巾，应放在大腿上，而不是塞到衣领里

汤勺
舀汤时应远离身体，汤盘不要倾斜，切勿将面包浸入汤盘内

贵族的品德

1954年，南希·米特福德（Nancy Mitford）发表了一篇题为“英国贵族”的文章，文中清楚地说明等级观念已经渗透到语言中，词汇使用不当意味着缺乏教养。[“U”（upper）表示上层阶级用词，“Non-U”（non-upper）表示其他阶层用词]

U（上层阶级）	Non-U（非上层阶级）	中文
Bike或bicycle	Cycle	自行车
Die	Pass on	死
Dinner jacket	Dress suit	礼服
Drawing room	Lounge	客厅
Good health	Cheers	干杯
House	Home	家
How d'you do?	Pleased to meet you	你好
Lavatory或loo	Toilet	卫生间
Looking glass	Mirror	镜子
Napkin	Serviette	餐巾
Notepaper	Writing paper	信纸
Pudding	Sweet	甜点
Rich	Wealthy	富有
Scent	Perfume	香味
Sick	Ill	生病
Sofa	Settee或couch	沙发
Spectacles	Glasses	眼镜

穿着的含义
DRESSING YOUR MESSAGE

今天，在西方国家，为了能向外界表明自己的身份，人们很清楚在何时何地穿什么衣服：可以穿一套布鲁克斯兄弟（译者注：美国经典服饰品牌）的套装，也可以穿粗花呢衣服和粗革皮鞋，或穿细高跟鞋或球鞋，或穿简单的T恤、牛仔服和运动鞋。在许多传统的社交圈内，衣服的款式、布料和选择可以构成严格的规范，这种编码语言可以表明人的身份、地位，甚至着装者来自哪里。在其他社交圈中，衣物的选择和身体装饰可以明确表达特定的宗教或文化内涵。

制服

通过穿着统一制服压抑个性有许多意义，而且这些意义经常重叠：表明着装者的职务或头衔（军队、警察、消防、神职人员）；医疗保健（医护人员、营养师）；着装者属于什么机构（学校、运动队）；从属关系（球队支持者、宗教团体）；或品牌（我们为这家公司或这个品牌连锁店工作）。人们穿着统一制服可以发出特定的信息，表明着装者的特定角色。

玛雅人的传统

拉丁美洲的文化融合以及伊比利亚天主教思想与印第安土著传统的交融，产生了独特的混合标志和符号，尤其体现在人们穿着的服装上。在危地马拉这个拥有最多玛雅人后代的拉丁美洲国家，熙熙攘攘的集市色彩缤纷，其实许多人都通过他们对服饰的选择传答着关于自己的编码信息。

性别差异

虽然危地马拉的男人现如今喜欢穿西方的休闲装，但在特定的群体中，男人和女人都穿着针织衬衫和裙子，不同性别的服装风格和剪裁明显不同

人体装饰

彩绘、文身或痕刻等人体装饰曾广泛应用于历史上不同文化中。罗马历史学家塔西佗（Tacitus）曾描述英国部落（上图）中使用的靛蓝人体彩绘。人体彩绘也在北美和非洲的不同土著种族中使用。北美的土著人和著名的新西兰的毛利人均使用文身这种永久装饰。

着装禁忌

除了牧师穿的仪式服装，所有人的穿着和形象在他人眼中都可能与宗教法规有关。男性锡克教徒要戴穆斯林头巾，而且不能剪头发或者刮胡子。穆斯林女人在公共场合要把身体甚至脸遮挡起来（上图）。

美国东北部的再洗礼派的阿米什人生活在严格封闭的群落中，拒绝用电和其他机械装置。他们同样有特定的服饰规范，避免过度装饰或炫耀；不使用纽扣，而是使用钩状扣、搭扣或别针；不穿印有花纹的衣服。阿米西女人通常穿着裁剪普通的蓝色过膝长裙，在家通常穿白色围裙，出门时穿深色披风、戴深色帽子；单身女人穿白色披风。男人穿深色裤子、吊裤带、背心，戴帽子，并在结婚后开始留胡子（不允许嘴唇上留胡须）。在夏天，阿米西的孩子和大人都喜欢赤脚。

阿米什人使用马车，不喜欢被拍照。

白帽子
表明佩戴者是群落中的重要成员或是一家之主

改变服饰
结婚后，妻子会遵从丈夫所在村落的服装款式和风格

社会地位
虽然传统的服装和面料掩盖了穿着者可能来自哪个乡村的事实，但在这个社交圈中，年长的已婚女人穿着更华丽而精致的衣裙。

花纹围巾
每个村子的编织围巾、衬衫和其他服饰都有其独特的花纹。了解这些含义的人可以明确地知道穿戴者来自哪个村落

纹章

HERALDRY

盾形纹章是中世纪欧洲的重要身份标志。它们最初装饰在战场上士兵的盾牌上，表示士兵是某个封建领主的追随者。那时只有庄园主以上阶层的人才有权拥有纹章。中世纪纹章图案的差异反映出封建社会严格的等级制度。中世纪的头衔代表着一个人在社会中的名望和地位，可以通过世袭传承。头衔在整个欧洲范围内几乎成了金钱、财富、权力等级的代名词。

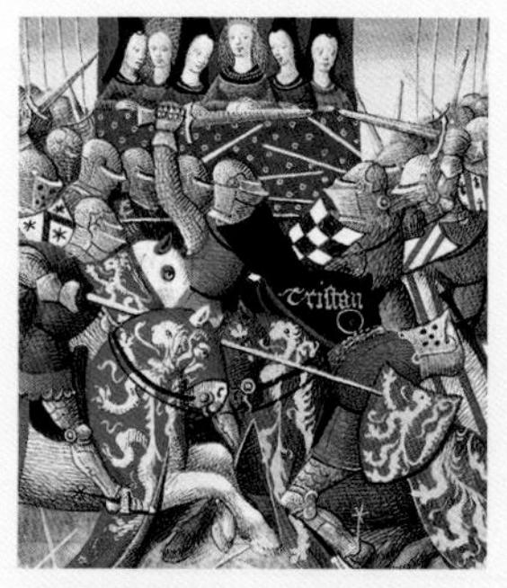

纹章的语言

纹章有严格的纹章语言，用来描述纹章的颜色、样式以及图案。这被称为“纹章的艺术”。大部分纹章语言来自古法语（或英格兰曾使用的诺曼法语）。大多数欧洲国家都使用不同风格的纹章形状和图案。

纹章的色彩（色泽）

Argent 银色（女性）
Azure 蓝色
Gules 红色
Murrey 深紫红色
Or 金色（男性）
Purpure 紫色
Sable 黑色
Sanguine 血红色
Tenné/tawny 橙色
Vert 绿色

纹章的传统

在英格兰和法国，盾形纹章从12世纪中期开始变成纹章图案。13世纪起，纹章开始出现在家族印章上，也用在家族的房屋和墓地上。纹章属于一个家族，而不是一个姓氏，它可以传给子孙，也可以传给长者，但总会发生某些变化。如果拥有不同纹章的两个家族联姻，那他们会设计一个新的纹章，上面包含两个家族的纹章，丈夫的纹章在左，妻子的纹章在右。如果妻子是她父亲的继承人，那么继承她父亲家族纹章的权利就传给她丈夫的家族，这样，纹章就被划分为四等分。因此盾形纹章可以视为一种图形家谱。

纹章的设计

盾形纹章（标牌或徽章）的基本设计特点被称为“普通图记（ordinaries）”。

Bars 横贯纹章中部的横条
Battled 城垛样式的水平分割线
Bend 从左上角到右下角的斜线；从右上角到左下角的斜线叫左斜线
Canton 左上角的方形部位
Charges 填充普通图记的特殊图案
Dexter 盾牌的左边（相对观察着）
Engrailed 圆齿状纹
Fesse 宽的水平带
Field 盾牌的底板
Fretty 交错的细条纹
Gobony 单排颜色交替的方块
Gyron 三角形副章
Lozenge 菱形副章
Nebuly 波纹形分割线
Orle 内缘饰边
Pale 宽的垂直带
Party 垂直分割线
Quarterly 用宽水平带和宽垂直带将纹章分成四等份
Roundel 圆形副章
Saltire 对角交叉线
Sinister 盾牌的右边（相对观察者）
Tressure 窄的缘饰边，通常用花装饰
Vair 纹章绘制的有固定色泽和形状的动物毛皮
Voided 中间镂空的图案

纹章上的装饰动物

动物的描述词汇：

Accosted 并列
Addorsed 背靠背
Attired 带角的
Couchant 卧着的
Courant 奔跑/飞驰
Dormant 睡着的
Salient 倚靠
Sejant 坐
Statant 站
Vulned 受伤的

剑桥大学各个学院的盾形纹章通常都包含创始人或赞助人的纹章副章，或像圣凯瑟琳（St.Catharine）的纹章一样，带有同名人的特点。

纹章的发展

很快，城镇、神职人员以及大学都开始使用纹章，并在盾形纹章上增加了许多附件：顶饰（可将纹章戴在头盔上）、格言以及支架（用人物和兽形底座撑起纹章）。这被称为“完整的纹章”。纹章上通常还有画谜，形成具有双关意义的视觉效果（称为“隐喻”），例如萨克森州的亨尼勃格的纹章是一只母鸡站在小山上，英国的康格尔顿的纹章是海鳗、狮子和大酒桶。

英国贵族

英格兰有着世界上最复杂且保存最完好的贵族体系，部分原因是由于通过传令状和特许证书保护的世袭贵族爵位传给第一位所有人的继承者，直到贵族爵位消亡。1999年，所有世袭贵族都被授予进入上议院的权利。由政党或上议院任命委员会提名的终身贵族，不能将他们的爵位传给继承人。他们的做法可以追溯到1876年的上诉权法案。根据权力的大小，英国贵族爵位及其正确称谓排列如下：

爵位	称谓（与其对话时）
公爵	His Grace或Your Grace（阁下）
侯爵	The Most Honourable（殿下）
伯爵	The Right Honourable（殿下）
子爵	The Right Honourable（殿下）
男爵	The Right Honourable（殿下）

所有排在公爵之后的爵位在对话中都被称为“王”（Lord）。

爵位是世袭的尊严，拥有者被冠以“Sir”（爵士）的头衔，并且在名字之后加上“Bt”的后缀。继承者一旦继承爵位，即接管与头衔相关的土地（例如约克郡公爵、安格尔西岛侯爵）。但自中世纪以来，情况已有所不同，只有威尔士亲王和君主拥有的康沃尔郡公爵领地和兰开斯特公爵领地可以继承，其余土地不能继承，虽然土地仍然可以指定加封。

装饰有双头鹰的俄国罗曼诺夫王朝的皇家纹章非常精致

纹章中的动物寓意

纹章中经常使用一些稀奇神秘的野兽形象。

Antelope（羚羊） 像纹章中的“老虎”，长着锯齿状的角和鹿的腿。象征凶猛、勇敢

Camelopard（长颈鹿）

Camelopardel（鹿豹） 长着两个弯曲长角的长颈鹿

Centaur（人首马身的怪物） 来自古典神话，象征享受

Dragon（龙） 头上长角，舌头带刺，背上有鳞，胸前有甲，长着蝙蝠一样的翅膀，四条腿上有鹰一样的爪子，还有一个尖利的尾巴

Enfield（恩菲尔德怪兽） 长着狐狸的头和耳朵，狼的身体，前腿如鹰一般长且有爪

Griffin或Gryphon［狮鹫兽（格里芬）或狮身鹰首兽］长着鹰的头、胸和爪子，身体的后半部分是狮子

Harpy（哈比怪兽） 像秃鹫一样的鸟，头和胸是女人

Hippogriff（鹰头马身有翅怪兽） 马和狮鹫兽的混合体，前半部分是雌狮鹫兽，后半部分是马

Hydra（长蛇） 九头龙

Lucern 短尾斑点猫，耳朵上有丛毛

Musiman公羊和山羊的混合体，有四只角

Phoenix（凤凰） 从烈火中诞生的鹰，象征重生

Python（蟒蛇） 有翼的蛇，象征智慧

Sea dog（海豹） 有鳞、蹼脚和背鳍的狗

Sea lion（海狮） 有鱼尾的狮子。同样杂交生出狼鱼和海马，象征海洋结合

Tyger（狮兽） 像狮子，但是鼻头有一个向下弯曲的獠牙。真正的老虎在纹章中是“孟加拉虎”

Unicorn（独角兽） 长着马的身子，长角，狮子的尾巴，有绒毛的跗关节，分裂的蹄子，胡须，象征月亮和月亮的力量，通常与狮子搭配

Wyvern（双足飞龙） 长着两条腿的龙。如果是“正派形象”，则为绿色，并有红色的胸腹和后翅

礼服着装规范
FORMAL DRESS CODES

服饰是被大众认可的能随时展现着装者信息的方式，这些信息包括着装者的社会阶层、财富、职业或宗教信仰等。纵观历史，服饰也被视为区别等级、地位的方法——从古罗马参议员所穿的紫色宽袍，到中国只有皇帝才能穿着的龙袍，再到英国都铎王朝只有皇室才能穿着的貂皮礼服。服饰也可以表达从属关系，苏格兰人的格呢服装能表明他们的宗族、家乡和血统；穆斯林女人遮住全身的长袍表明她遵从于伊斯兰最保守的教规。人们坚持传统服饰的意愿清楚地表明他们愿意遵守社会的规范。

菲利普王子，爱丁堡公爵
女王的伴侣（不是正式的头衔）穿着他缀有最高军衔的军服，并配以全套装饰

伊丽莎白女王二世
女王穿着深红色天鹅绒议会外袍，外袍边上饰以金色花边，内衬是最好的加冕天鹅绒。她戴着为乔治六世1937年加冕礼而制作的帝国王冠。王冠单独由另一辆马车送至威斯敏斯特宫，并在更衣室中戴到女王的头上

上议院高级法官
在特别的纪念场合中，法官和英国王室法律顾问们戴着长假发，穿着黑色短裤和丝质长袜，胸前装饰有花边。高等法院的法官还要穿着红色的毛皮外衣，首席法官还要戴上他的官职金链。上诉法院的法官穿黑色丝绸和金色花边礼服

禁止奢侈的法律和传统

有时服饰规范会提高到法律保护的高度。例如，英国都铎王朝就颁布法律禁止奢侈。那时英国刚刚脱离封建社会，人们开始在与他们地位不相符的服饰上浪费大量的金钱。英国服饰法（1574年）详细规定了服饰与社会地位的关系。只有地位很高的贵族才可以穿黑貂皮，而天鹅绒则只有嘉德骑士的妻子才可以穿着，诸如此类。法律保证了社会任何阶层的成员——从公爵到普通工人——都能从他们穿着服饰的布料、颜色和裁剪上立即辨识出来。这些思想在今天英国国会开幕大典（右图）等传统活动中人们穿着的传统服装上依然有所体现。

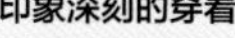

印象深刻的穿着
英国的社交季仍然保持着传统礼仪。婚礼、晚餐、派对的邀请函以及诸如阿斯科特赛马和皇家赛船会的门票，都不可避免地注明晦涩的着装规范。违反或无视着装规范会导致严重的社交尴尬。

（男士）常礼服
婚礼或者正式活动的传统着装规范：男人应该穿黑色或者灰色晨礼服，配灰色或灰黑色礼服条纹裤、平整的白衬衣、马甲，佩戴领带或领结。在英国阿斯科特赛马场的皇家席位区，男士必须戴高顶大圆礼帽。女士应该穿齐膝的连衣裙或短裙，或精心裁剪的裤装。在阿斯科特，女士按要求要戴遮住额头的礼帽。

女官
女王的女侍臣穿着白色曳地正式礼服

助理警卫官
在发言进行过程中举着权杖的人，穿着及膝马裤和长外套，佩剑

黑杖侍卫
黑杖侍卫引座员传下议院议员进入皇室出席的上议院。他穿着16世纪中期（是下议院宣布从上议院独立的时间）的服饰，黑色长外套、戴领带、吊袜带，穿尖头鞋

上议院议员
王国贵族穿着朱红色长袍，边缘是3英寸（7.62厘米）宽的白貂皮和橡树叶状的金边。在上议院，议员穿着的长袍可以追溯至15世纪。其白貂皮和金边的层数反映了穿着者的地位：公爵穿着四层白貂皮和金边长袍；侯爵穿三层半长袍；伯爵穿三层长袍；子爵两层半长袍；男爵两层长袍

黑领结
男士应该穿着配有丝绸翻领的黑色晚宴礼服，黑色裤子，白色晚装衬衫，并戴黑色领结。女士可以穿着及膝或过膝的连衣裙或短裙。

白领结
白领结是服饰规则中最正式、最少见的配饰。男士必须穿着黑色燕尾服，配套的黑色裤子，有可拆式翼领的白衬衫，配有袖扣和领扣，戴轻巧的白色领结，穿晚礼服马甲。女士应该穿晚礼服。

来吧，脱掉帽子！
20世纪上半叶，伦敦和其他首都城市的街道是一片黑色圆顶礼帽的海洋。除了细条纹套装和收起的雨伞，圆顶礼帽也是值得尊敬的办公室工作者制服不可分割的一部分。如今，这样的统一穿着在许多工作场合都变得过时了，人们更喜欢“轻便休闲”的服装，而不是商务正装。一些办公室还确立了“休闲星期五”制度，这是一个定期脱掉正装的好机会。

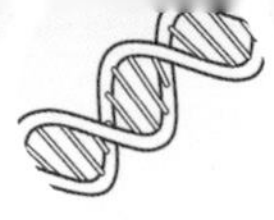

破译潜意识

DECODING THE UNCONSCIOUS

“潜意识”这个有些虚幻的词是指发生在我们有意识思考之外的一种心理活动。对潜意识的定义一直是心理学家和精神病学家之间有争议的问题。但是现在普遍接受的概念是，意识仅是一种感性外表，其思想不会消失，而是存在于潜意识中。但如果我们没有意识到这些想法，我们怎么知道他们的存在呢？潜意识的实现本身通常隐匿在我们的行为中，影响着我们的意识思维，并且可以表现出心理疾病似的身体症状。20世纪推动人类对潜意识理解的两位主要人物是西格蒙德·弗洛伊德（Sigmund Freud，1856—1939年）和卡尔·荣格（Carl Jung，1875—1961年）。

历史观点

“潜意识”这一概念是1990年在维也纳提出的，几个世纪以来，许多作家、艺术家、神学家、医生、心理学家和哲学家都想给人类意识下一个定义。莎士比亚在他的很多戏剧中都验证了无意识思想（后来弗洛伊德也对莎士比亚的戏剧人物哈姆雷特进行了心理分析），这种人类意识中看不见的阴谋诡计引起了从苏格拉底（Socrates）到伊曼努尔·康德（Immanuel Kant），以及之后的很多哲学家的浓厚兴趣。古希腊和罗马的医生，例如伽林（Galen）（约公元129—200年）就曾经尝试通过平衡人体的四种所谓的“体液”，解密人的性格特征。后来在欧洲文艺复兴时期，人们再次对“体液”产生了浓厚的兴趣。

心理暗示

几个世纪以来，精神疾病在欧洲被当作好奇心进行治疗，所以伦敦的伯利恒皇家医院（精神病院）成为时尚圈文明娱乐活动的一部分。但是，到19世纪，科学家发现大脑与人类思维有直接联系，颅相学成为破译人类思维及性格的流行方法。颅相学家试图用人类头骨的凸起和凹陷“破译”人的性格。大约在同一时期，弗朗茨·安东·梅斯梅尔博士（Dr. Franz Anton Mesmer，1734—1815年）研究出通过催眠术抑制意识思维的技术。

体液

黄胆汁
易怒暴躁

黑胆汁
沮丧忧郁

黏液
迟钝呆滞

血液
乐观热情

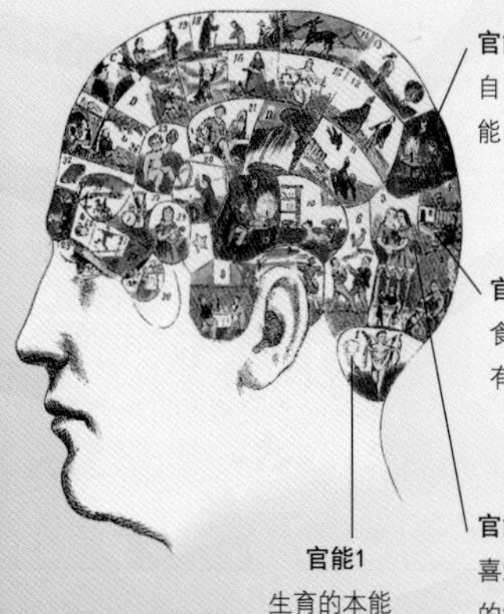

弗朗茨·约瑟夫·加尔（Franz Goseph Gall，1758—1828年）开创了颅相学，认为大脑可分为27个“元件”，每个“官能”都具有特定的功能。后来颅相学家们又增加了更多“官能”，最终达到43个。这一学科后被证实为伪科学。

弗洛伊德和“倾诉疗法”

尽管西格蒙德·弗洛伊德因为潜意识理论而闻名于世（潜意识不是他的发现，潜意识的重要性在19世纪弗洛伊德的同僚中被广泛认可），但他真正的贡献是精神分析过程，即他用来解读潜意识思维的解密系统。弗洛伊德在维也纳行医时，形成了很多关于潜意识的理论，并且开发了精神病理学疗法。尽管针对他的理论存在很多争议，但“倾诉疗法”（这个词是从弗洛伊德的一位病人“安娜O”的案例得来的）的原理仍然是精神疾病和心理疾病治疗的重要工具，甚至那些反对弗洛伊德观点的人也沿用这一开创性方法（在当时，与精神病患者交谈并倾听的概念是创新性的）。弗洛伊德希望通过与患者谈论他/她的问题，令潜意识中的问题显露出来。“倾诉疗法”始于与弗洛伊德同时代的约瑟夫·布劳尔博士（Dr. Josef Brauer），弗洛伊德以此为起点开发出他的精神分析系统。

西格蒙德·弗洛伊德在他位于伦敦的书房中。他的精神分析案例在今天依然非常有影响力

弗洛伊德是怎样破译潜意识的

既往病历 根据患者的回忆整理个人病案，供医生分析解读。

自由联想 弗洛伊德用这种方法取代催眠术。患者通过自由联想并说出想到的一切（不论是平淡的，还是令人尴尬的）。这种方法会在患者的记忆中找出一条路径，揭示隐藏在潜意识中的记忆。

“弗洛伊德口误”的解释 弗洛伊德认为我们误用词语、忘记人的名字等并非偶然。所有的这些错误或称为“弗洛伊德口误”，都可以被分析并破译。比如，如果一个男人错把现女友的名字叫成了前女友的名字，这就表明他对前女友还有未确定的感情。

梦境的解释 据弗洛伊德所言，梦境是我们加密的潜意识思想或渴望，他坚信它们可以像密码一样被破解。

心理构成 弗洛伊德关于潜意识的最终理论打破了意识心理和无意识心理之间的界限。人类心理被分为三个部分，弗洛伊德称其为“心理结构”：

- **自我** 包括我们的意识思想；
- **本我** 我们最初混乱的潜意识，由最简单和最基本的欲望所驱动；
- **超我** 是潜意识的一部分，是第二位也是更有条理的一部分，通常表现为我们的良心。自我作为本我和超我的中间人，尽力平衡本我和超我的需求。

威廉·贺加斯（William Hogarth）的道德系列剧《浪子的历程》（1732年）的最后场景选在伦敦的伯利恒皇家医院（精神病院），精神错乱者的滑稽动作被表现为有趣的心烦意乱。

空想家

荣格最初相信弗洛伊德的学说，并与弗洛伊德保持了一段时间的通信联系。而后，荣格创立了自己的理论，在重要部分有别于弗洛伊德有关潜意识的理论：荣格将个人潜意识与他所谓的“集体潜意识”分开。之后，荣格提出了“客观心理”，指出它埋藏在人的内心深处，并与人的遗传有关。根据这个观点，荣格对神秘主义和唯心主义产生了兴趣，这对20世纪的由逻辑与科学主宰社会十分关键；这一兴趣最终使他建立了表现个人潜意识和集体潜意识不同层次的系统原型：

女性的男性意向 是女性潜意识中男性的化身。

男性的女性意向 男性潜意识中的女性化身，在艺术作品中经常被描绘成消极状态。

自我 “心理中最深层的核心”；对于女人，它通常表现为女神或女巫这类“优越的女性人物”；对于男人，它表现为像智者或男巫这类“阳刚的教导者或保护者”。

阴影 代表性格中我们不愿面对的方面和特性，它是我们不愿意承认的缺陷的化身。

卡尔·荣格确定了人类共同的记忆符号

梦的语言
The Language of Dreams

每个人都会做梦，做梦是我们睡眠过程的一部分，虽然我们醒来之后不一定能够记住梦中发生的事。古代文化和现代文化有很多相似之处，我们总是对我们的梦境着迷，或者更确切地说，令我们更着迷的是我们的梦境意喻着什么，或梦能告诉我们什么。梦是一种预言，梦境由一种更高级的力量所控制，梦是通往潜意识的钥匙，梦是治愈创伤的良药，梦是我们思想的完美随机排列。在历史的不同时期，不同的人都相信梦就是如此。这些由不同思想激起的杂音意味着，虽然人们在这方面做了许多尝试，但没有一本包罗万象的词典能包含所有梦的语言。

梦之神殿

在古希腊，供奉医药之神阿斯克勒庇俄斯的神庙叫作医神庙，这些神庙是治疗疾病的地方。在开始治疗时，病人要在神庙里住一晚，然后第二天会告诉神父他/她梦见了什么，接下来神父会对这个梦进行解释，并根据梦境反映的情况进行特定的治疗。梦的语言对于阿斯克勒庇俄斯的追随者来说是治疗疾病的必要指导。对梦境象征意义的解释在世界许多文化中都广泛流传。

> “释梦是通往大脑潜意识活动认知的捷径。”
>
> 西格蒙德·弗洛伊德，《梦的解析》，1900年

“掉进兔子洞”

纵观历史，梦的重要性通过梦和做梦在艺术作品中的出现频率得以充分证明。梦和梦的解析在旧约和新约（约瑟夫是在创世纪做梦和解梦的人，还有马太福音中比拉多妻子的梦）中都十分重要，并在诸如荷马的《伊利亚特》和奥维德的《变形记》等古代作品中有所体现，而罗马君主君士坦丁因为一个梦而改信基督教（见45页）。因此，在中世纪的欧洲，关于梦的诗歌非常流行，其中值得一提的是杰弗里·乔叟的《公爵夫人之书》、但丁的《神曲》和《寻爱绮梦》，尽管这些关于梦的诗歌通常用于讽喻目的。后来也有作者写过梦境，比如路易斯·卡罗尔的《爱丽丝梦游仙境》（1865年），“掉进兔子洞”是这部小说的第一章。

《爱丽丝梦游仙境》以梦境形式叙述，将超现实想象与源自作者作为数学家的逻辑思维完美地结合在一起

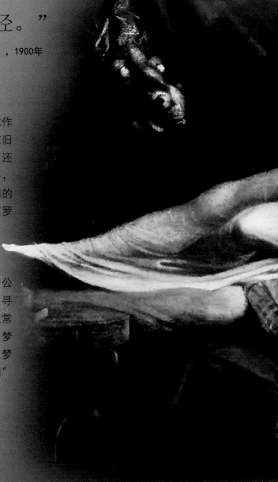

梦的心理学

弗洛伊德创立了释梦理论；每个人都有他们自己的解密梦语和潜意识的“钥匙”。弗洛伊德相信，从根本上来说，所有梦都是在潜意识中满足愿望，虽然未实现的愿望表现得也许有些奇怪和晦涩难懂，但他相信所有梦都是这样——包括白日梦。与弗洛伊德相比，荣格赋予梦和做梦更重要的意义。像弗洛伊德一样，他把梦看作潜意识的反映，而不仅仅是通往潜意识的钥匙，他相信梦有其内在的语言和逻辑。对于更注重精神的荣格来说，梦的潜意识世界和我们清醒时的世界同样重要。

梦中的人

梦特别令人费解的一个方面是我们总是在梦中参与一些令人不安的活动。关于这一点，弗洛伊德和荣格都认为，这是梦者被压抑的欲望和焦虑的释放。有些梦境常常反复出现，最终成为现实。

跳舞 意味着极大的幸运

飞行 高空飞行预示着婚姻出现困难；低空飞行意味着疾病；坠落意味着要走霉运，但在坠落地面之前醒来是一个好征兆

裸体 梦见裸体预示着生活中可能发生丑闻

游泳 通常是一个好征兆；如果发现自己下沉，则预示着会有磨难；潜泳意味着生活中有担忧和困难

牙齿 梦见掉牙齿是不祥的征兆；如果牙齿是被撞掉的，预示着突发灾难；检查牙齿是一个警告，提醒你必须确保自己的事情井井有条

梦中的动物

在梦中见到思念已久的离别的亲人或者很久不见的朋友，如果醒来时心神不安，这并不难解释。但动物的出现却带来一些思考，尽管大部分文化都认同动物在梦中出现的重要性。

蜜蜂 好的预兆；蜜蜂意味着收获、成功和梦者的幸福生活

猫 可能预示着不幸；黑猫通常会与坏运气和恶势力有关；白猫意味着前途会有困难

鳄鱼 预示着梦者的未来会有隐藏的危险

狗 死狗或即将死去的狗可能预示着好友即将离世；也代表忠诚

马 黑马预示着神秘，并可能与超自然有关；白马预示着成功和好运

狮子 预示着有影响力的富有的朋友会在未来帮助你

猫头鹰 如果在梦中杀死一只猫头鹰或者看到一只死猫头鹰，预示着梦者会幸免于难

鲸 象征着好运

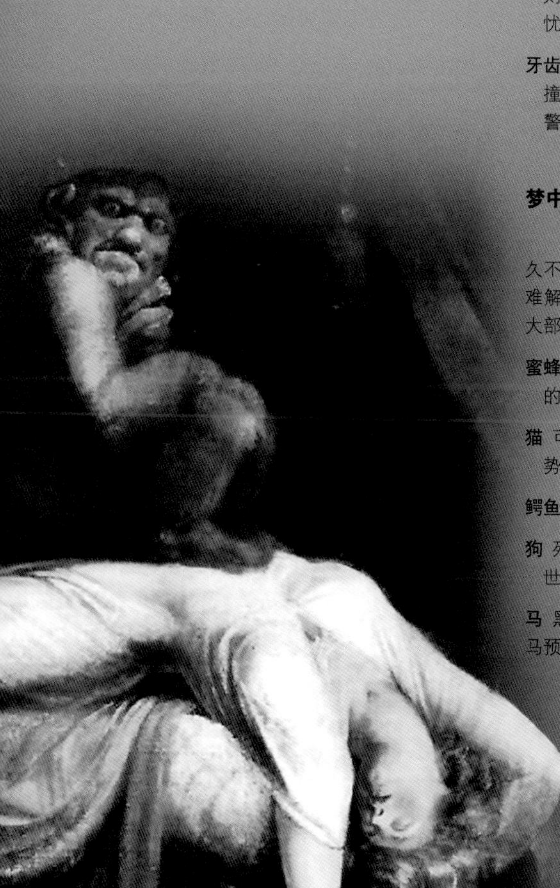

约翰·福塞利（Henry Fuseli）的画作《梦魇》（1781年）描述了一个睡梦中的女人被梦魇笼罩，一个恶魔与他的战马的“梦魇”，在女人熟睡之时强暴了她（译者注：战马的名字叫“nightmare”，mare有母马的意思）

超现实主义科学

迄今为止，还没有人将我们睡梦中大脑想象出的意象编撰成文，但梦却激发了诸如约翰·福塞利、戈雅、威廉·布雷克等有梦想的浪漫主义艺术家的创作灵感。20世纪，超现实主义运动催生出萨尔瓦多·达利（上图）、勒内·马格利特和胡安·米罗等艺术家。他们似乎具有解读梦的“语言”的本能，我们大多数人借助这些语言都能解梦。更文学化的超现实主义者尝试“自动书写”，通常结合游戏，查看人对字形的直接反应，这可能反映一些隐藏在潜意识里的“真相”或“意义”。美国随军记者威廉·柏洛兹一丝不苟地记录了他的梦境（通常为药物所致），并把他的笔记用在著名影片《裸体午餐》（1959年）中，然后开始探索将随机组合的文字片段进行剪辑的方法，以唤起读者“自动”但充满诗意的反应。超现实主义者对于影片梦一般地朦胧剪辑印象深刻，这一技术也被电影导演路易斯·布努埃尔、费德里科·费里尼和大卫·林奇等人应用在影片中，创造出令人信服的梦境。

《安达鲁之犬》（1928年），萨尔瓦多·达利和路易斯·布努埃尔尝试制作了一部超现实主义影片，片中展示了一系列梦魇。

在多元化和全球化的世界中，信息传递方式变得越来越重要，并且已经不再局限于单一的语言形式，其中使用最为广泛的是视觉符号和图形符号。

视觉符号

使用视觉符号可以解决多种多样的问题：帮助残障人士克服交通和学习障碍；在紧急情况下、高速公路上、跨国环境中提供基本信息；在家庭生活中提供简单的指示和说明。另外，不仅人类，动物也依赖视觉信号及其他信号的组合传递信息。

Aa Aa
Avant Garde Gothic Bauhaus
Aa Aa
Twentieth Century Gill Sans
Aa Aa
Rockwell Times New Roman

符号与标志 SIGNS AND SIGNAGE

如今，我们用来表示人类、自然以及其他事物的符号在简化程度上与古埃及的象形文字十分相似，形成了一种能够用图形语言代替文字传递信息的符号集。20世纪，全球化和汽车工业的崛起，对推广使用非文字信息交流方式起到了至关重要的作用。简单、生动、迅速地传达关键信息的需求，也带动了图形设计产业的发展。

图形设计

在20世纪的前20年，随着抽象艺术（abstract fine art）、极简主义建筑学（minimalist architectural）和产品设计的发展，出现了大量关于图形设计的理念和实践。事实上，超越国界的视觉语言的基础就是在1907年到1927年形成的。虽然立体派艺术家（Cubists）也会利用不同的实物拼贴在一起，暗示隐藏的信息，但是全新的、具有政治化图形意义的视觉艺术是由俄国的构成主义者（Constructivist）和至上主义者（Suprematist）结合布尔什维克革命创作的。1919年之后，随着包豪斯建筑学派（Bauhaus，即现代主义思潮）在德国的形成，通过图形编码传递特定信息的思想逐渐成为艺术发展的主流思想。其中一个重要方面就是新字体的发展，很多新字体没有衬线（serif），这样设计是为了字体能在海报和标志上印刷得很大，从而产生简洁清晰的视觉效果。

“艺术融入工业。”

——包豪斯建筑学派理念

图形语言：国际印刷图形教育体系（Isotype）

20世纪初，哲学家奥图·纽拉特（Otto Neurath，1882—1945年）发现，通过使用非文字图形语言、使用图像表示明确信息成为可能。国际印刷图形教育体系，目的是通过使用非语言图形语言尽可能扩大宣传。Isotype原本是一种附加语言，但含混不清，目的是向社会弱势群体传达重要信息。纽拉特认为，必须采取统一要求，确保这一语言的准确性。

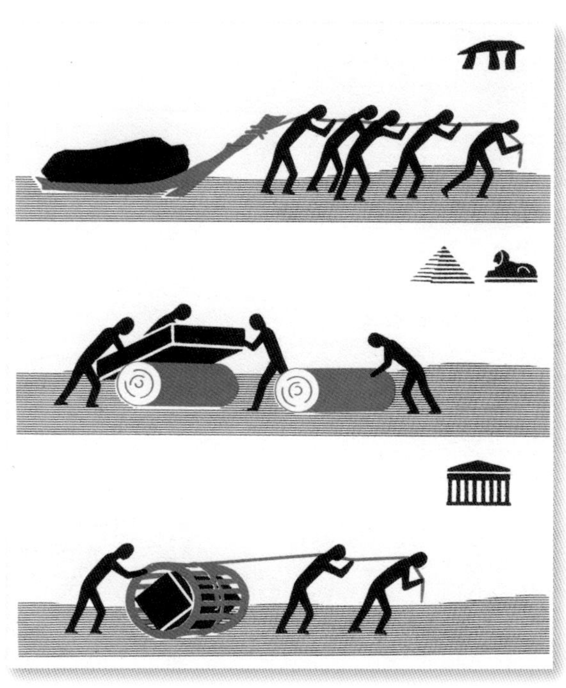

解读Isotype Isotype图形符号的成功，部分取决于其在设计过程中对参与识别过程的用户的依赖。在历史教科书中，要想看懂“移动巨石”图形的含义，读者必须学习不同形状所代表的含义。然而在使用Isotype图形符号时，读者在掌握了这些编码以及编码之间的联系后，不需要其他复杂材料的补充说明，就能获得简单的视觉记忆。因此，任何带有明确含义的图形符号都可以在其他地方使用。

Radio, Telephone, Automobiles

United States and Canada | Europe | Soviet Union
Latin-America | Southern Territories | Far East

定量图表纽拉特认为，在图表中，图标必须代表特定数量的事物，所以更多的图标（同类型）代表更多的事物。在左侧这个1939年的比较图中，每个图标代表100万个无线电收音机、电话或汽车。在这种符号结构中，同类型符号用于对可以确认的事物进行清晰的定义，并规定不能使用透视图。1928年到1940年，“符号字典”编撰完成，其中收录了为图表而设计的各种图标。

奥林匹克运动会

1896年在雅典举办的现代奥林匹克运动会（奥运会）是真正意义上的第一个国际体育赛事。从那时起，五环标志开始被采用。同时，法语和英语成为奥运会官方语言。但是，参与奥运会的运动员来自全球195个国家和地区，他们之间的交流成为亟待解决的问题。自1964年以来，每一届奥运会都有专门设计的表示各类赛事的象形图标。实际上，早在1936年的柏林奥运会，象形图标就开始被使用了。象形图标的使用激发了顶尖设计师的灵感，他们开始使用这种表达方式，并把自己的设计理念融入这种设计中。1964年的东京奥运会，平面设计师吉郎山下（Yoshiro Yamashita）在奥运会体育图标艺术总监由胜见优（Masaru Katzumie）的指导下，设计完成了一系列高度标准化且具有深远影响力的图标。

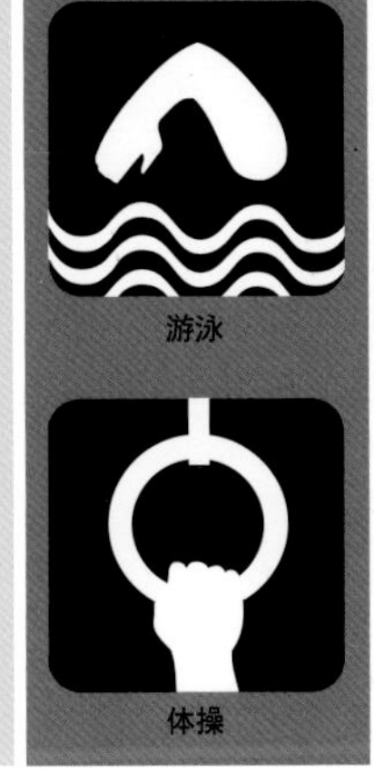

慕尼黑 1936	东京 1964	墨西哥 1968	巴塞罗那 1992
游泳	游泳	游泳	游泳
体操	体操	体操	体操

消除语言障碍

随着世界贸易和旅游业的发展，不需要书面语言的视觉交流已经变得越来越有必要。出口货物需要用几种甚至更多种语言来说明组装、使用和运输。为了减少翻译费用和可能出现的错误和歧义，包装和说明书上的说明往往使用可快速识别的符号和图形。

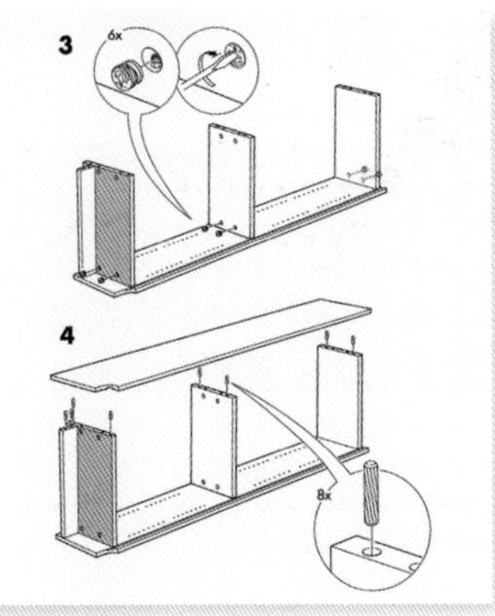

平板家具和同类用品的装配说明往往不用文字语言进行描述，而是使用简洁明了的图形巧妙地指导各个步骤的操作。

洗涤标签

温水机洗　非氯漂白　热烘干机烘干　中温熨烫　勿干洗

服装零售商在很多国家都有供应商和批发商，所以洗涤说明通常用符号表示。

运输标签

有害废弃物　感染性物质　向上　易碎品　小心轻放

运送中的货物无论路运、海运或空运，操作员往往需要包装上的信息指导操作。

个人电脑

个人电脑和移动电话的使用使象形图标得到进一步的发展，人们能够将其放在屏幕上表达信息。这种高度浓缩的艺术形式由为苹果公司设计图标和字体的苏珊·卡蕾（Susan Kare）创立，她现在为很多畅销的个人电脑公司设计更加复杂、生动、多彩、幽默的图标。她的这种设计理念受到道路标志（见242页）和计算机界面对“人性化”的需求的启发。她设计的手形光标、垃圾图标和时钟图标已经得到全世界的公认，但令人遗憾的是，苹果公司用彩虹轮图标代替她设计的闹钟和炸弹图标。

图标语言

现在，利用图标作为语言已经成为可能。可以立即被识别（或者容易学习）的图标可以组合成句子。视觉语法的基本规则也已经形成：某些特定的灰色图标表示性别、类型或物主代词；黑色图标用来强调；速度线表示动词而不是名词；箭头表示介词；简单的动画可以表示活动和情绪。

开车前往纽约法庭的警务人员

我期待拥抱和吻你

跳舞的女士

一种复杂的图标语言已由J.格罗斯（Jochen Gros）创造出来。他将简单的表情图标与一系列手绘动画图标结合在一起，创造了诙谐幽默的表情图标。

道路标志 HIGHWAY CODES

路标

画在公路表面上的线条或其他图案为司机提供基本的指示信息，不同国家的同类标志也越来越相似，很多都能起到命令或指导的作用。

路中间有实线：不要穿越

路中间有虚线：小心穿越

路一侧有实线：限制停车

路一侧有双实线：禁止停车

交叉路口的平行线：人行横道

阴影线：不准入内

交叉对角线：不得驶入，仅可驶出，不要停留

失败的路标

道路标志的过剩以及日益增加的新信息对图形的要求，导致了一些失败的发明。2008年，法国颁布了一套新的收费公路信息标志，上图这个奇怪的、不包含任何有用信息的标志表示附近有林地。

早在1909年，汽车组织就希望在巴黎举行的国际会议上统一路标图案。不过会议最终只统一了一个路标——代表危险的十字标志，要求将其竖立在危险区域前方820英尺（约250米）处。尽管路标需求的增加毋庸置疑，但是直到今天，依旧没有统一的国际标准，而且每个国家都倾向于发展自己的风格。不同风格的引导标志已成为大多数国家健康和安全法规，例如各种设施、紧急出口等标志，均超越了语言障碍。此外，随着文化差异、性别差异、时尚以及技术的发展，图标交流仍然面临新的挑战。

道路标志

虽然有些信息需要以语言为基础，比如地名，但是大多数信息仅通过图形就能更快地被人们所理解，前提是人们能看懂标志。道路标志根据标志信息的性质分为两种：一种为有用信息，另一种为警告和指示信息。因此，图标的几何形状表示功能，而图标的内容传达细节。一般来说，圆形或六角形是禁止或限制的标志，菱形或三角形则代表警告标志。颜色代表信息的不同级别，红色框代表命令或危险，黄色或者蓝色框通常代表附加信息。在某些地方，警告标志必须非常具体，如挪威的驯鹿警示牌和澳大利亚的袋鼠警示牌。这些标志的意义对于驾驶者来说非常明确，因为他们在学习驾驶时已经学习了这种语言。尽管许多标志的意思都很明确，但也有一些需要解释。例如，英国的驼峰桥标志被认为是需要详细说明的标志。然而，随着时间的推移，图形标志已被同化，而且只代表它们自己。在英国，“警告：老年人穿越道路”的标志就曾因为存在年龄歧视而受到社会的广泛批评。

指示标志/命令标志

禁止通行（法国）

停车（法国）

禁止左转（英国）

禁止骑车（英国）

危险警告标志

斜坡（挪威）

斜坡（日本）

弯道危险（澳大利亚）

弯道危险（爱尔兰）

弯道危险（英国）

弯道危险（挪威）

隧道（中国台湾）

隧道（德国）

为了让司机快速理解道路标志的含义，就需要简单的图案和简洁的概念。图形上画一条对角线很容易被认为是否定或禁止的标志，例如自行车禁行标志。若使用其他复杂的标志，司机很难做到看一眼立刻明白其含义。

信息标志牌

环岛（英国）

环岛（美国）

人行横道（波兰）

人行横道（美国）

人行横道（瑞典）

老年人经过路口（英国）

KANGAROOS NEXT 14 km

袋鼠（澳大利亚）

鹿（日本）

驯鹿（挪威）

牛（英国）

鹿（英国）

蟾蜍（英国）

应急标志

在通往国际机场的道路上，在公共交通以及主要的旅游城市中，都可以看到大量的具有特殊指示意义的图形符号。此外，就像道路需要标志一样，公共建筑和商业建筑也需要具有应急出口、消防通道、安全集合点等标志。这些标志通常为绿色或蓝色，有时也可以用红色突出显示，需要将其放在明显的位置，且能被迅速无歧义地理解。

为人们提供方便

一般来讲，人们根据图形和所处环境，很容易知道标志的含义，但像其他语言一样，图形符号还需要学习并从文化角度理解。例如在酒店、机场或公共场所的门上，用一个男性或女性的图案指示这是一个公共洗手间。这是一种特定的风格，以西方的服饰风格作为文化基础，即男性穿裤子，女性穿裙子。掩盖女性的腿在一定程度上可以避免文化冲突。需要注意的是，只有体现出性别之间的明显差异，这些图标才能起到正确作用。

符号也需要时间来被人们所认知。洗手间标志的选择也显示出设计一个符合多元文化的图标所面临的困难。现在的电话与以前的转盘式电话几乎没有相似之处，然而，老式电话的外形特征十分明显，基于这种风格的图标直到现在还有很高的认可度，所以这种图标也用来表示现在的电话。

跨越交流障碍

Challenged Communication

手语作为帮助有视觉或听觉障碍人群的交流工具，已经存在了很长时间。对于那些存在语言或听力障碍的人来说，通过模仿可识别动作，使用手势进行交流，已经成为一种本能。事实上，一些规范化的手语也使用类似的手势，例如默启通手语（Makanton）。然而，为了发展这种交流的潜力，需要开发出一种至少能被使用这种语言的人所理解的标准符号系统。对于有视觉障碍的人群来说，口头交流并不存在问题。然而直到19世纪，触摸盲文系统，即布莱叶盲文（Braille）出现并被接受之后，才有了供盲人使用的文字。

请安静

许多中世纪的修道院，特别是特拉普派（Trappists）和本笃会派（Benedictines），鼓励修女发愿在全部时间或部分时间里保持沉默，许多那时发明的手语今天仍在使用，手势是其中特别重要的部分。西班牙画家德·纳瓦雷特（de Navarrete，1526—1579年）是一个接受本笃会修女教育的聋哑人。他为自己开发了一套很成功的手语，并成为国王菲利普二世（King PhilipⅡ）的宫廷画家。他的画作（如下图）明显地表现出手势的运用。

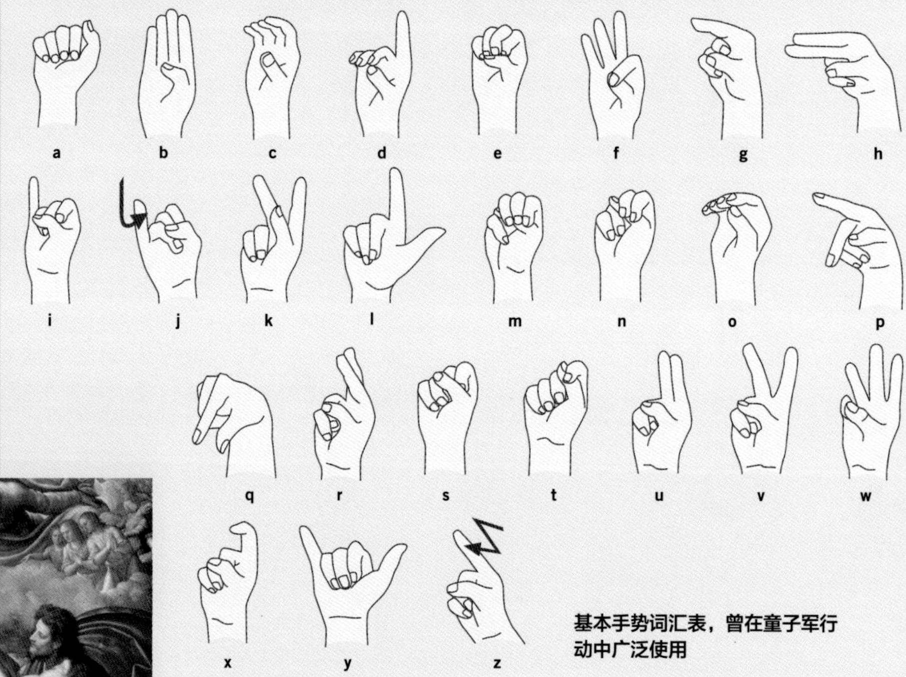

基本手势词汇表，曾在童子军行动中广泛使用

为聋人设计的手语

手语一般基于使用者所用的语言而创造，用手势表示字母或者特殊的单词。即使同是英语，手势也各不相同。美国和英国的手语，虽然都基于英语，有相似之处，但两者之间的差异也阻碍了使用者之间的自由沟通。大多数现代手语不仅基于手势，也与口型和其他肢体语言的使用，以及身体周围的环境有关。此外，手语还有一个手势词汇表而不是基本字母表，尽管字母表在表达词汇表中没有的词汇时仍然非常重要，例如姓名。由于语言、文化、教育等方面的因素，很多国家都有自己的手语。虽然现在已经有了通用的国际手语（Gestuno），但接受和使用这种手语的人非常有限，而不像“国际语言”——世界语（Esperanto）那样被普遍接受。

为盲人设计的书写系统

布莱叶盲文系统是由法国人路易斯·布莱叶（Louis Braille），在使用了查尔斯·巴比埃（Charles Barbier）发明的夜晚书写系统后受到启发，于1821年发明的。最初的夜晚书写系统是受拿破仑的委托，为军队在夜晚进行无声通信（也适用于信号机）而设计；它由一排6个点，共两排12个点的网格构成。通过在纸板上印制不同点的组合代表不同的字母，并通过手的触摸阅读，但由于这个系统很难掌握（尤其是对识字不多的士兵来说），因而被舍弃。布莱叶（1809—1852年，上图）把这个系统改造成基于6个点的简化版本，使每个字母都容易辨认。布莱叶的这个系统彻底改变了盲人的书面交流方式。

现代盲文（上图）已经扩展到可以代表速记、数学符号和乐谱。它后来又扩展到8点盲文显示器，广泛用于计算机。

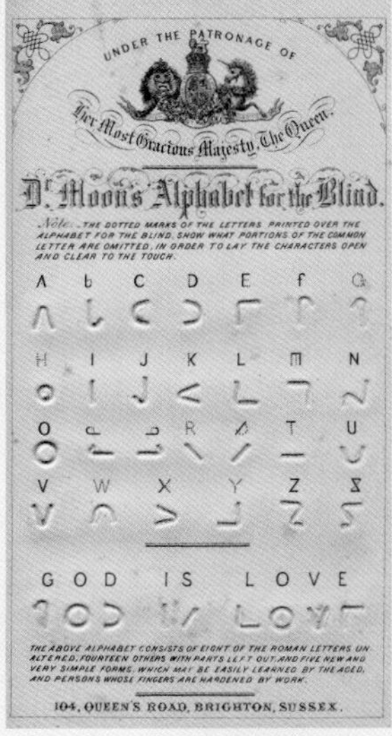

穆恩体 英国人威廉·穆恩博士（Dr. William Moon）开发出的穆恩体（Moon type）（盲文形式的一种），可以代替布莱叶盲文系统。穆恩用弯曲和倾斜的符号代替布莱叶盲文的点组，使其从形式上更像字母。

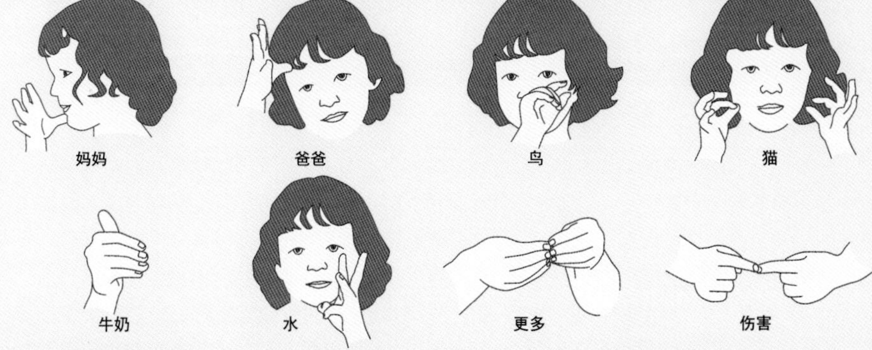

日常交流中的手语

手语的受益者还包括那些有语言障碍的人。即使唐氏综合征（Down's Syndrome）患者确切地知道他们想要说的话，但肌张力低下也会阻碍他们的语言表达。婴幼儿很小，虽然他们知道自己想要什么，但是无法用语言表达。默启通手语是针对这些情况设计的基于英国手语的专业符号系统。它还包括利用可辨认的模仿表达实物，例如“喝水”“牛奶”“面包”和“尿布”等。这些都使手语系统在超越语言障碍方面所受到的限制越来越少。

布莱叶盲文

布莱叶认识到巴比埃的书写系统涉及12个点，要靠指尖“阅读”识别，难度太大，而且每读一个字母手指都要移动一下。布莱叶致力于用每点组最多6个点创立了字母表和数字系统。

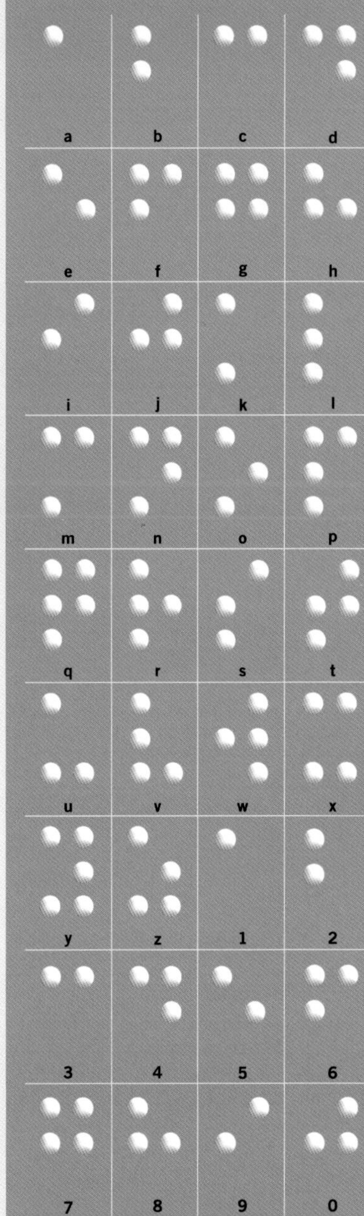

描述音乐 Describing Music

今天，乐谱已经是一种高度标准化的语言，用来指导音乐家如何使用书面符号表达声音和沉默，从而产生音乐，但是，乐谱并非一直如此。音乐家所面临的问题是如何找到一种语言来准确地描述一个声音或各种声音。大约在1350年，我们所熟悉的乐谱中的小节线和拍子结构等基础要素就已经形成。然而在过去的几个世纪里，根据这些基本要素创作的乐谱和变奏曲仍在不同时间和不同环境中演变出各自的特点。

乐谱的发展

第一套乐谱集是在1000年前创作的“纽姆记谱法（neumes）”（上图）。

纽姆记谱法中有800~1200个音乐符号，小的线条和圆点代表音符和音符分组。垂直排列的1100个音符代表相对音高。

约1020年，阿雷佐（Arezzo）的吉多（Guido，约公元995—1050年）发明了五线谱，用线和间隔表示音高，并出现提示谱号、临时记号。

1260年，现代乐谱在音符的形状与作用之间的关系进一步标准化。

1350年，出现了节拍和小节线。

15世纪最初几年，将本位音用于升调和降调。

16世纪最初几年，出现节奏和动态标记。

16世纪20年代，出现加线、延音符和连音符。

17世纪最初几年，在大键琴音乐谱号中出现G调（高音）。

18世纪最初几年，出现运弓标记和指法标记。

18世纪70年代，钢琴踏板符号。

18世纪80年代，G调（高音）和F调（低音）谱号被普遍接受。

19世纪最初几年，节奏、节次、音量级别变得更加极致；分节法、发音、表达得到更多的关注；装饰音体现在音乐风格中，或被完全谱写出来。

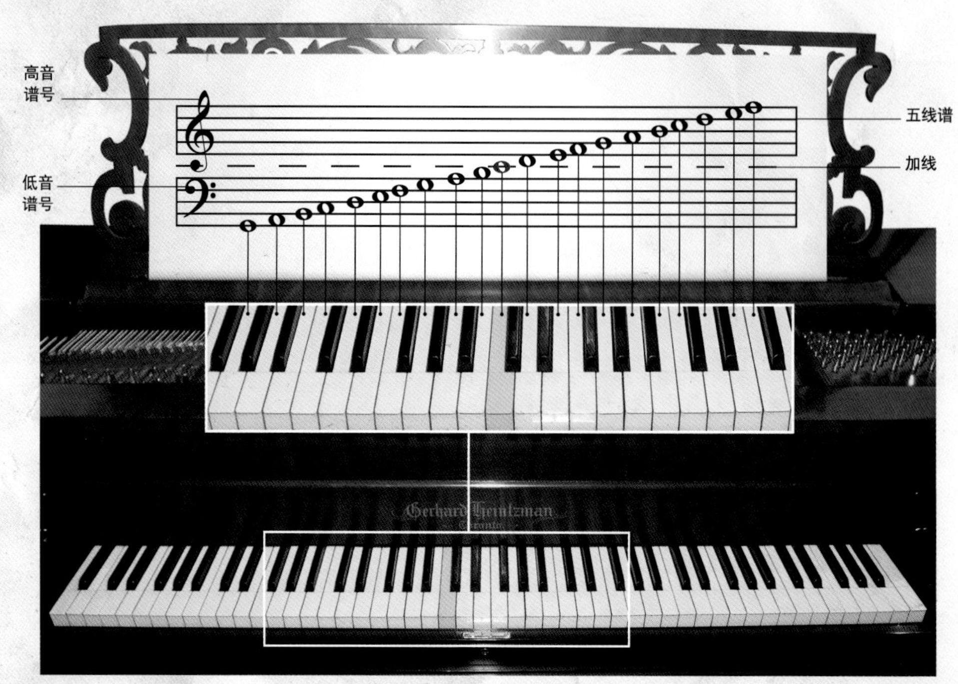

乐谱的结构

西方乐谱中的乐声有两个主要特征，即音高和音长。在五线谱的左侧有一个被称为“谱号”的符号，说明某个线或间表示某个特别音符。有两个主要的谱号，G（高音）谱号和F（低音）谱号。G谱号这个名称的由来是因为在谱线上螺旋圈的开始处与在中央音C调之上的G调相似，F谱号则是因为用点放在线的上方或下方来标记在中央音C调之下。G谱号表示升高音调，F谱号表示降低音调。一个长笛吹奏者、小提琴手或女高音歌唱家从高音谱号开始读，低音管吹奏者或大提琴演奏者则从低音谱号开始读，钢琴演奏者则需要两者兼顾。对于一个非常高或非常低的音符，有必要用高于或低于谱号的“附加线”表示。乐谱（手稿或印刷复制，见246页）中的一个音符需要根据其在五线谱中的位置和各自对应的谱号确定音调，并由音符的形状以及是否有一个黑色的或空心的头，或是否有一个附加连接线确定其持续的时间。把字母A~G作为单独的音符放到五线谱的五条平行线的中间、上方或者下方，表示各种音高。

音高和乐谱

在钢琴键上，从中央音C调到C调以上（C、D、E、F、G、A、B、C）或到C调以下的所有八个白键，对应于一个“八度”（8个音符）。在八度音阶中，“全音阶”包括7个不同的音高。黑键被白键隔开。黑白键组合总计有12种可能的音符，这就是“半音音阶”。两个音符之间的间隙是一个“音程”。钢琴上的黑键是“升半音”（♯）或“降半音”（♭）。升半音用来升高半音音符，降半音则用来降低半音音符。例如，F和G之间的音程是一个全音，则F和F♯（升半音）是一个半音。音阶又分为大调和小调。每一个大调都有一个相对应的小调。每一个音阶都是全音程和半音程（半音）的组合。同一类型中的音符之间的音程保持不变（如大调、小调）。相关的大调和小调由相同的多个音符组成，只不过开始和结束的音符不同，下面举例说明。

C大调全音阶——以C为开始和结束

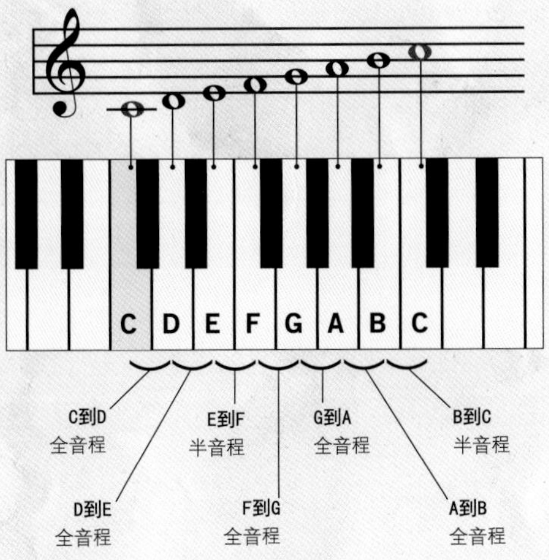

A大调全音阶——以A为开始和结束

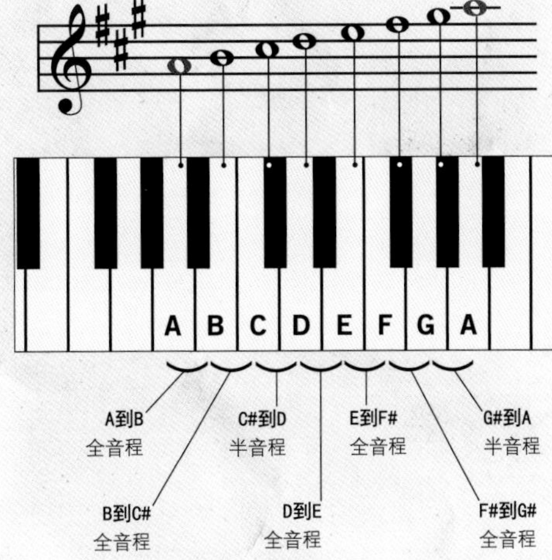

A小调全音阶—— 以A为开始和结束

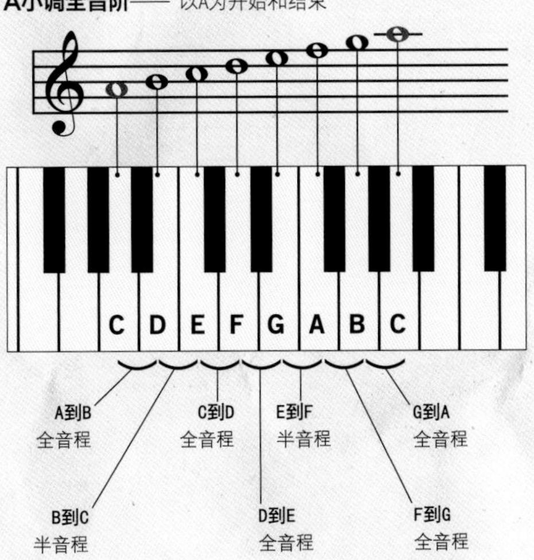

F#小调全音阶——以F#为开始和结束

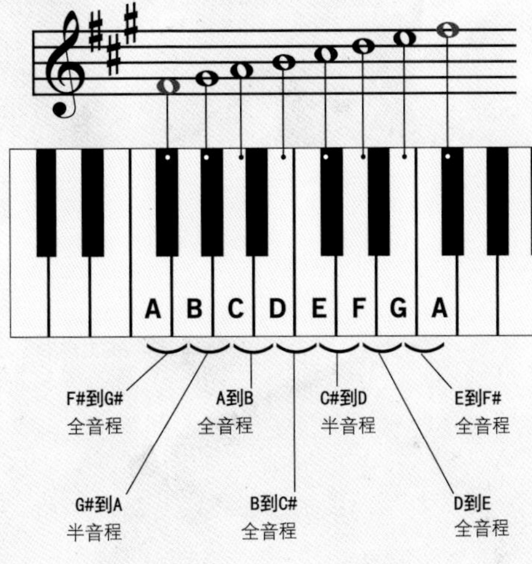

节奏与韵律

音乐的节拍或节次、节奏（节拍速度），多用意大利语来表示。

庄板（Grave）	非常缓慢地
慢板（Lento）	缓慢地
广板（Largo）	庄严而缓慢
稍缓慢曲（Larghetto）	稍庄严而缓慢
柔板（Adagio）	轻松愉快
行板（Andante）	正常速度
中板（Moderato）	适度快
小快板（Allegretto）	相对快
快板（Allegro）	快
活泼的快板（Vivace）	活泼的
急板（Presto）	非常快
最急板（Prestissimo）	尽可能快

强弱法

所需声音的强弱和音量也用意大利语来表示，它们一般很简短。

柔弱(pp,Pianissimo)	非常安静
弱(p,Piano)	安静
中弱(mp,Mezzo piano)	适度安静
中强(mf,Mezzo forte)	适度响亮
强(f,Forte)	响亮
极强(ff,Fortissimo)	非常响亮
渐强<（Crescendo）	音量渐增
减弱>（Diminuendo）	音量渐减

管风琴的音管长度与音调有直接关系

乐谱 Musical Scores

对于管弦乐或合奏乐来说，作曲家创作乐谱手稿时，每件乐器演奏的部分都是需要注意的细节。这页手稿有沃尔夫冈·阿马德乌斯·莫扎特（Wolfgang Amadeus Mozart，1756—1791年）添加的注解，也是他最后的管弦乐舞曲《妇女的胜利》（*Il Trionfo delle Donne*，K607）的一部分。其中，莫扎特指定了每种乐器应该演奏的部分和应该使用的音调及节拍。

音乐符号

如此能体现抽象思维复杂性的乐谱，需要作曲家精确地掌握复杂的音乐概念。作为才华横溢的作曲家和杰出的钢琴家，莫扎特的所有音乐风格和流派均体现了他超凡的音乐造诣（他的最爱是歌剧）。他是世界上最伟大的作曲家之一。

莫扎特在短暂的一生中，共谱写了655部乐曲，其中包括59部交响乐、176部室内乐和23部歌剧。

音调符号

这是一组放在五线谱的谱号之后的升半音和降半音的符号，用来表示曲子的音调。它们的位置表明哪个音符一直保持降半音或升半音，除非另有说明指定作品的主导音调。这部E♭大调作品的其他音调符号标记如下所示。

节拍

乐曲是由有规律的拍子模式组成的，这种模式称为“节拍”。一个完整的节拍算作一个“小节（bar）”。节拍用位于谱号与音调符号之后的“拍号”表示，拍号用位于高音或低音谱号之后的分数表示，如2/4、3/4、4/4、3/8、6/8、9/8等。拍号上方的数字表示每小节的拍数，下方的数字表示每小节的音符值。例如，2/4表示每小节有两拍，以四分音符为一拍。在五线谱开始处的符号“c”与4/4的作用相同，符号“¢”则表示2/2拍。

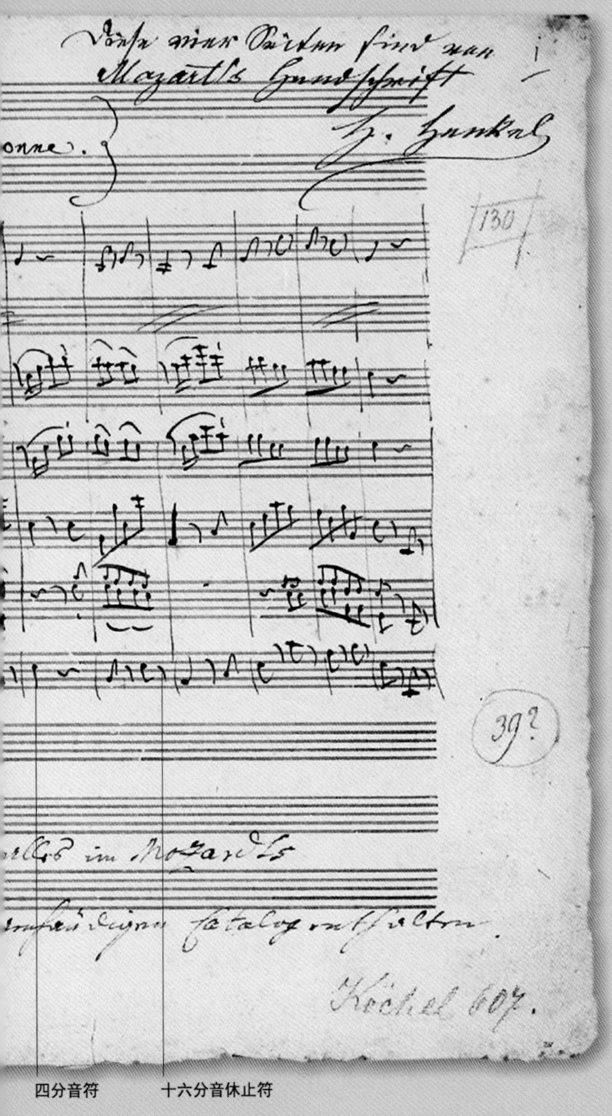

音符的分类和休止符

	音符	休止符
全音符（完整的音符）		
二分音符（1/2 音符）		
四分音符（1/4 音符）		
八分音符（1/8 音符）		
十六分音符（1/16 音符）		
三十二分音符（1/32 音符）		

这些符号表示音符的持续时间：一个音符相当于一个节拍，如果拍号是4/4，则一个全音符会持续4个拍子，一个四分音符会持续一个拍子，以此类推。

乐谱中的附加符号

升半音符、降半音符和二分音符都是临时记号，这些音符随着音调符号的不同而不同。

延音符是一种难以描述的音符。在这里，两个音符一起将持续5/16节拍（1/4+1/16），并将作为一个音符演奏。

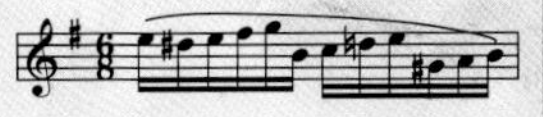

连音符用来将几个音符连接成一个声音，中间不能有可以听出来的间隙。

断音符本质上与连音线相反，它要求每个音符都演奏得短暂、清晰且响亮。

指弹乐谱

现代摇滚乐作曲家弗兰克·扎帕（Frank Zappa，1940—1993年）认为他的乐队成员都能“读”懂音乐，但他是一个例外。许多现代流行音乐家都是自学成才，并倾向于通过听或演奏示范曲学习音乐的演奏。作为主要的和声乐器，吉他的流行以及互联网的出现，使很多流行乐乐谱以“指弹乐谱（tabs）”的形式广为流传。

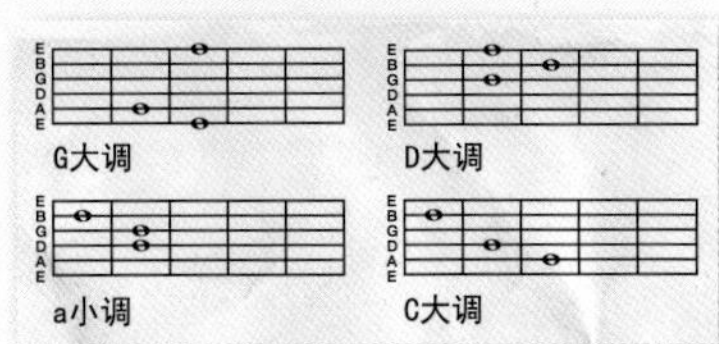

现代的挑战

乐谱在技术上的变化基于以下几个方面：演奏方式（声乐、管弦乐、电子乐等）的变化；音乐风格（弦乐四重奏、交响乐、协奏曲、华彩乐章）的变化；以及在声乐、器乐或多媒体音乐上的现代实验技术。利用这些技术，乐器可以用非传统方式演奏，例如约翰·凯奇（John Cage）的钢琴乐。

约翰·凯奇的乐谱包括由一段录音机播放的乐曲，以及在4分33秒时的完全沉默（上图）。

动物对话 ANIMAL TALK

当你走在热带雨林中，你会感到自己淹没在一片嘈杂声中。青蛙环绕着池塘，蹲坐在温度适宜的石头上，发出聒噪的声音。哪里有动物，哪里就有噪声、颜色、运动和气味。它们之间的交流以各种形式发生在各个层面。如果能完全解开这部交响曲的秘密，那将极大地增加人类对自然界的了解。动物使用的大多数交流方式都来自遗传，但却非常复杂、精准、神奇和优美。

声音

人类经常会因为听到动物发出的噪声而留意它们。然而，许多动物的声音频率要么低于要么高于人耳的听力范围。大象曾被认为有一种超感官知觉：在其他象群远远超出它们的视野时，它们之间没有进行明显的交流却能保持平行路线翻山越岭，最终同时走到一起。我们现在知道，它们用低于人耳听力的声音（次声波）进行交流。这种低频率声音可以传播得很远，而且比高频率声音所受到的阻碍更小，这使大象即使相隔很远也能听到彼此的声音。河马可以在水上和水下发出次声波，且次声波在水下传播得更快更远。其他可以使用次声波交流的动物有犀牛、长颈鹿、狮子、老虎、鳄鱼、鹿和一些鸟类。很多动物对低频率声音敏感，这也可以解释为何动物具有感知地震、海啸等自然灾害的能力。与此相反的是，海豚、蝙蝠、鸟类和昆虫等许多动物，可以发出和探测高频率声音（超声波），这往往与回声定位能力紧密相关。

有用的振动

很多消息也可以通过振动发送出去。雄性石蝇在树枝上敲打出节奏，雌性则会敲打出音程互补的节奏作为回应。某些雄性蜘蛛会在雌性的蜘蛛网上弹一首舒缓情歌以求交配（或避免被吃掉）。跳蛛、狼蛛则使用单独振动或振动加摆动腿的信号来吸引伴侣。雄性蝉的鼓膜振动发出的声音在近距离内可高达120分贝——人耳的疼痛阈值。蟋蟀把两个翅膀放在一起摩擦，并与其他产生正确声音的同种蟋蟀交配。一些物种能向其他成员发出非常神奇的协调和声，以便它们与其他个体交配产生混血后代，而不是和它的兄弟姐妹近亲交配。昆虫的鸣叫往往会吸引天敌：不过寄生蝇已经进化出敏感的耳膜，并把幼体寄生在“歌唱”的雄性蟋蟀上。

大象的脚有扁平肥厚的脚垫，脚垫是敏感的感应器，能探测次声波振动。

从人类到动物

人类培育和驯化动物的历史可以追溯到两万年前。尽管人与动物之间的沟通至关重要，但沟通的深度仍未可知。狗和猫有着不可思议的可以读懂人类情绪的能力；灵长类动物（primates）和鲸目动物（cetaceans）具有与人沟通的能力也有据可查；但更令人惊讶的是，鸟类也能学会与人进行深层次的交流。艾琳·派佩伯格博士（Dr. Irene Pepperberg）在亚利桑那大学训练一只名为亚历克斯的非洲灰鹦鹉（gray parrot）长达30年。亚历克斯是个很聪明的模仿者，它掌握了50件物品的名称和特征，包括七种颜色、五种形状、相对大小（较大/较小）、物体的材料，以及数字1到6。它还可以理解相同、差异和没有。它可以用正确的单词顺序说出简短的句子，而且可以自己创造新的符合语法的句子。它甚至可以用其他单词的音节组成新词，给新物品命名，例如用“香蕉（banana）”和“樱桃（cherry）”两个单词创造了“banerry”，用来“定义”一个多汁的红苹果。也许鸟类没有我们想象那么笨。虽然亚历克斯在2007年突然去世，不过派佩伯格博士用其他非洲灰鹦鹉继续着她的研究。

美丽的天堂鸟（右图）是一种通过展示其色彩鲜艳的斑点吸引配偶的鸟儿。黄莺可以从它们的交流中学习歌唱能力：幼鸟在封闭的环境中长大，所以它们很难学会“唱歌”，但是，雌鸟往往更容易被能够唱出接近它父亲歌声的雄鸟所吸引。人们也注意到，鸟类在不同的环境中会发出不同的声音，如捕食的鸣叫和报警的鸣叫明显不同。

在海洋中，鲸等动物可以发出各种声音，而且咸水会比淡水更快地传播次声波。蓝鲸的声音在海洋中可以传播数千英里，海豚的口哨声可以起到表明身份的作用，雄性驼背鲸（下左图）在它们的繁殖地可以“唱”出悠长而复杂的歌曲。

视觉交流

大多数动物都能通过视觉信号传达信息。如果一只狗露出牙齿并竖起颈部的毛，那一定不是表示友好。灵长类动物使用手势、声音和面部表情吸引雌性，而雄性招潮蟹则会挥舞爪子。鱿鱼和乌贼有高度发达的视觉，当它们不想隐藏自己时，可以通过闪烁皮肤上快速变化的图案进行沟通。

有毒的动物通常色彩鲜艳，以便警告捕食者。这些颜色也可以被其他无毒的物种模仿，因为它们需要凭借这种防御机制保护自己，如蜂和食蚜蝇，或有毒的珊瑚蛇（上图）和无毒的乳蛇（下图）。

气味和信息素

许多动物都有高度进化的感觉器官，能让它们使用化学信息交流。蚂蚁留下信息素痕迹引导其他蚂蚁找到食物源。报警信息素可引发攻击行为，帮助它们共同对抗捕食者，同时，一些信息素也会引发蚂蚁与其对手之间的斗争。一些哺乳动物往往用尿液或粪便留下自身气味，以此标记领土边界。其他气味信息可能代表动物个体的社会地位、性别、交配权利和健康状况。臭鼬和臭獾通过释放刺鼻的气味作为“驱逐”武器，因此它们很少被攻击。

蜜蜂的舞蹈

从亚里士多德到近代的自然主义者，他们都对蜜蜂在蜂巢中向其他蜜蜂传递有关食物源信息的能力感到不解。这个谜底终于在20世纪初被卡尔·冯·弗里施（Kar lvon Frisch）解开。他发现侦察蜂从花粉或花蜜源回到蜂巢时，跳的是直线摇摆舞。然后它环行回到起点，先向左转，然后向右转，形成“8”形状。其他的蜜蜂则聚在一起“观看”，它们用触角感受气流的流动。舞蹈的直线部分传达的是食物源相对于太阳方向的信息。摆振的速度和每分钟的圈数表示距离蜂巢的远近。最近，科学家把一个活动的蜜蜂模型放在蜂巢内，并通过让蜜蜂模型跳这种神奇的蜜蜂舞，把目标食物源的信息成功地传递给其他蜜蜂，这也进一步证实了上述的结论。

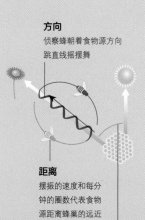

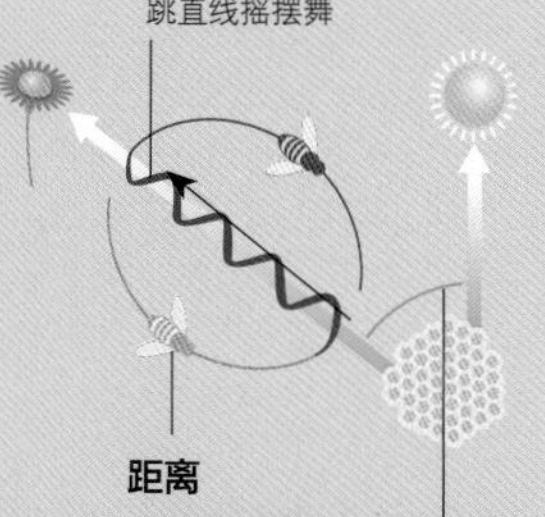
方向
侦察蜂朝着食物源方向跳直线摇摆舞
距离
摆振的速度和每分钟的圈数代表食物源距离蜂巢的远近
位置
相对于太阳向左或向右的角度

外星人 EXTRATERRESTRIALS

在斯蒂芬·斯皮尔伯格（Steven Spielberg）的电影中，外星人（E. T. ）可以与地球上的小伙伴轻松地交流，但在现实世界中，人们设想中的外星智能生物（外星人）向人类，或人类向外星人发送消息的方式一直是个非同寻常的挑战。这个挑战从20世纪下半叶至今一直困扰着科学家、天文学家和科幻小说家。解决人类迈向太空的第一步——交流，成为当务之急。

发往外太空的消息

人类进行了一系列尝试，把地球上存在的生物、地球的位置以及我们对宇宙的了解按照“宇宙通用”的格式编码，并把它们发射到太空。当然，每次发射都受到当时发射技术的限制。

“先驱者”号上的镀金铝盘

为了飞向太阳系边缘并飞离太阳系，科学家设计并发射了两枚无人驾驶的太空探测器，先驱者10号（Pioneer 10，1972年）和先驱者11号（Pioneer 11，1973年），携带着由天体物理学家卡尔·萨根（Carl Sagan）和弗兰克·德雷克（Frank Drake）设计的镀金铝盘（plaques）。镀金铝盘的尺寸为9英寸（约23厘米）×6英寸（约15厘米），安装在飞船的外部支架上。

“这是来自遥远的小星球的礼物……”

美国总统吉米·卡特在旅行者金唱片上的留言

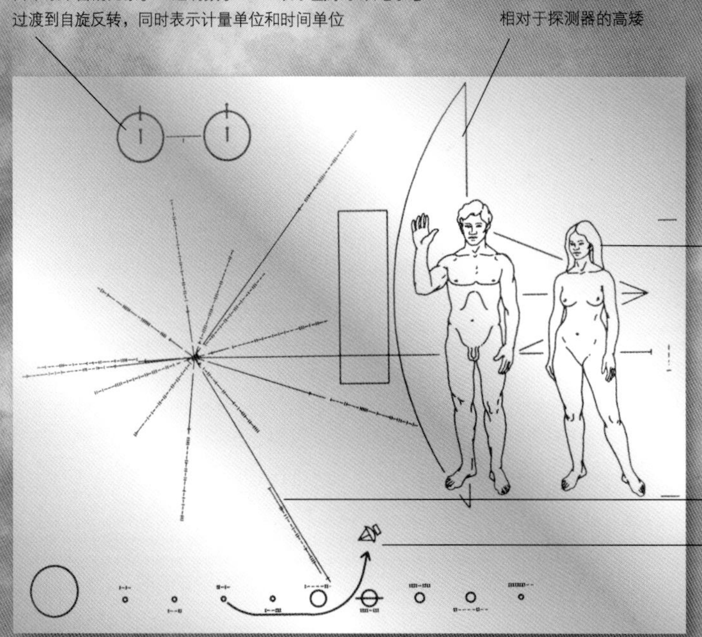

氢原子
镀金铝盘上表示氢原子超精细跃迁的示意图，氢被认为是宇宙中最丰富的元素。二进制数字“1”表示氢原子从电子态过渡到自旋反转，同时表示计量单位和时间单位

探测器
镀金铝盘上刻着先驱者的轮廓外形，用来说明人类相对于探测器的高矮

人类
在最初的设计中，人类的男性和女性的手是握在一起的，但这样他们可能会被认为是一个个体。镀金铝盘上没有关于种族的描述，显示的人类为白种人。男性有一只手摆出问候的姿势，同时也表明他的拇指与其他手指相对。女性的生殖器没有描绘出来，这是根据美国宇航局的要求在最后一刻所做的修改

银河系
该平面图表明我们的太阳相对于银河系中心的位置，并通过14颗脉冲星和它们的频率周期进一步说明。由此，外星人则有可能计算出太阳系的位置

太阳系
以直线形式排列的太阳系，显示行星围绕太阳运行的顺序。先驱者的运行轨道也被显示出来

类星体和脉冲星

20世纪50年代，随着射电天文学的发展，很多科学家都沉迷于探索从太阳系之外发来无线电波信息这种神奇现象的奥秘。这些信息是外星人发来的吗？多年以来，人们都这样认为，而且许多人试图破解这些信息。

直到1960年，这一现象才得到解释（尽管其来源仍不明确）。原来这些来自脉冲星的无线电波是由星系诞生时形成的超大质量的黑洞的电磁能量红移（redshift）造成的，这些星体被称为类星体（quasars），即“类似射电源的星体”的缩写。而第一个被精确测到的类星体是3C 273，距地球约24.4亿光年。在人类可以探测到它发出的无线电信息的时候，这个星系很可能早已形成并已经消亡。

阿雷西博信息

1974年，阿雷西博射电望远镜改建完成，这使人类可以向距地球约25000光年的星团M13发射无线电信息。这是有史以来人类发射的最强信号。该信息包含1679个二进制数字，1679是两个素数73和23的乘积（半素数），因此只能被分解成73×23或23×73的网格。实际上，一个73行×23列的网格才是解密该消息的正确算法。因此，广播可以精确地持续1679秒，而且不会重复。

发往宇宙的呼叫

1999年和2003年，人类发射了一系列以各种星团为目的地的宇宙呼叫信息。这些信息包含初始的阿雷西博信息以及其他的数字文本、视频和图像文件，还包括由伊万·杜蒂尔（Yvan Dutil）和斯蒂芬·仲马（Stephane Dumas）开发的“星际罗塞塔-斯通（Rosetta Stone）系统”，涵盖多个数学函数、公式和运算过程。

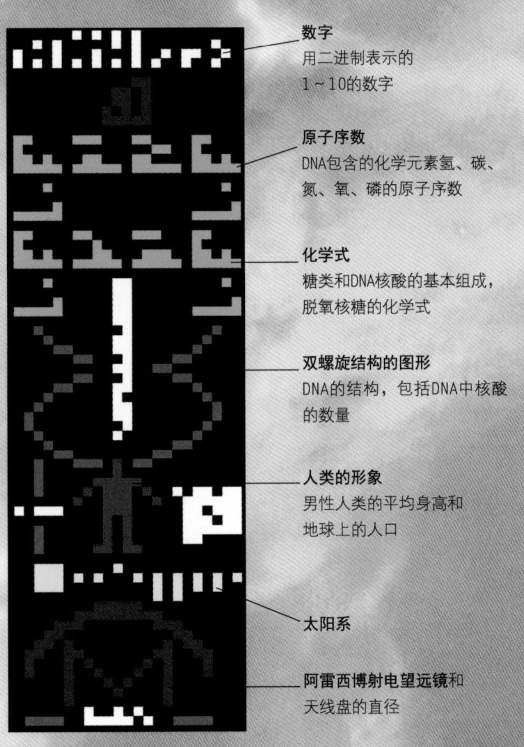

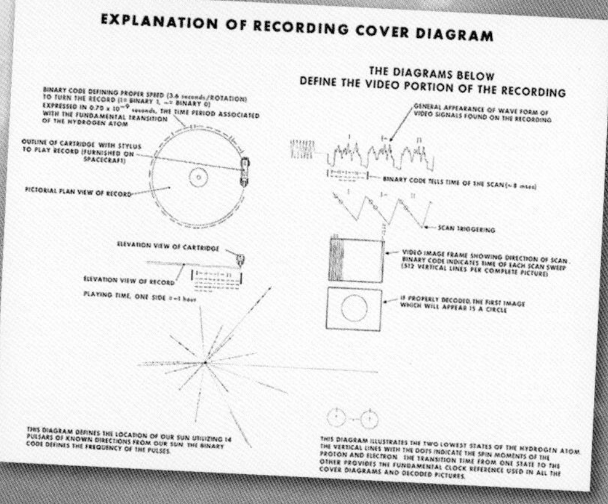

旅行者金唱片

在1977年发射的旅行者1号飞船（Voyager 1）和旅行者2号飞船（Voyager 2）上，放置了由先驱者镀金铝盘设计团队所设计的金唱片。它包含115个模拟视觉图像、55种地球上的语言样本、90分钟的音乐（遗憾的是，电子与音乐工业公司拒绝将披头士乐队的《太阳出来了》收录其中）、无线电广播以及使用莫尔斯码编写的信息。唱片的外层涂了铀-238，使它可以长期完好地保存，金唱片还有一个封套，封套上有不同乐器的演奏说明。

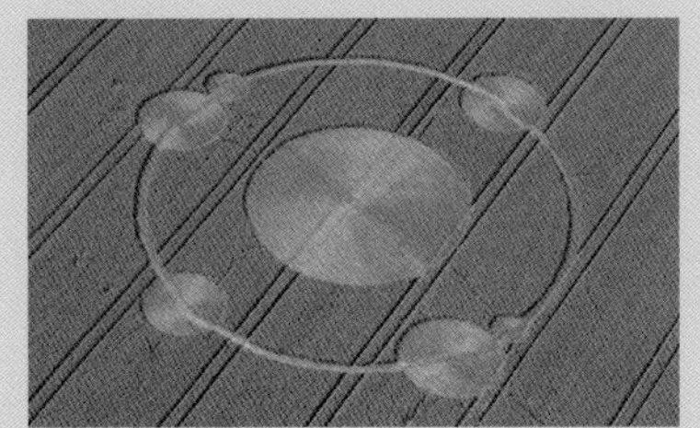

麦田怪圈

与外星人接触和被外星人绑架事件的报道似乎主要发生在美国西南部，而麦田怪圈现象最初在英国出现。从20世纪70年代中期开始，到了春季和初夏，经常出现农作物被压平形成奇异图案的现象。到了20世纪90年代，图案变得更加复杂且出现在更多地区，如俄罗斯、日本和北美。很多人疑惑：这些图案是由外星飞船飞过（或降落）时留下的痕迹吗？它们是不是在给地球上的农民传送某些秘密和经过编码的消息？关于风水线（leylines）、怪石圈（stone circles）和其他“莫名其妙”现象的猜想，充分体现了人类新时代的思想。直到英国人公布了事情的真相（通常是人用固定在脚下的木板压倒农作物形成的图案），人们才意识到这完全是个骗局。

星际语言

与外星人直接交流需要特殊的技巧。赫伯特·乔治·威尔斯（H.G. Wells）在他的小说《世界大战》（*The War of the Worlds*，1898年）中提出这个问题。20世纪60年代，风靡一时的电视连续剧《星际迷航》（*Star Trek*）的主角们用到一种通用翻译系统，这是科幻小说家经常玩弄的手法。科学家已经开发出好几种语言，包括以数学为基础的格罗沙语（Astraglossa，1953年）、宇宙语（Lincos，1960年）和算法语言，这是一种由数学符号和逻辑符号组成的基本编程语言，可以作为“我们”和“他们”之间的双向交流工具。

从历史文献到日常事件，寻找其中隐藏的一切意义或价值的冲动，早已成为预言家和阴谋论者的职责。

想象的密码

发明另类语言和嵌入信息的愿望，已经成为神秘和幻想小说作家以及伪艺术家们的首要任务。隐藏意义对人们的吸引力和辨识真伪的困难都不可否认地存在着。

现代魔法与误导

Modern Magic and Mayhem

尽管工业时代存在着宗教迫害和一般理性主义，但在19世纪后期，巫术（见58页）仍演变成一种流行现象，被称为招魂术（右图）。这是一种在维多利亚时代让人神魂颠倒的欺骗性仪式，通常要有仪式、通灵人和鬼魂般的幽灵。尽管欺骗行为经常暴露，但招魂术仍作为替代宗教，被医生、大学教授、牧师、家庭主妇和知识分子，例如亚瑟·柯南·道尔爵士（Sir Arthur Conan Doyle）和诺贝尔奖得主、物理学家瑞利勋爵（Lord Rayleigh）等人所接受。就像早期的炼金术士和巫师一样，招魂术狂热者们对神秘字母以及似乎带有魔力的代码的兴趣达到了痴迷的地步。这可能是对不断上升的世俗和科学文化带来的威胁的一种精神反应。然而，神秘的宗教仪式、隐藏含义以及神奇的编码语言的魅力，一直以各种形式在现实中呈现出来。

巫术和神学

巫术始于1848年纽约州的海德村（Hydesville），当时，十几岁的福克斯姐妹展示了她们能与死者灵魂沟通的能力。神秘的俄国贵族和通灵人布拉瓦茨基夫人(1831—1891年)，是环球旅行者和大胆的现代神秘主义复兴的捍卫者。尽管布拉瓦茨基的声誉令人怀疑，但是，她在19世纪70年代创立了神智学会，并预测了许多新时代宗教。

金色黎明协会

19世纪后期，金色黎明协会的兴起是巫术活动复兴的重要实证。该协会起源于英格兰，然后迅速蔓延开来。他们主张对玫瑰十字会（见60页）、塔罗牌、占星术和撒泥占卜进行研究，以此作为入会的基本原则，其成员有高级公务员和诗人威廉·巴特勒·叶芝（WilliamButler Yeats）。所谓的“密码手稿”是一份60页的合辑，描述了神秘的入会仪式，用阿格里帕的底比斯字母（见59页）和希伯来文写成，其中包含符号和仪式用具的原始图画，后来成为该协会的会章。手稿的产生背景引起了激烈争论，但这可能是19世纪中后期精心制作的最有趣但毫无价值的编码文字了。

“密码手稿”中包含晦涩难懂的密文写成的咒语

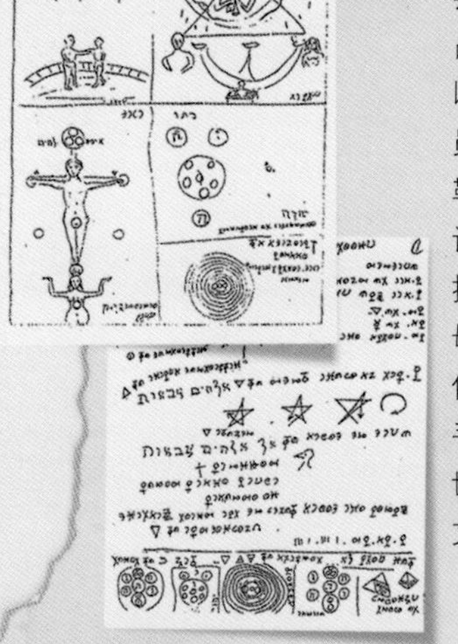

玫瑰十字
中央是路德会教友的玫瑰十字标志

神秘文字
一种基于希伯来文和其他字母的令人头晕的混合体符号，巧妙地围绕在图案周围

五角星
五角星和大卫之星图案的变化，与象征阳刚与阴柔的符号一起出现

协会成员
金色黎明协会的成员是玫瑰十字会的热心倡导者，他们发明了神秘的符号合辑，并将符号的意义嵌入他们的出版物中。

007及类似代号

喜欢奇特神秘活动的人大多是非常理性的人，而这样的人不在少数。英国惊悚小说作家丹尼斯·惠特利（Dennis Wheatley）（他是神秘主义者阿莱斯特·克劳利（Aleister Crowley）同时代的伙伴和后来的对手）是第二次世界大战期间英国秘密情报局（SIS）的成员，他公开认为超自然实践活动是有价值的。《魔鬼袭来》和《吉福德·希拉里的灵魂》是他多部小说中的两本，描写了撒旦崇拜或巫术仪式活动。在以后的书中，例如《他们使用了黑势力》，他甚至将希特勒描写成撒旦崇拜主义者。

有人认为，伊恩·弗莱明（Ian Fleming）是秘密军人，他是詹姆斯·邦德（James Bond）的创造者，他的小说中总有编码信息和神秘活动：特工代号007有着不可思议的特殊含义，正如在《007之雷霆谷》中他的升级代号“7777”一样。在这部小说中，派往日本活动的特工邦德的神秘代号为“神秘44”。邦德的老板“M”有一个可能的原型，就是军情五处的麦克斯韦尔骑士（Maxwell Knight），人们都知道他是阿莱斯特·克劳利的合伙人。在海军情报机构工作的日子里，弗莱明建议克劳利向纳粹亲信鲁道夫·赫斯提供虚假的星座运势，并使用伊诺字母（见59页）对星座运势材料进行加密。

最畅销的惊悚小说作家
丹尼斯·惠特利（1897—1977年）和伊恩·弗莱明（1908—1964年，下图）均在第二次世界大战期间从事情报活动，他们两人都徘徊在公认为“流行”的超自然魅力的边缘。

野兽之王

阿莱斯特·克劳利（Aleister Crowley，1875—1947年）认为自己是“世界上最邪恶的人”，这也为世人所知。他出身于特权阶级，且有严格的宗教背景，在他就读于剑桥大学后，通过黄金黎明协会，形成了对巫术和鸦片的癖好。但很快，他就与他们分道扬镳，加入A∴A.（银星协会）和东方神殿教（O.T.O.）组织。克劳利发表了许多神秘作品，包括《泰勒玛》（*Thelema*）和“密码手稿”的翻译稿（见256页插图），并设计了自己的五角星符号（右图）。

A	B	C	D	E	F	G
H	I	J	K	L	M	N
O	P	Q	R	S	T	U
V	W	X	Y	Z		

克劳利设计了自己的“匕首”字母表，用来在神秘仪式上招魂时使用，这让人联想起由阿格里帕（Agrippa）和约翰·迪（John Dee）（见59页）设计的类似的神秘字母表。

《圣经》密码 THE BIBLE CODE

《圣经》密码也称为妥拉密码（妥拉Torah，最初由“希伯来圣经”《创世记》中的开头每隔50个字母跳读拼出，意指《摩西五经》，后可泛指犹太教的全部律法教条，尤指《犹太圣经》的首五卷书——译者注），再次意外地引起了人们的兴趣，对《圣经》密码的解读就是对古代经典著作的现代诠释。从中世纪的卡巴拉派（见56页），到英国科学家艾萨克·牛顿（Isaac Newton），再到法国神学家、哲学家布莱士·帕斯卡（Blaise Pascal，1623—1662年），无论研究犹太教还是基督教的《圣经》学者，都设想旧约中可能包含编码消息。在现代学术界，这已经被证明是神学家、科学家和数学家之间的一个有争议的问题，也经常成为媒体大肆炒作的对象。

等距字母序列

简单来说，找到一个等距字母序列（Equidistant letter sequences），挑选某处（任何字母）作为起点并确定间隔数（指所选字母之间间隔的字母个数），然后从文本中按间隔数指定的相等间隔抽取字母。如果将这种方法应用到整本书[创世记是魏斯曼德在他的加权循环调度算法（WRR）论文中采用的原书]，其结果是得到一个字母串；通过改变字母起点和间隔数，能够找到无限多个字母串。通过从水平、垂直方向，反方向或对角方向读取字符串，就可以找到名称、日期或任何你正在寻找的东西；通过在文本上运行计算机搜索程序，可使这一操作更加简便。

在达伦·阿罗诺夫斯基（Darren Aronofsky）1998年拍的电影《π》中，影片的中心人物数学家马克西米利安·科恩（Maximillian Cohen）遇见一位研究妥拉密码的哈西德派犹太人，这个犹太人告诉马克斯（Max），妥拉密码由一串数字组成，这些数字实际上是由上帝发来的一种密码。

现代《圣经》密码的起源

1988年，耶路撒冷希伯来大学的三位数学家在英国皇家统计学会杂志上发表了一篇题为《创世记中的等距字母序列》的论文，并于1994年再次发表在统计科学杂志上。多伦·魏兹滕（Doron Witztum）、约阿夫·罗森堡（Yoav Rosenberg）和埃利亚胡·芮普斯（Eliyahu Rips）利用计算机程序从《摩西五经》的第一卷中提取了有意义的编码信息；《摩西五经》包含《创世记》《出埃及记》《利未记》《民数记》和《申命记》，用希伯来语写成。当拉比·麦克尔·多夫·魏斯曼德（Rabbi Michael Dov Weissmandl，他因试图从纳粹大屠杀中挽救斯洛伐克犹太人而声名鹊起）还是学生时，他就耗费大量时间，人工计算出摩西五经中的《圣经》密码，并将研究成果写成了论文（通常称为WRR论文）。根据这些密码创造者的想法，等距字母序列方法只适用于摩西五经，他们坚信，任何试图将这种方法应用于犹太《圣经》或基督教《圣经》英译本的尝试都是无效的。

预言

在妥拉密码中，使用等距字母序列发现了众多预言，其中一个例子是预见到1945年，美国原子弹袭击广岛，日期为美国格式

形状	词	翻译	节		位置	间隔数
	יפנ	日本	数字	25:13	230779	6266
	שואדאמוסיח	原子弹大屠杀	数字	29:9	237020	−3133
	יפנ	日本	数字	29:9	237042	3
	רשת	8/6/1945	《圣经》申命记	8:19	265216	−1

有关《圣经》密码的书籍

美国记者迈克尔·卓思宁（Michael Drosnin）从1992年开始研究《圣经》密码，并在1997年出版了著名的畅销书《圣经密码》，随后，在2002年又出版了同样一本利润可观的《圣经密码Ⅱ》。卓思宁声称，使用等距字母序列解密他认为重要的国际事件的预言，影响的不仅是犹太人，而是整个人类社会。他还声称，《圣经》预言了伊扎克·拉宾（Yitzak Rabin）遇刺事件，以及肯尼迪兄弟遇刺事件。他的断言遭到人们的强烈反驳，其中包括等距字母序列论文原作者之一的埃利亚胡·芮普斯（Eliyahu Rips）、退休的国防部密码专家哈罗德·甘斯（Harold Gans）、以色列《圣经》专家梅纳赫姆·科恩（Menachem Cohen）教授和澳大利亚国立大学计算机科学系的布伦丹·麦凯（Brendan McKay）教授。麦凯在他的论文《托尔斯泰爱我》中指出，他使用等距字母序列方法在《战争与和平》的希伯来译本中找到了自己的名字和出生日期。他指出，卓思宁找到的东西在任何一本书中都能找到，不管是英文书还是希伯来文版书，只要你愿意认真阅读。

“如果批评我的人在《白鲸记》中找到关于总理遇刺的加密消息，我就相信他们。”

迈克尔·卓思宁，《新闻周刊》，1997年

《白鲸记》中的暗杀预言

尽管魏斯曼德和WRR论文（见258页）的作者坚持认为，等距字母序列技术只有应用到希伯来文版《圣经》时才有效，但事实是，它可以在任何文献中揭示“隐藏”的消息。当麦凯将卓思宁的研究方法应用到赫尔曼·梅尔维尔（Herman Melville）的《白鲸记》（1851年）时，他找到了以下名人被谋杀的预测：

印度民族运动领袖
苏联流亡者利昂·托洛茨基
美国黑人运动领袖马丁·路德·金
美国总统约翰·F. 肯尼迪
美国总统亚伯拉罕·林肯
以色列总理伊扎克·拉宾
戴安娜王妃

这并不意味着《白鲸记》确实能预测这些事件，它只能证明使用卓思宁的“方法”可以找到任何你想要寻找的东西，只要符合概率法则！

比尔文件密码

THE BEALE PAPERS

传说

1817年的某个夜晚，美国西南部的一支狩猎水牛的远征队在野外煮饭时，其中一个伙伴无意中发现了丰富的金矿。团队记下位置，然后回来开采了18个月，积累了数额巨大的金条和银条。由于他们担心这些财富贮藏在没有法律保护的土地上不安全，团队决定把它们隐藏在某个安全的地方。他们中的几个人，包括托马斯·J. 比尔（Thomas J. Beale），被派遣到东边寻找合适的位置，最终他们来到了弗吉尼亚州林奇堡。

一位名叫罗伯特·莫里斯（Robert Morriss）的老人曾是弗吉尼亚州林奇堡华盛顿酒店的老板，他于1862年将一卷纸委托给一位朋友。其中一张纸是一封信，描述了写信人在美国西南部发现黄金的过程，以及黄金在弗吉尼亚州的安全埋藏地。另外三张纸写满了数字，即数字代换密码。1885年，莫里斯的“匿名”朋友的“代理人”詹姆斯·B. 沃德（James B. Ward）印制了一本23页的小册子，名为《比尔文件》，并在林奇堡出版发行。据说这本小册子描写了一个距今已有半个世纪的神秘聚会，涉及隐藏的宝藏及其复杂的埋藏地点。这本小册子是有关比尔故事的背景，以及有关这个神秘故事的核心密码的唯一来源。时至今日，小册子仍然是一个谜，没有人能够发现第一个和第三个密码的解密线索。许多人试图用被破解的第二个密码的零星信息确定宝藏的位置，但都没有成功。人们甚至推测：或许这只是小册子印制者的骗局？

比尔的密码

三张密文中仅第二张被破译了，这显然是莫里斯的匿名朋友所为。他假设所有三张纸上的数字都表示单个字母，但这些数字过于纷繁多样，不可能是一个简单的字母代换密码。这也许是一个密码本（见81页），但问题是它时什么密码本，或采用什么文本？这本小册子的作者声称，他花了数年精力和大量财力，收集流行的文本进行测试，最终发现了一个似乎有效的文本，即《独立宣言》。通过对文件中的每个单词进行编号，然后假设密文中的数字表示每个单词的首字母，一串连贯的消息就出现了。

317, 8, 92, 73, 112, 89, 67, 318, 28, 96,107, 41, 631, 78, 146, 397, 118,
98, 114, 246, 348, 116, 74, 88, 12, 65, 32, 14, 81, 19, 76, 121, 216, 85,
33, 66, 15, 108, 68, 77, 43, 24, 122, 96, 117, 36, 211, 301, 15, 44, 11,
46, 89, 18, 136, 68, 317, 28, 90, 82, 304, 71, 43, 221, 198, 176, 310,
319, 81, 99, 264, 380, 56, 37, 319, 2, 44, 53, 28, 44, 75, 98, 102, 37,
85, 107, 117, 64, 88, 136, 48, 151, 99, 175, 89, 315, 326, 78, 96, 214,
218, 311, 43, 89, 51, 90, 75, 128, 96, 33, 28, 103, 84, 65, 26, 41, 246,
84, 270, 98, 116, 32, 59, 74, 66, 69, 240, 15, 8, 121, 20, 77, 89, 31,
11, 106, 81, 191, 224, 328, 18, 75, 52, 82, 117, 201, 39, 23, 217, 27,
21, 84, 35, 54, 109, 128, 49, 77, 88, 1, 81, 217, 64, 55, 83, 116, 251,
269, 311, 96, 54, 32, 120, 18, 132, 102, 219, 211, 84, 150, 219, 275,
312, 64, 10, 106, 87, 75, 47, 21, 29, 37, 81, 44, 18, 126, 115, 132, 160,
181, 203, 76, 81, 299, 314, 337, 351, 96, 11, 28, 97, 318, 238, 106, 24,
93, 3, 19, 17, 26, 60, 73, 88, 14, 126, 138, 234, 286, 297, 321, 365,
264, 19, 22, 84, 56, 107, 98, 123, 111, 214, 136, 7, 33, 45, 40, 13, 28,
46, 42, 107, 196, 227, 344, 198, 203, 247, 116, 19, 8, 212, 230, 31, 6,
328, 65, 48, 52, 59, 41, 122, 33, 117, 11, 18, 25, 71, 36, 45, 83, 76,
89, 92, 31, 65, 70, 83, 96, 27, 33, 44, 50, 61, 24, 112, 136, 149, 176,
180, 194, 143, 171, 205, 296, 87, 12, 44, 51, 89, 98, 34, 41, 208, 173,
66, 9, 35, 16, 95, 8, 113, 175, 90, 56, 203, 19, 177, 183, 206, 157,
200, 218, 260, 291, 305, 618, 951, 320, 18, 124, 78, 65, 19, 32, 124,
48, 53, 57, 84, 96, 207, 244, 66, 82, 119, 71, 11, 86, 77, 213, 54, 82,
316, 245, 303, 86, 97, 106, 212, 18, 37, 15, 81, 89, 16, 7, 81, 39, 96,
14, 43, 216, 118, 29, 55, 109, 136, 172, 213, 64, 8, 227, 304, 611, 221,
364, 819, 375, 128, 296, 1, 18, 53, 76, 10, 15, 23, 19, 71, 84, 120,
134, 66, 73, 89, 96, 230, 48, 77, 26, 101, 127, 936, 218, 439, 178,
171, 61, 226, 313, 215, 102, 18, 167, 262, 114, 218, 66, 59, 48, 27,
19, 13, 82, 48, 162, 119, 34, 127, 139, 34, 128, 129, 74, 63, 120, 11,
54, 61, 73, 92, 180, 66, 75, 101, 124, 265, 89, 96, 126, 274, 896, 917,
434, 461, 235, 890, 312, 413, 328, 381, 96, 105, 217, 66, 118, 22, 77,
64, 42, 12, 7, 55, 24, 83, 67, 97, 109, 121, 135, 181, 203, 219, 228,
256, 21, 34, 77, 319, 374, 382, 675, 684, 717, 864, 203, 4, 18, 92, 16,
63, 82, 22, 46, 55, 69, 74, 112, 134, 186, 175, 119, 213, 416, 312, 343,
264, 119, 186, 218, 343, 417, 845, 951, 124, 209, 49, 617, 856, 924,
936, 72, 19, 28, 11, 35, 42, 40, 66, 85, 94, 112, 65, 82, 115, 119, 236,
244, 186, 172, 112, 85, 6, 56, 38, 44, 85, 72, 32, 47, 63, 96, 124, 217,
314, 319, 221, 644, 817, 821, 934, 922, 416, 975, 10, 22, 18, 46, 137,
181, 101, 39, 86, 103, 116, 138, 164, 212, 218, 296, 815, 380, 412,
460, 495, 675, 820, 952

第一页密码吸引了最多的关注，因为它可能会提供宝藏的位置（左图）

71, 194, 38, 1701, 89, 76, 11, 83, 1629, 48, 94, 63, 132, 16, 111,
95, 84, 341, 975, 14, 40, 64, 27, 81, 139, 213, 63, 90, 1120, 8, 15,
3, 126, 2018, 40, 74, 758, 485, 604, 230, 436, 664, 582, 150, 251,
284, 308, 231, 124, 211, 486, 225, 401, 370, 11, 101, 305, 139, 189,
17, 33, 88, 208, 193, 145, 1, 94, 73, 416, 918, 263, 28, 500, 538,
356, 117, 136, 219, 27, 176, 130, 10, 460, 25, 485, 18, 436, 65, 84,
200, 283, 118, 320, 138, 36, 416, 280, 15, 71, 224, 961, 44, 16, 401,
39, 88, 61, 304, 12, 21, 24, 283, 134, 92, 63, 246, 486, 682, 7, 219,
184, 360, 780, 18, 64, 463, 474, 131, 160, 79, 73, 440, 95, 18, 64,
581, 34, 69, 128, 367, 460, 17, 81, 12, 103, 820, 62, 116, 97, 103,
862, 70, 60, 1317, 471, 540, 208, 121, 890, 346, 36, 150, 59, 568,
614, 13, 120, 63, 219, 812, 2160, 1780, 99, 35, 18, 21, 136, 872, 15,
28, 170, 88, 4, 30, 44, 112, 18, 147, 436, 195, 320, 37, 122, 113, 6,
140, 8, 120, 305, 42, 58, 461, 44, 106, 301, 13, 408, 680, 93, 86,
116, 530, 82, 568, 9, 102, 38, 416, 89, 71, 216, 728, 965, 818, 2, 38,
121, 195, 14, 326, 148, 234, 18, 55, 131, 234, 361, 824, 5, 81, 623,
48, 961, 19, 26, 33, 10, 1101, 365, 92, 88, 181, 275, 346, 201, 206,
86, 36, 219, 324, 829, 840, 64, 326, 19, 48, 122, 85, 216, 284, 919,
861, 326, 985, 233, 64, 68, 232, 431, 960, 50, 29, 81, 216, 321, 603,
14, 612, 81, 360, 36, 51, 62, 194, 78, 60, 200, 314, 676, 112, 4, 28,
18, 61, 136, 247, 819, 921, 1060, 464, 895, 10, 6, 66, 119, 38, 41,
49, 602, 423, 962, 302, 294, 875, 78, 14, 23, 111, 109, 62, 31, 501,
823, 216, 280, 34, 24, 150, 1000, 162, 286, 19, 21, 17, 340, 19, 242,
31, 86, 234, 140, 607, 115, 33, 191, 67, 104, 86, 52, 88, 16, 80, 121,
67, 95, 122, 216, 548, 96, 11, 201, 77, 364, 218, 65, 667, 890, 236,
154, 211, 10, 98, 34, 119, 56, 216, 119, 71, 218, 1164, 1496, 1817, 51,
39, 210, 36, 3, 19, 540, 232, 22, 141, 617, 84, 290, 80, 46, 207, 411,
150, 29, 38, 46, 172, 85, 194, 39, 261, 543, 897, 624, 18, 212, 416,
127, 931, 19, 4, 63, 96, 12, 101, 418, 16, 140, 230, 460, 538, 19, 27,
88, 612, 1431, 90, 716, 275, 74, 83, 11, 426, 89, 72, 84, 1300, 1706,
814, 221, 132, 40, 102, 34, 868, 975, 1101, 84, 16, 79, 23, 16, 81,
122, 324, 403, 912, 227, 936, 447, 55, 86, 34, 43, 212, 107, 96, 314,
264, 1065, 323, 428, 601, 203, 124, 95, 216, 814, 2906, 654, 820, 2,
301, 112, 176, 213, 71, 87, 96, 202, 35, 10, 2, 41, 17, 84, 221, 736,
820, 214, 11, 60, 760

据称，第三页密码确认参与者和他们的亲属，以及发现的宝藏应该归还给谁（右图）

115, 73, 24, 807, 37, 52, 49, 17, 31, 62, 647, 22, 7, 15, 140, 47, 29, 107, 79,
84, 56, 239, 10, 26, 811, 5, 196, 308, 85, 52, 160, 136, 59, 211, 36, 9, 46,
316, 554, 122, 106, 95, 53, 58, 2, 42, 7, 35, 122, 53, 31, 82, 77, 250, 196,
56, 96, 118, 71, 140, 287, 28, 353, 37, 1005, 65, 147, 807, 24, 3, 8, 12, 47,
43, 59, 807, 45, 316, 101, 41, 78, 154, 1005, 122, 138, 191, 16, 77, 49, 102,
57, 72, 34, 73, 85, 35, 371, 59, 196, 81, 92, 191, 106, 273, 60, 394, 620,
270, 220, 106, 388, 287, 63, 3, 6, 191, 122, 43, 234, 400, 106, 290, 314, 47,
48, 81, 96, 26, 115, 92, 158, 191, 110, 77, 85, 197, 46, 10, 113, 140, 353, 48,
120, 106, 2, 607, 61, 420, 811, 29, 125, 14, 20, 37, 105, 28, 248, 16, 159,
7, 35, 19, 301, 125, 110, 486, 287, 98, 117, 511, 62, 51, 220, 37, 113, 140,
807, 138, 540, 8, 44, 287, 388, 117, 18, 79, 344, 34, 20, 59, 511, 548, 107,
603, 220, 7, 66, 154, 41, 20, 50, 6, 575, 122, 154, 248, 110, 61, 52, 33, 30,
5, 38, 8, 14, 84, 57, 540, 217, 115, 71, 29, 84, 63, 43, 131, 29, 138, 47, 73,
239, 540, 52, 53, 79, 118, 51, 44, 63, 196, 12, 239, 112, 3, 49, 79, 353, 105,
56, 371, 557, 211, 505, 125, 360, 133, 143, 101, 15, 284, 540, 252, 14, 205,
140, 344, 26, 811, 138, 115, 48, 73, 34, 205, 316, 607, 63, 220, 7, 52, 150,
44, 52, 16, 40, 37, 158, 807, 37, 121, 12, 95, 10, 15, 35, 12, 131, 62, 115,
102, 807, 49, 53, 135, 138, 30, 31, 62, 67, 41, 85, 63, 10, 106, 807, 138, 8,
113, 20, 32, 33, 37, 353, 287, 140, 47, 85, 50, 37, 49, 47, 64, 6, 7, 71, 33,
4, 43, 47, 63, 1, 27, 600, 208, 230, 15, 191, 246, 85, 94, 511, 2, 270, 20, 39,
7, 33, 44, 22, 40, 7, 10, 3, 811, 106, 44, 486, 230, 353, 211, 200, 31, 10, 38,
140, 297, 61, 603, 320, 302, 666, 287, 2, 44, 33, 32, 511, 548, 10, 6, 250,
557, 246, 53, 37, 52, 83, 47, 320, 38, 33, 807, 7, 44, 30, 31, 250, 10, 15,
35, 106, 160, 113, 31, 102, 406, 230, 540, 320, 29, 66, 33, 101, 807, 138,
301, 316, 353, 320, 220, 37, 52, 28, 540, 320, 33, 8, 48, 107, 50, 811, 7, 2,
113, 73, 16, 125, 11, 110, 67, 102, 807, 33, 59, 81, 158, 38, 43, 581, 138, 19,
85, 400, 38, 43, 77, 14, 27, 8, 47, 138, 63, 140, 44, 35, 22, 177, 106, 250,
314, 217, 2, 10, 7, 1005, 4, 20, 25, 44, 48, 7, 26, 46, 110, 230, 807, 191, 34,
112, 147, 44, 110, 121, 125, 96, 41, 51, 50, 140, 56, 47, 152, 540, 63, 807,
28, 42, 250, 138, 582, 98, 643, 32, 107, 140, 112, 26, 85, 138, 540, 53, 20,
125, 371, 38, 36, 10, 52, 118, 136, 102, 420, 150, 112, 71, 14, 20, 7, 24, 18,
12, 807, 37, 67, 110, 62, 33, 21, 95, 220, 511, 102, 811, 30, 83, 84, 305, 620,
15, 2, 10, 8, 220, 106, 353, 105, 106, 60, 275, 72, 8, 50, 205, 185, 112, 125,
540, 65, 106, 807, 138, 96, 110, 16, 73, 33, 807, 150, 409, 400, 50, 154,
285, 96, 106, 316, 270, 205, 101, 811, 400, 8, 44, 37, 52, 40, 241, 34, 205,
38, 16, 46, 47, 85, 24, 44, 15, 64, 73, 138, 807, 85, 78, 110, 33, 420, 505,
53, 37, 38, 22, 31, 10, 110, 106, 101, 140, 15, 38, 3, 5, 44, 7, 98, 287, 135,
150, 96, 33, 84, 125, 807, 191, 96, 511, 118, 40, 370, 643, 466, 106, 41, 107,
603, 220, 275, 30, 150, 105, 49, 53, 287, 250, 208, 134, 7, 53, 12, 47, 85,
63, 138, 110, 21, 112, 140, 485, 486, 505, 14, 73, 84, 575, 1005, 150, 200,
16, 42, 5, 4, 25, 42, 8, 16, 811, 125, 160, 32, 205, 603, 807, 81, 96, 405, 41,
600, 136, 14, 20, 28, 26, 353, 302, 246, 8, 131, 160, 140, 84, 440, 42, 16,
811, 40, 67, 101, 102, 194, 138, 205, 51, 63, 241, 540, 122, 8, 10, 63, 140,
47, 48, 140, 288

第二页密码（上图）已被小册子的作者清晰地破解，揭示了诱人宝藏的存在，此外再没有其他信息（见261页图）。

神秘的比尔先生

从小册子中能看出，莫里斯描述了一个身材高大、皮肤黝黑的名叫托马斯·J. 比尔的男子，于1820年来到他的酒店。比尔在那里过冬，开始熟悉当地的各种人物并与所有人结交朋友。春天时他离开这里，并在两年后再次出现。他还是在酒店里过冬，在春天离开到西部狩猎野牛和灰熊，但他在走之前将一个铁制保险柜托付给莫里斯，并说明如果他在未来十年内没有返回，莫里斯就可以打开保险柜。"你会发现，除了写给你的那张纸，其余几张纸在没有密钥的帮助下难以理解。我将密钥密封起来写上你的地址并留在此地的一个朋友手里，并注明要到1832年6月再交给你。"比尔再也没有回来。

多年来，莫里斯抵制住打开盒子的诱惑，然而许诺的"密钥"从未出现。最后，在1845年，莫里斯屈服于他的好奇心，打开了保险柜，并发现了四页纸。第一页是比尔的笔迹，描述了比尔和他的同伴在西南部发现了金银矿，以及他们在弗吉尼亚州隐藏保管黄金的计划。另外三页纸简单地写满了数字，显然是某种密码。

THE
BEALE PAPERS,
CONTAINING
AUTHENTIC STATEMENTS
REGARDING THE
TREASURE BURIED
IN
1819 AND 1821,
NEAR
BUFORDS, IN BEDFORD COUNTY, VIRGINIA,
AND
WHICH HAS NEVER BEEN RECOVERED.

PRICE FIFTY CENTS.

1885年印制的小册子的扉页

独立宣言的秘密

对《独立宣言》第一段进行初步测试，可得出规律：

"When, in the course of human events, it becomes necessary for one
1 2 3 4 5 6 7 8 9 10 11 12

people to dissolve the political bands which have connected them with
13 14 15 16 17 18 19 20 21 22 23

another, and to assume among the powers of the earth, the separate and equal
24 25 26 27 28 29 30 31 32 33 34 35 36 37

station to which the laws of nature and of nature's God entitle them, a decent
38 39 40 41 42 43 44 45 46 47 48 49 50 51 52

respect to the opinions of mankind requires that they should declare the causes
53 54 55 56 57 58 59 60 61 62 63 64 65

which impel them to the separation."
66 67 68 69 70 71

从密文中提取前几组数字进行分析后，出现一种模式：

115,	73	24,	807,	37,	52,	49,	17,	31,	62,	647,	22,	7,	15,	140,	47,
-	-	a	-	e	d	e	p	o	s	-	t	e	d	-	n

29,	107,	79,	84,	56,	239,	10,	26,	811,	5,
t	-	-	-	o	-	n	t	-	o

即使在本示例中，消息的开头就出现了单词"deposited"。

已解密的第二页密码

"I have deposited in the county of Bedford, about four miles from Buford's, in an excavation or vault, six feet below the surface of the ground, the following articles, belonging jointly to the parties whose names are given in [cipher] number 3, herewith:

The first deposit consisted of one thousand and fourteen pounds of gold, and three thousand eight hundred and twelve pounds of silver, deposited November, 1819. The second was made December, 1821, and consisted of nineteen hundred and seven pounds of gold, and twelve hundred and eighty-eight pounds of silver; also jewels, obtained in St. Louis in exchange for silver to save transportation, and valued at $13,000.

The above is securely packed in iron pots, with iron covers. The vault is roughly lined with stone, and the vessels rest on solid stone, and are covered with others. Paper number 1 describes the exact locality of the vault so that no difficulty will be had in finding it".

神秘与想象 MYSTERY AND IMAGINATION

隐藏信息的想法几乎是不可抗拒的，尤其在文学作品中。19世纪涌现出一批非常受欢迎的小说，其主题都与密码或编码的破译有关。19世纪也是大众报刊迅速发展的时期，报纸上经常会发布一些谜题让读者解答。神秘流派的主要代表人物爱德华·艾伦·坡（Edgar Allan Poe）和阿瑟·柯南·道尔（Arthur Conan Doyle）爵士都对各种编码、密码和信息隐藏十分着迷，他们的作品也以此为特色。

宝藏地图

寻找丢失多年的宝藏和寻找宝藏的神秘线索，为许多作家提供了最常见的创作主题。罗伯特·路易斯·史蒂文森（Robert Louis Stevenson，1850—1894年，上图）在他的小说《金银岛》（1883年）中将这一主题发挥到了极致，他甚至给读者提供了一张由爱丁堡地理研究所的巴塞洛缪（Bartholomew）绘制的藏宝图（下图），其中包括一些小说主角为了追查宝藏位置而必须解决的谜题。这是根据虚构地点想象地图的早期示例。从那时起，托尔金（Tolkien）的中土世界、C.S.刘易斯（C.S. Lewis）的纳尼亚、普莱切特（Pratchett）的碟形世界等许多地方都被绘成地图。

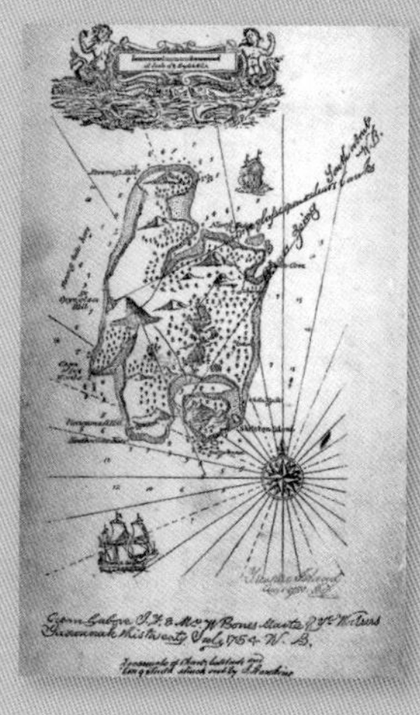

神秘还是想象？

美国作家埃德加·艾伦·坡（1809—1849年）被认为是多种文学体裁的创始人，包括奇闻逸事、恐怖故事、侦探小说、神秘故事和科幻小说。坡对他那个时代的科学发展十分着迷，因此将这样的主题融入他的许多作品中。由于对密码使用法特别痴迷，他向费城亚历山大的《信使周刊》的读者发出挑战，让他们给他发送密文由他来破解。他迎接挑战从不失败，尽管他的能力受限于代换密码电文的范围。然而，在破译了100个密码后，他鸣金收兵，接着连续发表了两篇密文，并声称它们是由一位读者提供的（很可能是他本人的构想），将赢得比赛的机会留给了读者。然而，这两篇密文在150年的时间里都没有被破解，直到一次互联网挑战赛，才找到破解方案。

爱德华·艾伦·坡痴迷于密码使用法

金甲虫

坡的小说《金甲虫》（1843年出版，1845年再版）是一个有关失踪的宝藏、疯狂和痴迷的故事。寻找基德船长丢失宝藏位置的关键线索只有一堆混乱且离奇的地理位置和一条似乎由复杂编码写成的信息，这条信息用隐显墨水（见66页）写在一张羊皮纸上，小说中忧郁的男主角罗格朗（Legrand）在海滩上捡到了它。消息内容为：

"53‡‡†305)) 6*;4826)4‡.)4‡) ;806*;48†8¶60))85;1‡(;:‡*8†83(88)
5*†;46(;88*96*?;8)*‡(;485);5*†2:*‡(;4956*2(5*—4) 8¶8*;40692 85)
;) 6†8) 4‡‡;1 (‡9;48081 ;8:8‡1 ;48†85;4) 485† 528806*81 (‡9;48;(88
;4(‡?34;48)4‡;161;:188;‡?;"

一般人会认为这张字条没有意义，即使坡用数字和符号代替里面的字母，并将其连成一串字符，也只会让读者更加困惑。然而，罗格朗（Legrand）一步一步地解释他如何使用简单的词频分析法（见70页）确定一个试探性的字母，同时寻找密文中重复的符号和重复的字符串，最终将消息解密为：

"A good glass in the bishop's hostel in the devil's seat forty-one degrees and thirteen minutes northeast and by north main branch seventh limb east side shoot from the left eye of the death's-head a bee line from the tree through the shot fifty feet out."

起初，解密的消息几乎和密文一样令人费解，在经过罗格朗的解释："glass（玻璃）"的意思是望远镜；"bishop's hostel（主教的旅舍）"指当地坚硬的露出地面的岩石；在这块岩石上，"the devil's seat（魔鬼的座椅）"形成了一个瞭望点；从这里，沿着指定的方向能够识别远方树枝上固定的头骨；用锤线通过头骨左眼在地面上标记一个点，此点离基德的宝藏位置50英尺（约15米）。

走近夏洛克·福尔摩斯（Sherlock Holmes）

阿瑟·柯南·道尔爵士最不朽的创作是一个毋庸置疑的天才密码破译装置，毕竟，他用密码分析的方法应对表面看似棘手的问题，侦破了案件记录簿上的大部分神秘案件。

跳舞人的冒险

在《跳舞的人》中，福尔摩斯以他妙不可言的推理逻辑，再次让他的同伴华生医生感到震惊。但是，作为“一部关于这一主题的微不足道的专著”的作者，福尔摩斯在书中分析了160个不同的密码，实际上他仅依靠简单的词频分析法得出他的结论。他的草率结论使无数密码破译员成为不幸的受害者。也许因为加密的消息隐藏在表面无害的图画中传递，而福尔摩斯仅得到少量编码数据，不足以进行全面有效的分析。福尔摩斯的委托人以跳舞的火柴人的形式发来一系列的密文。

阿瑟·柯南·道尔（1859—1930年）

他塑造的闻名于世的英雄夏洛克·福尔摩斯，使用基于密码分析的司法鉴定手段侦破大部分案件，尽管只有很少的故事涉及真正的密码。

1 第一条消息

福尔摩斯立即假定“跳舞的小人”是一种字母密码，接着找出最常用的字母是“e”，并且假定挥舞旗帜的小人有某种含义，也许是单词的结尾。

在确定哪个密码小人代表“e”后，福尔摩斯接着假设可能缺失的字母，填补一些空白：

A M/ H E R E/ A .. E/ .. .. A .. E ..

他假设最后两个单词是编码人的签名或名字，其名字可能是“Abe”，也可能是美国。

2 第二条消息

这条消息从一系列没有什么意义的密码小人开始，拼写出 **A ../E .. R .. .. E ..**其中福尔摩斯假设（假设正确）它可能表明编码人在哪里，依次为：

在福尔摩斯知道委托人的美国妻子的名字是埃尔希（Elsie）后，他填上了“I”“L”和“S”，然后着重研究第一个单词。假设编码人试图让埃尔希参加某种会议，福尔摩斯假定前三个字母是“C”“O”和“M”，从而有：

C O M E/ E L S I E

基于这一点，福尔摩斯可以为第一条消息填补更多缺失的字母：

A M/ H E R E/ A B E/ S L A .. E ..

福尔摩斯在接触美国警方时发现，如果有人在他们的记录上喜欢用“阿贝·斯兰尼（Abe Slaney）”的名字，就表示他已经改邪归正了。

3 第三条消息

这似乎是埃尔希的答复，并提供给福尔摩斯一个试探性的“v”。

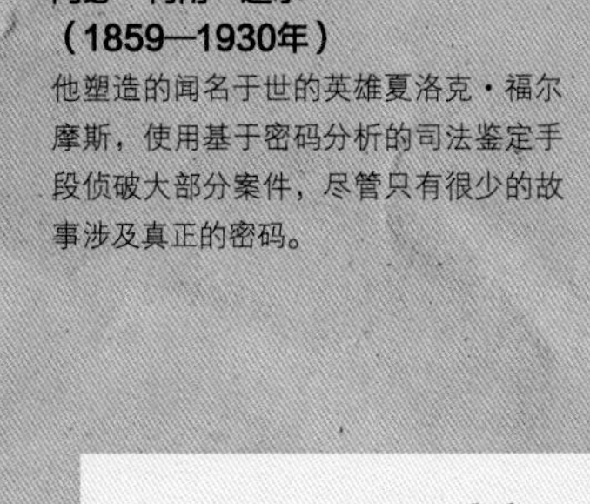

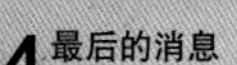

4 最后的消息

福尔摩斯将以上消息拼接在一起，但当他抵达贝克街时为时已晚。

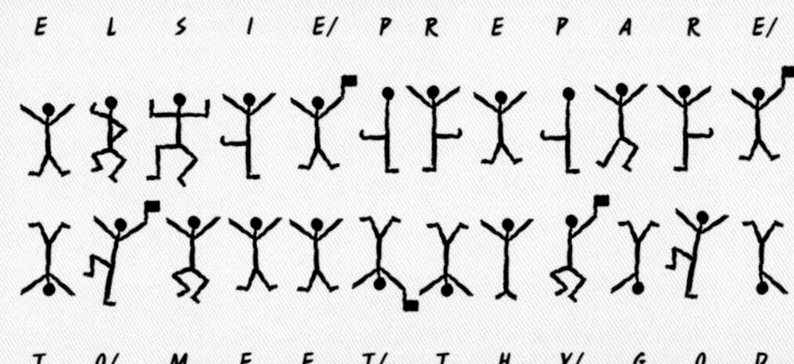

只有在福尔摩斯看到这个消息，并猜到一些字母时，他才能有足够的信息来解决问题。但遗憾的是，发出威胁编码信息的人已经开始行动。埃尔希和福尔摩斯的委托人已经死了，被命名为阿贝·斯兰尼的一名美国匪徒杀害了，他是埃尔希从前的合伙人，想用过去的事试图勒索她。但美国联邦调查局人员的推理结论意味着阿贝·斯兰尼将被追捕。据说，斯兰尼使用的密码曾为芝加哥黑社会所使用。

幻想密码
Fantasy Codes

在20世纪，随着魔幻小说和科幻小说的流行，许多作家、电影人和电脑游戏开发商也创造了一个充满各种虚构字母、日历、数字系统，以及编码奥秘的平行世界。J. R. R. 托尔金（J. R. R. Tolkien，1892—1973年）在他的小说《魔戒》中发明了几种语言，这本书也是魔幻小说的经典著作之一。

用神秘符号拼写出的阿恩·萨克努姗（Arne Saknussemm），他是一位冰岛探险家，他发明的编码消息引起了“地心探险之旅”。

早期科幻小说

虽然埃德加·艾伦·坡可能是第一位用自己发明的编码消息创作神秘作品的作家（见262页），但在19世纪可能还有另一位作家。在法国人儒勒·凡尔纳（Jules Verne）在1864年出版的小说《地心游记》中，故事开篇就是有人发现了一个用冰岛神秘符号写成的古老消息，对它的解读主导了小说前四章的内容。首先，黎登布洛克（Lidenbrock）教授翻译了神秘符号，这些符号显然是密文，但他只翻译了一些顺序混乱的字母。教授将字符垂直排列，然后读出整个行，仍没有发现有意义的信息。然后他取各组字符的第一个字母，然后是第二个，以此类推，仍然没有发现有意义的信息。直到他意识到应该倒着阅读时，才发现一段拉丁语文字，它为冒险者提供了一条通往地心的路线图。三十年后，在凡尔纳于1885年出版的小说《桑道夫伯爵》中，故事情节又围绕栅格密码展开（见82页）。

托尔金的神秘符号

托尔金利是索姆河战役的退役老兵，盎格鲁-撒克逊人，牛津大学英国文学教授。他以自己的学术特长和技能，创作了极有信服力的《魔戒》三部曲（1954—1955年）。他所幻想的谦逊好人与摧毁世界的邪恶之间的终极斗争，因连贯一致的中土世界的场景（他设计了王国的地图）和详细的神话历史而得以丰富。传说的历史通过他发明的包含各种神秘符号的语言和文字，以及在诸如《霍比特人》（1937年）和《精灵宝钻》（1977年）等相关作品中的详细描述而清晰地显露出来。他发明了起源于远古的字母和语言，并声称他对中土世界的想象源于语言，而不是先有想象后有语言。他在1915年发明了他的第一种语言——昆雅语（后来演变成“高等精灵语”）。下图为“霍比特人”的几种拼写。

色斯文（Cirth）

直接仿照挪威人和盎格鲁-撒克逊人的神秘符号，并被用在各种中土语言的铭文中，如昆雅语、辛达林语（基于威尔士语）以及矮人语。色斯文从左到右书写，用点分割单词。

谈格瓦文字（精灵语，Tengwar）

让人联想到藏文或婆罗门文字，托尔金在这个想象的文字系统上耗费了相当多的精力：根据所书写的语言（主要是辛达林语或昆雅语），它有多种不同的“形式”。

沙拉堤文字（Sarati）

用于少数铭文，沙拉堤文字垂直书写，从左到右排列。它的字母由辅音和能够区别读音的元音组成，元音可以放在辅音前或辅音后。

幻想语言

圣·托马斯·莫尔（St. Thomas More，1478—1535年），英国政治家和哲学家，在他的政治寓言作品《乌托邦》（1516年）中发明了理想化字母表。在过去的半个世纪中，人们凭幻想创造出许多语言和字母。

托马斯·莫尔用他的理想语言拼写出“乌托邦”

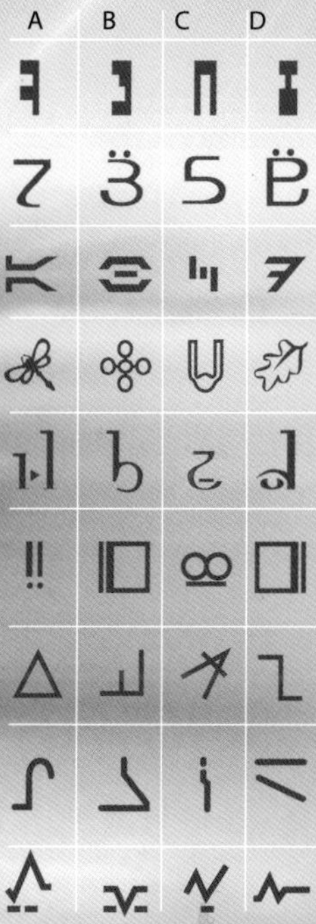

古代字母表	为电视连续剧《星际之门SG-1》而创造
阿特字母表	为森冈浩的小说《星界纹章》（1996年，《星界三部曲》的第一部）而创造
奥里克-贝什字母表	在《星球大战：绝地归来》中首次出现，此字母表也由斯蒂芬·克莱恩（Stephen Crane）用到其他星战电影中
格诺米氏字母表	以欧因·科弗（Eion Colfer）的《阿特米斯奇幻历险》系列儿童书为特征
海拉尔字母表	为《塞尔达传说》和其他任天堂魔幻游戏而发明
氪星人字母表	20世纪70年代，在DC公司的《超人》漫画中使用；伯德韦尔（E. Nelson Bridwell）的发明也在电视连续剧《超人前传》中使用
马瑞恩字母表	伊恩·班克斯（Iain M. Banks）在他的《文明》系列小说中创造了这种语言
SGA字母表	该标准银河字母表是汤姆·霍尔（Tom Hall）为《指挥官基恩》系列电脑游戏发明的
腾克东语字母表	可能是由乔·霍桑（Joe Hawthorne）根据皮特曼（Pitman）速记符号为电影《异形帝国》所发明

S T A R T R E K

《星际迷航》中出现了几种用来表示外星种族语言的字母，包括瓦肯族、克林贡族和罗慕伦族，后者用“Kzhad”书写（上图）

赛博朋克（Cyberpunk，未来世界的电脑科幻小说）

电脑占据主导地位，并最终淹没人类生活的潜在力量，这样的故事出现在无数幻想作品中，特别是在威廉·吉布森（William Gibson，生于1948年）的“赛博朋克”风格小说，如《神经漫游者》（1984年）和《读数归零》（1986年）中，编码数据和人类之间的交流被视为一个新的范例，它以无缝和可互换的方式将数字编码和有机编码结合在一起。在沃卓斯基（Wachowski）兄弟的电影《黑客帝国》中，未来世界的人类只是在一个完全由电脑创作的“现实”中扮演角色。人类已经成为编码宇宙中的一小段代码。美国作家尼尔·斯蒂芬森（Neal Stephenson，生于1959年）创作了一系列颇受欢迎的小说。这些小说将详细的历史研究（和真实人物）与数学和密码学的文化历史（虚构人物）等有关理论交织起来，形成高密度的历史叙述，并涉及过去400年的大部分时期。从《编码宝典》（1999年）开始，斯蒂芬森的所有作品都受到阿论·图灵在剑桥大学和布莱切利公园（见120页）研究的运算概念的影响。在建立现代数据库时，他将这个主题运用到《编码宝典》的前传——《巴洛克记》（2003—2004年）中。正如密码学、机械计算机（“逻辑工厂”）、炼金术和科学、自由主义和资本主义等有关思想产生的影响一样，许多主要数学家、自然科学家和哲学家（包括胡克、牛顿和莱布尼茨等人）都在赛博朋克文化这个宽松的圈子中起着重要的作用。

世界末日密码 DOOMSDAY CODES

四骑士

中世纪关于战争、征服、瘟疫和死亡的恐惧[正如阿尔布莱希特·丢勒（Albrecht Dürer）的版画所示，见上图]仍然纠缠着我们。一个由天文、占星术和其他计算构成的奇特混合体，产生了各种各样的“世界末日”论。诺查丹玛斯（Nostradamus）推测，人类未来最不幸的日期将在以下时间出现：

耶稣受难日在4月23日，称为圣乔治日；

复活节在4月25日，称为圣马可日；

圣体节在6月24日，称为圣约翰施洗节。

后来发生的一些灾难性事件被归咎于诺查丹玛斯的“编码”计算结果：

公元45年、140年、387年、482年、577年、672年、919年、1014年、1109年、1204年、1421年、1451年、1546年、1666年、1734年、1886年、1945年、2012年。而接下来要提防的日子是2096年。

它有很多名字：世界末日、末日大决战、末日启示和最后审判日等。纵观历史，来自各个社团信仰不同宗教的人，都认为他们生活在“末世浩劫”之中，而现在仅仅是“末日警钟”时期。在过去的五十多年中，人们比以往任何时候都相信末世浩劫离我们越来越近：核灾难、环境灾难、全球性流行病、第三次世界大战，等等，这些都是媒体认为的结束世界的流行方式。很多边缘群体和偏执的个人都相信末日天启即将来临，这一天甚至已经被预言。他们相信，如果能正确破解密码，我们就能亲眼看见这一天。

诺查丹玛斯（Nostradamus）

法国人诺查丹玛斯（1503—1566年），原名米歇尔·德·诺特达姆（Michel de Nostredame），是文艺复兴时期著名的占星家和医生之一。他在自己的年度最畅销出版物《年历》《预兆》和《预言》中做了约6338次预测。近年来，人们最感兴趣的是他的《感知的预言》，这本书被认为预言了直到公元3737年的世界历史。人们将希特勒和美国的肯尼迪家族的兴起等各种各样的历史事件与这些预言联系起来，并用这些显然是已经“应验”的预言作为证据，证明诺查丹玛斯是一位真正的先知。诺查丹玛斯一直被许多神话和谣言包围着，例如他死后被用带圆形图案的饰物围绕脖子并直立安葬，预示着他会被挖出来；他的预言中存在许多问题。有些人认为这些书以编码的形式写成，但实际上，像《诸世纪》这样的书已经在几个世纪内被打乱了文字次序，受到了一定程序的损坏；同时还有复制文本不同于早期文本的问题，以及作为说明的翻译文本问题等。

ESTANT assis de nuit secret estude,
Seul repousé sus la selle d'ærain,
Flambe exigue sortant de solitude,
Fait proferer qui n'est à croire vain.

最早的“世纪”四行诗

幕夜坐下探秘密，黄铜凳上独自息；微火闪亮荒僻处，无人信我反遭议。

古式拼写法

最初可能以中古拉丁文写成，四行诗已经被翻译成法语；大约5%的术语是不可辨别的法语，另有5%是古法语、希腊语或拉丁语。

正如典型的16世纪的各种文学和作品，被称为科学著作的诺查丹玛斯写的四行诗（四行韵文）采用了华丽而富有诗意的语言，并刻意采用晦涩的希腊语和拉丁语词汇。尽管对没有受过教育的人来说这似乎是“密码”，但实际上它只是一种比喻的手法，大概是为了保持他的预言足够模棱两可，而不致扰乱和影响任何人。

由诺查丹玛斯（左图）预言的危险日期是1666年，当时的伦敦大火摧毁了整个城市（右图）。与此同时，中国和法国也发生了这样的事情（一般认为这些事对法国和中国的农民来说微不足道）已经为千禧年论增加了几分可信的因素。

末日警钟？

“末日警钟”由芝加哥大学《原子科学家公报》创造，自1947年建立以来，它一直被它的创造者定期维护，其目的主要是象征性地表示科学技术的发展变化，进而推动文明发展更接近终点。时钟表盘上的指针位置表示人类文明接近“午夜”的程度。时钟的维护者考虑到政治、经济和环境对核战争、全球变暖和生物技术等的发展带来的负面影响：在1953年（美国和苏联在9个月内都测试了核武器），时钟指示离世界末日仅差1分钟；在1984年以及冷战中期，也是同样的情况；到2007年1月7日，时钟指示离世界末日还有5分钟。

避免灾难

Y2K问题，即“2000年问题”或“千年虫问题”，指人们担心世界各地的计算机编程计时系统无法正常过渡到第三个千年，而且这种影响对严重依赖于计算机技术的人们来说可能是灾难性的。我们会失去核电站、医院，甚至武器装备的控制权吗？问题源于早期计算机的编程设计，人们相信，这会导致与日期相关的处理出现错误，并且会在1999年12月31日和2000年1月1日之间和之后出现。许多国家的政府和私人公司不惜巨额投资进行电脑升级，以确保他们能安全度过“千年虫”危机。事实上，无论花了大量时间和金钱以确保他们的计算机与千年虫兼容的国家，还是没有采取措施的国家，在1999年12月31日都没有发生什么大事，在澳大利亚，最糟糕的事确实发生了：在两个州，公共汽车验票机停止工作，但幸运的是没有人死亡。

2012年“世界末日”？

2012年12月21日是被很多新时代的追随者引用的日子，那一天的灾难将终结或永远改变人类文明。一些人根据对中美洲玛雅人使用的长历（上图，见155页，这种历法可以追溯到公元前1800年）的研究，形成了自己的理论。他们通过很长时间的日期测量（任何长于52年的事），确认2012年的冬天将是历法包含的5125年循环周期的终止日期。此日期恰逢“银河对齐”，即冬至日太阳与我们所在的银河系的赤道对齐。这个日期还被一些新时代的信徒用以支持他们的理论。奇怪的是，它与诺查丹玛斯（Nostradamus）预言的世界末日的日期（见266页）之一是一致的。然而，研究玛雅文化的专家驳斥了这些说法，他们认为，长历的结束标志着世界末日（世界肯定在历法开始之前就已经存在）的说法不科学，而且也没理由认为玛雅人也相信这一理论。

13

随着计算机的出现，密码学进入了一个全新时代。计算机不仅是生成密码和攻击密码的超级工具，也是通过编码语言交流的唯一工具。

数字时代

现代生活中的二进制数字化系统无处不在，人类赖以生存的各个方面都与“0”和“1”息息相关，大到国家、政府、安全、财政的正常运行，小到社会生产生活的方方面面，例如人们的交流、出行、收入、开销、娱乐及自身的健康和幸福。不知不觉中，我们每个人都成了密码工作者。

第一台计算机
THE FIRST COMPUTERS

查尔斯·巴贝奇（1791—1871年）是英国数学家先驱，同时也是一位极具天赋的工程师，他设计制造了历史上第一台用于解决数学问题的机器。在剑桥大学就读数学专业时，他常常被数学表格中的人为错误所困扰。如果没有计算器，sine、tangent、log等一些函数的值就需要查阅特定书籍中的表格。这些工作若通过手工来做，将花费数周的时间。因此，巴贝奇设计出一种机器，它能够以高精度、高速度和规避人为错误的方式，计算出这些函数值——这就是第一台计算机。

差分机

查尔斯·巴贝奇发现，通过“有限差分法”的数学计算，差分机可以通过大量的减法完成所有需要的冗长计算，但前提是其中不包括乘法。这台机器通过一系列齿轮和棘轮的集成而实现其功能。差分机是巴贝奇的第一个设计，然而受当时工业水平的限制，完整的差分机一直未能完成。随后，巴贝奇设计了差分机的改进版，这种基于巴贝奇思想的差分机在他去世20年后才得以制造出来。

这个齿轮是差分机上显示结果的部件，齿轮上可以看到四组0~9的数字。这排齿轮可以显示31位计算结果。

1991年，伦敦科学博物馆按照原尺寸复建了巴贝奇差分机。复建后的差分机由25,000个工作部件组成，重15吨、高8英尺（约2.4米）。第一次测试计算就得出一个31位的数字。

查尔斯·巴贝奇

发明家，生于伦敦，就读于剑桥大学三一学院，后转学至剑桥大学彼得学院。1812年，巴贝奇、约翰·赫歇尔和乔治·皮科克共同创建了分析学会，并获得剑桥大学卢卡斯数学教授职位（1828—1839年）。虽然他因差分机的发明而广为人知，但事实上，很多其他的重要发明也出自他之手。

打印机 巴贝奇设计的差分机能将输出内容打印到纸上，这就是第一台打印机。

分析机 尽管这台分析机从未问世，但它却是差分机的最强版本。操作者运用一系列打孔卡，对分析机将要计算的内容进行编程。大约一个世纪后，第一台电子计算机便运用这种方法读取指令和存储数据。

顿光信号灯 用于灯塔和灯塔船，光线有节奏地由明变暗，从而形成有规则信号，能让水手和船员区分出他们靠近的是哪一个灯塔（见168页）。

排障器 固定在铁路机车的前端，用于清除铁轨上的障碍。

该图为巴贝奇差分机的两个原始传动齿轮，配有一个传动杆。当机器主轴旋转时，各列中的齿轮会根据该列中其他齿轮的位置旋转。每个齿轮都与一个数字轮盘相连（每列共有31个数字），用于显示当前的计算状态。传动杆将某一列的计算结果传递给下一列。

早期的打孔卡

打孔卡在18世纪末被首次提出，用于给机械织布机编写样本，也用于钢琴演奏（自动钢琴）。巴贝奇将这种理念应用于他的分析机，发明了第一个计算机程序。

巴贝奇的打孔卡

供分析机使用，允许用户对机器编程，从而实现各种计算。尽管分析机从未真正完成，但直到20世纪70年代末，这类打孔卡还一直用于计算机编程。

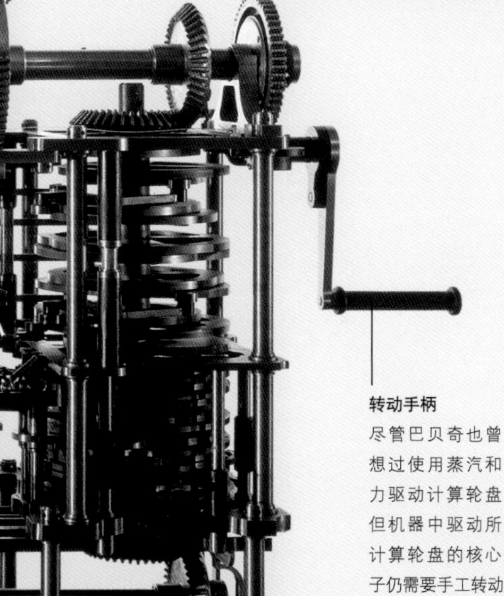

转动手柄

尽管巴贝奇也曾设想过使用蒸汽和电力驱动计算轮盘，但机器中驱动所有计算轮盘的核心转子仍需要手工转动。

机械计算机

现代计算机是一个数字化系统，由电子电路而非齿轮构成。然而，人们也曾建造出类似于巴贝奇机器的机械计算机，例如，第二次世界大战中安装在美国飞机上的诺登轰炸瞄准器（上图），它通过计算空速、海拔高度、风速、偏航角和地速，再加上老式自动驾驶仪，可使飞机在轰炸过程中锁定目标。如今，机械计算机仅在常规电子计算机失效的情况下使用，如冲突频发地区或在高温高辐射的极端环境下。

超级计算机 Supercomputers

在1954年，大约在查尔斯·巴贝奇发明差分机一个世纪之后，IBM公司才生产出第一台商用计算机IBM704，比阿论·图灵发明绰号为“炸弹”（见122页）的解密机晚了十年。当时IBM市场部预测整个市场最多只需要六台这类机器，但在半个世纪之后，他们已经售出20亿台计算机，其中有超过10亿台计算机今天仍在全球范围内使用。计算机是一种基于编码的设备：编码语言使人类成为计算机的主人，人们利用编码语言与计算机“交谈”（见274页），并规定计算机操作、思考和互联的方式。虽然人类目前还可以操纵计算机，但是这种不断增加的便携式设备很快就可能成为自身的编码主人。在可以预见的未来，计算机可能会彻底摆脱人类对它们的干预。

日本横滨NEC公司于1997年发明的地球仿真器是最早、最快的超级计算机之一。它可以模拟全球气候模式，监测气候变化和地质运动。正是得益于它，日本政府才能发布准确的天气预报。它的运行速度可以达到每秒35.86万亿次浮点计算。2008年，公司又对外宣布将开发更大型的超级计算机。

你的生活由它们掌控

在过去十年开发出的先进的“超级计算机”，如今都在执行高度复杂的任务，这些任务与我们的安全息息相关。ASC Purple超级计算机是世界上运行最快的计算机之一，安装在美国加利福尼亚劳伦斯利弗莫尔国家实验室的万亿次仿真设备上，它与另一个先进系统Blue Gene/L相连。ASC Purple计算机的任务是在不需要测试、只需要不断运行仿真程序和其他检查程序的情况下，确保美国核武器库的安全和可靠。访问这台超级计算机会受到多层机制的制约，更重要的是，需要使用顶级安全编码和防火墙有效防止黑客入侵。然而，2007年的报告显示，该计算机和其他高端系统都曾受到来自亚洲黑客的攻击。

ASC Purple包含一个由196台IBM Power5 SMP服务器组成的环。系统共拥有12,544个微处理器、50TB的内存以及2PB的硬盘存储空间。它运行IBM的AIX 5L操作系统，需用7.5兆瓦的电量（足够7500个家庭使用的电量），并且需要专用的冷却系统。它的处理速度可达到100万亿次浮点计算级别（每秒百万亿次浮点计算）。

内存的发展

编码数据的高效存储是现代计算机发展过程中的主要挑战之一。起初，程序和数据文件都要输入或输出到打孔卡上（见274页），随着第二次世界大战期间延迟线技术在雷达研究中的发展，延迟线内存成了最早的电子内存系统之一。与此同时，1947年，威廉姆斯–基尔伯恩阴极射线管存储技术被用于存储系统，并成为可与延迟线系统匹敌的二进制存储系统。1949年，磁芯存储器问世，极大地促进了现代台式机和笔记本电脑的发展，但直到20世纪50年代，磁芯存储器才得到广泛应用。

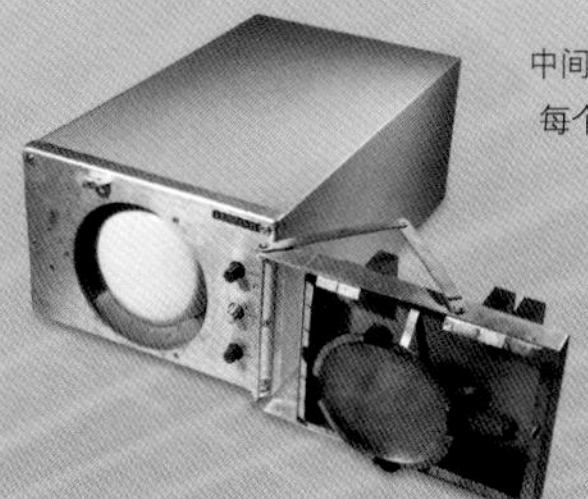

阴极射线管通过次级绕组发射储存二进制数据。当射线管中的一个点上开始带正电时，其周围区域开始带负电，这样就会产生“势阱”，从而保存数据。

电延迟线存储单元以串联方式工作，它们通常由缠绕在金属管上的电漆包线组成。

铁氧体环 中间相隔0.04英尺（约1毫米），每个环储存1比特（1个“0”或1个“1”）的内存

磁芯面是闭环的，板面以堆栈形式排列，电磁流能从中交替通过。

布线 红色的线是X线或者Y线，绿色的线是感应线或阻止线

IBM系列/1小型机于1976年推出，目标群体是有经验的程序员，而非家用市场。

文化分离

从传统意义上讲，计算机行业分为两类：硬件制造商（计算机本身）和软件制造商（代码）。如今，集成系统已经模糊了二者的界限，这使诸如IBM这样的公司日益强大，尤其在承接政府或国防项目时。另外，时尚、新颖且与用户友好交互的苹果公司的产品（如下图）已经成为时尚的标志。同时，计算机编码也成了像石油、黄金一样价值不菲的商品。事实上，正是因为拥有核心代码的所有权，微软公司的创始人比尔·盖茨才会在短短几年内成为全球最富有的人之一。

与计算机对话 TALKING TO COMPUTERS

在某些方面，计算机与人类非常相似。为了沟通，人类需要使用共同的语言；那么为了能让计算机程序执行任务，我们也需要使用一种计算机能理解的语言与之进行交流。绝大多数计算机只能运行二进制代码（“0”与“1”的组合）。毫无疑问，这使人类与计算机之间的直接沟通变得非常困难，因为人类并不习惯这类语言。因此，随着数字化计算机的迅速发展和应用范围的扩大，人类也开发了新的编程方式。

摩尔定律

集成电路上所容纳的晶体管数目（它决定了集成电路的处理能力）每两年就会增加一倍，这一现象由英特尔公司的联合创始人高登·摩尔于1965年发现并提出。

1971年
第一个英特尔芯片
2300个晶体管

1993年
第一个奔腾3处理器
100,000个晶体管

2006年
第一个酷睿2代双核处理器
291,000,000个晶体管
（译者注：此处数据可能有误）

编程语言

编程语言根据等级进行分类。低级编程语言的语法通常反映了底层处理单元的结构和操作，比如“汇编”语言，它将原始指令直接提供给微处理器。这意味着使用汇编语言可以写出高效的程序，但是它只能工作在特定的处理器上，不能被“移植”，因而使用起来比较困难。高级编程语言，例如C和Java，更加接近于英语本身，因此更适用于大规模编程开发；大多数的网页浏览器、办公应用软件和图像编辑程序，都使用高级语言编写，因此这些应用软件可以移植，但因高级编程语言有更多“翻译”工作要做，因此运行起来也较慢。

“编辑型”和“翻译型”程序

按照将命令“翻译”成处理器指令的方法，可将编程语言划分为“编辑”和“翻译”两类。编辑型语言，比如C、C++和COBOL，使用这种语言的程序需要将高层次源代码先翻译成机器代码，然后才能在处理器上运行。当有特定命令需要执行时，使用翻译型语言可以直接运行源代码而不需要翻译。翻译型语言，如Java等，移植性很强，并且可以在诸多系统中运行。使用这种语言编写的手机程序，只需要较少的修改就可以移植到超级计算机上。然而，翻译型语言通常比编辑型语言的执行速度更慢。

媒介

几十年来，查尔斯·巴贝奇的打孔卡概念被用于计算机编程（见271页），它需要一个像莫尔斯码或布莱叶点字法的通信系统。尽管在过去30年里，编程技术和数据存储已经有了革命性的变化，但打孔卡直到20世纪70年代仍被应用于数据存储和检索领域。

1928年，打孔卡有了相对标准的格式，具有80列、10行的比特位用于数据存储，还有一行控制数据位于最顶端。

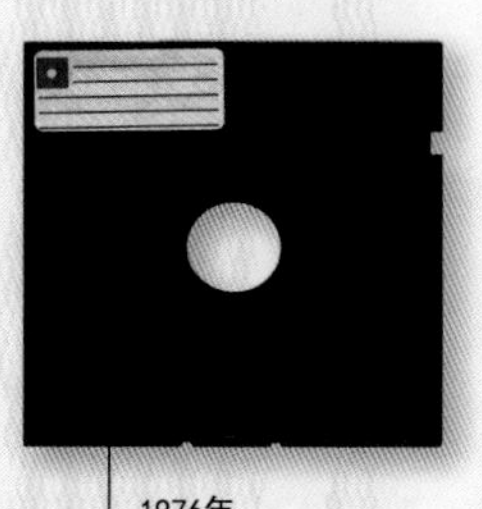

1850 1900 1950 1960 1970 1980

1846年
穿孔纸带
纸介质

1885年
打孔卡纸
纸介质

20世纪50年代
磁带=10,000 张打孔卡
磁介质

1956年
FORTRAN 由IBM开发；第一种计算机直接寻址方式，通过语法进行

1956年
硬盘驱动器 HDD
4.4MB/1000GB
磁介质

1958年
ALGOL是第一个面向算法的语言

1963年
小型盒式磁带机
20KB 以上
磁介质

1963年
ASCII码出现，人们通过二进制代码表达的指令与计算机通信

20世纪60年代末
标准通用标记语言SGML是第一个文本标记规范

1969年
8英寸软盘
80KB
磁介质

1972年
C语言，由贝尔电话实验室发明，用户可使用它修改或编写程序

1976年
5.25英寸软盘
256KB
磁介质

1979年
压缩磁盘
CD-ROM
700MB
光学介质

“我是HAL 9000计算机，产量位居第三。”

《2001：太空漫游》（1968年）

在库布里克的电影《2001：太空漫游》中，宇宙飞船上的工作人员友好地与Hal这台机载计算机进行对话。根据为完成任务而编写的程序，Hal将飞船上的工作人员当作威胁，并开始消灭他们。

ASCII	字符	ASCII	字符	ASCII	字符
32	(空格)	64	@	96	`
33	!	65	A	97	a
34	"	66	B	98	b
35	#	67	C	99	c
36	$	68	D	100	d
37	%	69	E	101	e
38	&	70	F	102	f
39	'	71	G	103	g
40	(	72	H	104	h
41	)	73	I	105	i
42	*	74	J	106	j
43	+	75	K	107	k
44	,	76	L	108	l
45	-	77	M	109	m
46	.	78	N	110	n
47	/	79	O	111	o
48	0	80	P	112	p
49	1	81	Q	113	q
50	2	82	R	114	r
51	3	83	S	115	s
52	4	84	T	116	t
53	5	85	U	117	u
54	6	86	V	118	v
55	7	87	W	119	w
56	8	88	X	120	x
57	9	89	Y	121	y
58	:	90	Z	122	z
59	;	91	[	123	{
60	<	92	\	124	|
61	=	93	]	125	}
62	>	94	^	126	~
63	?	95	_	127	DEL

ASCII码的工作原理

数字39 72 101 108 108 111 44 32 67 111 109 112 117 116 101 114 33 39 翻译过来就是“你好，计算机！”（包括标点）

美国信息交换标准码（ASCII）

ASCII码是最受欢迎且使用时间最长的编码语言（美国信息交换标准代码）。在ASCII码系统中，所有字母、数字、标点符号，都被表示成计算机可处理的格式。每个ASCII码以1个字节的空间进行存储，即8个比特。通常，第8个比特用于误码校验，其余7个比特全部用于编码。由于二进制的基数是2，因此可表示2的7次方个字符，这也是ASCII码取值范围位于0～128的原因。左图是“可打印”的ASCII码。其他ASCII码均是特殊的控制字符，用于控制使用ASCII码的系统。这些“控制字符”如今已经不再使用，设计它们的主要原因是当时的计算机没有显示屏，必须将所有输出内容打印到纸上，例如针对回车操作，在老式打字机上也有专门的编码。

```
<!DOCTYPE HTML PUBLIC
<html>
 <head>
  <meta name="TITLE"
  <meta name="KEYWORDS"
  <meta name="DESCRIPTION"
```

HTML语言和互联网

几乎所有你能找到的网站都是通过超文本标记语言（Hypertext Markup Language，HTML）来编写的。超文本标记语言可用于描述网页元素。开发者们编写网页文本，将每一节都标上HTML标签，这些标签用于描述该文本是普通段落文本、超级链接，还是列表的一部分，格式是粗体字还是斜体字等。当打开网站时，文本标记信息将传给网页浏览器，浏览器会依据自身设置适当地显示网页元素内容。随着计算机语言的发展，HTML变得易读易写，这对互联网的发展至关重要，我们只需要运用很少的技术知识，就可以编写一个简单的网站。

脚本语言

脚本语言（Scripts）并不直接与计算机体系结构对话，而是与程序接口，使它们适应不同的应用；一些内容非常丰富的脚本语言还被应用到互联网中。如PHP和ASP，这两种脚本语言可帮助Web服务器显示与用户交互的动态内容（如电子商务网页），对HTML是一个很好的补充。CSS（层叠样式表）是针对Web浏览器的一种脚本语言，它可以决定网页以何种字体和颜色呈现。

统一码和多字节

统一码（Unicode）和多字节字符集是美国信息交换标准码（ASCII）的“续篇”。美国信息交换标准码受制于没有重音字符，而重音字符在欧洲语言中相当重要（尤其是重新编码汉语普通话和非欧洲语言所需要的数以万计的字符）。统一码解决了这一问题，它拥有各种重音（变音符、灵敏度、低沉音等），也能表示各种音节的发音，这些音节可以对汉语普通话和日语进行编码。在不久的将来，它还可以对埃及的象形文字，以及诸多神秘字符进行编码，例如线性文字A、线性文字B和斐斯托斯圆盘字符（见30页、32页）等。

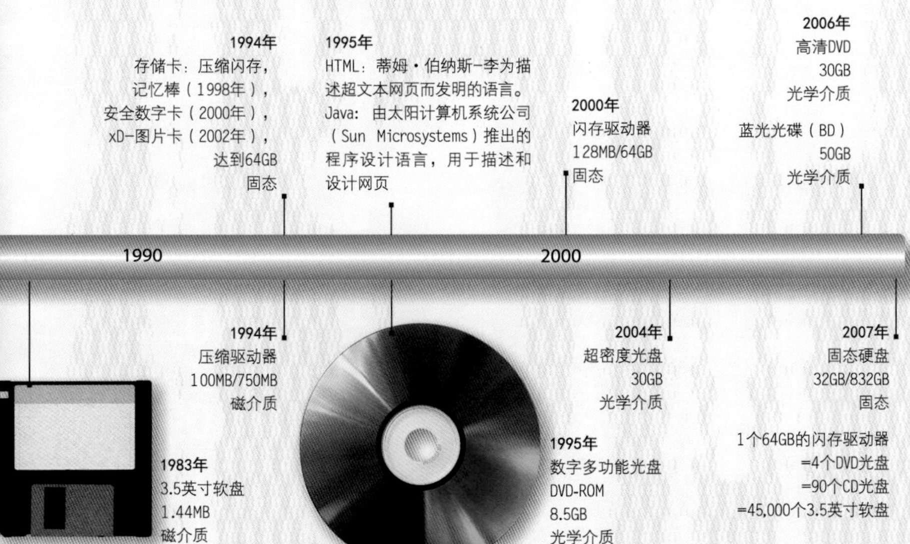

爱丽丝、鲍勃和夏娃
Alice, Bob, and Eve

最初的梦想

素数在现代密码学中起着至关重要的作用，主要用于生成唯一的密钥。素数是只能够被自身和1整除的自然数。许多看起来像素数的数字（素数总是奇数）其实不是素数：

3 **素数** 仅能被1（1乘3）和3（3乘1）整除。

5 **素数** 仅能被1和5整除。

7 **素数** 仅能被1和7整除。

9 **非素数** 能被1（1乘9）和3（3乘3）整除。

11 **素数** 仅能被1和11整除。

13 **素数** 仅能被1和13整除。

15 **非素数** 能被1(1乘15)、3（3乘5）和5（5乘3）整除。

19 **素数** 仅能被1（1乘19）和19（19乘1）整除。

21 **非素数** 能被1（1乘21）、3（3乘7）和7（7乘3）整除。

27 **非素数** 能被1（1乘27）、3（3乘9）和9（9乘3）整除。

37 **素数** 仅能被1和37整除。

49 **非素数** 能被1（1乘49）和7（7乘7）整除。

自古埃及时代起，素数就让数学家们困惑和着迷。素数的出现似乎没有模式可言，它们仅是一系列自然数。测试一个非常大的数字是否为素数，需要耗费很多计算资源；同时，由于素数在现代密码学中可以用来生成密钥，因此，大素数的鉴定变得尤为重要。

或许，Alice和Bob这两个虚构的角色可以称为现代密码学中最著名的两个人物。在计算机科学、量子物理和密码学领域，当双方需要进行通信时，通信的双方就分别被命名为Alice和Bob。在过去，我们可能会称“人物A”“人物B”“人物C”等。但在20世纪70年代末，“A”被称为“Alice”，“B”被称为“Bob”，“C”被称为“Carol”，此外还增加了其他名称。今天，大多数密码系统都用“Alice”“Bob”及其他相关人名来描述。而在这个组合中，经常会被添加一个新的成员“Eve”，即窃听者，代表试图截获通信的内容的一方。

公钥和私钥

在多数密码系统中，信息以密钥加密。几个世纪以来，密码系统都采用对称密钥密码体制，发送者和接收者均要知道加密算法和密钥。有了加密算法和密钥这两部分信息，接收者只需将接收到的信息进行逆向加密，便可得到明文（见66～89页）。如果密钥仅在发送者和接收者之间共享，那么使用对称密钥密码体制相对安全。在今天的数字加密时代，用来加密每个字符的密钥都相当长。目前已出现诸多不同类型的密钥，密钥生成的方式也是多种多样的。此外，大多数现代密码系统也采用非对称密钥密码体制，通常称为“公钥”和“私钥”（如众所周知的RSA公钥加密算法）。公钥和私钥具备这样的特性，即任何被私钥加密的内容，只能通过其对应的公钥进行解密，反之亦然。而构造这些成对密钥的第一步是生成一个非常大的随机数——通常是素数（见左侧）。（译者注：当用私钥加密消息时，即为数字签名）

PGP

使用最广泛的非对称公钥/私钥数字加密系统被称为“完美隐私”（Pretty Good Privacy，PGP），1991年，它由菲利普·齐默尔曼（见左上图）发布。PGP设计的目的是提供数字签名和安全地加密明文，主要用于互联网。该系统很快便遇到了安全服务方面的问题，因为它非常坚固，很多犯罪分子和恐怖分子也开始使用。而美国出口法案规定：任何加密系统，若使用的密钥长度大于40比特，将被认为是“军火/武器”。当时PGP所使用的密钥长度从未少于128比特。刑事诉讼程序开始后，齐默尔曼以图书的形式出版了PGP，借由美国宪法第一修正案避开了出口法案。

Alice（爱丽丝

私钥
公钥

基于一个大的随机数（见侧），Alice生成两个密钥一个公钥和一个私钥。Ali将公钥的副本分别发送给Bob Carol。如果Alice要发信息给Bob Carol，她使用私钥将信息加密。由于Alice是唯一拥有私钥的人，所以使用其公钥解密出的任何信息都一定来自Alice。在这样的系统中，Alice是团队中最可信任的成员，因为她持有唯一的私钥。

Bob（鲍勃）

Bob收到了Alice的一个公钥副本。Bob和Carol可以使用该公钥解密Alice发送的消息。如果Bob想给Alice发消息，他需要使用该公钥对信息加密。而只有Alice才能解密Bob发来的消息，因为她有与之对应的私钥。

“素数在自然数中如杂草一般乱长，似乎除了机会律以外，不遵守任何规律。”

唐·扎格尔，数字理论家，1975年

1973年，RSA算法由在英国安全中心GCHQ工作的数学家科克斯（Clifford Cocks）首次提出。这一概念后来被麻省理工学院的里维斯特（Ron Rivest）、沙米尔（Adi Shamir）和艾德莱曼（Leonard Adleman）（依据他们姓氏的首字母命名）独立发展完善，并于1977年发布。

Eve这位窃听者是加密系统之外的人物。如果Eve获得了公钥副本，就可以伪装成Bob或Carol发送消息，但他却无法解密Bob或Carol发送的消息。这是系统的一个限制——尽管实际中公钥是定期更新并重新分发给信任方的。

如果Bob将经过Alice公钥加密的消息发送给Carol，Carol将无法解密，因为她没有与之对应的私钥，反之亦然。

密钥生成

Alice生成两个素数，p（例如223）和q（例如199），当然实际中会用到更大的素数。

依据这些素数将生成两个更大的数字，分别为n（44377，pxq的运算结果）和φ，φ由（p-1）×（q-1）=43956计算得出。再选取一个特定的整数e（例如5），它与n和φ有关。

最后，计算出一个秘密数字d（35165），它与e和φ有关。此时，（n，e）是公钥，(n，d）是私钥。

Alice将公钥发送给Bob和Carol。他们获得了Alice的公钥（n，e），这样他们就可以采用此公钥将消息加密后发送给Alice。

Bob加密一个消息并将其发送给Alice。密文是将明文进行加密后形成的，对明文的e次方取模数n（模数是一个周期数，比如时钟的24小时）运算得出。这样明文就被完全加密，并分为5个数字序列发送给Alice。“Hello Alice”的密文形式为“26946 09392 37665 23986 12461”。

Alice解密消息。Alice收到消息“26946 09392 37665 23986 12461”后，他使用私钥（n,d）进行解密。即对密文的d次方取模数n，计算得出明文。如果解密的密钥正确，那么“26946 09392 37665 23986 12461”就会被解密为“Hello Alice”，否则将生成乱码。（译者注：原著此处对RSA公钥加密算法的描述有误，已更正）

Carol（卡罗尔）

Carol收到了Alice的公钥副本。如果Carol想给Alice发送消息，她需要用该公钥对信息加密。只有Alice可以使用相应的私钥解密消息。

随机性问题

要求计算机生成一个随机数是非常困难的。计算机自身的属性决定了其处理器必须按照指令执行任务，因而无法要求计算机挑选出一个随机数。而在现代计算机中，这一问题可以通过“时钟周期计数器”规避。每个计算机处理器都包含一个以特定频率振荡的晶体。一个循环周期的时间与处理器执行单个操作的最长时间相同。晶体的振荡旨在保持处理器的准时性，确保所有操作都同步，且在晶体开始振荡时启动。处理器每“滴答”一次，内部计数器就计数一次。通常，计数器是随机数产生的基础。用户每次要求提供一个随机数，计数器就要改变一次值并生成一个新数字。如果一台现代计算机以3GHz的频率运行，则时钟每秒都将“滴答”30亿次。

熵池

更先进的系统使用熵池生成随机数。熵池是一个特殊的硬件，它将物理现象作为随机数的来源，例如热噪声。最好的熵池是利用量子现象生成真正的随机数，因为在量子力学规律下，许多系统以一种不可预计和随机的方式运行。

安全的在线交易如何确保卡片信息在网上的安全？大型服务，例如PayPal和Google Checkout，利用特殊的、不公开的密钥对信息加密，以确保会话安全。最近，PayPal推出了一种“密钥”，它能够生成一个临时代码，在会话持续期间使用。与此类似的是，许多银行为确保在线交易的安全也采用了类似的安全措施。

未来医学
Future Medicine

希波克拉底誓言

全世界的医生都应该遵守的、令人敬佩的操守准则，源自临床医生希波克拉底（约公元前460—约公元前370年），他的理念被记录在《希波克拉底文集》中。几个世纪以后，这些操守准则逐步被提炼成四条道德戒律：

传统 崇敬恩师，致力于传道授业。

生命的神圣 向病人提供最好的医疗建议，即便病人要求，也要拒绝向他们提供有危害的药品（最早涉及拒绝堕胎要求）。

病患隐私 不经病人许可，不向他人泄露病人信息。

尊重 避免与病患亲密接触。

随着社会与科学研究的发展，如今的医生面临着很多挑战。要求堕胎依然是一个热门的，涉及社会、伦理和法律的问题；为了避免极端痛苦是否可以采用安乐死的话题，也一直围绕着道德标准和临床先进技术被争论不休；遗传基因鉴定技术革新产生的问题令人困扰，而遗传工程，尤其是人类遗传工程，也在医学界饱受争议。

我们中的许多人都见识过在我们出生时还前所未闻的医学技术，如“微创”手术、常规器官移植等。医学发展的速度与其他新兴技术的发展密切相关，比如药物学、微型化技术和机器人技术。人类遗传工程（见176页）更是结合相关领域的最前沿科技。如今，这些技术都在一定程度上依赖于计算机编码技术。自从沃森（Watson）和科利克（Crick）破解出DNA密码（见172页）以来，近半个世纪，不管是好是坏，我们的幸福安康都越来越依赖于数字技术。

新技术

计算机的出现改变了医学，如今，改进后的喷墨打印机正用来构建人体组织的替换物，而计算机对动物视觉和听觉功能的分析，正在用于修复导致人类失明和耳聋的受损系统。此外，DNA的相关实验表明，对人类失去的身体部位进行重构已不再是科学幻想，它将很快成为事实。

器官打印

改良式喷墨打印机目前正在研发中，它通过使用特定的凝胶作为“纸”，并将有生命的细胞培养液作为喷墨，可以打印出有生命力的组织和器官。细胞培养液来自器官提供者自身的细胞，从而可以避免器官排斥，因此也不需要寻找相匹配的捐赠者。

打印
从不同类型的细胞中提取的“墨水”被打印在支撑它们的凝胶纸上

3-D 结构
由细胞和凝胶层互相交替构成

一切就绪
细胞与凝胶融合，形成最终的组织。完整的器官就是通过这种方式打印出来的

可穿戴的传感服

衣服的“补丁”可以监测健康指标，如脉搏、传导率、呼吸速度、汗液电解水平等。它们能直接与健康中心通信，将穿着者的健康状况和所在位置反馈给健康中心。这些数据可用作常规的健康咨询或者用作严重创伤时的急诊服务。

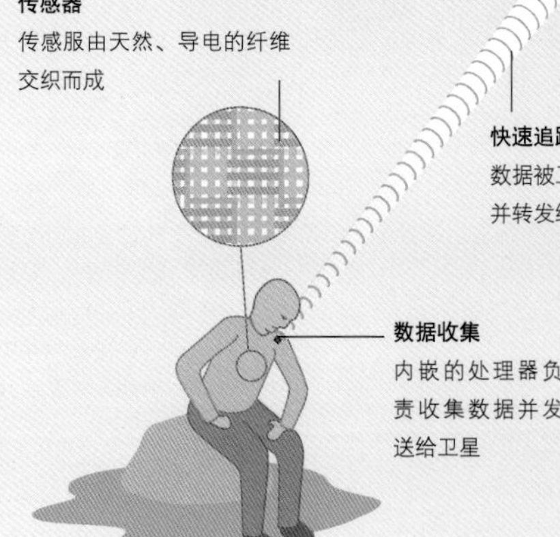
传感器
传感服由天然、导电的纤维交织而成
快速追踪
数据被卫星接
并转发给监测
数据收集
内嵌的处理器负责收集数据并发送给卫星

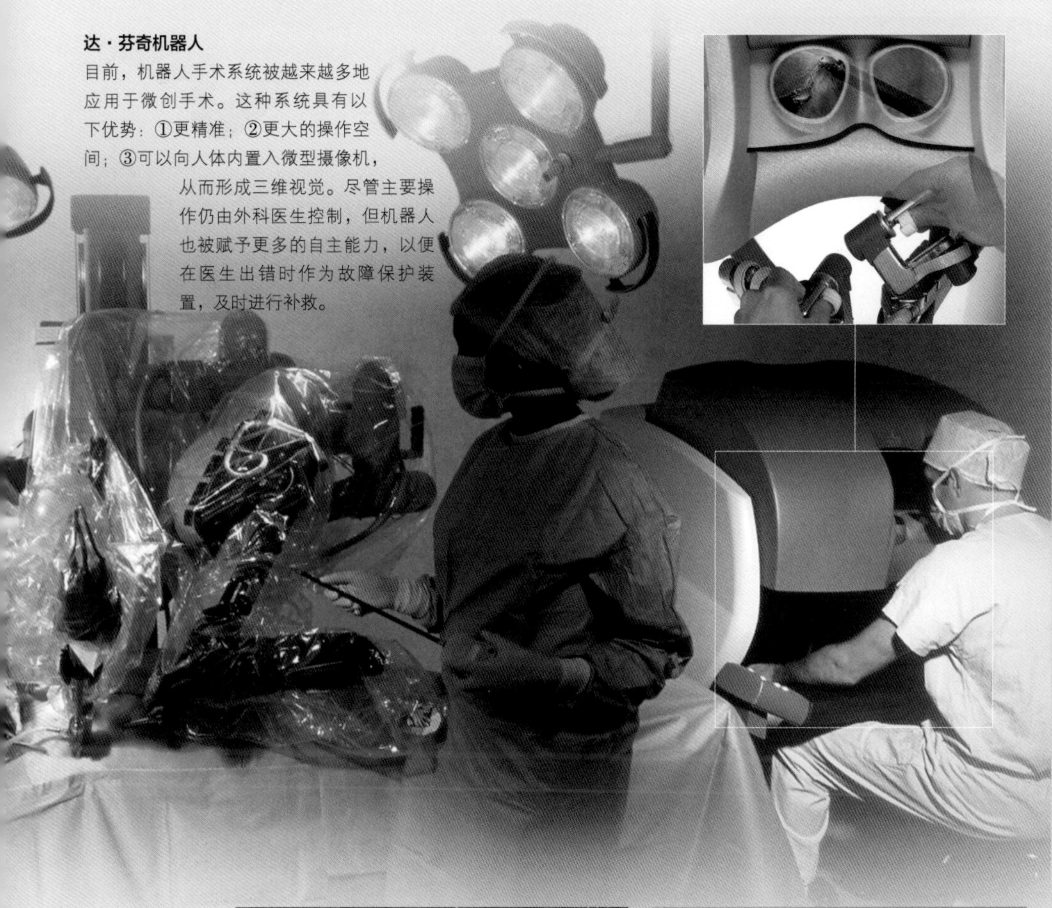

达·芬奇机器人
目前，机器人手术系统被越来越多地应用于微创手术。这种系统具有以下优势：①更精准；②更大的操作空间；③可以向人体内置入微型摄像机，从而形成三维视觉。尽管主要操作仍由外科医生控制，但机器人也被赋予更多的自主能力，以便在医生出错时作为故障保护装置，及时进行补救。

军事医学

纵观历史，拯救战争伤员的医疗技术已经有了长足的进步。在未来，移动化、机械化手术能够部署到战场，挽救重伤士兵，使他们在离开战场前伤情稳定。“外伤豆荚”是罗伯特·海因莱因（Robert Heinlein）于1957年在《星河战队》（*Starship Troopers*）这部科幻作品中构想的机器，参照同类机器而命名。“外伤豆荚”能够在黄金时段（伤后第一个小时内）提供自动治疗，这对伤员的生命至关重要。其他优势还包括再生技术（在皮肤上喷涂药物，治疗烧伤组织），促进血液凝结的粉末，导入化学药剂进行止血的战地包扎技术（战场上50%的死亡都源于失血过多）等。这些技术有的如今已经实现。

能够阻断受伤部位疼痛信号传递的小型便携式麻醉设备已被广泛使用。人们设想未来的超声设备能够对内部伤口进行定位和麻醉。战地服装能够将士兵的身体状况远程告知医生。这种早期诊断将意味着受伤最严重的患者会在第一时间得到治疗。

生命体征
评估生命体征，一旦出现紧急情况，急救中心就会接到通知并派出救援人员。

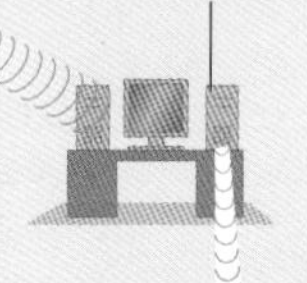

纳米技术
纳米科技（十亿分之一至十亿分之一百米之间，即1～100纳米）治疗技术正在迅速发展，未来将会变得十分普遍。微小的分子球被称为“纳米壳”或者“巴克球”，可用于向身体的特殊部位输送药物或在其他疗法中使用。它们在直接向癌细胞输送化疗药物方面特别有效，能够避免对正常细胞的伤害，最大限度地减少药物副作用。由纳米管组装的支架被称为“纳米架”，它能够提供神经等受损组织再生所需的结构，是器官再生的基础。

解码脑电波
将电极插入猫的大脑中，根据电极采集的信号，可以重建猫视野中的模糊图像。从视神经后方某一点所采集的信号，可以通过“线性解码技术”破译。反之，或许我们可以将摄像机中的图像翻译成信号，直接注入人的视觉皮质中，让盲人复明。今天，人们正在对视觉皮质活动的数学建模算法进行研究。最终，其他人梦境和想象中的事物都可能为我们所见。

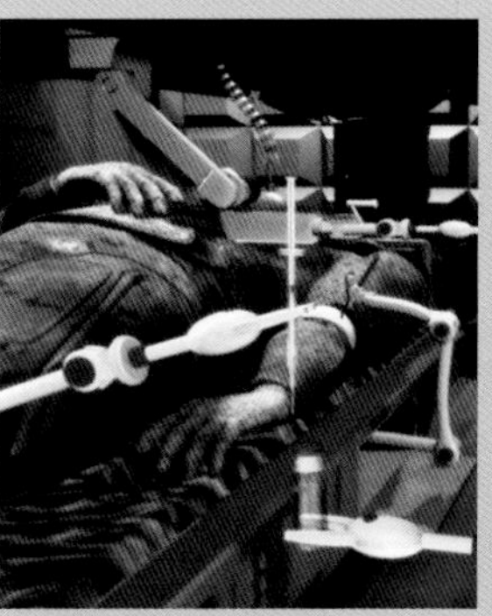

“外伤豆荚”的内部构成 在离开战场前，伤员们已被自动诊断，伤情稳定。

密码将带我们去何处

WHERE ARE CODES TAKING US?

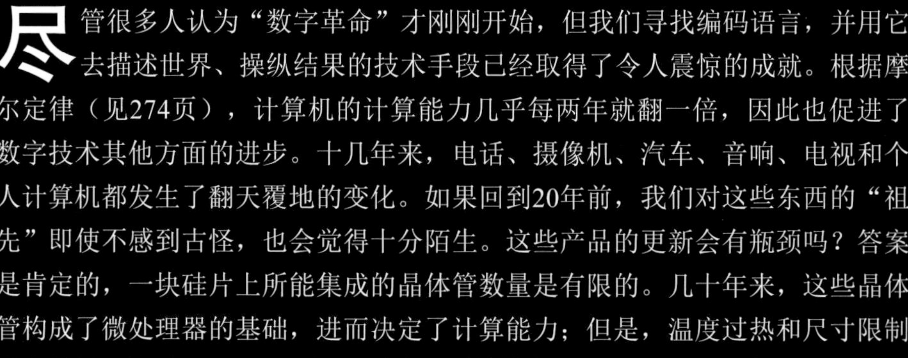

尽管很多人认为“数字革命”才刚刚开始，但我们寻找编码语言，并用它去描述世界、操纵结果的技术手段已经取得了令人震惊的成就。根据摩尔定律（见274页），计算机的计算能力几乎每两年就翻一倍，因此也促进了数字技术其他方面的进步。十几年来，电话、摄像机、汽车、音响、电视和个人计算机都发生了翻天覆地的变化。如果回到20年前，我们对这些东西的“祖先”即使不感到古怪，也会觉得十分陌生。这些产品的更新会有瓶颈吗？答案是肯定的，一块硅片上所能集成的晶体管数量是有限的。几十年来，这些晶体管构成了微处理器的基础，进而决定了计算能力；但是，温度过热和尺寸限制带来的制约将越来越难以克服。因此，新的技术革命已经迫在眉睫。

量子计算机

利用亚原子粒子和量子物理的潜能是最有前景的科研方向。当物质非常小的时候（小到如同原子、亚原子），适用于它们的物理学定律将发生根本性变化。这就是量子物理学领域，这里的粒子同时也是波，物质就是能量。科学家们正致力于开发这种粒/波二象性，旨在构建存储容量和处理速度都大幅度提升的计算机，使其在数秒间可以解决当今计算机耗费几百年才能解决的问题。当然，构建这样的全功能量子计算机也面临着许多技术问题。量子间的“纠缠”现象，被爱因斯坦称为“遥远地点间的幽灵般的相互作用”，可用来“传送”量子信息。这将给量子计算和数据加密领域带来新的启发，甚至有望带来数据传输的真正安全。

DNA关联

对新型计算机的研究，指出了计算机未来的发展方向。新型计算机既有无限的计算能力，也有无穷的存储容量，速度更令现在的超级计算机（见272页）望尘莫及。例如，一磅DNA的存储容量要大于有史以来所有硅片计算机的存储容量的总和，而DNA本身也比较充足和便宜。利用这一潜能，计算机可以实现并行而非串行计算（传统计算机多采用串行计算）。这将极大提升计算机的速度，并且缩小它们的体积，使雨点般大小的DNA计算机的计算能力超过当今最快的计算机。科学家们正在对类似的理念进行探索和实验，例如通过化学反应控制液体池中的化学物质进行运算。

飞行高速公路

众多科幻预言中提到的飞行汽车可能成为现实吗？目前的研究表明，飞行汽车将于20年内进入市场。可垂直起飞的私家车原型已经出现。其主要缺陷是控制技术，但这可以通过计算机建模、GPS、3-D定位软件来解决。

N7164J
SKYCAR

数字战争

在庞大的国防研究经费的支持下，军事系统方面的技术通常最为领先。在那样一个超现实的世界中，事实也许比科幻小说更让人不可思议。下图是新型F-35联合攻击战斗机上的飞行员头盔，该头盔使用先进的技术，可为飞行员提供前所未有的信息和控制能力：数码摄像头安置在战斗机外，使飞行员能够看到飞机两侧、上、下及后方的景象。

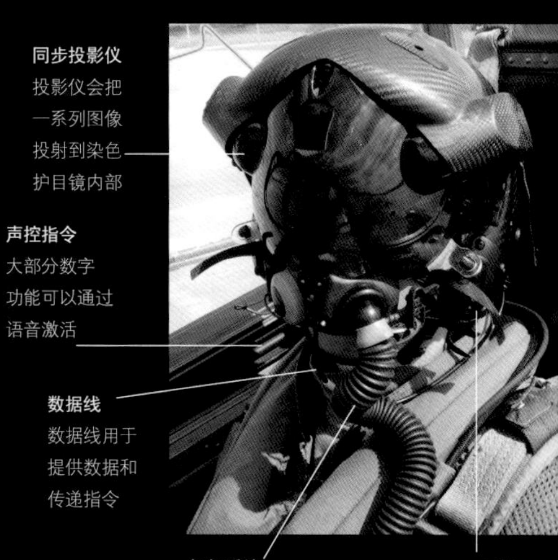
同步投影仪
投影仪会把一系列图像投射到染色护目镜内部
声控指令
大部分数字功能可以通过语音激活
数据线
数据线用于提供数据和传递指令
氧气系统
通过高压处理，将空气输送给飞行员
耳机
用来传递无线电信息和来自飞行计算机控制系统合成的语音信息

进入超级系统

当处理器能以原子标度运行时，我们很快可以看到这样一个世界：超高速、极微小的计算机可被打印在物体或皮肤上，并通过量子网络进行通信。随着规模和成本的减少，像无线射频识别（RFID）这样的微处理器可被粘贴到日常设备上；在Wi-Fi技术和带宽足够的情况下，它们能够自发地互相通信，并通过互联网收集信息。草坪洒水器可以读取天气预报；孩子穿的衣服可以通过GPS系统显示他们的行踪；药箱可以自动确认药物的成分，给出同时服用多种药物可能产生的不良反应；食品包装袋可与烤箱进行通信，告诉烤箱应如何对里面的食物加热。

今后，我们能使用的大部分运算能力很可能从家用、办公室电脑转移到大量的远程电脑节点上。终端将缩小为可穿带的尺寸。手表或者头巾可以持续连接到互联网上，获取世界各地的信息，感知我们的位置和环境，并能推断出我们的愿望和意图。

连接设备

随着我们对脑电波活动的解密，脑机接口（Brain-(Computer Interfaces,BCIs）变得越来越成熟。人们已经可以通过固定在头皮上的传感器移动光标，并在电脑屏幕上书写信息。经过训练，猴子可以通过与大脑传感器相连的机械手给自己喂食；通过翻译固定在猫大脑上的电极传送的信号，我们可以看到猫眼中的世界（见279页）。如此一来，我们可以构想出这样一个世界：人和机器密切结合，从而提高我们的认知能力，使我们保持健康、博学、互动和快乐。然而，如果我们把任何事物都连接到互联网上，人们的隐私将面临可怕的后果。我们能接受将电极连接在自己的大脑上吗？唯有文化才能中断这个进程：这究竟是唯美的梦想，还是奥威尔（Orwellian）笔下的噩梦呢？

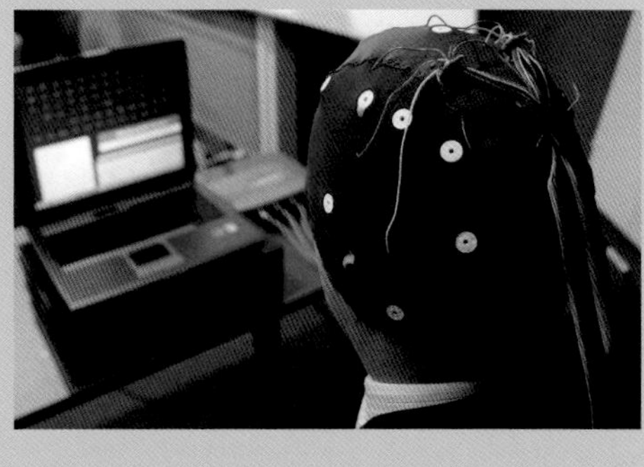

通往天堂的阶梯

人类正致力于研发通往地球静止轨道空间站的升降机。计算机辅助纳米技术使我们可以发明出轻量级、高强度的碳纳米管纤维。如此，我们在不使用昂贵火箭的情况下，就可以将人和货物运往太空。

术语表

GLOSSARY

加密算法（Algorithm）
将明文加密成为密文的系统的统称。加密算法通常由密钥的使用方式确定。（见68页）

回文构词法（Anagram）
一种简单的置换密码。这种密码通过重新排列词语或语句中字符的位置，生成新的词语或语句。（见68页）

美国信息交换标准码（ASCII）
是一种将字符转化为二进制数的编码系统，已广泛应用于计算机系统中。（见275页）

非对称密钥密码体制（Asymmetric Key Cryptography）
一种使用两个不同密钥实现秘密信息传输的现代密码体制。这两个密钥通常被称为公钥和私钥，分别用于加密和解密。RSA密码系统和PGP密码系统是这一体制的典型实例。目前，非对称密钥密码体制被越来越多地应用于网络数字通信和电子商务系统。（见276~277页）

书籍密码（Book Cipher）
将密钥隐藏在海量文本中的一种密码，《圣经》及《独立宣言》等书籍都曾作为书籍密码的文本被使用。

密码（Cipher）
为了隐藏明文的含义，将明文中的字母、数字或者字符用另一套字母、数字或者字符来代替的系统。

密码字母表（Cipher Alphabet）
由字母、字符或数字组成的列表，用于替换正常的字母表，以便生成密文。

密文（Ciphertext）
已加密的明文。

密码分析学（Cryptanalysis）
研究密码破译的学科，是保密学的一个分支。

密码编码学（Cryptography）
研究如何对明文进行编码加密的学科，是保密学的一个分支。

暗语（Cryptolect）
是一种语中语，通常只说不写，已经发展成为在某一特定人群中进行秘密通信的手段。它通常包括黑话、隐语和俚语。（见101、130~131、134~135、136~137、148~149页）

保密学（Cryptology）
研究加密、解密和破密的学科，包括密码编码学和密码分析学。

解密（Decipher）
将加密系统输出的密文还原，以恢复出明文。

译码（Decode）
将编码后的消息变成原始的明文。

解密（Decrypt）
对加密后的消息进行解密或译码。

数字签名（Digital Signature）
一种验证数字信息有效性的方法，通常采用非对称密码体制实现。

双字母组合/双字符组合（Digrams/Digraphs）
通常以成对的字母或字符的组合形式出现。

加密（Encipher）
将明文转换为密文。

编码（Encode）
将明文转换为编码信息。

加密（Encryption）
采用算法将明文转换为密文的过程。

分组法（Fractionation）
将明文中的字母转换为数字或多组数字的过程。

格栅（Grille）
在一段看似无关的明文中呈现隐藏消息的方法。格栅通常采用穿孔的纸张或卡片的形式。将其放在明文之上，便可呈现出被选的单词或字母，由它们形成隐藏或秘密的消息。

同音异形字（Homophone）
它由一些字母、数字或字符构成，用于替换在明文中反复出现的字母、数字或字符。在单表代换密码中，它被用于伪装那些重复出现的高词频的字符或单词。

密钥（Key）
密钥作为密码中的一个要素，通过运行指定的算法实现加密和解密。密钥字和密钥短语（有时采用扩展文本）可与表格法结合产生多表代换密码，最广为人知的就是维吉尼亚密码。（见106页）

单表代换密码（Monoalphabetic Substitution Ciphers）
一种代换密码，它将明文中的字母、数字或字符，用其他字母、数字或字符所替换，而且保持消息长度不变，除非使用了同音字。（见68、76、105页）

唱名官密码（Nomenclator）
将单表代换密码与大量代表重复字母、字符、数字或单词的同音异形字结合而构成的密码。（见72~73、76~77、108~109页）

一次一密（One-time pad）
将随机密钥存储在密码本中，而且每个密钥只能使用一次。除非密码本丢失或被盗，这种密码在理论上是牢不可破的。

多表代换密码（Polyalphabetic substitution ciphers）
一种代换密码系统，它将明文的字母、数字或字符，用多个其他字母、数字或字符所替换。

明文（Plaintext）
加密前或者解密后的消息。

隐写术（Steganography）
一种隐藏或者掩盖消息的方法，与密码编码学无关。

对称密钥密码体制（Symmetric Key Cryptography）
是许多前现代密码系统的总称，发方和收方均已知算法和密钥，后者只不过是对前者所使用的加密系统做反向运算。

表格法/静态法（Tabula Recta/Tableaux）
通常用来创建多表代换密码或者多表推理的加密工具，能够利用表格中水平和垂直坐标轴的布局，并与某个密钥字或密钥短语相结合，从而构造各种各样的多表代换密码，其中最著名的就是维吉尼亚密码。（见106~107页）

置换密码（Transposition Ciphers）
通过重排明文中的字符而产生密文的方法。置换密码也叫换位密码，包括回文构词法、栅栏密码。（见68页）

三字母组（Trigrams/Trigraphs）
常见的由三个字母或符号组成的序列，例如英语中的“the”和“ing”。

图片致谢

Key: (a-above; b-below/bottom; bg-background; c-center; f-far; l-left; r-right; t-top)

akg-images: 42tl, 52-53c, 56-57bc, 58tl, 58c, 86-87c, 114cla, 164-165bg, 179tr, 185c, 194br, 232bc; Elie Bernager 59br; Bibliothèque Nationale, Paris 59tl, 104tl, 160tl, 160bl; Collection Archiv für Kunst & Geschichte, Berlin 112-113bc; Erich Lessing 61l, 64b, 186br, 190bl; Musée du Louvre, Paris/Erich Lessing 43clb; Museo Nazionale Archeologico, Naples/ Nimatallah 102-103bc; Postmuseum, Berlin 162br; Ullstein Bild 114bc; Victoria & Albert Museum, London/Erich Lessing 201tl.
Alamy: blickwinkel 14fclb; Mike Booth 209cbr; capt.digby 152tl; Classic Image 74br; Phil Degginger 159ca; Javier Etcheverry 19tr; Mary Evans Picture Library 9bc, 47t, 53tr, 58br, 65tr, 72tl, 73bl, 80tl, 97cb, 109tr, 114cr, 124bl, 172-173bc, 197cr, 260tl; Mark Eveleigh 15ftl; Tim Gainey 182b; Duncan Hale-Sutton 95crb; Dennis Hallinan 77tc, 194tl; Nick Hanna 205bl; Peter Horree 264tr; INTERFOTO Pressebildagentur 21tl, 49tc, 73tr, 96tl, 110tl, 189bl; Steven J. Kazlowski 15br; Stan Kujawa 145tc; David Levenson 189tc; Jason Lindsey 188br; The London Art Archive 78tl, 265b; Manor Photography 179tl; Mediacolor's 208tl; Todd Muskopf 244c; Jim Nicholson 15tr; Photo Researchers 156tl; Photos12 204bl; Phototake Inc. 277clb; Pictorial Press Ltd 94bcl, 121br, 125ca; The Print Collector 20ca, 36tl, 55cbl, 70b, 91br, 113tc, 131cl, 189c; PYMCA 146c; Friedrich Saurer 167c; Sherab 187br; Ian Simpson 18-19c; Skyscan Photolibrary 74tl; Stefan Sollfors 188clb; Stockfolio 207ca; Amoret Tanner 224l; Don Tonge 91tc; Genevieve Vallee 15cr; Vario Images GmbH & Co. KG 275br; Mireille Vautier 157bl; Visual Arts Library, London 20br, 33tr, 33cl, 53cb, 172c, 197bc, 242tl; Dave Watts 175tc; Ken Welsh 186cla; Norman Wharton 45br; Tim E. White 120cla; Maciej Wojtkowiak 183tc; World Religions Photo Library 187bl, 187bcl; Konrad Zelazowski 15tc.
***Amhitheatrum Sapientae Aeternae*, by Heinrich Khunrath, 1606:** 52bl.
Apex News & Pictures: 155tr.
Courtesy of **Apple Computer, Inc.:** 98bc, 271br.
The Art Archive: 116clb, 120bl, 211tr; American Museum, Madrid 153c; Archaological Museum Chatillon-sur-Seine/Dagli Orti 102tl; Archaeological Museum, Chora/Dagli Orti 29tl; Archaeologica Museum Sousse, Tunisia/Dagli Orti 43tl; Archives de l'Académie des Sciences, Paris/Marc Charmet 158cb; Ashmolean Museum, Oxford 57tr; Bibliothèque des Arts Décoratifs, Paris/Dagli Orti 28tr; Egyptian Museum, Cairo/Dagli Orti 35cr; Egyptian Museum, Turin/Dagli Orti 20tl; Galerie Christian Gonnet, Louvre des Antiquaires/Dagli Orti 209cb; Heraklion Museum/Dagli Orti 28tl, 30-31; Jan Vinchon Numismatist/Dagli Orti 212tl; Musée Cernuschi, Paris 185br; Musée Condé, Chantilly/Dagli Orti 228tl; Musée du Louvre, Paris/Dagli Orti 46tl; Musée Luxembourgeois, Arlon/Dagli Orti 27cla; Museo della Civilta, Romana, Rome/Dagli Orti 42clb, 152br; Museum of Carthage/Dagli Orti 43cr; National Gallery, London/Eileen Tweedy 195tr, 195b; National Gallery, London/John Webb 196tl; National Maritime Museum/ Eileen Tweedy 92-93c; Nationalmuseet, Copenhagen 189br; Dagli Orti 7fbl, 26c, 34bc, 45ca, 85c, 190tl, 196bl; Palenque Site Museum, Chiapas/Dagli Orti 36cra; Private Collection/ Marc Charmet 188cra; Ragab Papyrus Institute, Cairo/Dagli Orti 152cl; Science Museum, London/Eileen Tweedy 84cra; Eileen Tweedy 93tc; Mireille Vautier 185cla; Victoria & Albert Museum, London/Sally Chappell 74cla; Laurie Platt Winfrey 85tl.
Philippa Baile: 206tl.
The Bridgeman Art Library: Bonhams, London 198cbl; Centre Historique des Archives Nationales, Paris/Giraudon 49br; Chartres Cathedral 193cra, 193br; Fondazione Giorgio Cini, Venice 82cl; Vadim Gippenreiter 43bc; Look and Learn 257tr; Oriental Museum, Durham University 180bc; Prado, Madrid 242bl; Private Collection 54clb, 210tl; Royal Geographical Society, London 164tl, 164bl; Santa Sabina, Rome 43br; St Paul's Cathedral Library, London 210cr, 210b; Victoria & Albert Museum, London 181t; The Worshipful Company of Clockmakers' Collection, UK 153bc.
Corbis: 6br, 120-121bc, 123tr, 123c, 187t, 214tl; The Art Archive 224tl, 246cl; Asian Art & Archaeology, Inc. 130clb; Alinari Archives 76-77b; Richard Berenholtz 206-207bc; Bettmann 9fbl, 56tl, 77br, 78-79bc, 104b, 124br, 129cr, 134bl, 134-135c, 138clb, 170tl, 179bl, 228-229c, 232bl, 243tl, 264bl; Stefano Bianchetti 148c; Tibor Bognár 226-227c; Andrew Brookes 6fbl, 175bl; Christie's Images 82-83c, 172tl, 200bc; Dean Conger 192bl; Ashley Cooper 220-221c; Gérard Degeorge 186cr; Marc Deville 106-107c; DK Ltd 95tc; EPA 6bl, 246-247bc; Robert Essel NYC 174tl; Kevin Fleming 7br, 38-39c; Michael Freeman 184-185c, 209br; Rick Friedman 248tl; Gallo Images 14tr; Historical Picture Archive 111tc; Angelo Hornak 5br, 192-193c; Hulton-Deutsch Collection 132-133b, 133tc, 254-255tc; Kim Kulish 270bl; Massimo Listri 194cr, 218bl; Araldo de Luca 24cr; Maritime Museum, Barcelona/Ramon Manent 166c; Francis G. Mayer 209l; Gideon Mendel 7fbr, 131bc; Ali Meyer 128-129b; David Muench 18bl; Robert Mulder 45bc; Kazuyoshi Nomachi 22-23b; Charles O'Rear 208bl; Gianni Dagli Orti 20bl, 23c, 234tl; Papilio/Robert Gill 15tl; Steve Raymer 204-205bg; Roger Ressmeyer 119tr; Reuters 173ca; Reuters/Mike Mahoney 148bl; Reuters/Guang Niu 25tr; Reuters/Mike Segar 207tr; H. Armstrong Roberts 261bg; Royal Ontario Museum 209cb; Tony Savino 207tl; Stapleton Collection 57tc, 66-67c; Swim Inc. 2, LLC 122tl, 219tr; Sygma/Denver Post/Kent Meireis 139tr; Sygma/Franck Peret147tr; Sygma/Gaylon Wampler 274cb; Atsuko Tanaka 147tl; Penny Tweedie 19br; TWPhoto 131tr; Underwood & Underwood 16br; Werner Forman Archive 68bl, 186bc, 188tr; Adam Woolfitt 185cl; Michael S. Yamashita 249tc; Zefa/Howard Pyle 147bl; Zefa/Guenter Rossenbach 166tl; Zefa/ Christine Schneider 224bc.
***Dogme et Rituel de la Haute Magie*, by Levi Eliphas, 1855:** 44-45c.
Mary Evans Picture Library: 32br.
Eric Gaba: 168tl.
Getty: 175br; AFP 156-157bc, 157br; AFP/ Frederic J. Brown 226tl; AFP/Alastair Grant 230-231tc; AFP/Stephane de Sakutin 279br; AFP/Yoshikazu Tsuno 279cr; De Agostini Picture Library 200-201bg; Aurora/David H. Wells 183br; Aurora/Scott Warren 17br; Tim Boyle 265cla; The Bridgeman Art Library/ Art Gallery and Museum, Kelvingrove 75bl; The Bridgeman Art Library/Bibliothèque Nationale, Paris 106tl; The Bridgeman Art Library/Instituto da Biblioteca Nacional, Lisbon 27br; The Bridgeman Art Library/ National Museum of Karachi, Pakistan 4br, 20cb; The Bridgeman Art Library/Private Collection 5bl, 90cl, 234bl; The Bridgeman Art Library/Royal Geographical Society, London 163br; The Bridgeman Art Library/Stapleton Collection 25bc; Paula Bronstein 9bl, 227tr; Katja Buchholz 146tr; Matt Cardy 148-149c; CBS Photo Archive 263cb; Central Press 135tr; Evening Standard 118b; Christopher Furlong 50clb, 50bc, 50-51tc, 51cr; Cate Gillon 154r; Tim Graham 14clb, 128tl, 230bc; Henry Guttmann 229tc; Dave Hogan 55bl; Hulton Archive 29tr, 81br, 113tr, 205tc, 231bc, 233br; Hulton Archive/Horst Tappe 255cr; IDF 213bl; Image Bank/Ezio Geneletti 262-263c; Image Bank/Martin Puddy 98-99bc Imagno 60br, 191l, 233tc; Kean Collection 260clb; Keystone 235tr, 255bl; London Stereoscopic Company 132tl, Lonely Planet Images/Chris Mellor 32l; Haywood Magee 262c; Ethan Miller 218-219bc; Minden Pictures/Ingo Arndt 171tra, 171trb; Minden Pictures/Michael & Patricia Fogden 249cb, 249b; Minden Pictures/Mark Moffett 249tr; Michael Ochs Archive 94bcr; NEC 270-271c; Panoramic Images 8br, 144-145b; Photographer's Choice/Marvin E. Newman 16-17bg; Photographer's Choice/Bernard Van Berg 125tr; Picture Post/Bert Hardy 222cla; Popperfoto 122-123; Sportschrome/Rob Tringali 222-223c; Stone/Paul Chelsey 146bc; Stone/Frank Gaglione 240-241c; Stone/Jason Hawkes 6fbr, 64-65bg; Stone/Arnulf Husmo 96-97c; Stone/Nicholas Parfitt 13bg; Stone/ Stephen Wilkes 144-145tc; Stone/Art Wolfe 13br; Taxi/Christopher Bissell 274-275c; Taxi/ FPG 173tl; Taxi/Elizabeth Simpson 98-99tbg; Time & Life Pictures 79tr, 108b, 121tc, 247br, 268tl; Time & Life Pictures/Dorothea Lange 136-137; Roger Viollet 94-95c; Ian Waldie 175tr; Mark Wilson 125bc.
Prof. Jochen Gros/www.icon-language.com: 239br.
Helsinki University Library: 244tl.
Amelia Heritage: 206bl, 225tr, 255tr.
Image courtesy **History of Science Collections, University of Oklahoma Libraries**; copyright the Board of Regents of the University of Oklahoma**:** 84tl.
***Identification Anthropométrique*, by Alphone Bertillon, 1914:** 138c.
Courtesy of **IKEA:** 239cb.
© 2008 Intuitive Surgical Inc.: 277tc, 277c.
IOC/Olympic Museum Collections: 239cla.
iStockphoto.com: 12tl, 24-25bg, 36-37b, 61br, 91tr, 178c, 224c, 241crb, 245br, 272bc, 273bl; Adrian Beesle 178bl; Nicholas Belton 68-69bg; Daniel Bendjy 212cb; Anthony Brown 9fbr, 247cra; Mikhail Choumiatsky 90-91c; Lev Ezhov 273bc; Markus Gann 152bl; Vladislav Gurfinkel 200ca; Uli Hamacher 272tl; Clint Hild 69tr; Eric Hood 218tl; Hulton Archive 226clb; Gabriele Lechner 272-273bc; Arie J. Jager 211c; Sebastian Kaulitzki 276-277bg; Mark Kostich 248bc; Matej Krajcovic 152-153bg; Arnold Lee 8bl, 240tl; Tryfonov Levgenii 68bc;

Marcus Lindström 140bg; Susan Long 98tl; Robyn Mackenzie 213tr; José Marafona 49tr; David Marchal 262-263tbg; Roman Milert 5fbl, 243cla; Vasko Miokovic 210-211bg; S. Greg Panosian 179tc; Joze Pojbic 251tr; Heiko Potthoff 106bl; Achim Prill 12bg; Johan Ramberg 149tr; Stefan Redel 240cra; Amanda Rohde 158br; Emrah Turudu 213c; Smirnov Vasily 256-257c; Krzysztof Zmij 273tr.
Susan Kare LLP: 239cr.
The Kobal Collection: A.I.P. 173tr; Artisan Ent 256clb; Bunuel-Dali 235br; MGM 273tc; Paramount 251crb; Warner Bros 263tr.
Library of Congress, Washington, D.C.: 61tr, 84bl, 84-85b, 112tl, 260cr, 261tr; Edward S. Curtis 258-259t.
***Light for the Blind*, by William Moon, 1877:** 243cra.
Musée Condé, Chantilly: 46bc.
Musée du Louvre, Paris: 34tl.
Museo Nazionale Archaeologico, Naples: 103tl.
Muséum des Sciences Naturelles, Brussels: 26tl.
Museum of Natural History, Manhattan: 169cr.
National Archives, London: 75cra.
National Portrait Gallery, London: 74tr.
NASA: 250bc; ESA and H.E. Bond (STScl) 250tl; ESA and J. Hester (ASU) 250-251bg; JPL 164br, 251bla, 251blb; MSFC 279l.
Courtesy of the **National Security Agency:** 84cb., 85crb, 119tc, 125tc.
Photo12.com: ARJ 199; Pierre-Jean Chalençon 110-111c.
Photolibrary: AGE Fotostock/Esbin-Anderson 227br; Jon Arnold Images 48bc; Jon Arnold Travel/James Montgomery 39br; F1 Online 28-29bc; Garden Picture Library/Dan Rosenholm 168bl; Robert Harding Travel/David Lomax 166-167c; Hemis/Jean-Baptiste Rabouan 64br; Imagestate/Pictor 265tc; Imagestate/The Print Collector 156bl; Pacific Stock/John Hyde 248-249tc; Franklin Viola 38bl.
***Philosophiae Naturalis Principia Mathematica*, by Sir Isaac Newton, 1687:** 156ca.
Private Collection: 22tl, 42bc, 47b, 54r, 55tc, 56bl, 60cr, 64cr, 65tl, 73br, 87tc, 94c, 97bl, 102cl, 107cb, 115cl, 115br, 116cbl, 117bc, 124tl, 129tl, 134tl, 139b, 158tl, 162-163tc, 164cra, 164crb, 165, 168c, 173br, 196br, 197tl, 197c, 201tr, 201bc, 206tr, 212tr, 212clb, 232br, 234-235bc, 238cr, 238bc, 254tl, 254bl, 260bl, 264tl, 264cr, 269crb, 271tc, 271tr, 272cb.
Antonia Reeve Photography: 51bl.
***Relación de las Cosas de Yucatán*, by Diego de Landa, 16thC:** 37tl.
Rex Features: 278bl; Greg Mathieson 65c; Sipa Press 147br; Dan Tuffs 277crb.
Tony Rogers: 96bl.
Royal Swedish Academy of Sciences: 168br.
Science and Society Picture Library: 117r, 119tl, 119cl, 152cr, 268bc, 268-269c, 269tc, 269tr, 269c, 271tc, 271cr.
Science Photo Library: 116tl.
SETI League Photo: Used by Permission 251tc.
SRI International: Image courtesy of DARPA and XVIVO 277br.
Still Pictures: Andia/Zylberyng 179br; Biosphoto/Gunther Michel 184tl; The Medical File/Geoffrey Stewart 171bc; Ullstein/Peters 185tl; Visum/Wolfgang Steche 167br; VISUM/Thomas Pflaum 278tl; WaterFrame.de/Dirscherl 221tr.
Caroline Stone: 7bl, 9br, 198cbr, 201cl.
Tim Streater: 64cl.
Telegraph Media Group: 86bl.
Louise Thomas: 14-15bc, 198tl.
Times of India: 87bc.
University of Pennsylvania: 154tl.
U.S. Air Force: 124-125c.
U.S. Government: 212br.
The U.S. National Archives and Records Administration: 115tc, 115cb.
Courtesy of **VSI:** 278br.
Werner Forman Archive: 32cr; Biblioteca Universitaria, Bologna 27tr; Haiphong Museum, Vietnam 180tr; Museum für Volkerkunde, Vienna 21tc; Museum of Americas, Madrid 153tc; National Gallery, Prague 180tl; National Museum, Kyoto 130cr.
John Wolff, Melbourne: 85tr.
Zodiackiller.com: 5fbr, 140cr, 141, 142-143.

致谢

因书中内容涉及范围极广，在此特别感谢本书顾问编辑：Dr. Frank Albo, Trevor Bounford, Anne D. Holden, D.W.M. Kerr, Richard Mason, Tim Streater, Elizabeth Wyse。

另外还要感谢以下各位的经验和建议：Britt Baille, Laura Cowan, Denise Goodey, Amelia Heritage, George Heritage, Julian Mannering, Tim Osborne, Alexander Stone, Caroline Stone, James Stone, and John Sullivan。

密码的奥秘 全新修订版

THE SECRETS OF CODES

密　码　谜　题　别　册

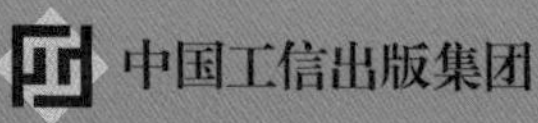

密码谜题

我们为大家准备了100道趣味密码题，按难易程度分为三类，较简单的题用○表示，中等难度的题用◇表示，较难的题用☆表示。所有答案和解题过程都附在后面，希望看过《密码的奥秘（全新修订版）》并对密码感兴趣的读者小试身手，愿你从中获得破解密码的小小成就感，同时能了解到有用的密码知识。

◇ **1.** 爸爸不在家，儿子偷偷打开电脑，发现电脑上被设置了开机密码。一旁便签上写着：儿子，想玩电脑，就靠自己！开机密码提示如下：

（1）由8个小写字母组成，无空格；

（2）密文：YNFYGNQP（位移量2，栅栏数2）。

请问开机密码是什么？

◇ **2.** 已知2253212352＝black；9142438132＝white；733231＝red；则53638332＝？

○ **3.** 一个男孩突然想不起自己的重要账户的密码，他从自己的笔记本中找到了线索，密码由英文字母组成，他又找到了一页，上面写道："重要账户密码：EBCDF CFAED ADFBE BCDFA DAECB FEBAC"。请问密码是什么？

○ **4.** 如果vwudzehuub表示草莓，那么dssoh表示哪种水果？

◇ **5.** 凶手在你背后用沾有迷药的毛巾捂住了你的嘴，你当即被迷晕，醒来以后发现自己被关在密室里，你历尽千辛万苦解开了道道关卡，最后你来到出口，只见出口处的LED显示屏出现如下一段话：

这是你的最后一道关卡！这道关卡虽然不难，但是通过这道关卡的可能只有5%。这把锁的密码由六位数字组成，答案就在眼前，我只给你一次免费的机会解开这把锁，如果弄错密码，你将支付￥20来重新输入密码（上不封顶，密码输错的次数越多，激活密码锁的价格越高，直到你解开为止）。你能否一次通过这道关卡，就要看你的智慧了。

你要如何解开这道锁？

◇ **6.** 一个记者收到一封信，信中人说他有秘密要告诉我。信的落款是一串奇怪的数字和单词：53 95 4 6 19 1 95——Mendeleev

根据上面的落款，从以下四项中选出信中人的名字：杰瑞；贝克汉姆；威廉姆斯；梅德列伍。

◇ **7.** 某盗墓三人组在南华山找到了一座古墓，墓口被一石门挡住，门上有一排刻有"一"到"九"的石头，石门下刻有一句"道二一，其所生也。"请问石门的密码是什么？

◇ **8.** 在一个相亲场所发生了如下对话：

江乔："陈笙小姐，你知道地球的自转方向吗？"

陈笙："智商低是会传染的，请离我远点！"

江乔："七夕快到了，我舍不得让你一个人过，地点我已经选好啦，你不会拒绝我的一番苦心吧？"

陈笙："什么地方，也不同我商量。"

江乔："你肯定喜欢这地方。DLZA SHRLZBKP在七夕思考地球怎么自转哦！"

请问：江乔想和陈笙在什么地方约会？

（提示：恺撒密码，从北京故宫、苏州园林、湘西苗寨和西湖苏堤中选择）

○ **9.** 恺撒密码，第一关：10 5 18 24 5 23 13 7 -4；第二关：1 13 11 5 16 26 18 7 26 18 7 13 12 +2。请问密码是什么？

◇ **10.** 11EQ、22AQ、33IQ和44OQ四支队伍组团进入神秘洞穴探险。洞内昏暗，为了方便找到各自队伍，每个人都带了发带，额头处印有带荧光的各自队伍的名字。他们越走越深，到了尽头，发现是一个石门，旁边提示开启石门需要密码，但是他们找了半天也没找到破解密码的线索，遂决定去找其他出口，结果以失败告终。

最后他们决定退回，从入口处出去，结果回到入口处，发现洞口已经被一个大石头堵上了，大家用手电筒照亮看，上面还写有字："尽头的石门是唯一出口，但你们获得密码才能打开，若想获得密码，你们其中三支队伍需要将第四队杀光，然后这三支队伍能够获得密码。或者第四队将其余三支队伍杀光，第四队获得密码逃生。"

大家面面相觑，此时眼里全都充满了杀意，但哪支队伍是那特殊的第四队呢？这时大家又继续读石头上的文字："为了方便你们找到这第四队，给你们些提示吧。"然后大家看到下面的英文"password in the water"（密码在水中）大家看到洞内确实有一摊水，但是在水中也没找到什么线索。

这时33IQ队员看着水中自己的倒影，突然明白了提示的含义，一场厮杀瞬间开始了。请问这特殊的第四队是哪支队伍？

◇ **11.** 本保险柜密码都是由4个阿拉伯数字和4个英文字母组成。已知：

（1）若4个英文字母不连续排列，则密码组合中的数字之和大于15；

（2）若4个英文字母连续排列，则密码组合中的数字之和等于15；

（3）密码组合中的数字之和或等于18，或小于15。

根据上述信息，以下哪项是可能的密码组合？

A．1adbe356　　B．37ab26dc

C．2acgf716　　D．58bcde32

E．18ac42de

☆ **12.** 你发现一个加密的文件，未受保护的配置文件显示的明文是：5948，客户端的哈希密码是81bdf501ef206ae7d3b92070196f7e98，请尝试破解此密码。

◇ **13.** 小明手机上收到了奇怪的信息：335321414374744361715332，你能帮小明找出隐藏的内容吗？

◇ **14.** 请破解以下莫尔斯密码：-.-..--.-　.-..

.-- - ..-. -.-. --.- --. -. ... --- ---（提示：QWE加密法，栅栏加密法，围在栅栏中的爱）

◇ **15.** 门前大桥下，游过一群鸭，快来快来数一数，到底有几只鸭：已知二二数余一，三三数余二，五五数余三，鸭子总只数不超过五十，请问有多少只鸭子？

◇ **16.** 黑客在网络中截获一段密文：SNOWIS FTSACERO FORTHEL FNRETNA ESTIVAL，请猜猜是什么含义？

○ **17.** 假设有21把外观相同的钥匙，其中有且只有一把可打开门，问平均意义下需尝试多少次才能把门打开？

○ **18.** 请问这首藏头诗中暗含什么信息？

陇上行人夜吹笛，
女墙犹在夜乌啼。
颇黎枕上闻天鸡，
本期沧海堪投迹。

○ **19.** 登录www.12306.cn时为何要点击指定图案进行验证？

◇ **20.** 一辆旅游大巴上有23个人，请问这些人中有两个人生日相同的概率有多大？

☆ **21.** 小明的《线性代数》课本上出现了一堆神秘字母，dloguszijluswogany，而旁边的矩阵是 $\begin{pmatrix}1&2\\0&1\end{pmatrix}$，请问其中隐藏的信息是什么？

○ **22.** 有400个小朋友参加夏令营，请问在这些小朋友中：

（1）至少有多少人在同一天过生日？

（2）至少有多少人单独过生日？

（3）至少有多少人不单独过生日？

○ **23.** 两个小朋友分蛋糕，都想自己分到的多，但是只有一把刀。请参考密码学中的协议设计方法，设计切蛋糕和分蛋糕的规则（协议），以保证最终结果的公平。

○ **24.** 20 8 1 14 11/25 15 21/9/12 15 22 5/25 15 21/，这是出自一位古典密码学家的一句浪漫的话，你知道这句话是什么吗？（提示：a=1，b=2，…，z=26）

◇ **25.** 一口井深20米，一只熊不慎从井口跌到井底，只花了2秒。请问这只熊是什么颜色的？

◇ **26.** 密码由八位数字组成，其中有1 1 2 2 3 3 4 4，可以组成多少个不同的四位数？

○ **27.** 下面三组数字各有一个相同的条件，你能据此猜出5后面的数字吗？

1387
246
5？

◇ **28.** 1942年4月至5月，在美军截获的日军通讯中，有一个“AF”名称出现的频率和次数明显增多，罗奇·福特少校领导的情报小组绞尽脑汁，终于在堆积如山的电文中找到一份日军偷袭珍珠港时的电报，电文曾提到“AF”，说一架日军水上飞机需要在“AF”附近的一个小珊瑚岛上加油。为进一步证实这一推断的准确性，驻中途岛的美军奉命用浅显的明码拍发了一份作为诱饵的无线电报，谎称中途岛上的淡水设备发生了故障。果然，美军不久后截获一份日军密电，电文中说：AF可能缺少淡水。一切立时真相大白了。罗奇福特小组以此为突破口，一下子破译了反映日军舰队作战计划的所有通讯。这样，尼米兹不仅清楚掌握了日军夺取中途岛的战略企图，而且还查明了其参战兵力、数量、进攻路线和作战时间，甚至连对方各舰长的名字都了如指掌。你知道罗奇福特推断出“AF”指的是什么吗？

☆ **29.** 有一位富翁暴病而死，他儿子不知道巨额存款的密码，正在唉声叹气，幸而发现了老父亲写的4004这个密码线索和一些莫名其妙的算式（^表示指数运算）：

（1）7−33=−1　（2）4×9=39

（3）7^4=6　（4）8^7=8

（5）3+4×5=34（6）51÷2=2

这个儿子聪明绝顶，最终破译了老父亲的密码。于是他前往银行取出了巨额存款。请问银行密码是多少？

☆ **30.** 我们所下载的软件，是否和软件发布者所发布的版本一模一样呢？如何判断有没有被植入病毒呢？

○ **31.** 小明和小红是住在河两岸的好朋友，经常给对方赠送礼物。这条河上撑船的船夫有一艘小船和一个可以上锁的箱子，船夫愿意在这两户人家间运送东西。船夫有小偷小摸的毛病，虽然这两户人家为船夫支付了报酬，但只要箱子没上锁，船夫都会偷走箱子里的一些东西。如果小明和小红各有一把锁和只能开自己那把锁的钥匙，小明应该如何把东西安全送给小红呢？（锁和钥匙不能传递）

◇ **32.** 小明需要在公开场合对小红传递一串代表特殊含义的字符串110010000，两者之间只能通过大声说话传递消息，但如果直接说出这串字符会被他人听到从而暴露秘密。小红和小明如何利用一副扑克牌（去掉大、小王后共52张）在公开场合进行消息传递而不暴露呢？

○ **33.** 小华十分崇拜恺撒大帝，欣赏恺撒大帝在军事上的才能。十八岁生日这天，他收到来自父亲的生日礼物：一台表面刻有字母“Caesar”的定制笔记本电脑。小华十分喜欢父亲送的这份生日礼物，他特意设计了笔记本电脑的开机密码用来纪念父亲送给他的成人礼。为了避免忘记密码，小华在登录界面上留下了提示：18岁后的字母表：FATHER'S　GIFT。你能猜出小华设置的开机密码吗？

○ **34.** 虎符是古代皇帝调兵遣将的兵符，由黄金或青铜铸成伏虎的模样。虎符被劈成两块，一块交由朝廷保管，一块交由将帅保管。当皇帝需要调动军队时，便会派使者携带虎符前去发布命令。那么虎符究竟是如何发挥信物作用的呢？拥有虎符的将帅们及使者会不会利用自己手中的虎符去调动别处的军队呢？

◇ **35.** 老板有一份绝密的商业计划书准备交给五个人保管，老板购买了一个三位数密码的保险箱用来存放这份计划书，他将保险箱的密码设置为725。老板让五个人共同管理保险箱，但是他又不想把保险箱的密码直接告诉五个人，于是他决定透露给每个人一些关于每位密码进行四则运算的信息（例如密码的第一位数减去密码的第三位数为2、三位密码相加为14等）。请你为老板设计五条信息分别告知给五个人，使得五人中的三人在一起交流信息能够得出密码，而一个人靠自己的信息得不出密码。

☆ **36.** 为什么通过刷条形码就能识别商品？

◇ **37.** 如果知道某人的出生日期、出生地和性别，可以推算出他（她）的身份证号码吗？

○ **38.** 中国古代有一种文字形式叫藏头诗，表面上是一首普通的诗，但把每句的第一个字连起来读，就会呈现另一层意思。这可以算是一种换位加密法。如《水浒传》中的智多星吴用在玉麒麟卢俊义家中的墙上写下这样一首诗：

芦花丛里一扁舟，
俊杰俄从此地游。
义士若能知此理，
反躬难逃可无忧。

把每句第一个字拿出来，就是“卢俊义反”。吴用就是这样把卢俊义逼上梁山的。

沪剧《芦荡火种》是革命现代京剧《沙家浜》的前身。剧中讲到常熟县委书记陈天民乔装郎中，前来沙家浜给沙七龙看病诊脉，开出以下药方，你知道他暗示的是什么吗？

“防风水香和没药，当归天冬不能忘，最要紧寄生红花与石蜜，村醪半斤赛高粱。若问此方妙何处，妙处就在药名上，上上上。”

○ **39.** 一天，古罗马皇帝恺撒向前线指挥官发出一份密信“VWRS DWWDFNLQJ”，敌方情报人员截获密信后翻遍了英文词典，也查不出这两个词的意思。而古罗马军队指挥官却很快明白了密信的含义，因为古罗马皇帝同时也发出了另一条指令：“前进三步”。假如你是指挥官，根据这个指令，可以译出这份密信吗？

☆ **40.** Alice是一位令人惊讶的魔术天才，正表演关于人类意念的神秘技巧：Alice将在观众Bob选牌之前猜中Bob将选的牌！Alice在一张纸上写下她的预测，很神秘地将那张纸片装入信封并封上，将封好的信封随机地递给Bob：“请任意取一张牌。”Bob看了看牌，将之出示给Alice和观众，是方块7。现在Alice从Bob那里取回信封，并撕开它。在Bob选牌之前所写下的预测也是“方块7”，全场欢呼！

你可以破解这个魔术吗？又该怎么防止这种花招呢？

◇ **41.** 如何得到两个人的QQ共同好友，又不泄露双方的好友列表呢？

○ **42.** 为什么我们在设置口令密码时常被要求是字母、数字和字符的组合。

☆ **43.** 为什么大多数软件只提供重设密码功能，却不能真正找回原来的密码？

☆ **44.** 为什么比特币账户的密码一旦丢失，其中的钱就永远无法找回了？

☆ **45.** 核酸检测取样后，如何在检测是否含有病毒RNA的同时保护个人的基因隐私？

◇ **46.** 破译下列密码：2-4，2-1，3-4，4-2。（提示：元音密码的变形）

○ **47.** 小明给了一位盲人两颗除颜色以外完全相同的小球，他如何向这位盲人证明这两颗小球的颜色确实是不同的，而自己没有骗他呢？

○ **48.** 小红如何不用输入密码就能解锁手机？

☆ **49.** 想用搜索引擎搜索某个关键词，但又不想让其知道搜索了什么，要如何实现呢？

○ **50.** 狱中囚犯小明偷偷递出一张小纸条，上面写着四个字母：EVIL，让前来探监的小强把纸条拿给家人。你明白小明要表达的深层含义吗？

○ **51.** 漏格密码是16世纪的意大利数学家卡尔达诺发明的一种保密通信方法，而卡尔达诺漏格板是一张用硬质材料（如硬纸、羊皮、金属等）做成的板，上面挖了一些长方形的孔，即漏格。某军官写了如下的信息，并给出一串数字：8 9 19 28 29 30 31 36 37，请问他想要表达什么意思？

大	风	渐	起	，	寒	流	攻	击	着	我	们	的	肌	体	，	雪	花	从	天
空	中	落	下	，	预	示	明	天	5	点	的	活	动	，	开	始	时	会	有
困	难	。																	

○ **52.** 早不说晚不说，打一字。

○ **53.** 特洛伊木马病毒是什么？为什么叫特洛伊木马病毒？

○ **54.** 什么样的密码才能算一个好的密码？

○ **55.** 指纹识别和人脸识别哪个更方便？哪个更安全？

○ **56.** 手机中用于连接Wi-Fi网络的“Wi-Fi万能钥匙”软件安全吗？为什么？

○ **57.** 为什么用户登录时，一天内输错密码的次数要有限制？

○ **58.** 小明为自己的银行卡设置密码，以下哪个密码最不容易被别人破解？

A．他生日的日期

B．他的身份证后六位

C．246810

D．928463

○ **59.** 一个房间的开锁密码是6位数，从“7439217568”中去掉4个数字，剩下的数字前后顺序保持不变，组成最大的6位数字就是密码。请问密码是什么？

◇ **60.** 信用卡卡片上的信息中，属于个人私密信息的是什么？

○ **61.** 小明在某网站登录自己账号时忘了登录密码，尝试输错3次密码后，网站开始要求其每次输入密码前先通过图形验证码验证，在尝试6次后，网站要求他24小时以后再尝试。请问网站服务商如此设计是出于什么考虑？

◇ **62.** 你收到一条尾号是“95588”的陌生号码发来的短信，说你的电子银行密码器已过期，需登陆提示网站进行操作。你应该如何操作？

○ **63.** 古人有时会在信件封口处使用火漆，它起到什么作用，又是如何起作用的？

☆ **64.** 彩票公司需要生成一些随机数，为保证公平，该数应该满足什么性质？

◇ **65.** 外卖公司既要让骑手拨打用户的电话，又不希望在订单结束后让骑手知道用户的电话号码，如何做到这一点？

☆ **66.** 网购后提交差评时，有匿名机制。网购平台是如何避免将提交差评用户的信息暴露给商家的？

○ **67.** 如果你身为电影《南北少林》里赵威和司马燕的至亲，要为他们指腹为婚，让他们以后见到对方就知道对方是自己的未婚夫/妻，你会怎么做？

○ **68.** 唐代柳宗元的诗歌《江雪》有什么密码学奥妙？

千山鸟飞绝，万径人踪灭。
孤舟蓑笠翁，独钓寒江雪。

○ **69.** 明代徐渭的诗歌《平湖秋月》有什么密码学奥妙？

平湖一色万顷秋，湖光渺渺水长流。
秋月圆圆世间少，月好四时最宜秋。

◇ **70.** 宋代孔平仲的诗歌《寄贾宣州》有什么密码学奥妙？

高会当年喜得曹，日陪宴衎自忘劳。
力回天地君应惫，心狭乾坤我尚豪。
豕亥论书非素学，子孙干禄有东皋。
十年旧友相知寡，分付长松荫短蒿。

☆ **71.** 什么是反切码？

☆ **72.** 小区门禁卡可以复制吗？设想不加密情况下的复制过程。

☆ **73.** DNA密码是根据DNA序列加密和解密的新式密码，请问其优势是什么？

○ **74.** 老师给同学们出了一道问题：键盘上的Y65RFBJI87Y是什么意思？如何破解其中的密码？

◇ **75.** 马小跳打开电脑后的第一件事就是上QQ，打开QQ后，毛超的猴子头像闪了起来。毛超上来就问：”你也上QQ啦，你的QQ密码是什么啊？”

在经历了一次银行卡密码被盗事件以后，毛超动不动就想套出别人的各种密码。“密码是不能告诉别人的，我不是早就告诉过你吗？”马小跳不耐烦地回信息。

“肯定是6位数，对不对？”

毛超开始试探马小跳。

“咦，你怎么知道？”马小跳果然上了毛超的当。

“我聪明呗，你再给我点儿提示，我就能全猜出来。”其实毛超是因为他自己的QQ密码是6位数，所以猜马小跳的密码也是6位数。

马小跳也来了兴致，想考考毛超：“只要我给提示你就能猜出来吗？要是猜不出来，你得请我吃薯片。”

毛超想了想说：“没问题。”

“我的密码十位上是7，个位上是8。你说是多少吧？“这提示也太少了！”凭这个线索，毛超根本猜不出来。

“好吧，这可是最后一个提示了，我的密码每相邻3个数的和是16。”

不一会儿，聪明的毛超就把马小跳的密码算出来了。这回马小跳又得费脑筋重设密码了。你知道马小跳的QQ密码是什么吗？

◇ **76.** Alice和Bob通过微信聊天，如何让聊天的内容在其他人看到的情况下却不能理解？

◇ **77.** Alice想让Eve带一封信给Bob。Bob通过什么方式能够确认信的内容没有被改动过？

◇ **78.** Alice和Bob通过微信用文字聊天，通过什么方式能够确保双方都是本人在输入文字？

☆ **79.** 学校图书馆的数据库系统在不断更新数据，如何能够确保之前的数据是可信的，没有被人篡改过？

☆ **80.** 三个女明星如何在不暴露自己具体年龄的情况下，知道彼此年龄谁大谁小？

◇ **81.** 一次小测试后，小明和同桌开始了“比成绩”：

“你考得怎么样？”

“还凑合吧，你呢？”

“我也还可以，你多少分啊？”

“没你高。”

“你怎么知道没我高？”

“我猜的。”

“那你告诉我呗！”

“你怎么不说呢？我还想知道呢！”

……

显然，两个人都不想告诉对方自己的成绩，但又都想知道谁的分更高。有什么办法能让小明和同桌在不告诉任何其他人自己成绩的前提下，比出谁的分数更高吗？（提示：小测试满分是10分，小明手上还有纸和笔）

☆ **82.** 11位拜占庭将军去打仗，他们每个人对于战况都有自己的判断。他们要决定是进攻还是撤退，需要依靠传令兵来投票达成一致。当一个将军判断好应该进攻还是撤退时，就会派传令兵给其他将军报信，这样每位将军都会得到包括自己在内的11位将军的判断，而后他会根据多数人的判断行动。例如11个人中有7个人判断进攻，4个人判断撤退，那么所有人拿到这个结果后，都会去进攻。

现在的问题是，这11位将军中有2人是奸细，他们想要破坏这次作战行动。目前，他们已经收到了其他9位忠诚将军的投票：5人判断应该进攻，4位判断应该撤退。现在，这2个奸细应该怎么做才能破坏这次行动呢？

○ **83.** 小明终于向心仪的女生表白了，不过，女孩只给小明发了一条奇怪的短信，内容是一串数字：4353638332936382。

“这是什么意思？是你的手机号或QQ号吗？这也太长了吧！”

“你没用过九宫格输入法吗？”

你猜到女生的短信是什么意思了吗？

○ **84.** 小明是学校密码协会的成员，一天，他受邀去参加协会的讨论活动。奇怪的是，邮件上通知的时间和地点像是乱码。只见邮件的最后写着：“明天!$:#)教学楼#)%不见不散！”

“什么意思？什么时候在教学楼的哪里啊？”小明很诧异。正当他打算回邮件给社长时，看到键盘，他反应过来了——原来如此！你能猜到小明明白什么了吗？乱码究竟透露了什么信息呢？

◇ **85.** 在一场战斗中，经过破译敌人的密码，我们已经知道“香蕉苹果大鸭梨”的意思是“星期三秘密进攻”；“苹果甘蔗水蜜桃”的意思是“执行秘密计划”，“橙子香蕉西红柿”的意思是“星期三的胜利属于我们”。那么，你知道“大鸭梨”的意思是什么吗？

◇ **86.** 电影《天才枪手》中，女主角是如何在不被发现的情况下向同学传递答案的呢？

○ **87.** 电影《唐伯虎点秋香》中，唐伯虎写了这样一首诗：

我闻西方大士，
为人了却凡心。
秋来明月照蓬门，
香满禅房幽径。
屈指灵山会后，
居然紫竹成林。
童男童女拜观音，
仆仆何嫌荣顿？

你能看出来唐伯虎想要表达什么吗？

◇ **88.** 13-3-2-21-1-1-8-5

O Draconian devil!
（啊，严酷的魔王！）
Oh Lame Saint!
（啊，瘸腿的圣徒！）

这是小说《达·芬奇密码》中出现的一段密码。故事中，卢浮宫博物馆馆长被人杀害，临死前写下了这段文字，其中隐藏了什么信息呢？

○ **89.** 小明在键盘上敲出22 15 19 14 16，请破解他要传递的信息。

◇ **90.** 公元683年，唐中宗继位。随后武则天废唐中宗，立第四子李旦为皇帝，专断朝政大事。徐敬业等人对此不满，于是聚兵十万，在江苏扬州起兵。裴炎做内应传递秘密信息被武则天截获，密信上只有“青鹅”两个字，群臣对此疑惑不解，最后，武则天破译了密信并派兵击败了徐敬业等人。你知道“青鹅”二字蕴含着什么信息吗？

◇ **91.** 一位亿万富翁用苹果、梨、桃这三种水果的图案组合成保险柜的密码，不同的水果图案表示不同的数字。他死后，家人拿着水果密码想了很长时间，也没弄清楚真正的含义。这时，律师将富翁生前写的一道水果算式●▲★★+●▲★+●★+●=1998交给家人，家人看后很快就猜出了保险柜的密码。

如果用“●”代表苹果，“▲”代表梨，“★”代表桃，写出的密码是●★▲★●，你能据此猜出保险柜的密码吗？

◇ **92.** 小张在电脑中设置了系统登录密码，小张的三位朋友甲、乙、丙想破译它，但他们只知道这个密码是5位数字。于是甲、乙、丙根据小张平时打开电脑时输入密码的手势，分别猜测密码是51932、85778和74906。但他们每人都只猜对了两个数字（注意，这里的猜对是指数字及其对应位置正确），而且这两个数字还不相邻。请问小张电脑的登录密码是什么？

○ **93.** 我们看电影、电视剧时，经常遇到密码破译的故事情节。在军事和商业上，经常采用密码，而破译密码需要有解密的“钥匙”。

下面我们也来破译一个电话号码：一名间谍在他所追踪的人拨打电话时（话机是拨盘式的，话机上的数字排列顺序是1，2，3，4，5，6，7，8，9，0，图中画出了拨数字5时相应的小孔穿过的路线），随着拨号盘转回的声音，用铅笔以同样的速度在纸上画线，他画出的6条线如下图所示。

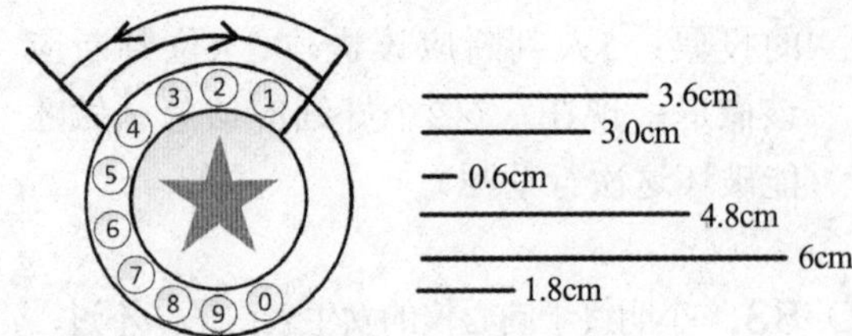

他很快就知道了那个人所拨的电话号码，请问间谍是如何知道的？这个电话号码是什么？

◇ **94.** 维热纳尔继承前人的经验，创造出维热纳尔方阵，从而克服了词频分析法能够轻易破解密码的弊端，成为一种较为强大的密码编译形式。

00ABCDEFGHIJKLMNOPQRSTUVWXYZ
01BCDEFGHIJKLMNOPQRSTUVWXYZA
02CDEFGHIJKLMNOPQRSTUVWXYZAB
03DEFGHIJKLMNOPQRSTUVWXYZABC
04EFGHIJKLMNOPQRSTUVWXYZABCD
05FGHIJKLMNOPQRSTUVWXYZABCDE
06GHIJKLMNOPQRSTUVWXYZABCDEF
07HIJKLMNOPQRSTUVWXYZABCDEFG
08IJKLMNOPQRSTUVWXYZABCDEFGH
09JKLMNOPQRSTUVWXYZABCDEFGHI
10KLMNOPQRSTUVWXYZABCDEFGHIJ
11LMNOPQRSTUVWXYZABCDEFGHIJK
12MNOPQRSTUVWXYZABCDEFGHIJKL
13NOPQRSTUVWXYZABCDEFGHIJKLM
14OPQRSTUVWXYZABCDEFGHIJKLMN
15PQRSTUVWXYZABCDEFGHIJKLMNO
16QRSTUVWXYZABCDEFGHIJKLMNOP
17RSTUVWXYZABCDEFGHIJKLMNOPQ

18 STUVWXYZABCDEFGHIJKLMNOPQR
19 TUVWXYZABCDEFGHIJKLMNOPQRS
20 UVWXYZABCDEFGHIJKLMNOPQRST
21 VWXYZABCDEFGHIJKLMNOPQRSTU
22 WXYZABCDEFGHIJKLMNOPQRSTUV
23 XYZABCDEFGHIJKLMNOPQRSTUVW
24 YZABCDEFGHIJKLMNOPQRSTUVWX
25 ZABCDEFGHIJKLMNOPQRSTUVWXY
26 ABCDEFGHIJKLMNOPQRSTUVWXYZ

以上就是维热纳尔方阵，它由明码表（第00行的字母）、密码表（下面26行）和密钥组成，请问下面这个密码的明文是什么？

密钥：FRZY

密码：QFUC

◇ **95.** 栅栏易位法就是把将要传递的信息中的字母交替排成上下两行，再将下面一行字母排在上面一行的后边，从而形成一段密码的方法。

TEOGSDYUTAENNHLNETAMSHVAED

请问上面这段密码的明文是什么？

◇ **96.** 恺撒密码是一种简单的移位密码，下面给出明码表和密码表。

明码表：

ABCDEFGHIJKLMNOPQRSTUVWXYZ

密码表：

DEFGHIJKLMNOPQRSTUVWXYZABC

如果密文是IUCB，请问破译出来的明文是什么？

◇ **97.** 已知一串数字：110 10010 11010 11001，如何用破译出明文？（提示：进制转换）

○ **98.** 小明收到一条密码短信：hep poo6。根据字母形状，请问破译后的明文是什么？

◇ **99.** 无论计算机键盘，还是手机键盘，都是输出密码的便捷工具，可以用错位或者排列形状等方法进行加密。此外，手机键盘还可以在键盘的字母上做文章，可以用51表示j，用73表示r等。例如，r4a6这个密码是利用计算机键盘将明文字母分别向上移动一个位置得到的，破解后的明文为frzy。

请问以下这组数字破译后的明文是什么？

852 74123 741236987 426978974123456 7412369

◇ **100.** 小明收到一条奇怪的信息：

24.9.1.15/

24.9.14/

你可以帮小明破译吗？

参考答案

1. 需要从两个层次解析密文。第一层是恺撒密码，偏移量为2。将密文的每一个字母在26个英文字母表上找到对应的位置，并向前位移2个位置。得出WLDWELON。

根据题目提示的栅栏数2可以得知第二层是栅栏密码：将用恺撒密码解出的WLDWELON分成两组。第一组：WLDW；第二组：ELON。将第二组字母顺序插入第一组中得出最终答案：WELLDOWN。

2. 两个数字一组很容易看出第二个数字都在1～4内，可以看一下手机的九宫格输入法，每一格最多四个字母，第一个数字代表1～9数字键下的字母，第二个数字代表第几个字母。例如：21＝a，22＝b，23＝c，31＝d。所以，最终答案是love。

3. 先看6组字母组合，它们都由5个不重复的字母组成，且这些字母组合只由A，B，C，D，E，F这6个字母构成，这就意味着每一组字母组合都缺少一个字母，再将每组所缺少的字母按顺序组合排列，就是答案ABCEFD。

4. 草莓的英文是strawberry，即v-s, w-t u-r, d-a, z-w, e-b, h-e, u-r, u-r, b-y，这是按照26个字母顺序倒退位移3得来的，所以dssoh对应apple，即苹果。

5. 这段话出现的标点符号当中，对应数字键的标点符号分别是！%￥（）……而这几个符号分别对应1, 5, 4, 9, 0, 6，所以密码是154906。

6. Mendeleev（门捷列夫）发明了元素周期表。因此，把数字一一对应元素，得到I Am BeCKHAm。即I am Beckham（我叫贝克汉姆）。

7. 石门下刻有“道二一，其所生也。”让人联想到《道德经》中的“道生一，一生二，二生三，三生万物。”所以，“道”之“所生”为“一”，“二”之“所生”为“三”，“一”之所生为“二”，即“道二一”之“所生”为“一三二”。所以石门密码为“一三二”。

8. 据恺撒密码，江乔先前故意询问了陈笙地球自转方向，后来又特意让陈笙在七夕思考该问题，地球自转方向为自西向东，根据“上北下南，左西右东”可以得到，该位移方向为向右，七夕即是位移数为7，结合英文字母表，将密文向左位移7位：D=W，L=E，Z=S，A=T，S=L，H=A，R=K，P=E，Z=S，B=U，K=D，P=I，则明文解得west lake sudi，即西湖苏堤。

9. 第一关，根据英文字母表，向左位移4位，即fantasic；第二关，向右偏位移2位，即comgrbtibtion。

10. 第四队。提示是password in the water，即password在水中。password映在水中的镜像是“brow22aq”，其中brow有“额头”的意思，所以是额头发带印着22AQ的那支队伍。

为什么是镜像呢，“33IQ队员看到水中自己的模样明白了英文提示的含义”，这是给答题者的重要提示，33IQ队员在水中看到的就是自己的镜像，也看到了额头上33IQ的数字和字母的镜像，所以才突然明白了那段英文提示的含义。

11. 只有B项与题目已知信息不矛盾，4个字母不是连续排列的，3+7+2+6=18>15，符合条件（1）和（3）；A项与（3）矛盾，C项与（2）矛盾，D项与（2）矛盾，E项与（1）矛盾。

12. 题中提到哈希密码，将81bdf501ef206ae7d3b92070196f7e98进行MD5解密（可参考MD5破解网站），得到sniper5948，再将5948去掉，得到密码sniper。

13. 短信是手机发的，用手机九宫格输入法按出b需要按2次2，3号键按3次是f。将字符串两个一组分开33 53 21 41 43 74 74 43 61 71 53 32。信息中隐藏的内容是flag is simple。

14. 首先，那串密码是摩尔斯密码，摩尔斯密码解密得到KIQLWTFCQGNSOO。由提示信息可知是QWE加密法（以标准键盘的字母顺序映射A～Z的字母），解密翻转后得到IILYOAVNEBSAHR。这串字母中包含‘L’‘O’‘V’‘E’，与题目中的‘爱’字呼应，由提示“栅栏”得知是栅栏加密法。以2个字符为1栏，排列成7×2的矩阵，得到密码iloveshiyanbar。

15. 根据剩余定理解方程组，得到鸭子总数为23。

16. 密文出现了“SNOW”“IS”等有明确含义的英文单词，可以猜测是由于网络传输原因导致字母顺序的错误，将部分字母重新排列成为有意义的单词和语句即可得到答案：SNOW IS FORECAST FOR THE LANTERN FESTIVAL。

17. 将n把钥匙作为一个序列：1, 2, …, n，正确的钥匙放在每个位置上都是等可能的，概率为$1/n$。如果放在位置1，需要尝试1次才能成功解锁，如果放在位置2，需要尝试2次才能成功解锁，如果放在位置n需要尝试n次才能成功解锁，故平均尝试$(1+n)\times n/(2\times n)=(n+1)/2$次。当$n=21$，平均需要尝试11次。

18. 每句第4个字连起来便是：人在上海。

19. 为了确保进行操作的是人而非机器，

进而防止抢票软件登录。

20. 此题为“生日悖论”，是指如果一个房间里有23个或23个以上的人，那么有两个人的生日相同的概率至少要大于50%。

21. 看到矩阵想到是希尔密码（Hill Cipher）加密，将字母变换得到：

d o u z j u w g n对应4 15 21 26 10 21 23 7 14

l g s i l s o a y对应12 7 19 9 12 19 15 1 25

对密钥矩阵求逆，得到$\begin{pmatrix}1 & -2\\ 0 & 1\end{pmatrix}$将密钥的逆矩阵与密文变换成的矩阵做乘法运算，得到：

$$\begin{pmatrix}1 & -2\\ 0 & 1\end{pmatrix}\times\begin{pmatrix}4 & 15 & 21 & 26 & 10 & 21 & 23 & 7 & 14\\ 12 & 7 & 19 & 9 & 12 & 19 & 15 & 1 & 25\end{pmatrix}=\begin{pmatrix}-20 & 1 & -17 & 8 & -14 & -17 & -7 & 5 & -36\\ 12 & 7 & 19 & 9 & 12 & 19 & 15 & 1 & 25\end{pmatrix}$$

将得到的矩阵mod26（26字母），得到：

$$\begin{pmatrix}6 & 1 & 9 & 8 & 12 & 9 & 19 & 5 & 16\\ 12 & 7 & 19 & 9 & 12 & 19 & 15 & 1 & 25\end{pmatrix}=\begin{pmatrix}f & a & i & h & l & i & s & e & p\\ l & g & s & i & l & s & o & a & y\end{pmatrix}$$

可得明文：flag is hillissoeapy，所以隐藏信息是hillissoeapy。

22. （1）2人。一年最多有366天，即使366天每天都有小朋友过生日，仍有34个小朋友与其他小朋友同一天过生日，所以至少有2人在同一天过生日。

（2）0人。如果大家都是同一天生日，则至少是0人单独过生日。

（3）35人。要求至少有多少人不单独过生日，根据一年最多有366天，即使366天每天都有小朋友过生日，仍有34个小朋友与其他1个小朋友同天过生日。

400÷366=1……34（人）

34+1=35（人）

23. 密码学中的协议三要素是：1. 协议至少有两个参与者；2. 协议必须完成某项特定任务；3. 协议的每一步必须按照次序执行。

为保证公平，可以这样设计分蛋糕的规则（协议）：两个人首先任意选择一个人切蛋糕；蛋糕切好后，由另一人优先选择两块蛋糕之一。这样设计的原因是，切蛋糕的人后拿到蛋糕，为了保证自己拿到的蛋糕尽量大，他只能选择将蛋糕平均切开，否则，另一人将优先选择更大的蛋糕。

24. 解密的方法很简单，只要把a=1，b=2，…，z=26代入code，就可以得到明文：Thank you I love you。

25. 深20米跌落时间是2秒，可以算出重力加速度是10米每二次方秒，地球上只有两极地区的重力加速度是10米每二次方秒，而南极没有熊，只有北极，即北极熊。所以这只熊是北极熊，是白色的。

26. 204个。第一位数字有4种选择，第二位数字有2种情况：情况A，选择与第一位数字相同的数字，这样第三位数字和第四位数字都有3种选择，此时有4×1×3×3=36种。情况B，选择与第一位数字不同的数字，这时第二位有3种选择，此时，第三位的选择又可以分为2种情况：情况B1，选择只剩下1个的数字，这样第三位有2种选择，第四位有3种选择，此时有4×3×2×3=72种；情况B2，选择剩下2个的数字，这样第三位有2种选择，第四位有4种选择，此时有4×1×2×4=96种。将所有情况相加，得到36+72+96=204种。

27. 5后面是9。按照中文发音规则：第一组数字发一声，第二组数字发四声，第三组的5是三声，那么其他数字都是10以内的数字，且余下的数字9也是三声。

28. 根据“AF”附近的一个小珊瑚岛等信息，可以推测出“AF”代表的是一个地理位置，很可能是一个岛屿，再根据美军无线电报“中途岛上的淡水设备发生了故障”与日军密电“AF可能缺少淡水”的对应关系，可以推断“AF”代表中途岛。

29. 我们选择算式（1）为突破口：某个一位数减去二位数后居然得到了负的一位数，可见“33”只能是“11”，因为如果是“22”“33”……“99”的话，得到的结果必然是两位数，而不是一位数。所以“3”相当于普通记法的“1”。

算式（2）也很关键，其中出现了两个“9”。由于“3”已肯定为“1”，所以算式（2）只能是3×5=15或6×2=12。然而6×2=12是不可能的，因为如果“4”相当于“6”的话，那么算式（3）将是某个数的6次方了，而这显然不行，所以算式（2）只能是3×5=15。于是，我们又破译出两个数：“4”是“3”，“9”是“5”。

接着，我们可推出算式（3）的真正意义是2^3=8，即2的3次方等于8，所以“7”相当于“2”，“6”相当于“8”；由算式（4）可以判定“8”只能是“0”。

再看算式（1），因为“7”相当于“2”，所以算式（1）的真正意义是2−11=−9，由此而知“1”相当于“9”。

于是，算式（6）的真正意思是49÷7=7，所以“2”相当于“7”；算式（5）所代表的等式，其实就是1+3×4=13。

综合上述结果，已知老父亲写的4004这个数字对应的巨额存款的银行密码是3663。

30. 在密码学中，有一种函数叫作哈希函数（Hash）。这类函数将任意长度的数据通过哈希算法得到一个固定长度的输出值，该输出值就是哈希值。简单来说，就是将任意长度的消息压缩到某一固定长度的摘要消息的函数。

这类函数有以下特点：1. 给定任意的哈希值，在有限时间内很难逆推出明文。2. 哪怕输入的数据信息被轻微修改，输出的哈希值也会有明显的变化。3. 任意输入不同的数据，其输出的哈希值不可能相同，如果给定一个数据块去找出其具有相同的哈希值，几乎是不可能的。

所以，为了保证软件没有被修改过，官方在出品软件时，都会把软件的正确哈希值标出来，下载完软件后，可以把软件的哈希值和官方给出的哈希值进行对比。如果相同，说明此软件是没有被修改过的。如果不同，就要提高警惕，这个软件可能是被他人或者病毒程序篡改过的。

31. 小明把物品放进箱子，用自己的锁把箱子锁上，然后让船夫送给小红。小红拿到箱子后，再在箱子上加一把自己的锁，让船夫送给小明。箱子运回小明家后，小明取下自己的锁，再次让船夫把箱子送给小红。箱子再运到小红手中时，小红取下自己的锁，此时就能安全获得小明传递的物品了。

32. 小明可以将这副牌随机且秘密地分一

半给小红，并公开地约定牌的顺序，例如红桃A～K，黑桃……然后当要传递第i个位置的‘0’或‘1’时，小明可以大声地说出第i张牌是否在自己手中。若要传递的位置i上的字符为1，则说真话；若要传递的位置i上的字符为0，则说假话。小红对照自己手中的牌，就可以在公开场合下知道所要传递的消息了。

33. 小华十分崇拜恺撒大帝，所以他在设计密码的时候采用了恺撒加密法，即明文中的所有字母都在字母表上按照一个固定数量进行位移后被替换成密文的方法。小华在登录界面上所留下的提示“18岁后的字母表”在暗示他是根据字母表进行密码设计的，“18岁后”意味着按照字母表向后位移18。所以按照恺撒密码的规则，将小华在登录界面留下的明文FATHER'S GIFT进行位移后得到电脑登录密码为XSLZWJ'K YAXL。

34. 古代的虎符被一分为二后，留有子母口可以拼合，右符存于朝廷，左符留在将帅手中。当皇帝需要调兵遣将时，派使者携带虎符去往前线，这时军队的将帅会取出自己手中的虎符来验证。如果两个符能互相拼合，将帅才会执行军令。如果两符无法相合，将帅就无法凭借自己的虎符去调动别地的军队。虎符在锻造的时候要考虑专符专用、一地一符，为的就是不能用一个虎符同时调动两个地方的军队。

35. 此题可以用三元一次方程的思路来解答，密码的第一、第二、第三位数字可以视为三个未知数X、Y、Z，每条信息相当于一个方程，任意三条信息能求出未知数的解，则五条信息需要满足的条件是：（1）每条信息是一次方程；（2）每条信息至少与一个未知数有关系；（3）五条信息对应的方程，两两之间不能互化，即不能出现一个方程是X+Y=9，另一个方程是2X+2Y=18的情况。因此，五条信息可以设计为：

（1）密码的第一位数减去密码的第三位数恰好是密码的第二位数；

（2）密码的第一位数和第二位数相加为9；

（3）三位密码相加为14；

（4）密码的第三位数减去第二位数等于3；

（5）密码的第一位数减去第二位数等于5。

36. 条形码是由宽度不同、反射率不同的条和空按照一定的编码规则（码制）编制的，用以表达一组数字或字母符号信息的图形标志。常见的条形码是由黑条和白条组成的。

由于不同颜色的物体，尤其反射率相差较大的物体反射可见光的波长不同，如白色物体能反射各种波长的可见光，黑色物体则吸收各种波长的可见光。所以当条形码扫描器光源发出的光经光阑及凸透镜照射到黑白相间的条形码上时，反射光经凸透镜聚焦后，照射到光电转换器上，于是光电转换器接收到与白条和黑条相应的强弱不同的反射光信号，并转换成相应的电信号输出到放大整形电路中。

白条、黑条的宽度不同，相应的电信号持续时间长短也不同。但是，由光电转换器输出的与条形码的条和空相应的电信号一般仅约10毫伏，不能直接使用，因此要先将光电转换器输出的电信号送至放大器放大。放大后的电信号仍然是一个模拟电信号，为了避免由条形码中的疵点和污点导致的错误信号，在放大电路后需加一整形电路，把模拟信号转换成数字电信号，以便计算机系统准确辨读。

整形电路的数字电信号经译码器译成数字、文字等信息，它通过识别起始、终止字符来辨别条形码的码制及扫描方向；通过测量数字电信号0、1的数目来辨别条和空的数目；通过测量0、1信号持续的时间来判别条和空的宽度。便完成了条形码辨读的全过程。

37. 不能。因为身份证是由以下四部分组成的：1～6位的地区代码，7～14位的出生日期，15～17位的顺序码（其中第17位代表性别，奇数是男性、偶数是女性），第18位的校验码。因此，即使知道某人的出生日期、出生地和性别，还需要有顺序码和校验码，否则无法知道其身份证号。

38. 以药名藏头方式给出暗示，即把每种药名的第一个字提出来念：防风、水香、没药、当归、天冬、寄生、红花、石蜜、村醪，就是“防水没，当天寄红石村”，即为了防止阳澄湖水淹没芦苇荡，要把新四军伤病员当天送往红石村。

39. 密信的明文恺撒大帝发出的指令“前进三步”是关键，暗示将密文按字母表顺序向后位移3位，解出的明文是“STOP ATTACKING”，意思是让军队“停止进攻”。

40. 这个魔术的要点在于，Alice在最后（从观众手里取回信封后）替换了信封。

然而，密码协议能够提供防止这种花招的方法，比如可以采用承诺方案。Alice想对Bob承诺一个预测（如方块7），由观众Bob直接揭示Alice的预测。

这里涉及比特承诺的概念：Alice把消息m放在一个箱子里并锁住（只有Alice有钥匙可以打开箱子）送给Bob；当Alice决定向Bob证实消息时，Alice会把消息m及钥匙给Bob；Bob能够打开箱子并验证箱子里的消息是否与Alice出示的消息相同，并且Bob确信箱子里的消息在他保管期间没有被篡改。

41. 对QQ号求哈希值，然后进行比较，哈希值相同的即为共同好友。

42. 密码口令设置成字母、数字与符号的组合是因为字母、符号与数字的排列组合扩大了密码明文空间，增加盗号以及密码破解的难度，从而提升账号安全性。

43. 因为大多数软件为了保护用户登录密码，并不会在服务器端保存它们，而是保存密码的哈希值，用户输入密码后，服务端只要对比对应的哈希值是否一致即可，所以它们并不能向用户提供忘记的密码，只能让用户重设。

44. 因为私钥决定了对应账户比特币的所有权，比特币通过椭圆曲线密码算法来保证任何人都无法从我们的公钥推导出私钥，而椭圆曲线密码算法是一种基于离散对数困难问题构造的安全加密算法。目前，比特币钱包为了防止用户误删丢失私钥，还会让用户通过更易记忆的“助记词”作为第二私钥，它是私钥的另一种表达形式，即便私钥丢失，还可以通过助记词恢复，但如果助记词也丢失了，那比特币就真的找不回来了。

45. 将提取后的核酸直接利用特定的化学荧光反应检测病毒核酸，不会检测到或泄露其他基因；如果需要记录用户基因数据，可对数据库进行加密处理。

46. 元音密码表的编写方法是：先写下26个字母，在每个元音字母下标数字，如A=1，E=2，I=3，O=4，U=5。然后根据每个元音右边的辅音次序，在每个辅音下标上相应的数字。如B位于元音A右边第一的位置，所以用数字11来代表（意思是第一个元音右边的第一个字母）；Y位于元音U右边第四的位置，因而用数字54来代表。

此题的提示表示答案元音密码略有不同：将密码按元音分成五组，破折号前表示的是第几组，破折号后表示该段落的第几个字母。再看字母表：abcdefghijklmnopqrstuvwxyz。根据此题，第二组是e开头，第四个字母是h；以此类推，答案是help。

47. 盲人两只手各拿一颗小球并向小明展示，然后把手放到背后小明看不到的地方选择交换两手中拿的小球或不交换，重新向小明展示自己手中的球，让小明说出两小球的位置是否被交换，重复多次，如果小明总是能说对，则证明两个小球的颜色确实是不同的。

通过这种方式，如果我们每次都回答正确，盲人就可以相信两个小球的颜色是不一样的。这个例子向我们展示了密码学零知识证明的强大能力：证明一个结论但不泄露任何其他信息。

48. 小红可以通过指纹、虹膜或人脸识别来解锁手机，这是属于人类特有的生物密码。

49. 利用可搜索加密技术加密搜索引擎的数据库，可以在不泄露隐私的情况下搜索想要的结果。或者使用一个第三方服务器搜索大量内容（包含想要的结果）并返回给用户。

50. 将EVIL逆序拼写可以得到：LIVE。

51. 根据问题，漏格的位置与那串数字串有关，每个数字代表相应的位置，按表格从左到右计数，如数字8代表第八个方格，其对应的文字是“攻”。以此类推，便可得到数字串对应的信息：攻击从明天5点开始。

<table>
<tr><td></td><td></td><td></td><td></td><td></td><td></td><td></td><td>攻</td><td>击</td><td></td><td></td><td></td><td></td><td></td><td></td><td></td><td></td><td></td><td>从</td><td></td></tr>
<tr><td></td><td></td><td></td><td></td><td></td><td></td><td></td><td>明</td><td>天</td><td>5</td><td>点</td><td></td><td></td><td></td><td></td><td>开</td><td>始</td><td></td><td></td><td></td></tr>
<tr><td></td><td></td><td></td><td></td><td></td><td></td><td></td><td></td><td></td><td></td><td></td><td></td><td></td><td></td><td></td><td></td><td></td><td></td><td></td><td></td></tr>
</table>

52. 谜底为“许”，早不说，晚不说，那就是“午”“说”（讠），即“许”。

53. 特洛伊木马（Trojan Horse）这个名称源于公元前12世纪希腊和特洛伊之间的一场战争。希腊军队隐藏在巨大木马中被拉进特洛伊城，并在深夜偷袭了特洛伊城。而特洛伊木马病毒是一种典型的网络病毒。它以特洛伊木马那样隐蔽的方式进入目标机器，对目标机器中的私密信息进行收集和破坏，再通过互联网，把收集到的私密信息反馈给攻击者。

54. 理论上最安全的密码是随机地由字母（包括大写和小写）、数字、标点符号和特殊字符组合而成的。密码中不应该包含容易让人获得的信息，也不应该是常见的字词，而且长度不能太短。

55. 仁者见仁智者见智。有人认为在拿到手机的时候就可以用指纹识别触发手机，而人脸识别需要将手机对准人脸才可以。然而，并不是所有的手机都配备指纹识别，所以很多大数据平台利用手机前置摄像头和人脸识别的方式进行验证，因此人脸识别更便于推广。从某厂商发布的数据看，目前人脸识别比指纹识别更安全。

56. 不安全。现有技术手段无法破解WPA的加密方式。“Wi-Fi万能钥匙”软件并非破解别人加密的Wi-Fi网络的密码，而是将已知的免费公共Wi-Fi网络的资源集中在一起。因此，当通过“Wi-Fi万能钥匙”软件接其他Wi-Fi网络时，自己的Wi-Fi网络密码等信息也暴露在“Wi-Fi万能钥匙”软件的数据库中。此外，窃听者可利用其Wi-Fi路由器将其中的信息解密，达到盗取个人隐私的目的。

57. 设定密码输入次数最大值是为了防止不法分子通过穷举法破解用户密码。

58. D。因为这个密码不涉及小朋的个人信息，也没有什么规律性，不易被猜到。

59. 密码是927568。为了保证得到的数字尽可能最大，需要将首位尽可能设置得最大。观察到数字“9”出现在第4位，因此去掉前3位，能够得到“9”开头的数字。在剩下的数字“9217568”中，只能去掉1位数字，选择去掉数字“1”，能够得到最大的6位数字。

60. CVV/CVC码。CVV是Card Verification Value的缩写，CVC是Card Validation Code的缩写，二者都是信用卡验证码，也可以理解为信用卡安全码或个人安全码。

61. 可以有效防止他人非法暴力尝试破解用户密码。

62. 报警或向银行官方电话咨询、求证，发现诈骗行为应向国家网络不良与垃圾信息举报受理中心（www.12321.cn）举报。

63. 火漆主要用于保护机密信件。在信件传递途中，如果有人打开信件，火漆就会破损。因此，收件方只要看到完整的火漆，就可以确定该信件没有被人私自拆封。

64. 应该既有统计学上的随机性，即各大小的数出现概率大致相等），也有密码学上的随机性，即给定一部分随机值和算法，无法预测。

65. 平台生成一些虚拟手机号并关联用户手机号。骑手拨打时，拨到平台，再由平台转接到用户。订单结束后，平台解除虚拟手机号和用户手机号的关联。

66. 将评价信息乱序处理，积攒一段时间后去掉用户信息并统一向商家提供。

67. 可以找一块玉佩，断为两瓣，各家一块，作为饰品分别挂在司马燕和赵威脖子上，然后告诉两个小孩，以后遇到能与自己身上的玉佩吻合的玉佩主人，那么对方就是自己的未婚夫/妻。

由于断面的不规则性，伪造一块能完全吻合的玉佩几乎是不可能的，从而保证玉佩的身份认证功能。

68. 这首五言绝句每句开头一字连起来为“千万孤独”，配合作者的描述，将其心意表达得更透彻，堪称绝妙，可以称得上最有意境的藏头诗之一。

69. 这是明朝文学家徐渭游西湖时，面对平湖秋月的胜景，即席创作的七言绝句，其中藏头四字恰为“平湖秋月”。

70. “贾宣州”就是贾易，北宋元祐年间，曾被贬官知宣州，《宋史》有传。孔平仲赠他的这首诗回顾了两人的交情。每句第一个字，都是上一句末一字的下半部分。如“日”藏于“曹”之下，“力”藏于“劳”之下等。末句末一字“蒿”中又隐藏着首句第一个字“高”，形成首尾相接的关系。

71. 反切注音方法出现于东汉末年，是用两个字为另一个字注音，取上字的声母和下字的韵母，“切”出另外一个字的读音。“反切码”就是在反切注音方法的基础上发明的，发明人是著名的抗倭将领、军事家戚继光。戚继光还专门编了两首诗歌作为“密码本”：一首是：“柳边求气低，波他争日时。莺蒙语出喜，打掌与君知。”；另一首是：“春花香，秋山开，嘉宾欢歌须金杯，孤灯光辉烧银缸。之东郊，过西桥，鸡声催初天，奇梅歪遮沟。”

这两首诗歌是反切码全部秘密所在。取第一首中的前15个字的声母，从1～15依次编号；取第二首36字韵母，从1～36顺序编号。再将当时字音的八种声调从1～8依次编号，形成完整的“反切码”体系。使用方法是：如送回的情报上的密码有一串是5 25 2，对照声母编号5是“低”，韵母歌编号25是“西”，两字的声母和韵母合到一起是di，对照声调是2，就可以切出“敌”字。戚继光还专门编写了一本《八音字义便览》，作为训练情报人员、通信兵的教材。

72. 可以复制，对于没有加密算法的门禁卡，直接复制门禁卡ID即可；有加密算法时需要空中截获。

73. 1g DNA密码可以存储102TB数据，具有高存储密度和高并行性。

74. 解题的关键是计算机全键盘（QWERTY键盘）上的按键组合，键盘上的Y65RFBJI87Y各按键所围成的图形，是爱心的形状。

75. 马小跳密码的十位和个位数字之和是15，因为每相邻3个数的和是16，所以百位应该是1：百位和十位数字之和是8，那么千位的数字应该是16-8=8；千位和百位数字之和是9，那么万位上应该是16-9=7，同理可以推断出，十万位的数字是1，所以马小跳的密码是178178。

76. 双方可以事先约定以某种加密方式发送消息，如最简单的移位密码，设定位移数为2，则用字母C表示字母A，用字母D表示字母B，以此类推。

77. 双方可以事先通过约定某种方式来验证消息的完整性，如将消息先转换为拼音，Alice将拼音中所有字母对应数字（A对应1，…，Z对应26）加起来求和，将得到的结果通过秘密、可靠信道发送给Bob，Bob收到信后通过同样方式计算得到结果，如果与Alice发送的数值相同，则信的内容大概率没被改动过。但可能出现小概率事件，即改动后的数值跟之前的结果相同，在密码学中，可以采用消息认证码技术来避免此类小概率事件。

78. 双方事先约定在每条信息中附上对方能够识别的身份信息，身份信息本来应该由数字签名实现，而在微信文字中，可以通过一定方式来模拟身份认证。如双方约定每条信息发送时，都要附上一个数字，数字的计算方式与当前时间和消息长度相关，如2021年3月2日发送了一条10个字的消息，则计算2021+3210=5231作为附加消息。双发收到消息时，验证附加消息的正确性，如果是对的，则能判断是对方本人在输入文字。

79. 可以将每次更新数据的哈希值存放到公开的区块链上，利用区块链的可追溯、不可伪造性，以及哈希计算的单向性防止数据被篡改。

80. 此题是著名的“百万富翁”问题的延伸，可以通过安全多方计算（SMPC）技术来解决；也可以采用比较简单的方式，如借助可信的第三方来解决，即将自身数据发送给第三方，让第三方对结果进行比较，并将结果发送给每个人；还可以通过黑盒子来解决，三个人可以将自身年龄以区间的形式写到纸上，各自放入黑盒子中，通过比较，可以获知自身年龄所处大小顺序，而不知道其他二人年龄。

81. 小明将纸撕成10条，偷偷地按照自己的成绩，8张纸条打上○，剩下的2张纸条打上×。随后，他把纸条揉成团，按顺序摆了10个纸团到同桌面前。“一会儿，你考了多少分，就拿第几个纸团，从左往右数。然后打开看里面画了什么，告诉我就行了！”说罢，小明转过身去。同桌将信将疑地拿起了第8个纸条——他考了8分，打开之后，发现里面有个○。他拍了拍小明说：“这里面画了个圆，是什么意思？”“那你的分数应该不比我高，”小明回答道，“我考了×分，我在前×个等同于我纸团里画了圆，其他的打了叉。既然你拿到了画圆的，那就说明你的分数是小于等于我的，起码不比我高！”同桌无奈地耸了耸肩。

82. 2个奸细给判断进攻的人写信，说他们判断进攻，这样在判断进攻的5人的视角里，多数人同意进攻，他们就会出兵；同时，2个奸细给判断撤退的4人写信，说他们也判断撤退，这样在判断撤退的4人的视角里，多数人同意撤退，他们就会撤退。最终，就会造成其余9位忠诚的将军，5人进攻，4人撤退的局面。这次作战行动即以失败告终。

83. 小明拿出手机，打开九宫格键盘，按这串数字的顺序换了下去：43-I，53-L，63-O，83-V，32-E，93-Y，63-O，82-U。连起来就是I LOVE YOU，小明欣喜若狂。

84. 我们用电脑键盘输入符号是通过按住Shift+相应数字完成的。“明天!$:#）”对应的是“明天14:30”，为会议的时间；“教学楼#）%”对应的是“教学楼305”，为会议的地点。

85. 由“香蕉苹果大鸭梨”代表“星期三秘密进攻”和“苹果甘蔗水蜜桃”代表“执行秘密计划”可以得知，“苹果”代表“秘密”。

由“香蕉苹果大鸭梨”代表“星期三秘密进攻”和“橙子香蕉西红柿”代表“星期三的胜利属于我们”可以得知，“香蕉”代表“星期三”。

至此，“香蕉苹果大鸭梨”中的“香蕉”和“苹果”分别代表“星期三”和“秘密”。所以“大鸭梨”的意思为“进攻”。

86. 她将答案A、B、C、D分别对应到一段音阶，用钢琴的指法在桌子上敲出来，这就是一个简单的加密过程。

87. 这是一首藏头诗，把每句诗的首字连起来就是“我为秋香屈居童仆”。

88. 开头的数字是解密的关键，13-3-2-21-1-1-8-5是斐波那契数列1-1-2-3-5-8-13-21的乱序，这说明两行文字也是乱序排列的，重新排列文字就可以得到馆长想传达的信息：

Leonardo da Vinci！

（莱昂纳多·达·芬奇！）

The Mona Lisa！

（蒙娜丽莎！）

89. 利用键盘的特性制作的密码，常见的有计算机键盘密码和手机键盘密码，加密的方式有坐标法和顺序法。此题可以采用坐标法破解：十位数字代表的是键盘的第x行，个位数字代表的是这一行从左到右的第y个字母，参考以下计算机键盘布局，可得：22是第2行第2个字母S，15是第1行第5个字母T，以此类推，密文22 15 19 14 16对应明文STORY。

计算机键盘布局（字母部分）：

第1行　QWERTYUIOP

第2行　ASDFGHJKL

第3行　ZXCVBNM

90. 武则天运用拆字法，将“青”拆成“十二月”，“鹅”拆为“我自与”，于是得到了密信想要传达的信息：让徐敬业等率兵于十二月进发，裴炎在内部接应。

91. 从这道算式的千位入手。和的千位为1，则“●”为0或1。

假设●=0，由个位可知★=6，则十位的▲=2，那么百位上的▲=9，矛盾，所以●≠0。

如果●=1，则个位上3个“★”相加末

位应是7，只有9×3=27，因此，★=9。个位向十进2，十位上9+1+●+2的和的末位是9，因此，▲=7，十位相加得19，向百位进1，百位上7+1+1=9，满足题目要求。所以●=1，▲=7，★=9。

因此保险柜的密码为19791。

92. 小张的电脑开机密码是55976或75972。

事实上，由于每人都猜对了两个数字，3人共猜对6个数字。但密码数字总共只有5个，可见至少有一个密码数字是某两人同时猜对的。这个数字只可能是中间的“9”（甲、丙猜对）。那么甲猜对的另一个数字，只能要么是开头的“5”，要么是最后的“2”。

如若甲又猜对了“5”，则丙必又猜对了“6”，从而乙猜出了第二、第四位数字“5”和“7”。

如若甲又猜对了“2”，则丙必又猜对了“7”，从而乙同样猜出了第二、第四位数字“5”和“7”。

综上，小张的电脑登录密码要么是55976，要么是“75972”。

93. 从电话拨盘上可以看出，拨1时，形成的线段最短，拨0时，形成的线段最长，由于转动速度相同，每个数字所对应的线段应比它下一个数字所对应的线段增加一个固定的长度。间谍所画下的这6条线段的长度互不相等，所表示的6个数字当然也不一样，在0～9的其中6个数字中至少有2个数字是相邻的（想一想为什么），因此，长度最接近的两条线段的长度差一定是上面所谈到的那个固定长度。

通过对这6条线段的长度进行分析可以发现，第一条线段与第二条线段最为接近，它们相差0.6cm（相当于1个格子的宽度）。由于最长的线段与最短的线段相差5.4cm（相当于9个格子的宽度），因此可以断定最长的线段代表数字0，而最短的线段则代表1。

第一条线段比第三条线段长3cm，因此第一条线段代表6（1+5=6），同样可推知第六条线段代表3，第四条线段代表8，第二条线段代表5，所以这个电话号码是651803。

94. 第一个密文字母Q，密钥字母F，在以F开头的第05行中，密文字母Q在第00行明码表中对应的明文字母为L。以此类推，找出后面的字母，所得明文为LOVE。

95. 先将字母从中间分开排成两行：

T E O G S D Y U T A E N N

H L N E T A M S H V A E D

再将第二行字母分别放入第一行中，得到以下结果就是明文。

THE LONGEST DAY MUST

HAVE AN END

96. 对照上面密码表选择移几位，移动的位数就是密钥，此题的密钥是4，破译后的明文就是FRZY。

97. 这些数字都是由1和0组成的，能联想到二进制数，试着把这些数字转换成十进制数，得到数字6 18 26 25，对应英文字母表，破解出明文为FRZY。

98. 可以把信息倒过来看，即看出密码的明文good day。

99. 对照键盘中右侧的数字小键盘，依次敲击这些数字，每组数字敲击后所组成的形状类似字母，可以直接破译出明文是I L O V E U。

100. 要把a=1，b=2，…，z=26代入英文字母表，信息中的数字对应的字母依次是xiao xin，即明文。